望遠鏡和留聲機

——谈大洋耕耘录

镇江市道路运输协会　编

人民交通出版社股份有限公司
China Communications Press Co.,Ltd.

内 容 提 要

本书为谈大洋先生从事交通运输工作以来撰写并发表的论文、调研报告等文章的合集，分为运输论文篇、调研报告篇、历史经验篇、科技成果篇、人大建议篇、励志心得篇6部分，可为从事交通运输行业的仁人志士学习交通运输理论和从事交通运输实践提供参考。

图书在版编目(CIP)数据

望远镜和留声机:谈大洋耕耘录 / 镇江市道路运输协会编. —北京:人民交通出版社股份有限公司,2015.1

ISBN 978-7-114-11959-0

Ⅰ.①望… Ⅱ.①镇… Ⅲ.①交通运输—文集
Ⅳ.①U-53

中国版本图书馆CIP数据核字(2014)第306849号

Wangyuanjing he Liushengji——Tan Dayang Gengyunlu

书　　名: 望远镜和留声机——谈大洋耕耘录
著 作 者: 镇江市道路运输协会
责任编辑: 刘　洋
出版发行: 人民交通出版社股份有限公司
地　　址: (100011)北京市朝阳区安定门外外馆斜街3号
网　　址: http://www.ccpress.com.cn
销售电话: (010)59757973
总 经 销: 人民交通出版社股份有限公司发行部
经　　销: 各地新华书店
印　　刷: 北京市密东印刷有限公司
开　　本: 787×1092　1/16
印　　张: 23
字　　数: 500千
版　　次: 2015年1月　第1版
印　　次: 2015年1月　第1次印刷
书　　号: ISBN 978-7-114-11959-0
定　　价: 58.00元

序

谈大洋老先生长期致力于道路运输行业管理研究和实践探索，在行业内小有名气。如今虽年逾七旬，满头银发，但精神矍铄，笔耕不辍。因为酷爱交通运输事业且喜爱读书写作，不仅成了《中国道路运输》杂志的忠实读者，更是杂志可信赖的作者，二十多年来几乎每年都有他的论文见刊。我作为杂志的一名编辑，因此有机会分享他学习研究中的快乐和灼见，与谈老先生成了忘年之交，从中吸取营养帮助自己成长。

最近得知，谈老先生正醉心整理汇集他几十年来的研究论文、议案建议及学习笔记。谈老先生即将出版的心血力作，无缘尽揽细读，不敢虚言妄评。但是，在学习稀松的年代，在沉醉过眼就忘、过眼就死的社会，谈老先生这种孜孜以学、勤学多思、学以致用的精神，确实令人敬佩和景仰。

进入网络社会后，在工作岗位上的每个人，都是手机在线，世界似乎尽在掌握中，似乎分分秒秒都在学习。但是深夜闲暇时分，闭目沉思，脑海又总是一片空白，学无所获。随着学习内容的碎片化、学习方式的眼球化，学习的乐趣和益处越走越远。学无所思、学无所获、学无所用，我想，问题可能出在纷繁复杂的海量信息让人视而不见，无暇思考，更不愿意思考，正所谓学而不思则罔，思而不学则殆。谈老先生正其道而行之，学有所思，学有所获，学有所用，尤为可贵。

论文本是知识的载体，是智慧的结晶，是进步的阶梯。但是，在论文、职称与身份、待遇关联混同的年代，论文也开始产业化。因为工作缘故，接触了很多论文，可以说天天在看论文，有些论文确实不忍卒读。贤者以其昭昭使人昭昭，今以其昏昏使人昭昭。

谈老先生在《中国道路运输》杂志上发表过的论文在该书中极具分量。我有幸拜读过谈老先生的这部分论文，虽不及余音绕梁，三月不知肉滋味，但是掩卷而思，总有启发。这部分论文真实反映了改革开放以来各阶段行业发展的不同特点、重点和难点，不仅是行业发展的真实见证，更是行业发展的智慧火花。有些智慧火花通过谈老先生用之于当地实践，有所收获，得以复制推广。何以如此？正所谓不观高崖，何以知颠坠之患？不临深渊，何以知没溺之患？不观巨海，何以知风波之患？实践出真知。

妄言虚听，精读为是。

胡志仁

2014年11月·北京

前　　言

2013年谈大洋先生荣获中国首届“服务中国道路运输行业终身荣誉”称号。为了彰显谈大洋同志长期以来为中国交通运输事业作出的不懈努力和卓越贡献，镇江市道路运输协会应业内专家和科技人才的要求，决定将谈大洋同志从事交通运输工作以来撰写并发表过的论文、调研报告等编印成书，提交人民交通出版社股份有限公司出版，以便从事交通运输行业的志士仁人对谈大洋同志关于发展交通运输业的理念、思路有比较全面系统的了解，为后继者学习交通运输理论和从事交通运输实践提供参考。

协会秘书处组成编写组负责编辑工作，指定专人收集和整理改革开放以来的文档资料，历时一年有余，基本编纂成书。本书摘选了不同时期、不同阶段发表过的40篇运输经济论文和8篇市场调研报告；选录了江苏省党史研究《新时期江苏的交通建设》中撰写的《人便于行、货畅其流》的史料；摘录了14个获奖的科技创新成果；收录了担任人大代表期间提交的63篇建议；甄录了灯下案头撰写的17篇励志心得。

谈大洋同志是镇江市首届学术技术带头人、科技标兵，中国道路运输和物流行业资深专家，少数民族（回族）科技人才，曾被国务院、国家民族事务委员会和江苏省人民政府授予“民族团结进步模范”称号。在研究现代化交通运输发展的过程中取得了丰硕的科研成果，这些科研成果像一张张鲜活的写生，一幅幅栩栩如生的画卷，让人看后感叹不已。谈大洋同志对交通运输发展方向和趋势的研究，有高度、有深度、有广度、有远见；对交通运输发展目标和策略的研究，有规划、有建议、有对策、有措施，时至今日仍有理论和实践上的指导作用。编写组认为，这些研究成果好像一架“望远镜”，站得高、望得远，看见的是天地人和令人向往的美好愿景；又好像一台“留声机”，曲调好、意境浓，听到的是辛勤耕耘震天撼地的交响乐。所以书名定为《望远镜和留声机》，并添加副标题《谈大洋耕耘录》。

《中国道路运输》杂志主编胡志仁先生为本书作序。镇江市书法家协会主席曹秉峰先生为本书题写书名。全书由谈大洋同志审定，许逸非同志统稿。江苏省交通运输厅运输管理局原局长汪学君、副局长陶绪林，镇江市人大常委会民宗侨台委原主任钟伟德，镇江市交通运输局原局长周社，镇江市民族宗教局民族处原处长杨奇明，镇江市邮政管理局局长孙加涛，镇江市运输管理处书记汤雪、副处长邢辉，江苏省交通物流协会副会长缪虹光，镇江市道路运输协会秘书长蔡守萍以及朱建祥、顾明友、王桂连、黄涛、舒淑萍等同志为本书的编辑提供了帮助，在此谨向他们表示衷心感谢。

编　者

2014年11月

前　言

[illegible]

目　　录

运输论文篇

调研报告篇

历史经验篇

科技成果篇

人大建议篇

励志心得篇

运输论文篇

试论交通运输业的属性

交通运输是国民经济的动脉,它把国民经济各个部门和各个地区连接起来,在社会物质财富的生产和分配过程中,在广大人民的生活中起着极为重要的作用。交通运输决定了原料资源和农业用地的价格,促成了工业中心、商业中心和港口本部的形成,创造了高楼林立的城市,开创了社会的、文化的、个人及家庭的活动方式。运输的基本含义是移动或位移,是指物体借助运输工具在空间上的移动。在流通领域中从事运输经济活动,活动于流通领域的现代化的运输行业就是交通运输业。

1. 交通运输业的产生

人类社会的运输活动是与生产活动同时开始的。随着商品生产的发展和市镇的形成,一个不直接从事生产而只从事产品交换的阶层——商业的出现,形成了又一次社会大分工。商业的产生和发展是以商品生产和商品交换为基础的。进行商品交换,在一般情况下,都要对商品进行运输。随着商品经济的发展,运输活动从以内部生产分工为基础的厂内运输、农业运输,发展到以社会分工为基础的公用运输。社会化的运输活动不仅包括生产过程的运输,还包括流通过程的运输。生产过程的运输又称厂内运输,它所实现的是劳动对象、劳动工具、劳动者的位置变化,生产过程的运输是工农业生产过程不可分割的一个组成部分。流通过程的运输又称厂外运输,是生产过程以外的运输,它完成的是货物和旅客的空间位置的变化。由于生产力的发展和生产的专业化分工,出现了专门在流通过程中从事运输活动的社会化运输行业,这就是今天活动于流通领域中的现代交通运输业。随着商品生产和社会分工的发展,交通运输业不仅是一个不可缺少的生产部门,而且是一个"先行"部门,没有交通运输业,社会的生产、分配、交换和消费就将滞塞,扩大再生产就成了一句空话。随着商品经济的发展,运输任务日益繁重,要求运输业在提高经济效益基础上,做到货畅其流,人便于行。

2. 交通运输业的性质

任何物质生产活动,都是人们借助于劳动手段,对劳动对象进行加工和处理,使之适合于自己需要的有目的的活动。马克思把交通运输业称为除了开采业、农业和工业以外的第四物质生产部门,是基于运输业的劳动,是创造价值的劳动。运输业虽然不直接创造出种种物质产品,但是任何工厂企业生产出产品以后,并没有完成其全部生产过程,作为商品的使用价值并没有实现,任何产品只有在需要它的时间和地点,才能发挥使用价值的作用,因而运输劳动所产生的费用,要追加到所运输的商品中去。正如马克思指出的那样:“在其他条件不变的情况下,由运输追加到商品中去的绝对价值量,和运输业的生产力成反比,和运输的距离成正比。”(《资本论》第二卷169页)

综上所述,可从以下两方面来描述交通运输业的性质。

一是流通过程中的运输劳动是重要的物质生产劳动。运输沟通了国民经济各部门之间、各地区之间、城乡之间以及产、供、销之间的经济联系和物质、人员交流,使社会生产和生活顺利进行。

二是运输业是国民经济中的一个重要的物质生产部门。运输业参与了社会产品的生产和国民收入的创造。它为生产消费和个人消费的运输需要服务,但不能把运输业称为“服务部门”。

(本文选自1985年第9期《江苏交通运输》)

试论交通运输业的特点

交通运输业是一个劳动密集型行业，有其独有的特性。

一、交通运输业的生产场所延伸万里，交织成网，它仅表现为点多、线长、流动、分散、面广、量大，而且表现为多环节、多工种、跨区域、连续性。要使运输业像时钟一样准确运转，就必须进行有效的组织，使之达到有效的配合。

二、运输业的劳动对象众多繁杂，性质各异，须配备相应的运输工具，以适应各种货物和人员的运输需要。

三、运输业仅使劳动对象产生位移，必须配备一定的运输能力。使运输能力的地区配置和形成时间尽可能与需要相协调。

在生产技术方面，社会化现代运输生产，要求生产过程实行精细的劳动分工和密切的协作，应用最新的科学技术，掌握运输生产的规律，有效地运用现代化管理，合理地组织运输生产，以确保运输生产连续而有节奏地进行。

现代交通有铁路运输、水路运输、公路运输、航空运输和管道运输五种基本的运输方式。早期工业的发展，主要是依靠水运来运输原料和产品，水运是历史悠久的运输方式。直到20世纪20年代，铁路才发展成为主要的运输方式，承担了所有陆上运输运量的3/4。公路运输从20世纪30年代开始进入高速发展阶段，现在约2000万公里的公路网完成的货运量占世界货运量的80%以上。随后，航空运输和管道运输也相继发展。

各种运输方式采用不同的运输工具，具有各自的特点，我们要根据各种运输方式的分工和特点，结合生产的实际需要，运输距离的远近，合理地选择使用各种运输方式，充分发挥各种运输工具的运输效率。

第一节　铁路运输

一、铁路运输的特点

1. 货运量大。一列货车可拉2000～3000吨货物。铁路在单线上，一个方向全年能够运输货物1000万吨以上，而双线则可运输2500万～4000万吨货物。

2. 速度快。火车运行速度一般在每小时100公里左右。日本试验成功的磁悬浮列车，创造了时速为504公里的世界新纪录。

3. 一般不受气候季节影响，连续性强，具有高度的可靠性。

4. 运输成本较低。在我国，铁路运输成本仅高于海运，同长江运输相当。与公路运输相比，铁路货运平均成本，每吨公里仅为汽车运输平均成本的1/15。

二、我国铁路概况

目前，我国以首都北京为中心，铁路干线呈辐射状伸向四面八方。主要铁路干线可分南北线和东西线两类。

1. 纵贯我国南北的铁路干线有：京广线全长2324公里，京沪线全长1462公里，同蒲——太焦——焦枝——枝柳线全长2195公里，宝成——成渝——成昆——川黔——黔桂线全长3329公里。

2. 横贯我国东西的铁路干线有：陇海——兰新线，两线全长3663公里；京哈——京包——包兰——青藏线，京哈线全长1388公里；京包——包兰线全长1813公里；沪杭——浙赣——湘黔——贵昆线，四线全长2669公里；滨洲线——滨绥线，两线全长1483公里。

以上这些纵贯南北，横亘东西的铁路线，相互交叉，构成了联系各个省、自治区、直辖市的铁路网的骨架，它们与其他一些线路连接起来，把全国主要工矿城市和主要农林牧生产基地连接成为一个整体。

第二节　水路运输

一、水路运输的特点

1. 载运量大。海上运输小的有几千吨级的轮船，最大的有50万~60万吨级的轮船。一艘万吨轮船的装运量相当于五到六列火车的运量。内河航行的轮船有几十吨，几百吨到几千吨的，长江上最大的6000马力推轮船队，顶推能力为3万~4万吨。水路运输不仅运量大，而且适宜长途运输和特大货物运输。

2. 耗能少，成本低。交通运输，能源消耗的一个大户，每年用量约占总消耗量的6%，在各种运输方式中，水运是能源消耗较低的运输方式。以长江航运的拖轮与铁路机车相比，长航内燃机拖轮航行能源单耗为每千吨4.45公斤，而铁路货运内燃车为每千吨7.47公斤，水运是铁路的60%。一般能耗占运输成本的40%左右，能耗低则运输成本也低，水运成本是铁路货运成本的71.4%。

3. 建设投资省，一般不占用农田。据统计，国家对交通运输的总投资占全国投资总额的17%，其中用于内河的投资仅占1%，在国家资金有限的情况下，适当提高对水运的投资，可以较之铁路运输和公路运输能取得更大的经济效益。

水运利用天然河道，不占用农田，建设1公里铁路需要占用农田25亩，我国可耕地面积不到全国国土的15%，节约占用农田面积是我国交通运输建设中的一个值得注意的重要问题。

4. 劳动生产率高。美国内河航道劳动生产率是铁路的155%。全员劳动生产率为382万吨公里，我国航运技术装备较落后，劳动生产率远低于国外，长江航运全员劳动生产率为52.6万吨公里，但仍比铁路运输的劳动生产率高，水运是铁路的120%。

二、水路运输概况

我国土地辽阔，幅员广大，海岸线长达1.8万公里，有良好的港湾和优越的建港条件。天然河流40多万公里，淮河和秦岭以南的河流，大多水量充沛，常年不冻，长江、珠江、淮河各大水系，流域面积广，航运条件好，为发展内河航运创造了有利条件。

自古以来，我国就是一个水运发达的国家。在夏、商、周时，黄河已成为重要的运粮干线。

春秋战国时开凿了胥溪，这条世界上最早的人工运河，把太湖和长江、淮河联结了起来。到了秦代，开凿了灵渠，沟通了长江和珠江两大水系，灵渠上的陡门是世界上最古老的船闸。北宋时期用于运粮的对槽驳，是当今世界各国内河普遍采用的分节驳船的雏形。隋、元两代又先后两次大规模地开挖举世闻名的京杭大运河，北起通州，南至杭州，全长 1782 公里，沟通了钱塘江、长江、淮河、黄河和海河五个水系。唐朝的漕江运，从江南可以直达洛阳。11 世纪末到 12 世纪初，我国首先把指南针用于航海导航。到了明朝，郑和七下西洋，在世界航海史上留下了光辉的一页。

新中国成立以来，水运事业有了较大发展，建成了一些万吨级以至 5 万吨、10 万吨级的泊位，成批地建造了万吨级以上的货轮和大型客货班轮。水运货运量增长 10 多倍，货物周转量增长 70 多倍，年吞吐量增长 20 多倍。

我国水运事业虽有很大发展，但远远跟不上整个国民经济增长的需要，港口能力不足，船舶滞留时间长，能力不能充分发挥。各运输环节不够协调，常造成对外轮偿付大量外汇罚款，给国家造成很大损失和浪费。特别对发展内河运输的重要性认识不足，缺乏统筹安排，以致在近几十年里，内河通航里程从 17.2 万公里减少到 10.8 万公里。尤其在进行水利建设时，没有和通航结合起来规划。全国现有水利闸坝 4000 多座，其中碍航闸坝占 60%，如长江支流涪江就被腰斩七段，现已无法通航。广东省已断航和通航条件恶化的航道，已占该省通航里程的 1/3。

为减轻铁路运输的压力，应提倡充分利用水运，统一规划进行建设，以期逐步形成统一的航道网。

我国目前的内河运输，以长江、珠江，黑龙江的航线为主。

长江是我国第一大河，有支流 700 多条，通航里程 8 万公里以上，占全国内河通航里程的一半。由于水深江阔，万吨级轮船洪水期从上海可以直达武汉，枯水期也可以直达南京。三千吨级轮船洪水期可以从宜昌到重庆，枯水期也可以通航两千吨级轮船。长江的货运量占全国内河流域运输量的 80% 以上。

梧州是西江各支流的汇合点，是西江流域最重要的港口，四五千吨的轮船可直达广州。

黑龙江及其支流松花江、乌苏里江等，是我国东北地区重要的内河航道，松花江及其支流嫩江、第二松花江、牡丹江，能通航机动船的里程达 2000 公里，航运量占黑龙江的 95%，是东北地区的水运主要干线。黑龙江、松花江全年有五至六个月冰封期，在冰封期间可以开展冰上运输，是我国东北地区特有的运输方式。

我国还有其他许多河流，如黄河、淮河、海河、大运河等。所有这些河流都有不同程度的航运之利。随着我国水运事业的发展，将会进一步发挥作用。

我国大陆上的内河运输，大多是东西走向的，很少南北走向的纵干线。而海上运输则是自北向南，成为我国最东部的一条纵向运输线。我国的海上运输新中国成立后发展很快，不仅开辟了许多沿海和远洋新航线，而且还具有许多规模较大的港口，加之组织了江海、江河联运和水陆联运，大大提高了我国沿海运输的能力。

北方沿海运输以上海，大连为中心，开辟了 10 条线路。有上海——青岛——大连线，上海——烟台——天津线，上海——秦皇岛线，上海——连云港线，上海——温州线，上海——宁波线，大连——石岛——青岛线，大连——烟台线，大连——龙口线，大连——天津线。

华南沿海运输以广州、湛江为中心,开辟了三条线路。有广州——汕头线,广州——海口线,广州——湛江线。除此以外,沿海的中小港口还有许多地方性的航线。

吞吐能力在一千万吨以上的港口有大连、天津、秦皇岛、青岛、上海、广州等,我国沿海的主要港口有大连、营口、秦皇岛、天津、烟台、青岛、连云港、上海、宁波、温州、福州、泉州、厦门、汕头、广州、湛江、海口、八所、三亚、北海、高雄、基隆、花莲等,年吞吐量总和在两亿吨以上。

第三节　公路运输

一、公路运输的特点

1. 机动、灵活、迅速,便于实现"门对门"运输。公路运输的送达速度快,对不同的自然条件适应性能强,空间活动的灵活性大,特别是在短途和某些货物的中距离运输中有明显优势。同时,公路运输可以直接深入中小城市和偏僻山区、农村,做到"门对门"直达运输,减少中转环节,加速货物的运送和资金的周转。

2. 装运量较小,燃料消耗较大,运输费用较高。据统计公路运输是铁路和水路运输平均成本的 10 多倍。

3. 占用土地多。建造公路要占用大量的土地,以美国为例,公路网要占美国国土面积的 3%。停放一亿辆公路车辆要占用几百万亩耕地,同时发展公路运输对空气污染也有一定影响。但在缓和铁路运输压力,解决短途运输困难和快速方便运输方面不失为一种较好的运输方式。

现在,我国的主要干线公路,即由北京连接各省、市、自治区的政治经济中心和通往各港口、铁路干线枢纽以及重要工农业基地的干线公路有 70 多条,总长度约 11 万公里。其中有首都辐射线 12 条,长度约 2.3 万公里;南北纵线 28 条,长度约 3.8 万公里;东西横线 30 条,长度约 4.7 万公里。

我国各地区经济差异很大,公路运输在不同地区经济发展中的地位和作用也不尽相同。一般说来,在我国东部铁路和水运比较发达的地区,公路运输主要担负短途集散任务,而在铁路和水运不够发达的地区,公路运输仍然是主要的运输方式,担负干线运输任务。

在华北地区,公路除在铁路稀少的地区和内蒙古草原担负着干线运输外,主要是沟通城乡的短途运输任务,或为铁路和水运集散货物。从公路网密度来看,以河北省为最大,山西、天津次之。

在东北地区,公路运输虽然相当发达,但仅处于辅助地位,主要以市、县境内短途运输为主。

在华东地公路运输比较发达,公路质量也较好,但主要是为铁路、水路集散货物。

在华南地区,公路主要在铁路稀少的山区和水运不发达的地区担负干线运输任务,同时担负沟通城乡物资交流和为铁路、水运集散物资。

在西南地区,因铁路不多,公路运输成为长途货运的主要工具。新中国成立后,公路建设很快,公路运输已相当发达,但因地域辽阔,公路密度尚低于华东、华北、华南三地区。而且公路在全地区发展不平衡,四川省公路密度较高,西藏自治区公路密度较低。

在西北地区,区内多山和盆地,草原辽阔。沙漠广大,铁路稀少,内河航运不发达,公路运输成为联系区内外的主要运输方式,但是公路密度很小,是我国公路密度最小的区。

在台湾省,公路和铁路一样,90%左右都集中在西部地区,最重要的公路是环岛公路。

二、高速公路的特点和发展

设计时速为100公里的汽车,在行驶过程中由于会车、让车和穿越各种交叉路口,不得不经常减速行驶。为提高行车速度和通过能力,从提高公路的标准着手发展高速公路,成为现代化运输的重要标志之一。高速公路是20世纪30年代开始修建的,目前已有40多个国家修建了高速公路,总里程已达10万公里。

高速公路的主要特点是至少有四个行车道,每个车道宽度在3.5米以上;为避免相反方向行驶的车辆相撞和夜间车灯眩目,一般路中间设有分隔带,边缘有护栏杆;交叉路口采用立体交叉。高速公路的优越性表现在以下几个方面:

1. 行驶速度快,通过能力大。汽车在高速公路上行驶,一般时速可达80公里以上,运量可超过一条普通铁路,每个车道一小时可以通过近千辆汽车,比一般的干线公路高3~4倍。一辆汽车在高速公路上行驶发挥的作用,相当于在普通公路上行驶的2~3辆汽车。

2. 交通事故大幅度下降。由于高速公路都是分道单向行驶、立体交叉,从而大大减少了交通事故。

3. 物资周转快,经济效益高。汽车运输可直达收货单位,在300公里以内,利用大吨位车通过高速公路运输在时间上、经济上都比普通公路和铁路优越。修建高速公路,由于路面结构要求高,占地面积大,加上管理和交通设施较为复杂,投资要比普通公路高出10倍,但高昂的造价在不长的时间内就可由其效益补偿。同时由于行车时间缩短,燃料消耗减低,保养开支减少而能提高经济效益。据日本统计,六种1~11吨的载重汽车行驶高速公路的运输成本,比普通公路低17%~20%,建设费用一般7~8年即可收回。

第四节　航空运输

一、航空运输的特点

1. 运输速度最快,航线直。

2. 装运量小,营运成本贵。飞机载货的数量较小,即使是大型的波音747客机,载货量也仅有76吨。由于营运成本贵,运价也很高,因此航空运输只适宜于远距离运送急需物资、贵重物资和时间性强的物品。

二、航空运输概况

自1903年第一架飞机问世以后,随着飞机速度的提高,容量的增加,航空运输已成为一种重要的、安全的、迅速的运输方式。近几十年来,航空的客运量增加了100多倍,货运量也以每年20%的速度递增。

我国新中国成立后首先开辟了天津—重庆,天津—广州两条航空线。又陆续开辟了许多至边远城市的新航线。自从开辟了成都到拉萨的航线后,当天就能到达西藏自治区的首府拉萨。随着航空运输的发展,我国国内已有主要航线40多条,东自上海,西至喀什,南起海口,北至海拉尔,都有定期航班相通,已初步形成了四通八达的国内航空网。但与世界发达国家相比,我国的航空运输业仍处于落后局面。今后,随着我国民用飞机制造工业的逐步发展,将会进一步改变我国航空运输的现状。

第五节　管道运输

管道运输的特点

1. 连续性强,损耗少。管道能不断地、均衡地进行连续运输,对黏性较高的液体货物,采取沿途加热、加压或加放添加剂增强其流动性的办法。可以不受季节影响,常年地进行运输,由于是在密闭的管道内运输,还可以减少挥发和损耗。

2. 降低运输成本,保证运输安全。管道运输主要依靠机械操作,只需要少数的劳动力,就可以完成大量的运输任务。运输成本较低,又能保证运输的安全。

3. 不占用土地。管道埋在地下,可以不占用耕地面积。

4. 管理简单,使用方便,线路上不容易发生事故。即使发生事故,由于分段设有阀门,也能在短期时间内很快排除。

管道运输是一种新型的运输方式,是随着现代大工业的发展而发展起来的,特别是石油工业的发展,管道运输主要用于输送石油类的产品。管道分输送油的油管道、输送天然气的气管道、输送自来水的水管道。近年来管道技术发展很快,有的国家还通过管道输送液化煤等。1970年美国建成世界上最长的运煤管道,长440公里,年运量400万吨。

我国在1958年修建了克拉玛依油田到独山子炼油厂的管道,全长147公里,管径168毫米。现在大庆油田已建成两条直径720毫米的原油管道,一条从大庆到大连港,一条从大庆到秦皇岛港。到1979年,全国已有管道1万多公里。

随着管道运输的发展,原油运输结构发生了很大的变化。到1980年,铁路原油运量下降到11%,管道运量上升到63.4%,已经扭转了原油运输主要依靠铁路的局面,但大部分成品油仍由铁路运输。据调查,铁路每装运50吨油罐车,汽油能耗损失约50公斤,柴油能耗损失约30公斤,不仅污染空气,而且很不安全。管道运输比较密闭,成本也低,利用管道运输成品油仍是发展方向。

第六节　集装箱运输

一、集装箱运输的特点

集装箱运输具有安全、迅速、简便、节约的特点。具体地说,开展集装箱运输有以下优点:

1. 可以大大提高装卸效率。它不仅便于机械化操作,减轻劳动强度,节约人力,同时集装箱能使货物成组化,使装卸速度大为提高。装卸一艘万吨级的货轮,一般需要几天的时间,如采用集装箱装货，则可以在10小时完成装卸任务，缩短车船占用线路和泊位的时间，提高车站、码头、运输设备的使用效率。

2.有利于简化手续，减少运输上多环节的理货交接程序，有利于综合利用各种运输工具，扩大联运，缩短商品在途时间。

3.有利于雨天作业，保证车船正常运输，减少物资破损，防止偷盗，对装载贵重、易碎品，效果尤为显著。

4.有利于实行"门到门"运输，提高服务质量，在一定条件下，还可以节约部分货物的包装材料。

二、集装箱运输概况

集装箱是用铅、钢、塑料等材料制成的大型包装箱，可以把几十件、几百件大小不同，形状各异，包装种类复杂的商品装在箱内，利用机械进行装卸。集装箱把商品汇集成一个大的集装单元，配上装卸运送设备，可实行高效率的运输。

集装箱运输也有较长历史，第二次世界大战时，美国陆军使用了所谓"连接运输工具"，迈出了集装箱运用于铁路运输的步伐，以后、逐步发展为海陆空联运。从20世纪50年代以来，世界各国的集装箱运输发展很快。

我国的集装箱运输是在1955年从铁路发展起来的。目前，在公路、铁路、水运及民航都开展了集装箱运输，全国共有各种型号的集装箱10万多只，还有用于国际海运的集装箱6000多个。铁路运输已有16个铁路局，192个车站办理集装箱运输业务，1982年铁路完成集装箱运量270万吨。国内水运的集装箱航线共完成运量2万多吨，国际上集装箱运输完成6万多箱，汽车运输办理集装箱门到门运输105万箱。民航波音747飞机也开展了集装箱运输。为了适应我国对外贸易的发展，新建的天津新港集装箱码头，配备了大型集装箱装卸桥和大型搬运跨车，扩建了上海、青岛、黄埔港的集装箱专用泊位，并开辟了国际集装箱航线。"七五"计划期间要求基本实现零担货物运输集装箱化，重点发展中小型集装箱，进行大型集装箱的试点。1990年以后要有计划地对集装箱场地、维修工厂、装卸设备以及专用车进行改造，发展20尺、40尺大型集装箱，积极创造条件，办理国际集装箱大陆桥运输。

（本文选自1985年第11期《江苏交通运输》）

试论交通运输系统的发展

一、近代运输系统的发展

近二百年来，世界各国运输系统的发展，随着工业的发展，大致可分为以下四个阶段：

1. 水运阶段。自 18 世纪工业革命到 19 世纪上半期，交通运输是以水运为主的发展阶段。英国的海洋与运河运输，欧洲大陆的内河航运，美国的五大湖、人工运河与密西西比河水系的运输，都对当时各国资本主义的经济发展起了重要作用。

2. 铁路运输阶段。铁路运输迄今已有 150 年历史，从 19 世纪中叶到 20 世纪 20 年代，铁路运输迅猛发展，路网长度增加很快，运输急剧上升，铁路运输承担了客货总运输的 3/4 以上，以至除海上运输外，许多国家的内河运输处于停滞式衰落状态。

3. 公路、航空、管道发展阶段。自 20 世纪 30 年代开始，公路运输进入了高速发展时期，到 60 年代，公路运输的货物周转量增加了 76 倍；与此同时，航空运输的发展也很快，客运量增加了 100 倍，货运量也以每年递增 20% 的速度增长。管道运输是随着石油工业的发展而发展起来的，近几年来，其发展速度高于公路。

就世界范围看，从 20 年代初铁路运输开始走下坡路，到 60 年代，铁路的货物周转量下降了 1/3。一些国家已纷纷拆除部分铁路。

4. 建立综合运输体系阶段。从 20 世纪 50 年代开始，各国铁路进行技术改造，采用了热效率高的内燃机车和电力机车为牵引动力。于是机车不但拉得多，跑得快，而且成本低，效率高。大大增强了铁路运输的竞争能力。公路运输和航空运输的迅速发展，使各种运输方式失去了原有的平衡，许多国家重新研究了各种运输方式的合理分工，普遍认为建立综合运输体系必须重视铁路，发挥铁路的骨干作用，在公路运输发展的同时，制定利于铁路发展的政策。水运作为一种量大、经济的运输方式，应该向大型化方向发展，内河运输发展顶推船队，可发挥更大的作用。

二、我国的运输体系的发展

我国的运输体系近年来有很大发展，但是运输结构还不够合理，各种运输方式之间还缺乏合理分工。水运、公路、管道的优势还没有充分发挥，铁路负担过重。由于工业布局的不平衡，铁路运输今后仍是我国货运的主力，在国内大宗货物的中距离和长途运输中，仍将占主要地位，特别是煤炭运量占铁路全部货运量的 1/3 以上，除一部分改为水运外，大部分仍将通过铁路运输。鉴于我国铁路网密度小，复线率低，技术条件差，负荷重，不少线路已经趋于跑和状态。例如：全国运输最为繁忙的京广、京沪、京沈、京包，陇海、哈大六条铁路线，总长度还不到全国铁路线的 1/6，但其客货周转量却占全国铁路总周转量的一半以上。因此，在加快铁路建设中，除铺设必要的新线外，主要是对主要干线进行技术改造，修建复线，增加电力、内燃机车比重，扩建枢纽，发展重载列车，提高综合运输能力。为减轻铁路负担，100 公里以下货物运输应逐步改由汽车承担。

发展水运在我国是很有前途的。特别是长江航运潜力很大，如果能达到欧洲莱茵河和美国密西西比河的运输能力，一条长江可以顶十几条铁路用。发展水运投资少、见效快，可以减轻铁路的压力。在开发利用水运的同时，要大力加强港口建设，增加泊位，提高吞吐能力，更要注意联运港口的建设，发展水陆联运，江海联运，加快内河和沿海运输的开发。

公路运输也应协调发展，在今后相当的一个时期内，公路运输应以担负短途运输为宜，主要为干线和枢纽集散物资。发展公路运输，要改造现有的公路，加宽路基，铺设硬路面。提高车辆通过能力和行驶速度，要制造新型车、大型车，提高汽车的性能，发挥公路运输优势。

管道运输的发展和新油田的建设有密切关系，今后随着原油和天然气的开发，相应地进行管道的建设，当前要重视成品油管道的建设。

航空运输的发展方向是客运，今后应在客运中尽量发挥空运的优势，满足社会对旅行的需要。航空运输不会成为我国货运的主要运输方式。要因地制宜发展航空运输，把更多的客运转为空运，把铁路腾出来运货，如在北京和上海之间增加三架170客位的大型客机，每天来回飞行两趟，就相当于1列特别快车的客运量，而少开1列客车，就可增加3列货车，1年就能增加货运量200万吨。

三、迅速建立我国综合运输网

建设综合运输网，发展联合运输是交通运输体制改革的重要一环，在今后10年里，要以煤炭运输和外贸进出口运输为重点搞好交通运输建设和技术改造。围绕着这个重点，交通运输建设的战略布局大体是陇海铁路以北主要是改造和新建以煤炭运输为主的东西向铁路干线，连接海港；陇海铁路以南，长江以北地区，主要是改造南北向铁路线，连接长江，充分利用水运。近期要安排好是关系到国民经济发展全局的以下几个方面的建设和改造：

1. 加快铁路主要运煤干线的技术改造和新线建设。技术改造的重点放在山西煤炭外运铁路干线上，主要有北京丰台至秦皇岛，沙城至大同，石家庄至太原，石家庄至德州，济南至青岛，郑州至兰州，郑州至徐州，衡阳至广州南，北同蒲铁路，兰村至烟台，徐州至连云港等线路。改造措施主要是实行电气化，复线或单线改造。新线建设除修建兖州至石臼所，河南新乡至山东菏泽铁路线之外，还应根据可能在华北地区再新建一两条运输效能更高的运煤专线，如从大同经沙城、怀柔至秦皇岛。在湖北大冶至江西九江修建一部分铁路分流线。

2. 大力发展远洋、沿海和长江水运。针对码头泊位不足的问题，要新建和扩建一批港口码头，主要有秦皇岛、石臼港、青岛、连云港四个煤港，天津、秦皇岛两个木材专用码头，天津、黄浦、上海三个集装箱码头，长江的南京、镇江两港的万吨级码头；新建枝城港，扩建武汉港等。万吨级以上的深水泊位，将从现有的150个，到1990年增加到200个左右，与此同时还要发展江、海和远洋船队。

3. 开发建设西南交通通道。主要是对贵昆、湘黔、川黔铁路进行电气化改造，对柳州至黎塘、黎塘至湛江的铁路线进行技术改造，并着力开发西江航道，扩大通航能力，以使西南地区煤炭、磷矿石就近供应两广地区，减少华北煤炭的长途调运。

4. 整治京杭大运河。重点整治济宁至杭州段，用以分流一部分山西至华东地区的煤炭运输。京杭运河苏北段整治后要求年运输能力达到4000万吨（相当于一条复线铁路的运输能力)。

5. 要积极采用先进适用的新技术。要大力发展电力和内燃机车,逐步淘汰蒸汽机车;在铁路运输中组织开行重载列车。在汽车运输方面要有计划地淘汰油耗高、车况差的老旧汽车和杂牌车,积极发展8吨以上的大型柴油车和专用汽车(如冷藏车、集装箱车、散装水泥车等),提高公路和桥梁的技术等级。在水运方面,要采用先进的导航和通信设备,江河运输要大力发展顶推驳船队,港口要采用先进的装卸机械和装卸工艺。要加快集装箱运输的发展步伐,制定促进技术进步的经济政策。

6. 改进运输组织,改善经营管理。积极组织货物运输的分流,采取行政干预和经济手段相结合的办法,使100公里以内的短途运量逐步转由汽车运输办理,并扩大水运分流量,腾出铁路运力运送长途物资。要扩大铁路列车编组能力和提高民航飞机的利用率。要积极组织和推广水上过驳作业,增加装卸船舶的作业舱口数。

四、联合运输网络的建设

联合运输是从接受委托至到达交付、组织两程或使用两种以上的运输工具,凭借统一的票据,实现客货空间位移的一种"网络式"的"保价"运输。

要发展联合运输,就要发展联合运输服务企业。联合运输服务企业是发展联合运输的物质支柱,联合运输服务业要有依托、成网络,具备一定的换装手段,才能发挥集、装、卸、散四种功能。而要使联合运输服务的功能得到实现,要使联合运输的任务得到完成,还必须在交通枢纽城市普遍地建立联合运输服务网点,并把这些联合运输服务的网点,按经济区域连接起来,形成干支相连,环环相扣的联合运输服务网。

联合运输网络是联合运输的脉络,面对众多繁杂的客货运输任务,单个的联合运输服务企业是无能为力的,必须形成一个联合运输服务企业团体才能肩负起联合运输的重任。

联合运输的活力在网络,网络的潜力在网点,网点的本能在集散。网点不仅是网线的初始,同时又是网线的归宿。一个好的网点要同时具备集、装、卸、散四种功能,要既能吞得进来,又能吐得出去,并且是吞和吐的有机结合。

网点建设要有规划,要根据运输布局的要求做到点面结合,形成综合能力。网点建设要因地制宜,不能急于求成,要十分注重质量。一般要先在交通运输的枢纽城市,建立起区域性的联合运输服务企业,并在其经济吸引腹地内的城镇建立起联合运输服务分支机构,区域性的联合运输服务企业应包括以仓储、中转、换装为依托的企业性联合运输服务公司和若干个以集散为主的城镇单独建立的联合运输服务分公司或联合运输服务站,并以区域公司为网络,把各个分公司(联合运输服务站)连接起来,构成放射型端状联合运输网络。

联合运输网络应根据需要和可能的原则建设,网络的大小、网络的范围、网络的形式、网络的任务不应强求一律,应注意和生产力水平同步发展。一般是以一个经济区域形成一个联合运输网络,经济区域之间可利用联合运输网络发展横向联系,网络和网络之间可实现联合,以期形成一个"大小网点星罗棋布,长短网络辐射联系,立体循环,平面交织"的经济的通畅的联合运输服务网。

为在更大的范围内组织更大规模的联合运输,可在全国或大经济区组织松散的"连环"型的组合式的联合运输网络,这个大型的联合运输网络且可作为行业性的组织——"联合运输公司协会”的基础。

联合运输公司协会(简称“协会”)可在经济部门的领导下,作为行业性的协调机构进行工作,作为开发性的信息中心沟通联系,它既有一定的指导能力,又有一定的经济职能,主要致力于按经济合理的原则全面规划和协调省际间或区域间的联合运输,积极组织和开发国际联合运输。

协会应实行自愿申请、批准参加的办法,每年召开一次会员大会,吸收新会员,制定新章程,交流新经验,选举新领导。协会的秘书长和常务理事应由大会正式选举,会员在协会内开展业务可享受优惠权,会员有定期向协会缴纳会费的义务。

协会闭会期间,由秘书长和常务理事会行使协会的职权,可同时成立三个专业部负责处理日常工作。商务部负责开发、协调联合运输业务,监督联合运输章法的执行;咨询部负责集馈各种联合运输信息,研究联合运输动态,提供咨询服务;学术部负责研究联合运输学术理论,推广管理工程和应用电子计算机,培训联合运输专业人才。

为及时交流联合运输经验,开展学术讨论,互通联合运输情报信息,协会可成立编辑委员会,负责编辑《联合运输周报》和出版《联合运输期刊》,用以指导联合运输服务企业提高经营管理水平。

(本文选自 1985 年第 11 期《江苏交通运输》)

建立联合运输体制要解决的三大问题

联合运输工作在我国虽然取得了一定的成绩,但终究还是在起步阶段。交通要发展,联合运输要跟上,但发展联合运输又是一件困难的事。难就难在联合运输的本身集中了大量的矛盾,作为矛盾“结合部”的联合运输,很难一下子应付各方面的需要和协调各方面的矛盾,特别是在如何处理好地方交通为铁路大动脉的服务上,如何协调好交通运输企业之间的关系上,问题很多,矛盾突出。通观全国联运,可以看出办联合运输是一件很不容易的事,波动性、起伏性大,发展不平衡。每走一步都要付出很大的代价。全国的联运之所以能发展到如此规模,除客观上适应了经济发展的需要外,很重要的一条是从中央到地方都有一批热心于联运事业的积极分子,正是他们的奔波操劳,联运工作才有今天。本着一切从实际出发的态度,在建立和健全联合运输体制的过程中,应当着手研究和解决三个方面的问题,以利联合运输事业的发展。

一、实现三个“有待”

对联合运输的认识有待深化,组织有待健全,方法有待完善。

其中以认识有待深化为至关紧要。大量事实告诉我们,联合运输的存在与否,是不以人们的意志为转移的,它是社会生产力发展的必然产物。发展联合运输是经济发展的客观需要,发展联合运输不仅是解决当前运输难的重要途径之一,而且是开创交通运输新局面的长期战略方针。但时至今日仍有相当一部分人对联合运输存在不少糊涂认识,认为联合运输可有可无,他们热衷于增加投资,增加设备,增加运力;而不乐于、不善于、不情愿利用现有的设备和能力,发挥综合运输效率。他们看不到组织联合运输也能增加生产能力,虽然也明白发展联合运输是一件利国利民的好事,但在感情上总是接受不了,行动上总是光打雷不下雨,即使勉强凑合到一起,也是形连心不连……要解决这个思想认识问题,尤其是国家的决策部门要在对发展联合运输形成统一认识的基础上,采取一系列强有力的措施,联合运输才能有所发展,有所前进。否则,在短期内缓和交通运输紧张局面只能是一句空话。要摒弃小生产习惯势力的影响,把发展联合运输看作是交通运输向专业化方向发展的重大变革。

在认识深化的过程中,要对联合运输的体制做出相应的研究,上头要有头,要负责规划和决策;下头要有点,要负责协调和实施。如何在现行的交通运输管理体制下,建立和健全联合运输体制和机构是急需解决的组织问题。

办联合运输要有办联合运输的方法。但方法再多、再好,也要按经济规律的要求来办联合运输,这就要恰如其分地运用经济杠杆,让经济手段、经济制约、经济责任制贯穿于联合运输的始末。这应当成为方法之法、方法之活力、方法之核心。

二、做到三个“应该”

政府应该重视,政策应该支持,实际上政府加强重视发展联合运输,就是要把发展联合运输列入开创交通运输新局面的重要议事日程,要常抓不懈。在联合运输即将得到确认的今天,各级领导对待联合运输的态度仍然是联合运输工作的“寒暑表”。领导抓得紧,联合运输上得快;领导抓得松,联合运输要落空。政府对联合运输的重视程度能决定联合运输“联”的程度。从某种意义上来说,政府的各级领导重视联合运输,也是发展联合运输的精神依托。联合运输之所以经历了“曲折的发展”过程,没有从政策上加以肯定,也是其中因素之一。要发展联合运输,就要制定相应的联合运输政策。“政策和策略是党的生命”,必须有一个有利于促进联合运输发展的政策,才能保证联合运输工作长盛不衰。当前需要国务院发布一个正式文件,正式论定发展联合运输是交通运输建设战略重点之一。要有一个相应的机构来抓联合运输,联合运输是各种运输间的一个“结合部”,这个“结合部”要能把铁、交各部黏合在一起,不能政出多门,不能多头多脑,要统一,要联合。而统一和联合往往应该是先上后下,上面对联合运输的认识统一了,下面的联合运输工作就容易协调了。

办联合运输是一件“一本万利”的好事,但这个“利”并不直接反映在办联合运输的企业本身,而是“利”在各个方面的综合反映,不能为办联合运输再增加物资流通费用,联合运输服务企业就是要以服务为宗旨,以社会效益为目标。这个问题从理论上讲是行得通的,但这给联合运输服务企业的自身经济效益带来许多实际问题,这不仅影响到经营,而且影响到发展。为此,我们认为国家应对联合运输服务企业在经济政策上予以扶持,给予优惠,免征所得税,设立发展联合运输事业基金,投放专项发展联合运输的无息贷款,以利在短期内能配套成形,为社会提供服务。

对于加强联合运输的实力问题,不能单纯理解为是增加设备,新建设施。我们认为加强联合运输的实力,首先应该是在组建联合运输服务企业时要有依托,要在中转枢纽城市以港、站为依托来组建联合运输服务企业,利用港、站已形成的中转枢纽,借助已经拥有的各种设施。其次,应该是将各地的联合运输服务企业联结起来,形成联合运输网络。成网、成片、成线,这就是联合运输的实力。当然掌握有一定的和必要的换装手段也是应该的,这不会影响联合运输服务企业与运输企业的关系。

三、解决三个“必须”

三个“必须”即:责权利必须一致,规章制度必须衔接,关系必须疏通。

从目前的情况来看,疏通关系已经是办联合运输的“先决条件”。俗话说办好一件事,要有“天时、地利、人和”。办联合运输“天时”很好,国家已经重视。“地利”不错,地理位置和自然条件都比较优越。但能不能办好联合运输,关键就在“人和”。我们所说生产关系,就是在生产过程中所结成的人和人的关系。人和人的关系协调与否,铁路和地方交通的关系协调与否,铁路、公路、水路、航空、港、站之间的关系协调与否,都能直接或间接地影响到联合运输的发展。

当前的焦点是地方交通要树立为铁路大动脉服务的观点,要心甘情愿地为铁路服务,要千方百计地确保铁路正常运行;而铁路要解决一个“老大”思想,铁路在国民经济中的地位决定了铁路是老大,这是不容置疑的,但铁路决不能以“老大”自居,要尽量给地方以方便,能开绿灯的时候,应争取早开绿灯。

关系不能疏通的核心问题是“权、责、利”不清,加之不正之风的影响。联合运输工作面临着许多实际问题,要办好联合运输就要把经济责任同经济权利和经济利益结合起来,使国家、集体和个人利益相统一,使职工劳动所得同劳动成果相联系,才能开创联合运输工作的新局面。

联合运输的规章制度是办理联合运输的具体条文。现行的铁路、公路、水路、航空、港、站的规章制度,有些条款互相矛盾、互相抵触,是有碍发展联合运输的。能否围绕联合运输把共性的规章制度一致起来,必须在短期内加以研究,加以解决。实在难以一致的条款规定,也要制定一个相应的过渡条文,以利衔接。交通运输已经很紧张了,相互抵消力量、浪费运力也是十分严重的问题。

(本文选自1985年《联合运输知识》)

瑞典 ASG 货运公司的成功之道

瑞典是个半岛国家,自诩为“世界的一小角”,先进的技术使他们的产品取得了广泛的市场。片片森林,每年有40%木材及其制品需要出口;铁矿石储量丰富,每年有3000万吨铁矿石要运销国外;工业品是以大量出口为方向的,40%以上的工业品都要运往国际市场销售。随着瑞典经济的发展,货物运输量逐年增长,道路运输已经成为从生产到消费的重要组成部分。但因瑞典在地理上是一个南北狭长的国家,主要市场的运输距离一般很远,所以货运密度相对较小,陆上运输除了可以向接壤的挪威、芬兰出口以外,只能利用2500公里长的海岸线和远洋运输的商船队来进行海上运输,这就很自然地产生了一个陆运和海运的结合问题,要求各种工具相互衔接,要求各种运输方式相互配合,成为要求迅速发展高效道路货运公司的一个重要基因。

瑞典是世界上公路网密度比较高的国家之一,平均每平方公里国土有1公里公路,全国有公路40多万公里,有近400万辆汽车在道路上行驶。其中10%的运输车辆是货物运输的主要工具,完成的货运量占全国总运量的85%。瑞典国内有20多家比较大的货运公司,是道路货运的主力军,有不少公司已发展成综合性物流企业,号称瑞典之最的ASG货运公司已成为欧洲知名品牌的货运公司,它现今是一家德国公司控股的股份制企业,它不仅在瑞典有比较健全的货运网络系统,而且在英、法、美、日等国都设有分公司或办事处。从ASG货运公司的创业史中,可以看到成功的背后蕴含着大量的艰辛,正是这些“艰辛”孕育出知名品牌的丰硕成果,而这些“艰辛”正是中国货运企业需要学习和借鉴的方方面面。择其主要有以下几点:

一、“安全、及时、优质、高效、经济、方便”是ASG货运公司始终如一的经营宗旨

通过分布在各地的货运网点,利用先进的运输工具和装卸设备,科学地组织和管理运输全过程,周到地、良好地为货主和为各种运输工具之间的接力式运输服务,是ASG货运公司的经营方针。为贯彻这个经营方针,它有一个层次少的精干组织,有一套能够直接快速决策的方法,有一条每个负责人有权决定自己分管范围内事宜的规定。

ASG货运公司的经营目标是提高运输质量,提供优质服务,降低运输成本。他们认为只有提高运输质量才能在竞争中获得双赢,只有降低成本才能在市场中增强竞争能力。

ASG货运公司的经营宗旨是从社会对运输的需要出发,从运输的经济效果出发,提供全面的、高质量的、高效率的运输及仓储服务,为货主解决运输问题,并使货主在其中得到好处,为运输工具组织货源并使运输企业获得利益。

围绕着公司的经营方针、经营目标和经营宗旨,还采取了一系列的管理措施。主要有五个方面:

第一,有一套人才培训计划。ASG货运公司相当注重选拔高级业务人员,选拔和重用人才列为总经理的重要任务。

第二,有一套先进的服务设施。ASG货运公司一般都有设备齐全的中转站,有相当数量高层货架的仓库和相当数量的装卸机械,并配有机械化、自动化存取的作业线。

第三,有一套科学的管理方法。ASG货运公司大都运用电子计算机系统管理,能迅速、及时、准确、可靠地提供各种数据,传递、反馈、收集各种信息资料。

第四,有一套浮动的运价费率表。ASC货运公司在掌握市场行情的前提下,对不同的运输要求,不同的运输对象,不同的货主,采用不同的运价和给予不同的优惠,招揽货主,招揽业务。

第五,有一个精通业务的市场销售团队。ASG货运公司视货主为上帝,有专门的营销人员活动于各行各业,密切注意市场动态,及时搜集市场情报和货主情报,适时采取应急措施。

二、多功能的货物中转站是ASG货运公司赖以生存和发展的重要基础

货物中转站是货运的结合部和枢纽,是铁、公、水、航空运输的换装场所,负责办理货物的发送、到达、中转和仓储业务。它的功能是代储代运、集零为整、代供代销、化整为零。它拥有货棚、仓库、装卸作业线、铁路专用线、堆场、冷藏室、保温室、装卸机械和停车场等各种设施,是货物集散的重要基地。

以位于瑞典南部,规模较大的马尔默中转站为例,这个站占地17万平方米,是一个各种装备设施较为先进的货物中转站。建有仓库26万平方米,内有室内停车场8600平方米,可供24米长的拖挂车自由进出。整个仓库除有一个方向供铁路车辆进出外,其余三个方向共有120个供汽车装卸的口门,进出中转站的货物按市内、短途、长途、国际不同流向划区分发装卸,有四条铁路线伸进库内,可同时容纳40~50个车辆进行装卸作业。在铁路线的外围和装卸口门的里档,安装有用计算机系统控制的环形悬挂式自动流水作业线,作业线分干线和支线,干线为运行线,支线为解挂线。全线有90个挂钩,挂钩上装有行走装置和数码器。小叉车挂上钩以后,即能按编码指令自动运行,自动寻找货位,遇有意外可自动报警,自动脱钩,到达指定货位时便自动进入支线停车等待卸钩。中转站实行全天作业。

货物中转站不仅办理零星货物运输,而且办理整车货物的运输,1000公斤以上的货物按整车运输受理,货主只要打电话要求托运,调度员同意后,货主即可自己填好运单。中转站负责派车上门取货带走运单,司机将运单交回中转站。如中转站内有到达地点相同的货物可并装发运。司机将经过中转站处理的运单(第二、第三联)与货物一起直接交给收货人。收货人签收后,运单的第二联交给收货人,第三联由司机带回,交卡车公司留作卡车公司ASG公司结算运费的依据。为便于联系,随时掌握车辆动态,汽车上多装有GPS车载终端,中转站调度可随时和司机取得联系。

货物中转站还经营仓储业务,负责代储、代供、代销。中转站仓库内不仅有整齐划一的高层货架,还有大量标准化的托盘和各种装卸传送机械。它从货物进库验收到保管分发实行全过程管理,对整批进库、零星分发的货物,还可以根据客户的要求进行加工、包装、邮寄。它可以向货主提供货物存放地点和运费最省的咨询。它可以根据货主的电话通知提供代货主分发货物代办运输的服务。这种一包到底的仓储业务赢得了货主的信任,从而使储运业务从分离到结合,成为社会的一种实际需要。

三、标准化的集装单元是ASG货运公司提高运输效率的重要条件

集装单元的原则是“把一定量的物品或材料，整齐地汇集为一个便于储运的单元”，目的是为了使货物的储运单元与装卸搬运标准能力相一致，使装卸劳动强度减少到最低限度，实现物料运输单位化和标准化，便于使用机械装卸，以达到提高装卸效率，减少货损货差，降低费用的目的。

集装单元是高效运输的核心，公司对件杂货普遍使用单元化的方式，把标准化的货物组成工具——托盘、集装笼，装载工具——集装箱等可卸箱体，作为高效运输的基本因素。系列化的运输工具、装卸工具视为高效运输的基本条件。每一个集装单元，一般从生产的终端开始组成，按照使集装单元达到“尽可能大的尺寸，尽可能早的组合，尽可能迟的解体，尽可能好的坚固”的规范，采用最方便、最经济的方法，最有效地利用垂直空间，最大限度地提高运输组织的效率。

当今瑞典的货运利用托盘进行运输已经普及到全社会，公司备有大量的欧洲标准托盘，除大件外，所有货物的取送、中转、储存、交付都使用托盘。托盘已成为运输系统的结合链，托盘把运输过程的每一个环节紧紧地联结在一起，托盘的空、重交换已列入货物交付的程序之一。大量的欧洲标准托盘使众多繁杂、大小不一的件杂货组成一个个标准的集装单元，使装卸和搬运过程充分机械化、自动化。

同时，还利用可卸箱体进行“门到门”的货运。这种可卸箱体有多种用途，它能够迅速便利地把货物从一种工具上换装到另一种工具上（约四五分钟时间）。它可以用作临时或活动仓库，大多采用带腿的集装箱，因为它特别适用于各种运输工具间的转运。带腿的集装箱，不需要其他机械配合，仅用忙车上的起重设备就可以将箱体提升到支撑腿支起的高度。箱体与拖车分离后，拖车可以装上另外的可卸箱体进行往返运输。

四、浮动的运输价格和先进的服务设施是ASG货运公司占领市场份额的重要手段

瑞典的运输市场是自由竞争的。瑞典政府提倡各个运输企业之间进行必要的合作和必要的竞争。“在竞争中合作，在合作中竞争”，才利于发展，利于提高运输质量，这已成为瑞典货运公司的共识。价格的高低，服务水平的好坏，仓储设施的多少，换装能力的大小，已成为招揽货主，组织货源，竞争业务的重要手段。ASG货运公司相当重视运输市场的调查，十分注意收集运输市场的各种信息。为了保持和提高在运输市场的占有率，他们把货主按营业额从大到小划分为四类，分别规定走访和电话联系等方式。营销人员为了争取货源，对货主可以给予必要的优惠和许诺一定的质量保证。优惠是按基本运输价格计算出的运费再给予不同的折扣。不同的折扣使运输价格始终处于浮动状态。同一种货物，同一种包装，可使用多种运输工具，但运输价格却不同。客户可以根据自己的需要选择相宜的货运公司承办运输。ASG货运公司对运输质量要求承诺是指准确的运输期限，良好的运输服务，不能按期送达，不收运费，损坏货物，完全赔偿。在瑞典南部起运的货物，一般都是当天就能运到中部，运到北部的货物也保证在两天内送到。浮动的运输价格是为了竞争业务，高质量的服务水平是为了占有运输市场，科学的管理方法是为了提高效率，先进的换装设施是为了加快周转。

ASG货运公司本身就是一个庞大而复杂的系统。为了对这一系统进行适时的管理和控制,能迅速、方便、高质量地为货主服务,就要依靠科学的管理,依靠一套完整的计算机网络系统,及时进行调度指挥,及时处理各种信息,提高管理效率和服务水平。采用电子计算机处理,在货物运输前,就可将货物发送终端的货物票据中的有关数据,直接在计算中心的屏幕显示器上显示出来,货物清单即可分组输出。费用的计算在晚上进行,次日早晨就可将货主的运费记入账目,运费结算清单及统计报表每隔十天便能自动输出,货物运输系统的数据可以自动转移,进行开票登记。计算机网络还能进行财务管理和预算工作,编制各种统计报表,进行行政人事管理、仓库业务管理和咨询服务工作。现代化的管理系统推动着ASG货运公司的货运业务持续发展,长盛不衰。

以上是笔者在学习考察之余的一点感想,其实并没有多少新意,但同样的认识,同样的事情在国外的货运公司能做到做好,而我们的货运公司做不到或做不好,这就是要学习和借鉴国外先进管理经验的本来之意。

(本文选自1986年第4期《江苏交通运输》)

从世界运输体系的发展方向看我国联合运输的发展进程

交通运输在社会物质财富的生产、分配和人民生活中，起着极为重要的作用。交通运输决定了原料、资源和农业用地的价格，促成了工业中心、商业中心和港口车站的形成，创造了高楼林立的城市，开创了社会的、文化的、个人的和家庭的活动方式。它在各种力量的产物中，是其中最强大的力量之一。

运输是人类社会生产活动的基本活动，是社会生产力的重要组成部分。运输的发展取决于社会的和经济的发展。运输既是推动经济和社会发展的巨大动力，又是制约经济和社会发展重要因素。任何一个国家都必须高度重视交通运输的发展。

交通运输主要有铁路、公路、水路、航空和管道五种运输方式，在现代化运输业的发展过程中，世界上许多国家都有这样一条共同的规律，即水运和铁路运输的发展在先，公路运输的发展在后。但随着商品生产和商品经济的发展，现阶段各种运输方式的发展速度有了新的变化，特别是公路运输的发展速度后来居上，大大超过了其他运输方式的发展速度。我国也是一个以铁路运输为主体的国家，在制定交通运输发展方针时，是继续发展单一的运输方式，还是建立能够发挥各种运输方式优势的综合运输体系，这是关系到我国“四化”建设的战略问题。从长远利益考虑，我国应该吸取经济发达国家运输系统发展中的经验和教训，迅速改变以铁路运输为中心的局面，制定综合运输系统的战略规划。要调整各种运输方式之间的比价关系，较大幅度地提高铁路运价，解决“铁路吃不了，公路吃不饱，船队放空跑”的问题。调整各种运输方式的比价关系，也是调整运输结构的有效措施，这样做可以促使部分货物的运量转同其他运输方式，能较快缓解铁路运输的紧张局面，这样做可以在不额外增加运输总费用的前提不，调动各种运输方式的积极性。

交通运输发展到今天，已经不是指某一种运输方式，而是指由现代交通运输的五种运输方式组成的一个大系统。各种运输方式通过相互竞争走向相互协作、联合经营，形成了能够充分发挥各种运输方式优势的综合运输体系。世界运输业出现了向系统化、合理化、高效化方向发展的新趋势，各种运输方式综合发展、联合运输广泛兴起和技术革命不断加快。经济发达国家运量在各种运输方式之间的分配，很大程度要由各种运输方式的能源消耗、运输成本以及减少对环境污染的可能性等方面来决定。这类问题的解决，不仅靠加强技术装备来解决，而且还要靠运输组织方式的最优化来解决。西欧各国把运输工具和换装设备的现代化、广泛采用集装箱运输和推行自动化的管理，作为提高运输系统综合运输能力的最有效的措施，这是因为科学技术的进步和竞争日益尖锐，以及在选择运输方式时，对运输速度、运交期限、货物完好无损的要求越来越高。联运是在协调和统一多种运输方式过程中发展起来的。以瑞典为例，瑞典是世界上经济最发达的国家之一，瑞典的经济之所以能持续地高速地向前发展，其中一条很重要的原因就是有发达的交通运输与之相适应。他们把“建立一个高效能的综合运输系统，在充分考虑该系统的需要的情况下，使运输的费用减至最小，为产品提供时间效用和地点效用。”

作为联合运输的基本原则和最终目标。瑞典政府很重视综合运输系统的建设,制定了“应花费最少的钱来为全国提供足够的运输,所采取的形式能提高效率、促进技术、保证安全。为了达到这一目标,应该允许各种运输工具和运输方式之间自由地平等地竞争,即各种运输方式要承担自己对社会的经济责任”,一系列有利于交通运输发展的经济政策,促进了运输系统从低级阶段走向高级阶段,进而建成发达的综合运输网络,促进了联合运输的形成和发展,进而涌现出若干个专业化和社会化的货运代理公司,满足产品的时间效用和地点效用,适应社会的需要。西德的联合运输也十分发达,负责专门组织各种运输工具参与联合的有近千家运输承包公司,各运输承包公司在改革包装工具,改进货物装卸和运输方法、改善托盘和集装箱结构上通力协作,扩大适用于托盘和集装箱运输的货物品种,利用能缩短运输工具停留时间的专用机械设备,制定适宜各种运输工具衔接换装的限界标准,建立国内货物中转站和国际联运办事处,西德的联运不仅提高了各种运输方式的综合运输效能,而且使各种运输方式取得最佳效益。当今世界的联运在经济发达国家已成为社会和经济发展之必需,据统计,世界上有 40 家国际集装箱承运公司控制了国际联运货物总量 90%,其中仅巴西一家集装箱承运公司在国际集装箱联运中就获得外汇 20 亿美元。在这些国家,联运发展趋势是广泛采用集装箱,集装箱成为联运的最重要和最突出的标志,用驮背方式组织集装箱运输成为联运最普遍和最先进的方式。纵观世界上经济发达国家的联运,可以得出这样一个结论,即:联运的发展随着商品生产的发展而发展,发达的联运是伴随着发达的商品经济而存在的,联运的需求是商品经济的派生需求。

在经济发达国家,发达的综合运输系统是开展联运的重要保证。各种运输方式在运输系统中充分发展自己的优势,成为综合运输的物质脉络。联运是运输系统优化的表现。多功能的货物中转站是开发联运的重要基地;标准化的集装箱单元是开展联运的重要条件;先进的服务设施和浮动的运输价格,是开展联运的重要手段。组织联运就是组织各种运输方式进行必要的合作和进行必要的竞争,这对推动联运的发展至关紧要。价格的高地,服务水平的优劣,仓储设施的多少,换装能力的大小,都是组织联运货源,竞争联运业务的需要。联运是优质服务的体现,联运是经济运输的成果。

我国是一个社会主义国家,发展联运是社会主义商品经济的客观需要。我国的联运虽有悠久的历史,但毕竟因为生产力水平不高,商品经济不发达,终未形成气候。新中国成立 38 年来,联运经历了“三起三落”曲折的发展过程,现在的第四次兴起,都说明了一个可题:联运的“起落”是不以人的意志为转移的,联运的每次“起”不是在同一个基点上,联运的每次“落”也不是在同一个位置上,它是伴随着商品经济的复苏而发展的。党的十一届三中全会以后,商品经济开始了新的发展,联运也随之东山再起,这一次不仅规模大,范围广,而且引起了政府和理论学术界的高度重视,从 1979 年全国联运工作北京现场会议以来,联运工作在我国开始了新的历程。我国是一个发展中的国家,联运在我国也因商品社会化程度不同,还要经历一个相当长的发展时间,目前还在起步阶段。交通要发展,联运要跟上,而发展联运又是一件非常困难的事,难就难在联运的本身集中了大量的矛盾,作为矛盾“结合部”的联运很难一下子应付各方面的需要和协调各方面的矛盾。联运能在全国范围内再次兴起,除在客观上适应了商品经济发展的需要外,很重要的一条是从中央到地方都有一批热心于联运事业的积极分子在奔波操劳,我国的联运事业将一步一步地,一个阶段一个阶段地推向前进。

从经济发达国家发展联运走过的路来看我国联运的发展进程,大体可分为这样三个阶段。即:初级的联运、发达阶段的联运、社会化阶段的联运。

初级阶段的联运,从联运在全国范围内广泛兴起开始,大约经过20年左右的时间,向发达阶段的联运过渡。初级阶段的联运要借助已经形成的运输布局,组建以中心城市为枢纽的联运网络,利用现有设施为依托,组建换装作业的网点,以五种运输方式为支柱,制订合理利用各种运输工具时间差和空间差的联运方案。初级阶段的联运是以代办运输服务为主要内容的松散型的联运。

发达阶段的联运,是在区域性联运网络的基础上组建跨区域的联运网络,在联运的枢纽城市组建多功能的货物中转站,在大经济区内组建专业的联运集团,实行“一次托运,一票到底,一次结算,全程负责”的网络式的联运。发达阶段的联运是以集装化运输为主要内容的紧密型的联运。

社会化阶段的联运要在下个世纪的中期形成,要在全国范围内建成“大小网点星罗棋布、长短网络辐射联系,立体循环平面交织”的联运网络后,由联运集团从生产的终端开始到消费地或消费者手中为止实行“门到门”的承包运输。社会化阶段的联运是标准化的集装单元组成的集装箱运输为主要内容的“邮政化”的联运。

联运是开展运输大协作的结果,发展联运:社会生产力发展的必然趋势,联运的发展是社会生产力发展水平的一个重要标志,我们坚信在党的十三大路线的光辉指引下,交通运输将会有突破性的发展,运输结构经过调整将会取得显著成效,联运将会随着交通运输的体制改革成为社会的自觉需要。

(本文选自1988年第1期《江苏交通运输》)

运输企业承包经营责任制论析

党的十三届七中全会通过的《关于制定国民经济和社会发展十年规划和“八五”计划的建议》,对深化经济体制改革的方向、任务和措施提出了具体的要求。继续增强企业特别是国有大中型企业的活力,坚定不移地推进改革开放,对我国经济的发展和社会主义制度的巩固,具有特别重要的意义。

今年是“八五”计划的第一年,继续稳定和改进现行承包办法,完善和发展企业承包经营责任制,已被视为运输企业深化经济体制改革的中心环节。运输企业自从推行承包经营责任制以来,虽然已经取得了非常明显的成绩,但它在推行的过程中也还存在一些急需调整的问题。要进一步探索完善运输企业承包责任制的途径和措施,尤其是要正确理解企业承包经营责任制的内涵,正确认识推进企业承包经营责任制的意义,才能有助于企业承包经营责任制的健康发展。

一、承包责任制的沿革

承包责任制作为一种经营管理制度,由来已久。早在农业合作化期间和三年困难时期,实行的“包产到户”、“包工到户”“三包一奖”、“小段包工”、“定额计酬”等,都是承包责任制在农业生产中推行承包的具体形式,它们对推动农业生产的发展起过重要作用。党的十一届三中全会以来,我国农村是以推行家庭联产承包责任制为重点率先进行改革的,这是承包责任制在新时期的延伸和发展,旨在建立责、权、利相统一的内在机制。承包责任制引入城市经济体制改革后,一开始因认识不足而出现过一些波折,但随着经济体制改革的不断深入,各种形式的承包责任制,特别是企业承包经营责任制如雨后春笋得到普遍推广,并且取得了较好的经济效益。把家庭联产承包责任制和企业承包经营责任制联系起来比较一下,可以看出两者有许多共同的属性,但深入研究下去,就可以得到两者所依附的生产方式不同,两者所要解决问题的重点也不相同的结论。我国农村之所以要推行家庭联产承包责任制,是因为我国农业的机械化水平比较低,以家庭联产承包为主的责任制,比较适应现阶段我国农村生产力水平。包产到户,把农民的积极性和劳动成果事实上的占有结合起来,重点解决的是集体与个人的分配关系;在农村通过经济合同确保承包任务的完成,可以比较合理地划分国家、集体、个人的关系。而在我国城市推行的企业承包经营责任制,则是建立在社会化大生产和现代化管理的基础之上,通过引进承包机制,加快企业内部经营机制的改革,加强企业管理,提高企业经济效益。这是从我国实际出发,用向国家包上缴利润、包技术改造任务的方式,重点解决国家与企业的分配关系。第一轮承包的实践告诉我们,在城市经济体制改革中,推广企业承包经营责任制不失为企业改革、搞活企业、增强企业活力的有效途径。

二、企业承包经营责任制的属性

因为企业承包经营责任制是一种经营管理制度,是划分国家与企业相互关系的一种方式,所以企业承包经营责任制具有双重属性。

企业承包经营责任制的双重属性，既表现为经营管理制度和企业生产相联系的延续性，又表现为国家与企业相联系的替代性。国家与企业的联系集中体现在税收和财产关系上，国家用统一的税率向企业征税，国家参与企业资产的收益分红。国家与企业的关系应当是规范的，但在现阶段市场体系不完善，外部条件差别很大的情况下，承包经营责任制的作用在某种程度上又替代了市场和宏观调控的部分功能。发展和完善企业承包经营责任制，对加快新旧体制的转换将会产生积极作用。

企业承包经营责任制的双重属性是相互联系的两个方面，正确处理国家与企业的关系。有利于企业独立经营，自负盈亏，深化内部改革；完善企业经营机制，有利于增强企业的适应能力，确保承包任务的完成。两者互为因果，互相促进，贯穿于企业改革之中。

三、企业承包经营责任制的发展趋势

企业承包经营责任制作为划分国家与企业责、权、利关系的一种方式，要使它在新旧体制的转换中发挥中介作用，必须从建立产权规则和改革税制这两个方面去认识和研究它的发展趋势。

在推行企业承包经营责任制的过程中，如果产权关系模糊，很难避免企业职工追求收入最大化倾向，很难避免地方和企业向上面争投资、争贷款的强烈冲动，很难建立起对企业经营者的约束机制。只有在实现国家宏观调控权和所有权分离的基础上，建立分层次的国有资产管理制度和经营机构，制定明确的产权规则，严格限定国家与企业的责、权、利的边界，从法律上保护企业充分行使经济法人的地位，才能调动经营者的积极性，使企业自己的权利得到充分发挥。

推行企业承包经营责任制，主要是企业向国家承包上缴利润。这种办法与现行的利改税有些矛盾和冲突。这是在市场机制不完善，价格体系不合理，改革措施不配套的情况下，为解决矛盾和缓和冲突而采取的一种方式。采用承包利润的办法，使国家与企业的分配关系建立在一个新的均衡点上。随着改革的深入和生产的发展，可以用“税利分流”、“税后还贷”和“税后承包”的新办法，逐步把强制性的税收与企业的收益红利在收入归属和使用方向上划分开来，实现投资主体的转化，从而带动其他方面的改革，为在新体制下确立国家与企业的关系铺平道路。

四、发展和完善企业承包经营责任制的几点思考

运输企业在推行承包经营责任制的过程中，已经积累了不少经验。如：通过公开招聘来选择经营者，通过实行计件工资、定额工资来改革工资分配制度，通过推行“满负荷工作法”、“优化劳动组合”、“厂内银行”等来强化企业管理等等。所有这些，都为建立有中国特色的企业管理制度打下了良好的基础。但是，在探索发展和完善企业承包经营责任制的途径和措施时，当务之急是要首先解决认识问题。推行企业承包经营责任制不能强求一个模式，不能搞“一刀切”，要能反映社会化大生产的客观要求，符合不同行业、不同企业的特点。推行企业承包经营责任制要立足于企业结构的优化，而企业结构的优化有赖于人、财、物诸要素的有效流动和合理配置。从长远看，固守单个企业孤立地搞承包，不利于企业结构的优化，不利于企业的长

远发展。

根据李鹏总理在七届人大三次会议上“坚持完善和发展企业承包经营责任制，总结经验，兴利除弊，使承包制在继续发展鼓励机制的同时，加强约束机制，正确处理国家、企业和职工三者的利益关系，以及长远和当前利益的关系，克服短期行为”的讲话精神，我们提出以下几个方面的建议：

1. 承包经营责任制的形式要优化，目标要简明扼要。按照规范化的要求优化承包形式，优的标准是有利于增加财政收入，有利于促进企业精神，有利于调整运输结构，规范经营行为，提高运输的组织化程度。要严格按国家颁布的“承包条例”确定承包目标，除了把包上缴利润和包技术改造任务定为共同的目标，还要根据运输企业的特点，把“安全、质量、运量、周转量”列为特殊的目标，使承包目标重点明确，内容扼要。

2. 承包经营责任制的指标要规范综合，承包基数和上交比例要加风险系数。要制定一套比较规范的综合指标，强化硬指标（运输效率、运输效益、资金利税率、工资利税率等），弱化软指标，确保国有资产的完整和增值。要克服普遍存在的指标基数偏低的现象，指标基数的确定要就高不就低。这里所说的“高”，就是要发挥竞争机制和风险机制的作用，指标基数的下限应该是经过努力才能达到的指标，是要有一定风险性的指标，而不是旱涝保收的指标。

3. 承包经营责任制规定的权利和义务要明确具体，要强化约束机制。承包双方规定的权利和义务要实实在在：规定给企业的权利不含糊其词，确保企业法人有职有权；规定给企业的义务不折不扣，确保企业法人有权有责，使权利和义务相一致。要做到既能落实企业的自主权，又能约束承包人的行为。要强化约束机制，严格控制企业超额留利部分的使用，可以规定将超额留利部分的20%转入风险基金，增强企业的负亏能力，增强企业的发展后劲，增强承包经营责任制的严肃性。

4. 承包经营责任制的承包期限要有灵活性。要因企业制宜，属于减亏包干的企业承包期限要短一些，属于技术改造任务重的企业承包期限要长一些。因为运输业有“生产过程和销售过程同步进行”的特点，运输企业的承包期限要有弹性，不要定死年限，什么时候结束承包，要结合承包经营者的能力、企业生产经营状况和经济效益来决定。

5. 承包经营责任制的奖惩兑现要对称。要统一规定奖励标准，一般以职工人均奖金的几倍计算对承包人的奖励为宜，档次不宜悬殊太大，要做到奖一罚一，超额1%奖多少，缺额1%就要罚多少。光奖不罚，多奖少罚都容易使承包经营责任制流于形式。要奖得使人有催人奋发之感，要罚得使人有断臂切肤之痛，才能真正发挥激励机制的作用。

以上是我们学习党的十三届七中全会公报的一点体会。我们相信，在总结历史经验和当前实践经验的基础上，进一步贯彻落实已经颁布的搞活企业的法律、法规和政策，继续从多方面采取有力的措施，企业承包经营责任制将会得到进一步的完善和发展。

（本文选自1991年第6期《江苏交通》）

运输计划管理的重点在“指导”
划分营运范围的关键在“分工”

在党的改革开放方针指引下,我市的运输市场发生深刻的变化,一个多层次、多形式、多家经营的运输格局已经形成。面对客货运输实行计划管理这一课题,我们通过学习和调研,对指令性运输计划、指导性运输计划和市场调节的属性和内涵有了新的认识。指令性运输计划带有强制性,范围明确,运量集中,易于管理,矛盾不大;市场调节部分因其批量较小、零星分散,在承运范围和承运能力上有一定局限性,对整个运输市场影响不大;而指导性运输计划因其面广量大,情况复杂,矛盾突出,在运输市场中具有举足轻重的作用。因此,我们认为应该把指导性运输计划列为运输计划管理的主要方面,加以认真研究和重点管理。

如何管好指导性运输计划? 这既是一个理论问题,又是一个实践问题。为什么“管”与“放”的问题总是处理不好? 为什么“一管就死,一放就乱”? 究其根本是不能抓住指导性运输计划的“牛鼻子”,关键是把握不住“指导”的范围、“指导”的力度和“指导”的深度这三个实际问题,统得太死,指导性计划将变为指令性计划,难以发挥运输市场的活力和各种经济杠杆的调节作用;放得太松,任其市场机制作用进行自发调节,指导性计划将流失为市场调节,大宗物资、重要物资的运输任务难以完成,市场秩序难以维护,宏观调控无法实现。由此可见,如何处理好计划经济和市场调节相结合的关系,如何适度地、适时地管好指导性运输计划,划定指导性运输计划的范围,是摆在我们管理工作中的一项重要任务。

运输市场两个关键要素:一是运力,二是客货源。抓住这两个要素,才能抓住指导性运输计划管理的“牛鼻子”。在运力管理上,我们坚持以专业运输企业为主体,在控制社会运力盲目增长的同时,划分国营、集体、个体运输经营者的经营范围。在运力管理和客货源管理的结合上,我们又实行了运力计划投放和客货运输计划两种管理形式,并通过专业运输企业的基本分工,初步形成了集团运输能力,发挥了运输工具大中小、笨中轻相结合的整体效益和专业运输的优势,消除了内耗,减少了矛盾,实现了比较合理的运输分工,形成了运输的整体合力。我们认为这样做是“以分求合,合从分来”。形式上似“分”,实质上是“合”,通过合理的“分”,达到有机的“合”,使各类经营者在各自分工范围内发挥各自优势,以提高全社会综合运输的能力。我们的具体做法是:

一、制定货运管理办法,加强货运的计划管理

1989 年下半年,随着治理整顿的逐步深入,面对社会化的大生产,运输市场在交通运输事业的发展中发生了很大变化。从镇江的实际情况看,由于国家经济结构的调整,基本建设的紧缩,运输市场出现了供大于求的不正常情况,市场疲软、货源紧缺,卖方市场转为买方市场,一方面专业运输企业的车辆停驶、船舶停航,一方面社会车船还在盲目增长。因为争揽货源,加剧了各类运输经营者之间的矛盾,使运输市场秩序再度陷入混乱。为迅速扭转运输市场出现的混乱局面,我们在深入货源集散地、起讫点调查的基础上,根据省政府 49 号和市政府 71 号

文件精神,决定从加强货运计划管理入手,深化货运市场的整顿治理。按照有计划商品经济的要求,将运输计划分为指令性运输计划、指导性运输计划、市场调节三部分。在确保完成指令性计划的前提下,将大宗物资运输,长途货物运输,季节性时间性强的物资运输,重点港站中转疏运的物资和外贸进出口物资列为指导性计划;对小批量、零星短途货物和农副产品实行市场调节,承托双方择优成交。根据文件规定和运输的需求变化,我们重新划分了各类运输经营者的经营范围,重新明确了各类运输经营者的各自分工,从而确立了专业运输企业在运输市场的主体地位。为落实计划管理的各项要求,我们又通过年审和核发营运证,重新核定运输经营者的经营范围,除专业运输企业可以承担各种货物运输外,厂矿企业自备车船核定为本单位、本部门货物运输。为对社会车船盲目增长的势头有所控制,使运输的需求保持相对平衡,我们对审批营运车船实行了"三宽三严"的原则,即特种车从宽,普通车从严;小吨位从宽,大吨位从严;公用型车船从宽,自备车船从严。同时,暂时停止审批个体运输户参加营业性运输,对厂矿企业自备车船除更新、报废实行正常审批外,新增车船参加营业性运输,从严控制,实行额度审批。

二、抓住指导性运输计划的"牛鼻子",发挥专业运输企业的骨干作用

1. 组织专业运输企业参加集团运输,确保重点港站畅通和大宗外贸进出口物资的运输

属于指导性运输计划的港站物资和大宗外贸进出口物资由于批量大、时间紧、要求高,往往一两个运输企业难以单独完成,但为了争揽货源,保住本单位的经济利益,经常发生为争夺业务而相互倾轧,有少数运输企业甚至不惜成本,用压价的办法相互竞争,从而诱发了物资单位和代理部门不正当的选择性,结果是延误了时机,抵消了力量,增加了运输企业之间的内耗,影响了运输任务的完成。为结束这种不合理的竞争,我们对这部分运输任务实行了特殊的管理方式,由市运管处用行政干预的办法,实行一头对物资单位,统一组织各专业运输企业参加集团运输,确保了外贸进出口任务的如期完成。这种特殊的管理方式和必要的行政干预,受到了物资单位和运输企业的欢迎,稳定了运输市场的正常秩序。1990 年至今共组织完成外贸进出口物资运输 25 万余吨。

2. 组织以"双保"为内容的责任运输,实行运输企业业务分工

为进一步落实"运输保生产,生产保运输"的双向责任,强化"运输保生产"的制度,我们从去年 11 月开始,对我市 6 个陆运企业常年定点运输的 435 个物资单位的货源结构、流量、流向、流时、流距进行了广泛调查,调查表明:常年定点运输的年总运量有 276 万吨,占 6 个运输企业年运量的 77%。为对这部分货源进行系统管理,我们将物资库存的 A、B、C 分类法,运用于货源的分类管理,对 6 个运输企业的承运情况进行 A、B、C 分类汇总,发现同一物资单位的同一货种,因起讫点不同,形成运输企业交叉的有 122 个物资单位,交叉率为 28%,有的物资单位同时与 5 个运输企业签订运输合同。为明确运输责任,减少交叉重复,有必要对专业运输企业实行重新分工。在分工中坚持贯彻以下 6 个原则,即:改革开放鼓励竞争的原则,集中统一发挥优势的原则,尊重历史兼顾现实的原则,专业分工联合协作的原则,面向市场开发货源的原则,统筹兼顾提高效益的原则。在具体操作中又采取了"三看三兼顾三确定"的方法,即:一是从物资单位看运输企业交叉管理业务状况,兼顾历史分工,确定在原分工格局不打乱的前提下进行合理调整;二是从承运单位看货源品种结构,车型配置和地区分布状况,兼顾运输路

径和港站中转疏运,确定以物资品类进行业务分工;三是看各专业运输企业市场占有率的状况,兼顾年度计划完成情况,确定业务分工量的适当调整。在分工中我们还十分注意理顺关系,优化结构,明确责任,督促运输企业在各自分工的业务范围内,加强与物资单位的联系,签订和完善"双保"运输合同。为奖优罚劣、鼓励先进、鞭策后进,我们还定期公布运输动态和合同信息,对不适应或不合理的"双保"运输合同进行及时调整,以确保承托双方的合法权益。

3. 组织开发特种运输项目,引导运输企业调整运输结构

为跟上我市运输市场发生的变化,为给新产品、新材料、新技术、新能源的开发提供良好及时服务,我们把开发新的运输项目列为指导性运输计划的"牛鼻子"来抓,要求运输企业组织专门力量开拓开发,积极鼓励和指导运输企业调整运输经营结构和车辆技术结构。我们针对本市化工企业原料多、产量大的特点和危险物品运输市场的现状,组织第二汽车运输公司致力于开发化工物品运输。在调查取得第一手资料的基础上,和市经委联合颁发整顿危险物品运输市场的通知,及时作出危险物品实行专业归口运输的决定,由第二汽车运输公司率先成立化工物品运输车队。我们又根据铁路发展集装箱运输和大港新建集装箱码头的要求,引导企业发展集装箱运输业务,在联运公司成立集装箱中转站,要求大件运输公司新置集装箱运输车辆,以铁路集装箱的集疏运为试点,组织装箱和掏箱业务。为适应运输改革的需要,我们又组织专人对国际集装箱运输市场进行调研论证,着手准备以大件运输公司为主成立集装箱运输车队。与此同时,我们还组织有关企业开发专用线运输业务,开发海上运输业务,开发油品运输业务。大量资料表明,特种运输潜在能力大,不易取代,有一定的稳定性和连续性,在指导性运输计划中所占的比重将会越来越大,当前组织开发特种运输具有特殊的指导意义。专业运输企业在搞好习惯运输的同时,开发一两个特种运输,使每个企业都有自己的特色,都有自己的特长,都有自己大显身手的场所,这样交通运输专业化的程度必将提高,运输结构必然稳向合理。

4. 组织专线专营客运线路,实行客运直达特价运输

宁镇扬美称为"银三角"。随着镇扬、镇宁、宁扬环形公路的陆续开通,旅客运输的流量与日俱增,为满足三市居民的旅行需要,我们针对镇扬线和镇宁线客运里程短、早出晚归和旅客的流量大、流时集中的特点,在深入调查和实地勘察的基础上,与扬州、南京两市运管处磋商,把这两条线的客运纳入指导性运输计划,分别实行流水直达和专线专营的方式组织营运。并对运力投放,开行班次,营运车型,站点设置,服务代办等都作了明确规定,坚持实行"统一售票,统一费率,统一价格,统一运行调度,统一代理服务,统一结算"。对发车率、正点率、实载率及司乘人员的服务态度进行跟踪管理。我们在镇扬汽渡设立检查站,在宁镇线与公安设立联合检查站,监督客运经营者的经营行为,查处违章违纪,组织创建文明线路。实践证明,在计划管理的指导下,建立以专业客运企业为主体的客运市场,是现阶段经济发展的需要,宁镇线公铁分流的成功就是一个最好的例证。

为贯彻"国营为主体,集体为辅助,个体为补充"的方针,我们以客运中心为依托,组织国营、集体、个体,专业、非专业客运经营者参加镇扬线客运;为对镇扬线客运市场实行有效控制,我们"以人头定车头,以车头走票头",使"人头、车头、票头"三位一体,实行"四个统一"。镇扬线是一条特殊的客运线路,陆路里程虽然只有26公里,但待渡和在渡时间长,周转速度慢,且多受天气影响,大型客车普遍亏损,而个体客车和小型客车却有利可图,并利用客多车少抬

价杀价,扰乱客运市场。为使镇扬线客运的秩序保持正常,我们运用经济杠杆制定特价,调动大型客车参加营运的积极性,把大客车票价从 1.80 元调整到 2.50 元,使 45 座大客车月增加营收达到 2700 元左右,有效地改变了大中小车辆投入的构成比例,大型客车从原来的 72 辆,增加到 135 辆,使大型客车即专业客运企业的运力成为镇扬线客运的主力,从而稳定了镇扬线客运市场,平抑了运价,维护了乘客的利益,满足了乘客的需要。

(本文选自 1991 年第 10 期《江苏交通运输》)

中国联运发展战略之刍议

交通运输是人类社会的基本活动，是社会生产的重要条件，是社会生产力的重要组成部分。交通运输是国民经济的动脉，它把国民经济各个部门和各个地区连接起来，在社会物质财富的生产和分配过程中，在广大人民的生活中，起着极为重要的作用。

交通运输是制约经济发展的一个重要因素。多年来，由于我们对交通运输的特性缺乏足够的认识，忽视了交通运输在国民经济中的地位和作用，交通运输一直是国民经济中的薄弱环节。大量的货物和众多的旅客在有限的并且已经饱和的运输网中缓慢地移动，影响了基本建设的进度，拖了工农业生产的后腿，在四个现代化的建设中，运输和生产的矛盾，成为令人瞩目和非常突出的社会问题。

为适应商品生产和商品交换的需要，我们的计划经济部门提高了对交通运输的投资比重，应该说党的十一届三中全会以来的十年，交通运输较之以前情况已大为改观。但终因运输布局和运输结构的不尽合理，短期内缓和交通运输的紧张局面俨然是我们面临的一项艰巨任务。应当迅速制定一系列有利于交通运输发展的方针政策，加快交通运输事业的发展，要在国民经济“并列发展”的同时，争取“超前”发展；应当切实制定一个有利于各种运输方式综合发展的战略规划，建立起能够充分发挥各种运输方式优势的综合运输体系。

交通运输是以劳动地域分工的公共运输为基础的，交通运输应该成为联结商品生产的纽带和沟通商品交换的桥梁。在我国因为条块分割的交通运输管理体制，五种运输方式分属四个部门管理形成的排他性，因为小生产观念的影响，各运输部门为追求自身的利益，过分注重自成体系造成的封闭性，使得本来就不富余的运力在相互抵消力量，不但没有成为发展商品经济的“润滑剂”，相反成了影响商品经济发展的“减速器”。要使交通运输适应商品经济发展的需要，我们必须采取两条腿走路的方针，在争取扩大外延新增运输能力的同时，大力组织和发展联运。联运是一件利国利民的好事，发展联运，可以提高综合运输能力，挖掘运输潜力，发挥工具效率，给社会带来更多的经济效益。

纵观全国交通，联运的发展是很不平衡的，有的地方发展很快，有的地方发展缓慢，还有的地方刚刚起步，但从中可以看出这样一个问题，凡是工农业生产发展速度比较快的地方，联运工作搞得比较出色，商品流通渠道比较畅通，商品经济比较发达。由此看来，联运和商品经济有着密切的关系，联运不仅是商品经济的产物，而且是社会主义有计划商品经济发展的客观需要。江苏省的联运就是能够说明这个问题的一个很好的例证。

江苏省 1988 年工农业总产值达 2100 亿元，名列全国第一，成为沿海地区发达的省份之一，其中一条很重要的原因就是有比较发达的交通运输和比较协调的联运，为原材料的运输和商品流通提供了保证，江苏的乡镇工业发展快，轻纺工业比重大，大量的原材料要运进来，大批的商品要调出去，品种多，批量大，流向广，时间急，原有的运输组织和运输能力已经远远不能适应生产和消费的需要，生产容易运输难构成发展联运的基因，发展联运成了江苏经济发展的客观需要。

我国幅员辽阔，物产丰富，人口众多，产品种类五花八门，为满足生产和消费的需要，必须要有发达的交通运输与之相适应。而我国的工业布局又不尽合理，多数生产厂不靠近原料基地，商业网点又因历史的供求关系而遍及全国各地的所有城乡。我国的交通运输虽有很大发展，但仍不能满足需要。特别是在商品生产和商品经济发展的今天，交通运输很不适应因为港站码头不能紧密衔接，不少货物必须经过铁路或公路转到水路上去，又有不少货物需要从水路或公路上转到铁路上来，这就必然产生了多环节、多区段、多工具的相互接转，发展联运成为一种不可缺少的运输组织方式。

联运是从接受委托至到达交付，组织两程或使用两种以上的运输工具，凭借统一的票据，实现客货空间位移的一种网络式的“保价”运输。联运的宗旨是用经济办法，科学地把各种运输工具有机地结合起来，把集、装、运、卸、散五个环节紧密地连接起来，扬长避短，相互补充，发挥最佳运输效果，提高社会经济效益，发展联运要从社会对运输的需要出发，从货主对运输的要求出发，从运输本身的经济效果出发，提供全面的、高质量的、高效率的运输服务，为货主解决运输难的问题，并使货主在其中得到好处，为运输工具组织货源，并使运输企业获得利益，发展联运且能改善经营作风，恢复交通信誉，为社会提供安全、优质、迅速、方便、经济的运输服务，特别是在今天运力和运量不相适应的情况下，组织联运是充分发挥运输工具效能，提高运输效率的重要途径。

联运的发展和联运企业的出现是联合运输向专业化方向发展的重要标志。联运企业是发展联运的物质支柱，联运网络是发展联运的物质基础。面对众多繁杂的客货运输任务，单个的联运企业是无能为力的，必须形成一个联运企业群体，才能肩负起联运的重任。联运的活力在网络，网络的潜力在网点，网点的本能在集散。网点不仅是网线的初始，同时又是网线的归宿，一个好的网点要同时具备集、装、卸、散四种功能，要有一定的吸引力和有一定的辐射力，要既能吞来又能吐得出去，并且是吞和吐的有机结合。

网点建设要有规划，要借助已经形成的运输布局，要利用已有的交通运输设施，做到点面结合，形成综合能力，网点建设要因地制宜，不能急于求成。一般要先在中心城市建立区域性的联运企业，区域性的联运企业应包括以中心城市港站枢纽为依托的联运公司和在经济腹地内城镇设立的联运分公司。要以区域性的公司为网络把各分公司连接起来，构成“大小网点，星罗棋布，长短网络，辐射联系，立体循环，平面交织”的联运网络。区域性公司和分公司之间除了在业务上实行联合经营外，应视作两个独立的企业，经济上实行分别核算，各负盈亏。分公司应在“小”字上和“散”字上做文章，主要任务面向城镇，负责物资集散，把零星的货物集中起来，进行初加工，把到达的货物分散出去，终止货物的运程。

中心城市的联运公司在业务上以承托双重身份交替出现在运输市场上，与物资单位签订托运协议，与运输企业签订承运合同，并运用经济手段做到相互制约。有条件的地方，联运公司可以和货主、运输企业实行产、供、运、销、联合经营，实行代供代销、代储代运、贸运结合。交通运输枢纽所在城市的联运公司可以分别和铁路、公路、水运、航空等运输企业联合经营联运业务，实行铁、公、水、航紧密衔接，有机结合。联运公司与参加联合经营的各方，应实行平等自愿，互利互惠，按提供的劳务数量或资金数额合理分配物质利益。

倡导联合经营联运业务，是在社会主义初级阶段为提高交通运输的商品化程度的权宜之计，是联运向专业化方向发展的必经阶段。但联运和联营之间有着本质的区别，联营并不等于联运。联运是根据不同的运输方式的特点,科学地组织运输的全过程,是一种全新的运输组织方式;而联营是运输企业从自身的经济利益出发,在企业之间实行的横向经济联合,是一种适应竞争的经营手段。联营可以促进联运的发展,联运可以提高联营的程度,联运联营和联营联运都是在“初级阶段”中心城市联运向专业化过渡的组织形式,前者是联运企业之间或者是联运企业和运输企业之间联合经营联运业务,后者是运输企业之间联合经营运输业务。无论是前者还是后者,都会在竞争中优胜劣汰,重新组合,结成松散型的联运群体或紧密型的联运集团。

为推动联运事业的蓬勃发展,可在全国范围内创办行业性组织——“中国交通运输协会联运联合会”(简称“双联会”)。双联会作为一个社会经济团体和行业管理公会,在政府的领导下,按经济合理的原则统筹规划全国的联运网络,协调各大经济区之间的联运业务和积极开发国际联运,双联会每年召开一次会员大会,吸收新会员,制定新章程,交流新经验,选举新领导。为及时交流联运信息,互通联运情报,还可以编辑出版《联运周报》和《联运丛刊》,用于指导联运企业提高经营管理水平,沟通横向联系。

发展联运就全国而言,不宜采用一个模式组织联运。我国的联运从总体上说还处在起步阶段,难度较大,矛盾很多,每前进一步都要付出很大代价。全国的联运工作之所以能再次兴起,很重要的一条是从中央到地方都有一批热心于联运事业的积极分子。当前,改革在不断深化,横向联系在不断加强,对联运的要求也越来越高,为促进联运事业的顺利发展,应当解决迫切需要明确的实际问题。要摒弃小生产的思想观念,深化对联运的认识;要建立和健全联运的管理体制,上头要有头,下头要有点;要运用经济手段、行政手段、法律手段来办联运,使联运的发展适应商品经济发展的要求;要制定有利于联运发展的方针政策,增强发展联运的实力;要颁布联运的规章制度,协调各种运输方式的衔接;要加强联运的横向经济联合,合理分配物质利益。总之,政府应当把发展联运列入重要议事日程,政府重视联运的程度能决定联运“联”的程度,各级政府对待联运的态度是发展联运的“寒暑假表”,从某种意义上说,政府的重视,是发展联运的精神依托。

联运是一种派生需求,发展联运必须优化运输结构,改变交通运输各自成网,各成体系,各管各的局面,要把现有的铁路网、公路网、水运网、航空网连接起来,统筹兼顾,协调发展,搞好联运,要充分发挥各种运输方式的优势,在全国构成一个四通八达的经济合理的现代化的综合交通运输体系。

(本文选自1992年《国际联运概要》)

美国交通运输一瞥

应美国康达运通有限公司的邀请,镇江市交通运输考察团一行 14 人,对美国洛杉矶、纽约、华盛顿、旧金山四个城市的交通进行了实地考察,考察团在美期间考察了南加州、北加州和内华达州的部分高速公路系统,并对洛杉矶市的 602 号、10 号等高速公路的车辆流量,车型结构、客货车辆构成比例进行了抽样勘测,参观了洛杉矶国际机场、旧金山国际机场、长堤港和金门大桥,拜会了洛杉矶市长堤港务局、美国西北航空公司,分组察看货运飞机的到达、接卸、分解、转运和发送、短驳、装舱、定位的作业过程。听取了有关介绍,收集货物运输、旅客运输、运输市场管理、运输管理法规等方面的资料。对美国交通运输的情况有了初步的了解,感到收获很大,可以学习和借鉴的东西很多,大致如下:

一、发达的交通运输,干支相连、四通八达的综合运输网络是美国社会和经济发展的命脉

美国是世界上最发达的资本主义国家,美国经济的发展和交通运输的发展是密不可分的,往往是先有交通运输的发展而后才带来社会和经济的发展。交通运输成为美国社会和经济发展的动脉,成为美国经济的物质基础。美国的交通运输非常发达,各种运输方式竞相发展,已经形成一个综合运输系统。现有的 21 万公里铁路线横贯全国,连接大西洋、太平洋沿岸的各大城市,承担着全国 2/5 的货物运输量,美国政府为稳定铁路运输的基本效益,还专门拨款对铁路进行技术改造,致力发展双层集装箱运输和提高铁路平均运距。内河航道 4.6 万公里,承担全国 15% 的货物运输量,东北部五大湖(苏必利尔湖、伊利湖,安大略湖、密执安湖、休伦湖)既是最大的淡水湖群,又是水路运输的重要通道。管道运输已经成为美国的重要运输工具,不仅运输石油、天然气,还运输煤炭,已经承担了全国运量的 1/5。公路运输四通八达,总里程达 625.8 万公里,平均每千平方公里有公路线 668 公里。公路运输是美国客运主要方式,它承担着全国旅客运量的 4/5。美国有海岸线 22680 公里,海运非常发达,平均每 100 公里海岸就有一座万吨级港口,这些港口是美国大陆连接太平洋和大西洋的重要门户,是美国进出口贸易的桥头堡。美国的空中运输主要承担中长距离的旅客运输,全国共有商用机场 1500 多个,定期航线达 28 万公里,位于加利福尼亚州南部、太平洋之滨的洛杉矶国际机场占地 3500 英亩,有 14 条起降飞机的专用跑道,每天有 2000 多架次飞机在洛杉矶机场起飞或降落,平均每分钟 1.5架次飞机起降,频率之高,实属罕见。洛杉矶国际机场是一个全天候的机场,配有精确的盲降系统,每年进出空港的旅客多达 4600 多万人次,是美国连接远东地区的空中门户。美国航空配备有专门运输货物的飞机,一架货机一次能装载 110 吨货物,装卸作业全部实现自动化,装卸一架飞机只要两个小时,速度之快,利用率之高称得上世界一流。美国国内航空使用的是小型飞机,50 多个客位,犹如“空中中巴”,速度快、班次多,飞行高度不高,密封性能很好,起飞降落相当平稳,特别适合穿梭于城市之间的公务旅行乘客。从某种意义上看,发达的交通运输是美国的经济命脉。

二、汽车运输是美国运输系统中最庞大和最重要的运输方式，在综合运输体系中，优先和加快发展汽车运输是美国商品经济发展的需要

美国是世界上公路里程最长，拥有汽车最多的国家，现有公路里程625.8万公里，其中高速公路有7.5万公里，占世界上高速公路总里程的2/3，干线公路57万公里，连接美国各个城市。美国的公路标准等级高，占1/3以上的高速公路和干线公路都是多车道(4～8个车道)单行线，公路设备完善配套，标志标线齐全醒目，并配有现代化的交通监测，车辆疏导和通讯联络系统。美国的汽车保有量多达18400万辆，其中轿车14200万辆，载货汽车4200万辆，(40吨以上的大型载货汽车有120万辆)，全国有1.8亿人有驾驶证，平均每千人占有汽车736辆，平均每个国民拥有4～5个客车座位。

美国公路运输在国民经济中占有十分重要的地位，在社会和经济的发展过程中起着保障和促进作用。汽车运输完成的货运量占各种运输方式之首，全部的牲畜，80%的水果、蔬菜，90%以上的砂石，80%以上的水泥都是由汽车来运送的。汽车运输完成的客运量，占总客运量的80%，中短途旅客大都是由城际公共汽车承担。汽车运输的营业收入占整个运输营业收入的77.6%。

美国汽车运输所以能得到高度发展，有其深刻的社会、经济、历史根源，但究其根本，是因为汽车运输的机动、灵活、快速、方便，可以进行"门到门"运输的特点，特别适应商品经济发展的需要。商品经济的高度发展，迫切要求加快、汽车运输的发展，加之，美国政府从1936年开始建立公路建设信用基金制度，每年有140亿美元用于全国洲际公路网的规划和建设，用于扶持汽车运输行业的发展，用于开展公路运输系统的科学研究和有关法规的制定和实施工作。所有这些对保护和促进汽车运输的发展起了重要作用。

美国公路已建成由国际公路、洲际公路、地方公路构成的发达的网络系统。高速公路由联邦运输部和各个州的高速公路管理局实行分级管理。全国高速公路的规划、政策、标准、资金，由联邦运输部负责，高速公路采用计算机管理。在车流密度大的干线路段设置现代化的交通控制系统和车流动态装置，以合理疏导车流和监控车流运行动态，保证车辆畅通无阻。在通过居民区的路段还建有隔音墙和隔音板，以减少汽车行驶的噪音影响。为解决轿车过多的问题，公路上设置了公共汽车专用车道，三人以上合乘一辆车可以优先通过。美国载货汽车的吨位结构以小型和大型为主，4.5吨以下的小型货车占78%，因为它比较经济、方便，大部分作为私人用车，零售商品用车，短途零星货物运送。总重在15吨以上的大型货车占14%。大型货车迅速发展的主要原因在于能提高效率，降低油耗，压缩成本，增大利润。美国的客车安全、舒适、美观，大型客车广泛采用空气悬架，自动无级变速，提高了运输的经济性减少了排放污染和提高了舒适性，车内大都装有空调的设备，有的大型客车为适应长途旅行需要，还设有快餐部位、厕所和卧铺。

为保护和促进汽车运输业的发展，美国政府从1935年起对汽车运输行业实行调控和管理，发布了"商务运输法"，对开业、停业、经营范围、市场行为、运输价格作了比较严格的规定：开业或停业必须经政府主管机关批准，并领取经营许可证；从事洲际运输必须经过洲际商务管理委员会批准，经批准的营运线路有专营权，批准的运价不准自行变动；非营业性车辆不准从事营业性运输，不准铁路、水运、民航等企业兼营汽车运输。经过45年的调控和管理，随着美

国的经济发展和综合运输体系的形成,美国政府于1980年公布了《机动车辆运输法》,解除了对洲际运输部分过严过死的规定,鼓励自由投资,放宽经营条件,简化审批手续,取消了线路专营,新投资经营汽车运输只要具备基本从业条件,一般都能获准经营。对申请扩大规模和经营范围不再实行限制,非营业性车辆履行简单的审批手续即可从事营业性运输。汽车运价只要承托双方协商一致,报洲际商务管理委员会公布即可执行,运输企业可以自定运价报备后执行。铁路、水路、航空、邮电部门可以兼营汽车运输等等。美国之所以在调控管理45年后发布新的规定,是因为美国的商品经济已进入高级阶段,市场机制已经发育健全,美国的汽车客、货运输,运输经营体制已经在全国范围内形成城间客运、包裹运输、快件运输、零担运输等企业集团。新的规定有利于经营者在平等条件下开展竞争,有利于提高运输服务质量,降低运输成本,完善企业的经营机制和提高运输经济效益。

三、美国交通运输专业化程度和组织化程度很高,联运已经成为综合运输的发展趋势,货运代理在其中发挥着重要的组织作用

在运输组织和经营方面,美国的交通运输为发挥综合运输能力,致力于组织各种运输方式参加联运。组织联运,不仅提高运输的专业化程度,而且对完善物流功能,提高物资流通效益具有重要作用。美国的联运广泛应用电子计算机进行管理,扩大了各种运输方式之间的网络功能,加快了各种运输信息的交流传递,提高了综合运输的经济效益。随着美国政府放松对运输的管制以来,为各种运输方式服务的货运代理商或运输经济人迅速增加,他们成为联运的中介,为运输经营者和货主之间牵线搭桥,为货主组织运力、代理运输,为车船主组织货源、代结运费,对提高运输组织化程度和运输效率起着重要作用。美国规模最大的鲁滨逊货运代理公司,在美国和加拿大共设有59个业务站,配有先进和完善的信息系统,可以调动14000余辆汽车,15万台设备进行货运服务,还为1000多个自用运输企业组织回程货物,办理业务,代租车辆,提供服务。邀请我们赴美考察的美国康达运通有限公司,就是一个经营国际航空和船舶的货运代理公司,这个公司可以在世界范围内办理各种国际运输,在美国、新加坡等国家以及中国台湾、中国香港等地区都设有分公司,在中国的上海、天津、大连、北京都设立了办事处,可以代办各种运输方式的货运代理业务。这个公司是经过IATA批准的货运代理商,持有FMC特别许可证,能从世界各地的港口为进出口货物提供服务,能按照货主的要求,把货主的货物及时送到世界各地空港。该公司还能提供"门到门"的全集装箱运输服务和集装箱、散货混装海洋运输服务。能办理运往世界各地空港的货运包机业务,特别是贵重、鲜活货物的空中运输业务,既能做到准确、及时,又能做到保质、保量。

美国联邦政府对运输业放松管制是加快运输代理业和运输经纪人发展的重要因素,美国运输部为使运输经纪人成为完全自由经营的服务机构,把运输经纪人定义为:某些个人既不直接从事运输,也不是某些运输公司的雇员或代理人,他们作为销售商,提供销售,洽谈服务或者根据要求进行广告或其他服务,根据安排,委托运输公司提供运输服务,从而取得报酬。运输经纪人向运输部门收取手续费,通常为总运费的5%~50%,或者按固定的价格表收费。运输经纪人只要遵守美国法律的有关规定,就会领到营业执照,只要有营业执照,就有权在美国50个州为任何属于洲际商务委员会管理的运输公司代理业务。有些运输经纪人不仅代理普通运输业务、合同运输业务、洲际运输业务,而且已形成全国性专业服务网络,并通过计算机联结成无纸贸易网络。

我国的交通运输和美国的交通运输相比差距甚大，但美国“以法治运、政出一门，平等竞争，技术进步”的经验和做法可供我们借鉴和参考，为加快我国交通运输的发展，特提出如下建议：

1. 应尽快建立和健全我国的运输法规体系，制订符合我国国情的“商务运输法”

美国的运输经济法规和行政管理法规很健全，经营者能依法经营，管理者能依法管理，规章制度齐全，立法层次较高，所有法规都是国会立法，执法权限划分合理，国会立法、运输部和洲际商务委员会监督实施。建议全国人大能把《商务运输法》列入立法范围，使我国交通运输早日走上依法治运的道路。

2. 要尽快建立和健全交通运输管理体制，设立统管五种运输方式的运输部

美国运输部成立之前，各项运输管理工作分属 8 个部门管理，不易综合，不易协调，经常出现职责不清的矛盾。1967 年成立运输部后，统一管理五种运输方式，各项运输管理工作由运输部统一管辖。我国目前五种运输方式分属四个部门管理，难以做到“政出一门”，难以发挥综合运输能力，建议设立运输部，对五种运输方式实行统一的归口管理。

3. 要尽快建立和健全综合运输体系，广泛开展运输代理，大力发展联运网络和推进国际多式联运

美国根据社会的需要，在市场机制的驱动下，形成了畅通、高效、优质的综合运输系统，货运代理公司从 1980 年的 100 家增加到 6000 多家，联运已经实现网络化，可以提供从受理到交付运输全过程服务。我国的商品经济尚不发达，建立和健全综合运输体系，还需要经历一个较长的过程，但在综合运输规划上要先行一步。要立足发展综合运输，制定发展联运的方针政策，改变各自为政，自成体系，封闭分割的局面，广建联运网络，在全国范围内组织联运和国际多式联运，提高运输的组织化程度，提高运输经济效益。

（本文选自 1993 年第 8 期《江苏交通》）

应注重加强和优化运输生产现场管理

汽车运输企业实行承包或租赁经营后，企业管理工作应当从加强运输生产的现场管理抓起，通过优化运输生产的现场管理实现企业在市场经济条件下的科学管理。

现场管理是企业管理的重要组成部分，企业的各项管理工作都是通过现场管理来实现的，生产现场是企业竞争的后方和基地，现场管理的好坏，关系到企业素质的优劣，决定着竞争实力的大小。运输生产的现场管理是用科学的管理制度、管理标准和管理方法，使人、财、物、运输工具和运输对象在空间和时间上有机结合，促进客流、货流和信息流的科学化、有效化，以达到“安全、优质、及时、方便、经济、准确”地进行运输生产。广义的运输生产现场管理一般包括运输质量、运输成本、运输组织、运输设备、运输安全、劳动人事和思想政治工作等项内容。

究竟如何优化运输生产的现场管理，从一些成功的运输企业来看，具体做法大致有四个方面：

1. 坚持把人的管理列为优化运输生产现场管理的重点。实行承包或租赁经营后，企业的职工不光是企业的主人，又是车辆的承包者或租赁者，从这个意义上看，职工对于企业成了相对所谓的“自由人”。对于这些“自由人”按承包或租赁协议规定的“自由”应该给足，但这绝不意味着可以为所欲为，放任自流，而应当根据企业管理的要求，对这些“自由人”实行严格的管理，敦促他们履行承包或租赁协议的全部内容，做到要求严格、制度严格、考核严格、奖惩严格。要建立约束机制对这些“自由人”在享受“自由”权利的同时，把安全、质量、油料消耗、维修费用、车辆技术等级量化后，列为承包或租赁的考核内容并实行一票否决制。要抓住人头、车头，通过有效的客货源组织，把这些“自由人”结合在一起，产生群体效应。要通过宣传教育，提高职工对加强运输生产现场管理重要性的认识，要依靠职工参与企业民主管理，提高承包经营或租赁经营的民主性，使承包或租赁协议中所有标的，都成为职工的自觉要求。要使思想政治工作贯穿承包或租赁经营的全过程，要使思想政治工作做到运输生产现场，领导干部要转变工作作风，管理干部要深入运输生产现场，准确掌握职工的思想动态，及时了解职工的需求变化，妥善解决职工的实际问题。

2. 坚持把企业领导亲自抓列为运输生产现场管理的关键。企业领导重视运输生产现场管理的程度决定企业管理的深度，决定承包或租赁经营的成效。承包或租赁经营者虽然从属于企业，但他们在规定的范围也是一个相对独立的“经营实体”。这些“经营实体”形成企业内部的竞争对手，引导得好，管理得法，他们可能联合起来参与市场竞争，反之，他们可能相互排斥，相互较量，削弱企业的竞争能力。运输生产的时效性极强，领导亲自抓运输生产现场管理可以把这些问题解决在运输生产现场，解决在问题出现的当时，解决在萌芽状态。领导抓运输生产现场管理切忌一阵风，要一抓到底，持之以恒，要有长期行为和实干精神，一步一个脚印，按部就班，循序渐进。对于严重影响运输生产现场管理的行为要敢于碰硬，动真格，不因为承包或租赁经营而心慈手软，姑息迁就，该中止承包的必须立即停止，该收回租赁的必须退租。要坚持做到承包或租赁经营与实现企业的近期目标和长远目标相一致。

3. 要坚持把运用科学的方法列为运输生产现场管重要手段。要用系统的观点去优化运输生产现场管理的各项工作，要运用系统工程的理论指导现场管理，做到人与物、人与场所、物与场所的最佳配合，使整体功能达到最优。实行承包或租赁经营后，无论是企业还是承包或租赁经营的职工都企求最好的经济效益，这就要求在进行运输生产时，要有合理的空间组织和时间组织。合理的空间组织可以大大缩短运输路径，减少货物和旅客的在途时间和待运时间；合理的时间组织，可以提高运输生产的连续性和均衡性，提高运输效率，减少运输消耗。要能做到合理的空间组织和时间组织，一个或几个承包或租赁经营者是无能为力的，必须依靠企业这个大系统的正常运转，必须通过运输生产现场管理的优化来实现上述的目标，使投入运输的成本最小，使产出的运输经济效益最大。

4. 要坚持把抓好基础工作列为运输生产现场管理的出发点。要强化基础工作，提高对基础工作重要性的认识，要特别注意抓好承包或租赁经营以后的各项统计工作和信息工作，要运用科学方法搜集、整理、加工、分析原始资料、原始凭证和原始数据，确保其基本的准确可靠性，使之成为有源之水，有本之木。要防止和杜绝出现“海市蜃楼”式的假资料、假数据、假凭证。要建立和健全承包或租赁经营的各项管理制度，按承包或租赁经营的不同情况，重新划分基层班组，重新建立基层组织，民主选举班组长、车队长，让班组长、车队长，真正成为承包或租赁经营职工的“领头雁”。要组织承包或租赁经营的职工，开展“比、学、赶、帮、超”一条龙竞争赛，对优胜者除给予精神鼓励外，要给予丰厚的物质待遇。要给那些既能获得个人优胜，又能带领承包或租赁经营者获得团体优胜的“领头雁”，设立特别奖；鼓励他们勇当企业的排头兵；要在承包或租赁经营的职工中开展合理化建议活动，对提建议的承包或租赁经营的职工，无论采用与否都给予奖励；对采用的要重奖，对采用后并取得效果的要特别奖。要通过各种有效的企业活动，使参加承包或租赁经营的职工，关心企业的生存发展，而不因签订承包或租赁协议后，变成“局外人”。要把运输安全和运输质量纳入基础常抓不懈，使承包或租赁经营的职工视质量为生命，视安全为命根子，真正做到优质服务、安全行车。

运输生产现场管理是一项系统工程，优化运输生产现场管理是汽车运输企业管理的生命所在，是企业提高运输经济效益的无形资源。在深化改革的今天，在市场竞争日趋激烈的今天，实行承包或租赁经营只是一种权宜之计，是探索产权制度改革的一种尝试，是企业改组为有限责任公司的一种过渡形式。企业还是要以建立现代企业制度为根本，加强企业管理，提高决策水平，提高企业素质，提高经济效益。企业管理是一个企业整体素质的集中体现，一个有作为企业家无论何时何地都要有锲而不舍的精神，牢牢抓住企业管理不放。因为企业管理是企业家成长壮大的土壤、空气和水，企业家离开企业管理就不成其为企业家，企业管理造就了一大批有作为的企业家。笔者深信在改革的大潮中，汽车运输企业将会涌现出更多的运输生产现场管理的能手和企业管理的专家。他们是汽车运输企业的希望所在，是汽车运输企业的中流砥柱。

（本文选自 1994 年第 10 期《江苏交通运输》）

试论运输市场的框架结构

——学习社会主义市场经济札记

党的十四届三中全会通过的《中共中央关于建立社会主义市场经济体制若干问题的决定》(以下简称《决定》)是当代进行经济体制改革的行动纲领,是建立社会主义市场经济体制的系统目标。《决定》为我们勾画了建立社会主义市场经济的基本框架;设计了深化经济体制改革的总体蓝图;规定了建立社会主义市场经济体制的根本要求,指出了市场经济体制与社会主义基本制度结合的内容、方式和途径;描述了社会主义体制的新模式,即:社会主义市场经济体制 = 公有制为主体 + 市场机制 + 国家调控 + 社会保障。

建立社会主义市场经济体制之所以要坚持以公有制为主体,究其原委是因为所有制是市场经济运作的基础,它既可以建立在私有制的基础之上,也可以建立在公有制的基础之上。在社会主义条件下,市场经济和社会主义基本制度结合在一起,就形成了社会主义市场经济,它表现为:国家和集体所有制的资产在社会总资产中占优势,国有经济控制国民经济命脉及其对经济发展的主导作用。市场经济优越于计划经济的主要之点就是资源在市场机制的作用下能够实现优化配置。我国现阶段的市场经济尚未发育成熟,因此,市场机制还不能充分发挥作用。《决定》指出“发挥市场机制在资源配置中的基础作用,必须培育和发展市场体系”,如何培育和发展市场体系?一个成熟的市场应当由哪些要素构成?每个要素包括哪些内容?所有这些都是实践社会主义市场经济体制时,需要明确回答的理论问题和实际问题。

交通运输是国民经济中具有全局性、先导性影响的基础行业,要使交通运输适应国民经济发展的需要,促进社会主义市场经济体制的建立,就必须争取“超前”发展交通运输,就必须提高交通运输的市场化程度,加大交通运输的改革力度,加快培育和发展运输市场体系。本文试图运用社会主义市场经济的基本理论,对运输市场的框架结构中有关运输市场的特点和管理,运输市场的要素构成作一粗略的论述。

一、关于运输市场的特点和管理

运输市场,顾名思义就是指买卖运输“产品”的场所。狭义的运输市场就是指运输经营者提供运输工具和运输服务,满足客货运输需要的场所。广义的运输市场是指社会对运输需求和供给的协调和组织,一般包括有形交易市场和无形交易市场。

运输市场成交的商品是运输,而运输的“产品”是位移,是指物体借助运输工具实现空间位置上的移动,它是一个抽象的概念,看不见,摸不着。运输不生产实物形态的产品,运输的生产过程和销售过程同时进行,运输的“产品”几乎全部向用户直接现售,但它参与了实物形态产品的生产过程和消费过程,参与了国民收入的创造。运输过程中消耗的活劳动和物化劳动,成为所运商品价值的一种追加,包含在社会产品的价值之中。

使用价值不变

商品$\xrightarrow{\text{(经过)}}$运输——→价值量增加

从这个意义上讲运输是一种特殊的物质生产劳动。它兼有商业性质,这可以从运输业的资金循环公式中看出端倪:

$$G—W\begin{cases}A\\PM\end{cases}\cdots\ P\ \cdots\ (W')\ \cdots G'$$

式中:G——货币资金:

G'——产品销售收入;

W——货币资金转化为实物形态;

A——劳动力;

PM——生产资料;

P——生产;

W'——运输"产品"。

由此可见,运输业是一个特殊的行业,它既有物资生产性,又有商业服务性,所以它除了和其他市场一样,具有共同的社会属性和自然属性而外,还有其独有的特性:

1. 运输需求是一种派生需求,而运输需求伴随着商品市场发展而扩展,所以运输市场要根据需求保持适当的运力规模,满足商品市场的需要。

2. 运输不生产具有实物形态的产品,运输交易不是商品所有权的转移,而是一种事实行为,是商业活动和运输活动的结合,所以运输市场要根据运输"产品"不能储存的特性,保持适当的运力储存,适应商品市场的变化。

3. 运输的区域性和时效性较强,运输交易将受到个别需求,中间需求,最终需求的影响,产生一定的波动,所以运输市场面对千差别的运输需求,要运用价格机制调整比价关系,组织合理运输,保持市场需求的大体平衡。

运输市场有其特殊性,要使其做到健康有序,必须加强对运输市场的管理,管理的重点在于建立和健全市场机制;管理的目标是在2000年初步建立起全国统一、开放、竞争、有序的运输市场。为此,要实行"先放后管,放管结合"的管理方针,在开放中优化运输资源的配置,在管理中提高运输市场组织化程度。要加强对运输市场的宏观调控,通过调整运输结构,引导运力合理发展:要严格运输业主户的开停业条件,创造公平竞争的环境,规范竞争行为。要制定运输市场规则,要规范市场行为,运用经济、法律、行政手段对运输业户的经营资质、经营行为实施日常的监督检查,保护运输市场承托双方的合法权益。

二、关于运输市场的要素构成

根据社会主义市场经济体制框架结构的要求,一个发育健全的、成熟的运输市场,其框架结构包含的要素,主要由六个方面构成。

1. 构筑运输市场基础。所有制是市场经济运作的基础,参与运输市场交易的运输经营者的所有制结构构成运输市场的基础。如果运输市场上只有国有制和集体所有制的专业运输企业,而没有其他所有制成分的运输经营者,就不可能产生多元的利益主体,也不可能形成以经济利益为纽带的市场经济。现在是要在打破单一所有制的禁锢和交通运输部门包办公用运输的封闭状态,引入多种经济成分参加社会运输的同时,加快专业运输企业转换经营机制的步伐,使每个专业运输企业都成为自主经营的利益主体。从而为发展运输市场浇筑出包括国有制、集体制、私营制、股份制、个体制、中外合资制、外商独资制、混合所有制交织在一起的市场基础。

2. 塑造运输市场主体。我国现阶段正处在政府主导型经济向企业主导经济过渡的关键时期,转换主体既是政府改革的内容,也是企业改革的任务。运输市场所要求的市场主体(在运输市场从事交易活动的组织和个人),必须是能够自主经营、自负盈亏、自我积累、自我发展的市场主体。现有的专业运输企业要通过解决政府手长、企业腿细、婆婆气壮、媳妇气短的问题,脱胎换骨成为独立的运输生产者和经营者。现有的非专业运输企业要从母体中分离出来,成为运输市场中的独立法人。现有的其他成分运输经营者,都要按运输市场的规定,达到运输市场准入条件的最低标准。

3. 组织运输市场体系。运输市场体系就是指各种运输工具从事客货运输的场所和运输生产相关的各种生产要素市场组成的有机体。鉴于现有的运输市场是残缺不全的,所以组织运输市场体系尚属开发阶段,但它必须是开放的和统一的,要彻底打破交通运输封建割据、条块分割的局面,要彻底革除运输业各自为政、各行其是、各霸一方的传统陋习,才能形成区域性、全国性相互联通的运输市场体系和连接国内、国际运输市场的运输网络。

4. 建立运输市场机制。运输市场是实现运输需求和供给相结合的场所,运输市场是以拥有一定运量的全体需求者为对象来计算全社会运输需求总量的。各种可能的运价,会使需求者对运输的需求量发生可能的变动。运价的涨落,需求者对运输的需求量一般表现为成反比,供给者对运输的供给量一般表现为成正比。现阶段的运输市场处在发育阶段,市场机制还不能充分发挥作用,而要建立运输市场机制,核心是要建立主要由市场形成运输价格的机制,要通过市场使运输价格反映运输价值,使运输需求和运输供给在价格杠杆的调节下走向平衡,要不断调整各种运输工具的比价关系,基本形成由运输市场决定运输价格的机制。

5. 制定运输市场规则。市场经济的本质是竞争,为了保证竞争的有效性,反对不正当竞争,运输市场必须根据市场需求制定产业政策,来促进竞争,抑制垄断,限制过度竞争。要按运输市场运行的客观要求,制定运输市场体制性规则和运行规则,倡导公平竞争优胜劣汰。为促进运输市场的健康发展,应遵循法律法规的要求和相应的经济技术条件,制定运输经营者进入运输市场的规则;为保证进入运输市场的主体能在平等的基础上竞争、公平承担各种税负,须制定运输市场竞争的规则;为规范运输经营者的经营行为,反对欺行霸市,制定运输市场交易规则等。

6. 加强运输市场调控。市场经济奉行能力原则,市场不是万能的,市场机制也有缺陷,市场本身的弱点和消极方面,需要通过国家对市场进行干预,才能使市场兴利除弊,减少自发性、盲目性、滞后性,确保经济和社会发展目标的实现。运输市场因其固有的特殊性,容易陷入盲目性,不是畸重就是畸轻,政府必须对运输市场实行间接调控、间接管理,把握运输市场发展趋势,要集中解决运输市场中带有战略性、政策性的大问题。该管的要管住,不能放任自流;该放的要放开,不能包办代替。把运输什么、怎样组织运输、为了谁运输交由企业根据市场信号自主决定。凡运输市场出现的问题,确需政府行政干预的,要作出快速反应、拨乱反正。能通过市场机制解决的,政府一定不要再进行干预,让运输市场成为运输经济活动的基础,政府运用运输经济政策、运输法规,计划指导和必要的行政管理,对运输市场的健康有序的运行发挥调控作用。

运输市场的要素除上述提到六个方面外，还有市场保障、市场分配、市场中介等方面的内容。

以上是本人学习中联系工作实际，对培育和发展运输市场提出的一点粗浅看法，不当之处恭请指正。

（选自 1994 年第 12 期《综合运输》）

“放管结合”是调控运输市场的有效途径

运输市场开放以来，形成了全社会办交通的局面，运输能力不断提高，运输工具不断增加，运输规模不断扩大，乘车难、运货难的问题基本解决，运输市场供需矛盾基本缓解。但是，按照建立“开放、统一、竞争、有序”的运输市场的要求还有不少差距，存在不少问题，主要表现在：运力投放增加过快，运输结构不尽合理，经营行为不够规范，在一定程度上阻碍了交通运输业的健康发展。这就要求运管部门通过加强运输行业的管理，强化运输市场的监督，实现对运输市场的有效调控，以维护运输市场的正常秩序，促进运输经济效益的提高。

按照“放管结合”的方针，既要在实践中摸索出一套既符合改革开放总体要求，又适应运输业发展实际的工作路数，力求使开放做到有序化，使管理做到规范化。在开放中加强管理，根据运输市场的实际情况，重新界定行业管理的行为；在管理中扩大开放，根据运输市场的需求变化，适时增加开放的内容。具体做法主要有以下几个方面：

一、通过严格经营资质的审批，把好准入关，对运输经营业户实行总量控制

在做好运输市场需求调查的基础上，根据社会发展和经济发展的要求，撰写运输市场调查报告，送政府和决策部门审议，确定近期总量控制的规模和结构，拟定鼓励发展和限制发展的对象，通过各种途径向社会发布运输信息，引导运输行业健康发展。其核心是要按照“先申请、后购置”的程序，严格审批制度，变事后管理为事前控制，牢牢把握总量控制的主动权。在行业管理中把好两个关：一是把好审核关，对新开业户严格按照交通部开业技术经济条件和我市制订的《考核办法》，审查其经营资格，对不符合必备条件和考核总分不合格的一律不予审批，不准进入市场；二是把好审验关，对已开业户，通过一年一度的审验，审查原有经营资质是否具备，现有资质是否符合新的规定，经营行为是否规范，对不符合条件的限期整改，整改后仍不符合的取消经营资格，令其退出市场。

为促进运力结构的优化，防止盲目发展，防止一哄而上，运管部门在运力审批中，明确规定限制普通大客车的发展，对中巴车实行总量控制，除更新外暂停审批；对出租车要在计划规模以内实行分批投放，控制审批（单个出租车不批；初期投放少于 10 辆的不批；没有无线寻呼系统的不批；无专人管理、无要车电话、监督电话的不批）；适度发展高档客车，3 辆以下的客运业户要到指定的公用站挂靠经营。明确规定对特种运输、集装箱运输要实行专门管理，凡要求从事特种运输的单位，必须经市级运管部门审核批准、核发加盖专用章的许可证和营运证，配置专用的标志牌。在充分调查和听取货主意见的基础上，为确保运输安全优质，暂不审批个体业户从事集装箱和化工危险品的运输，明令非化工危险品专用车船不得从事化工危险品运输。

二、通过对营运车辆的“两证”年审，实行技术状况等级评定，强化营运车辆技术管理

为确保运输过程的安全、优质、高效、低耗，我处根据交通部 13 号令和开业技术经济条件

的规定,运管部门对所有已经参加营运的车辆实行技术状况的等级评定,对未按期进行等级评定或车况达不到二级以上的车辆,一律不准继续参加营运,违者按有关规定予以处罚。为使车辆技术管理工作落到实处,利用每年“两证”年审的有利条件,组成专门工作班子,对车辆的技术状况和维护情况作一次综合检查,营运客车等级评定每年不少于两次,营运货车等级评定每年不少于一次,凡不按要求进行等级评定的车辆和业户不予年审。为加快车辆的更新,促进技术进步,接近报废期的营运车辆不再办理转户经营手续,达到报废期的强制更新或取消其经营资格,以保持营运车辆技术状况完好,保持一定的综合经济效益和社会效益。

三、通过实行差别费率缓解需求矛盾,调节运力投放

由于干线、热线和支线、冷线经济效益不同,出现了争抢干线、热线,丢弃支线、冷线的现象。对热线、干线和平均利润率较高的车辆,按省颁标准的高费率征费,按核定营收的上限代征税金;对支线、冷线和平均利润率较低以及交通专业运输企业的车辆,按省颁标准的低费率征费,以核定营收的下限代征税金。通过差别费率和不同营收定额等经济杠杆的调节作用,限制热线、干线和平均利润率较高的车辆再投放,鼓励冷线、支线和平均利润率较低的车辆再投放,使热线不过热,冷线不过冷,干线不拥挤,支线不丢弃。为增加经营者的责任心和保障乘客安全,对申请从事长途客运的大客车还规定,除必须投保旅客意外伤害险外,还必须缴纳事故保证金,这样做是为了对从事长途客运业户的能力进行有效的监控,对发生各类事故的赔偿提供前置保证。

四、通过扎口管理运输票据,掌握运输价格变动情况,保护承托双方的合法权益

运输发票是运输市场承托双方具有合同性质的结算凭证,使用统一的运输发票,是运输交易活动合法化的重要特征,发放、管理运输发票是运输行业管理的重要手段。按借权管理的要求,积极创造条件主动争取税务部门的支持配合,按各种运输票据统一委托运管部门一头发放的要求,采取交通部门与税务部门联合发文的形式作出规定,由税务部门委托运管部门发放各类运输票据,同时运管部门承担代征税金的义务,把发票管理和代征税金统一起来,解决了多头发票、偷漏税费的问题。运管部门利用发票管理权,增强了运输行业管理的力度。

运管部门通过对运输发票使用情况的检查,对运输价格的执行情况实行监控,对承托双方的合法权益实行监督,对哄抬运价的行为实行制裁,对压价竞争、抢占货源的实行曝光。我们还利用发票上的各种资料,对运输经济效益进行综合分析,掌握不同的货种、运距、车型及客运线路的变动幅度,拟定调整运价的建议方案。

五、通过定期和专项稽查监督,扩大源头管理的效果,维护运输市场的正常秩序

市场经济应该是法制经济,在当前运输管理法制不健全的情况下,要维护运输市场的正常秩序,必须加强运输市场的源头管理,加大运输过程的监督检查力度。要确保运输市场健康有序地进行正当交易活动,就要把监督检查作为重要手段常抓不懈。每季度组织一次全市性的大检查,每月进行一项专题检查,每周安排一次源头检查。在检查安排上,把日常检查和定期检查结合起来;在检查内容上,把一般检查和重点检查结合起来;在检查规模上,把分散检查和集中统一检查结合起来;在检查处理上,把说服教育和行政处罚结合起来,严格按照交通部22

号令、23号令的规定，对无证经营和严重违章经营的业户从严处罚。

为了增强监督检查的社会效果和违章处理的透明度，要经常利用报纸、电台、电视台等新闻媒介，对违章经营行为进行公开曝光，公开处理，定期公布违章单位和违章车辆，力求达到处罚违章、宣传热点、教育经营者的社会功效。为调动社会舆论参与监督，针对具体情况和市场热点，开展有奖举报活动，查实后除对违章经营者按章处理外，对举报者给予一定的奖励，形成强烈的社会监督氛围。只有通过强有力的监督检查和严格管理，才能有效地规范经营行为，维护正常的市场秩序，行业管理和市场调控才能落到实处。

培育和发展运输市场是一项复杂的系统工程，也是各级运管部门一项责无旁贷的艰巨任务。要按照交通部《加快培育和发展道路运输市场的若干意见》的精神以及培育和发展运输市场"五个基本"的目标，结合本地实际，创造性地开展工作，要通过加强运输行业管理，充分运用现有的管理职权和手段，卓有成效地实施运输市场的调控和管理，使交通运输行业向着"统一、开放、竞争、有序"的方向健康发展。

（本文选自1996年第5期《综合运输》）

论道路运输业的地位和作用

道路运输是国民经济的动脉,它把国民经济各个部门和各个地区连接起来,在社会物质财富的生产和分配过程中,在广大人民的生活中,起着极为重要的作用。

道路运输是人类社会的基本活动,是社会生产的重要条件,是社会生产力的重要组成部分。纵观道路运输与社会和经济发展的关系,它既是推动经济和社会发展的巨大动力,又是经济和社会发展的制约因素。任何一个国家在发展国民经济中,都必须高度重视道路运输的建设和发展。

一、道路运输在国民经济发展中的地位

现代化的交通运输由五种方式组成,各种运输方式在发展过程中,水运和铁路运输的发展在先,道路运输发展在后,随着商品经济的发展,道路运输的发展速度后来居上,大大超过了其他运输方式的发展速度。预计到2000年全世界各种运输方式的货运周转量在总运输周转量中所占的比重,将会有较大幅度的变化,其中铁路运输占30%,道路运输占25%,水路运输占20%,管道运输占25%。我国实行改革开放政策以来,道路运输也得到了迅速发展,仅以1994年实绩为例,全国道路运输完成的客运量和客运周转量分别比改革开放前的1978年增长了5.5倍和7倍,货运量和货运周转量分别比1978年增长了1.5倍和5倍。

新中国成立后,我国的公路建设较新中国成立之前有了突飞猛进的发展,党的十一届三中全会以来,全国通车里程已达100万公里,仅以北京市连接各省、市、自治区政治经济中心和各大港口、铁路干线枢纽以及重要工农业基地的干线为例,公路就有70多条,总长度有十几万公里,其中以首都为中心的放射线就有12条之多,长度约2.5万公里;南北纵横线28条,长度约4万公里;东西横线32条,长度约5万公里。实践表明,道路运输已经成为现代化交通运输的重要组成部分,是促进社会生产力发展的重要手段,是社会生产力发展水平和经济技术发展水平的标志。

道路运输是一种特殊的物质生产劳动。道路运输通过运输工人,借助运输工具和机械,使劳动对象改变空间位置而不留下任何可见的痕迹,应被看作是一种物质变化,应被认定是一种特殊的物质生产劳动。马克思之所以把交通运输业称为除了采掘工业、加工工业和农业以外的第四物质生产的部门,是因为运输业的劳动是创造价值的劳动。道路运输在运输过程中所消耗的活劳动和物化劳动,是对所运商品的价值的一种追加。这就是说,道路运输劳动所产生的费用(价值追加)要加到所运输的商品中去。它与道路运输的生产力成反比例,与所运的距离成正比例。道路运输生产劳动的结果是使劳动对象发生预期的物质变化,可以认为它是完成产品生产过程的继续,这是因为生产过程在很大程度是在进行运输。也可以认为它是产、供、运、销之间的经济联系,这是因为流通过程的运输改变了劳动对象的位置,使其使用价值发生变化,满足了社会对消费的需要。简而言之,生产以运输为起点,以运输为终结,运输成为物质生产的纽带,征服了空间,节约了时间,实现了价值,创造了价值。

道路运输业是一个特殊的物质生产部门。由若干个道路运输企业组成的群体,既是为继

续商品的生产过程而产生，又是为实现商品的消费过程而存在，道路运输业依赖生产和消费而存在而发展，道路运输活动是社会赖以存在和发展的必要活动之一。道路运输业为了满足社会的需要，占用了大量的人力（我国交通运输业的职工数约占全国职工总数的8%左右），占用了大量的资金（我国交通运输业的基本建设投资约占全国基本建设投资总额的1/5左右），消耗了大量的能源和原材料（我国道路运输业每年耗费的汽油约占汽油年产量的85%左右）。道路运输业发展的规模和速度，包括运输工具、运输装备的数量和水平，职工的数量和质量，运量的大小和构成运量的地区分布、时间波动和运距的长短等，都与工农业生产的发展规模、发展速度和发展水平密切相关，并受到社会消费的制约。道路运输业虽然不生产新的实物形态的产品，但道路运输业的“产品”已经和被运输的实体形态的产品结合在一起了，场所的变动，劳动对象的空间位移，就是道路运输业的社会效用。评价道路运输业的投资效果时，不能局限于企业的经济效益，还应兼顾到社会的经济效益，不能局限于直接的、近期的、定量的经济效益，还要兼顾到间接的、远期的、定性的经济效益。为此，道路运输业在确保运输质量和满足国民经济各部门需要的条件下，组织合理运输，最大限度地节约社会再生产过程中的运输费用就是应尽的社会职责。

综上所述，可以再次论定，从事道路运输经营活动的道路运输业是一个重要的、特殊的物质生产部门，属于国民经济现代化建设中的支柱产业，是具有全局性、先导性的基础行业。我们应把道路运输作为经济发展的战略重点，把发展道路运输事业作为振兴经济的战略重点来抓，充分发挥道路运输的优势。

二、道路运输在国民经济发展中的作用

道路运输是国民经济的重要组成部分，是社会主义现代化建设的重要内容。它不仅在维系社会发展的生产、交换、分配、消费四大领域中发挥着重要作用，而且在社会的再生产过程中发挥着特殊作用。这些都是由道路运输的特征所决定的。

道路运输机动灵活，迅速方便，适于“门到门”运输。道路运输所用的汽车对不同的自然条件适应性强，运输的送达速度快，空间活动的灵活性大，能实现直达运输，能加速货物的运送，能加快资金的周转；汽车本身比较坚固可靠，具有较强的稳定性和较好的操作性，具有较大的连续工作能力，能适应多方面的运输需要，汽车运输的替代性强是其他运输方式无可比拟的。但汽车运输也有其自身固有的缺点，如载质量一般较小，燃料消耗大，运输成本高，污染环境比较严重，建造公路需要占用大量的土地等。但这些不仅没有影响道路运输的发展速度，反而因为发展经济的需要，加快了道路运输基础设施建设的进度，“要得富、先修路”，“小路小富、大路大富”，“公路一通、致富成功、汽车一响、山河变样”已经成为人们的共识。随着时代的进步，科技的发展，汽车运输较之其他运输方式发展得更快，道路运输与经济的发展关系愈来愈密切，道路运输在经济建设中的作用愈来愈重要。综上所述，道路运输的作用是显而易见的，它是开发资源，促进生产力合理布局的重要条件；是发展社会主义市场经济，深化改革，扩大开放的重要支柱；是提高经济效益和社会效益的重要手段；是连接城乡的纽带，沟通周边国家友好交往的桥梁；也是国防建设的重要支柱。

（本文选自1997年第1期《江苏交通》）

综合运输系统和多式联运发展关系初探

交通运输是人类社会的基本活动,是社会生产的重要条件,是社会生产力的重要组成部分。交通运输是人们调配地理资源的一种手段,它决定了原料、资源和农业用地的价格,促成了工业中心、商业中心和港口车站的形成,创造了高楼林立的城市,开创了社会的、文化的、个人的和家庭的活动方式,在各种力量的产物中,交通运输是其中最强大的力量之一。

交通运输是国民经济的动脉,它把国民经济各个部门和各个地区连接起来,在社会物质财富的生产和分配过程中,在广大人民生活中,起着极为重要的作用。运输的发展取决于社会和经济的发展,运输既是推动经济和社会发展的巨大动力,又是经济和社会发展的制约因素。任何一个国家在发展国民经济中都必须高度重视交通运输的建设和发展。以瑞典为例,瑞典经济之所以能高速地和持续地向前发展,其中一条很重要的原因就是有发达的交通运输与之相适应。瑞典政府在工业发达之初就很重视交通运输的发展,很重视综合运输系统的建设,为确保综合运输系统高速地有效地发展,政府制定了一系列有关促进交通运输发展政策。当今的瑞典,运输网络已经遍布全国,运输能力大大超过了运输需求,产品的时间效用和地点效用得到了充分的满足。

综观现代交通运输的发展进程,五种运输方式(铁路、公路、水路、航空、管道)经历了不同发展阶段,18 世纪工业革命到 19 世纪上半期,是交通运输以水运为主的发展阶段,海洋运输和内河运输对当时各国资本主义的经济发展,发挥了重要作用。直到 19 世纪中叶才进入铁路运输发展阶段,尤其是在第一次世界大战时期,铁路运输迅猛发展,路网长度增长很快,除海洋运输外,内河运输处于停滞或衰落状态,铁路运输承担了客货总运量的 3/4 以上,这个阶段被视为铁路运输的“黄金时代”。公路运输是从 20 世纪 30 年代进入高速发展时期的,到 20 世纪 60 年代,公路运输的货物周转量增加了 76 倍。与此同时,航空运输的发展速度也很快,客运量增加了 100 倍,货运量也以每年递增 20% 的速度增长。管道运输是随着石油工业的发展而发展起来的,从近几年的资料来看,管道运输的发展速度已经超过公路运输的发展速度。值得注意的是从 20 世纪 70 年代开始,经济发达国家大都改变了一个多世纪以来,以铁路运输为主的格局,从发展趋势上看(据苏联有关期刊报道),预计 2000 年全世界各种运输方式的货运周转量在总运输周转量中所占比重将会有较大幅度的变化,其中铁路占 30%,公路占 25%,水路占 20%,管道占 25%。这些数字表明经济发达国家的交通运输已经向着综合利用各种运输方式、建立和健全综合运输系统的方向发展。

以美国为例,美国的铁路占世界铁路总长度的 26%,而完成的货物周转量只占世界铁路货物周转量的 21%。美国为适应社会对运输的要求,及时调整了运输结构,为充分发挥各种运输方式的优势,建立了 12 条交通运输走廊,形成了五种运输方式协调配合的综合运输体系。

以前苏联为例,前苏联的铁路只占世界铁路总长度的 11%,而完成的货物周转量却占了世界铁路货物周转的 52%。由于铁路的负担过重,在一些重要的货流通道上形成了许多“限制口”,致使运输计划不能及时完成。给国民经济造成巨大损失,据有关资料反映,前苏联每年因“运输难”给生产带来的损失高达105亿卢布。为缓和“运输难”的紧张局面，前苏联政府决定增加对交通运输的投资，加快综合运输网的建设速度，注重调整运输结构和充分利用各种运输方式，力图改变以铁路运输为中心的运输格局。

我国也是一个以铁路运输为主体的国家，因为我们对交通运输在社会和经济发展中的地位和作用认识不足，对交通运输的基础设施建设不够重视，所以交通运输一直是国民经济中的薄弱环节。改革开放以来，我国政府把能源和交通建设列为战略重点，提高了对交通运输的投资比重，十多年来，我国的交通运输面貌已较之以前大为改观，但终因运输布局和运输结构不尽合理，交通运输的紧张局面很难在短期内得到彻底改变。我们应当吸取经济发达家的经验教训，努力改变以铁路运输为中心的局面，抓住契机，结合我国实际，制定一个有利于各种运输方式综合发展的战略规划，尽快建立起有中国特色的能够充分发挥各种运输方式优势的综合运输体系。

为促进综合运输系统的发展，我们要十分注意运用经济杠杆，提高运价指数，增加运输费用在物价中的比重，解决运输系统技术改造的资金来源，筹集发展综合运输系统的基金。从现行的运价水平看，我国运输费用在物价中所占的比重只有1%左右，而美国运输费用在物价中所占的比重已达10%。运价过低，不能反映运输价值，不利于交通运输的发展。我国长期以来执行的低运价政策应该迅速改变，要逐步做到运输价格能反映运输价值，要通过调整各种运输方式间的比价关系，较大幅度提高铁路运价，缩小铁路运输和公路运输之间的价格差距，促使部分运量转向其他运输方式，减轻铁路运输的负担，挖掘水路运输的潜力，调动公路运输的积极性，使运量在五种运输方式间按价值规律的要求重新分配。经济体制改革十多年来的实践告诉我们，适时适度调整各种运输方式的比价关系，不失为调整运输经济结构的有效措施之一。

随着商品经济的发展，交通运输与社会和经济的发展关系已经密不可分，五种运输方式在成为社会再生产的纽带和桥梁的同时，通过相互竞争走向相互协作，编织成以系统化、合理化、高效化为特征的综合运输系统网络。现代社会的文明史已经再次向人类表明，发达的商品经济和发达的运输系统是现代社会和经济生活中的一对孪生兄弟，它们都是现代社会文明程度的象征。

在第三次浪潮中，在世界性技术革命的推动下，经济发达国家的运输系统率先发生了结构性的变化，五种运输方式在社会化的生产、流通、分配、消费过程中所承担运量的比例，不仅受到各种运输方式间比价运输的影响，而且受到运输本身的能源消耗、成本费用以及减少对环境的污染的制约。因为市场对运输需求的变化，因为社会运输量的不断增长，要解决交通运输的需求平衡和能量平衡问题，不仅要依靠加强技术装备来解决，而且要依靠优化运输组织方法来解决。把广泛采用集装箱运输和实行自动化管理，作为提高运输系统综合运输能力的最有效的措施，是为了适应科学技术的进步和日益尖锐的竞争，以及在选择运输方式时，对运输速度、运输期限、货物完好无损越来越高的要求。总的来说，从各种运输方式在技术作业过程的协作开始，到实行各种运输方式间的多式联运，都是为了解决各种运输方式之间的平衡问题。为实现这种平衡，各种运输方式之间通过运输代理，组织多种运输方式完成全程运输的多式联运应运而生。以前西德为例，前西德在第二次世界大战后，随着经济的恢复和发展，建成了现代化的四通八达的交通运输体系，铁路成网，每千平方公里平均拥有铁路116公里；公路密布，高速公路已经成为公路运输的骨架;民航发达,每个城市之间都有航空线路;水运便利,有世界著名的汉堡港……所有这些都给前西德经济发展和多式联运的发展提供了极为有利的条件。前西德的多式联运十分发达,负责专门组织各种运输工具参与多式联运的有近千家运输承包公司,各运输承包公司在改革包装工具,改进货物装卸和运输方法,改善托盘和集装箱结构上通力协作,扩大适用于托盘和集装箱运输的货物品种,采用能缩短运输工具停留时间的专用机械设备,制定适宜各种运输工具衔接换装的限界标准,建立国内货物中转站和国际运输代理网,前西德的多式联运不仅提高了各种运输方式的综合运输效能,而且使各种运输方式取得了最佳经济效益。

当今世界的交通运输,发展多式联运已经成为势不可挡的浪潮,在经济发达国家多式联运已经成为社会和经济发展之必需。多式联运的基本原则和最终目标就是要建立一个高效能的综合运输系统。发达的综合运输系统为开展多式联运提供了保证,多式联运是在充分考虑综合运输系统需要的情况下,使运输费用减至最小,为产品提供时间效用和地点效用。在经济发达国家,综合运输系统的形成与发展也是一个渐进的过程,各种运输工具和运输方式可以自由地平等地竞争,但必须承担各自应承担的社会经济责任。各种运输方式从相互竞争走向必要的合作,使之在运输系统中充分发挥自己的优势;从相互合作再度走向必要的竞争,使之成为综合运输系统的物质脉络。运输系统通过多式联运实现优化,在提高效率、促进技术、保证安全的前提下,花费最少的钱,提供足够的运输。

在经济发达国家,综合运输系统的形成和发展与多式联运互为依托,互为动力,在从低级阶段走向高级阶段的进程中多式联运促使运输系统优化并实现综合,运输系统推动多式联运发展并趋向代理。随着交通运输专业化程度的提高,运输代理成为综合运输系统的组成部分,各种运输方式通过运输代理实现有机结合,发挥综合效率,形成全新的运输组织方式。如果说多式联运是综合运输的结合部,那么就可以认定运输代理是多式联运的中介,以运输代理为主要功能的货运中转站就成为多式联运的重要基地。货运中转站负责办理货物的发送、到达、中转和仓储业务,它既能上门取货、集零为整,代储代运,又能送货上门,化整为零、代供代销。不仅办理零星货物运输业务,而且办理整批货物运输业务,还可以根据客户的需要进行运前加工、包装和运后分发、邮寄。各种运输工具在货运中转站进行换装作业,实现运输工具之间的相互接转,完成货物的全程运输,使多式联运的宗旨“一票到底、全程负责”成为可能和事实。

利用综合运输系统开展多式联运,借助多式联运发展综合运输,这是运输经济规律的客观要求。多式联运随商品经济的发展而发展,随商品化程度的提高而提高,为给商品经济提供安全、及时、完好、无损、经济、方便的运输服务,使运输对象组成适合于各种运输工作换装作业的集装单元,成为多式联运最重要和最突出的标志。把一定量的货物整齐地汇集为一个便于储运的单元,使货物的储运单元和装卸运输标准能力相一致,实现物料运输的单元化和标准化,使投入运输的货物成为标准化的集装单元。这些标准化集装单元,要力求从商品生产的终端开始组成并符合“尽可能早的组合,尽可能大的尺寸,尽可能好地坚固,尽可能迟的解体”的要求。这些标准化的集装单元,应和国际集装箱的尺寸、容积、载重相匹配并符合国际集装箱运输正规化管理的规定。集装箱成为集装单元的载体,各种运输工具成为集装箱的载体,这些系列配套的载体通过多式联运这条结合链实现往复循环,发挥综合运输能力,达到提高运输效率,减少货损货差,降低运输费用的目的。据不完全统计,世界上有40家国际集装箱承运公司控制了多式联运货物总量90%。组织国际集装箱运输成为多式联运最普遍和最先进的方法。可以断言,集装箱运输是20世纪货运领域内的一场革命,未来世界交通运输是国际集装箱运输的世界。

(本文选自1997年第7期《江苏交通》)

试论运输行业实现“两个根本性转变”的途径

实现“两个根本性转变”被誉为跨世纪的改革,中国经济的发展一靠经济体制改革,二靠经济增长方式转变。运输行业是国民经济的基础产业,要从传统的计划经济体制向社会主义市场经济体制转变,要以粗放型经营向集约型经营转变,就要从上层建筑为经济基础服务,生产关系适应生产力发展的角度去研究,去探索,去实践。本文就运输部门行业实现“两个根本性转变”的主要方面谈谈自己的观点和看法:

一、在打破垄断和鼓励竞争的前提下,建立和健全运输市场机制

运输市场机制实际上是在没有垄断,没有政府控制的条件下,由供求定律支配的价格机制和运输企业随时可能破产的风险机制组成的。

供求定律是运输市场理论的核心,其中运输价格是连接运输需求和供给的唯一纽带。从运输市场的角度来看运输价格应当是自由的,即当运输能力不足时,运价上涨;运力过剩时,运价下落。因为受运输机制的影响,承托双方会根据运价信号采取截然不同的对策,从而使运输市场的供给量和需求量发生变化,并在新的运价水平上买卖运输劳务,价格规律是运输市场供求平衡的天平。

运输企业的随时可能破产的机制,是运输市场竞争的结果,是一种新陈代谢。没有运输企业的破产就没有市场的进步,运输企业的破产和倒闭可以使运输产业结构得到最迅速,最有效的调整。

1. 价格机制:从经济学角度来讲运输价格的概念是理论抽象,不可随意变动。运输企业的利润大小取决于价格和价值的背离程度,运价构成应该是价值构成的反映,运输价值在货币形态上分别转化为生产成本,销售费用,国家税金,企业利润等要素构成运输价格。运输价格不完全同于工农业产品的价格,它只有销售价格,按“吨公里”和“人公里”计价,价格分类繁多,由于运价管理,运价结构,调价不同步等问题的存在,严重影响了运输市场的健康发展。应当加快运价改革,形成合理的价格机制。要逐步从以国家计划价格为主转换到以市场调节为主,从微观价格管理为主转换到以宏观价格管理为主,从微观上将运价放开,充分发挥价格的市场调节作用,从宏观上对运价进行调控,形成运价的市场调节价为主,并实行宏观调控的价格机制,促进运输市场的形成。

2. 风险机制:健全的运输市场必须具备风险机制。没有风险机制的运输企业组成的运输市场,本身就难以存在和发展。要使运输市场具备真正意义上的竞争,必须要有风险运输企业随时可能破产和倒闭的风险机制。增加风险机制的有效途径就是减少国家对国有企业的实际所有权,让运输企业放开手脚去自主经营,自负盈亏。政府在市场竞争中主持公道,保护公平竞争,少数运输企业因为经营不善或其他原因可能导致破产倒闭,这不是一件坏事,对运输市场这个机体来说是新陈代谢,是市场的进步。运输产业的调整只有在运输企业的破产和倒闭中得到调整和优化,正常情况下年均破产率大约在2%~4%。

破产的运输企业并不一定要从运输市场彻底消失,在破产法的指导下,经过一段法定年数限制后,还可以重新开业,再次投入运输市场参加竞争。每年有多少运输企业破产,就有大致相同数量的新企业诞生,从而使运输市场向前发展。

3. 资源配置:以运输市场经济作为基本的资源配置手段,把稀缺资源的配置问题列为社会化运输大生产能否搞好,运输经济能否持续快速健康发展的关键。人的欲望是无限的,产品越多越好,但是资源却是有限的,或者说是具有稀缺性的,不可能靠无止境地投入资源来增加供给,必须恰当地运用有限的资源对运输需求配置相应的运输工具、站场、信息系统和管理系统,管理人员及运输生产作业人员,使其配置达到人、财、物消耗少,效率高且有经济效益。运输市场运输价格的变化能够反映对不同的运输工具的需求,如货运中的集装箱运输,零担快件运输,大件货物运输,大宗货物运输,危险品货物运输,冷藏保温货物运输等,不同类型货物运输的需求和供给不平衡,在市场经济条件下,很自然反映在运价的变化上。运输企业可根据需求来配置运输工具,使资源从效益低的运输流向效益高的运输,有效利用有限的运输资源,使供给和需求达到新的均衡状态。运输市场扮演运输资源配置的主要角色并能使资源配置达到合理。但运输市场也不是万能的,在某些活动领域某些时候也会失效,因此还要政府进行宏观调控及行政指导,以弥补市场的不足。现代的运输市场,企业通过市场体系这个结合部,在政府宏观调控保持稳定运转的相互作用下,实现有效配置运输资源的总体功能。

二、依据法律、法规和政策,对运输市场的主体行为进行监督检查,保证运输市场正常运行和健康发展

市场监督是指政府有关部门对运输企业能否遵守和执行有关法律、法规和政策而进行的监督活动。在市场经济条件下,运输市场的发展必然产生各种矛盾。因为局部和全局、运输企业与运输企业、运输企业和旅客、货主之间的利益之争,运输市场的秩序就会混乱,不正当的竞争就会愈演愈烈。这些矛盾的产生是市场机制本身所不能解决,必然由政府承担起对运输市场监督的职能。市场监督主要依靠法律、法规和政策,依法治运,监督的职能要在运输市场运行的全过程中发挥作用,包括预先监督,进程监督,反馈监督。

预先监督具有超前性,可以对运输市场以往存在的问题进行总结,预测未来运输市场发展前景;

进程监督具有及时性,是在运输市场交易活动过程中对运输市场主体行为是否合法、是否正当进行的监督;

反馈监督具有修正性,是以进程监督中不断反馈的信息为依据,对正在实施过程中所依据的法律、法规和政策不适当的部分进行纠偏修改,使之符合运输市场的实际。

依法进行市场监督要建立健全市场监督机构,落实市场监督职能,形成市场监督系统,实施固定监督、流动监督相结合的方法,促进运输市场朝规范化方向发展。市场监督的内容一般包括以下几方面。

1. 依法监督:是指各级交通运输主管部门依照有关运输法律、法规及政策,依靠地方政府的有关规章,对运输市场经营活动进行监督。

2. 行政监督:是指各级交通运输主管部门依据各种规章制度,通过经营资质审查、开、歇业审批、营运线路审批、经营许可证、营运证的颁发、票据发放等行政手段的实施,对运输市场进

行的监督活动。

行政监督可以控制运输市场的准入，监督营运线路上各运输企业的运输工具水平，服务质量，行政监督同时对违章经营行为进行检查和纠正。

3. 社会监督：是指通过新闻媒介、社会团体及消费者对运输市场的监督活动。

4. 自我监督：运输企业通过企业内部的监事会，对企业在运输市场的行为进行自我检查、自我约束的监督活动。

三、对运输市场运力总量及其结构的总供给与社会对运输的总需求实行控制与调节

宏观调控方式是社会主义市场经济和社会化大生产必然要求。政府通过运输市场利用价格、税费等经济杠杆，运用有关法律、法规和行政手段，引导运输企业走向市场，管好管住有全局性的重要运输经济活动，防止失控失调，不仅为运输企业创造良好的经营环境，又可以极大程度地调动运输企业的经营积极性，适应运输市场复杂多变的需要。

对运输市场进行宏观调控，首先要明确调控的对象是运输业的总供给和社会对运输的总需求。社会对运输的需求是对以运输“产品”的生产工具——运力为主的运输能力的需求，宏观调控所要解决的问题就是运输能力供给和运输能力需求的平衡问题。

要解决平衡的问题就要对运输业实施全行业管理，建立统一的、有效的、有权威性的宏观调控体系，搜集整理运输市场信息，预测运输市场发展趋势，确定运输市场调控目标，制定并落实调控的政策、法规，充分利用经济、法律、行政手段对运输能力总量及其结构的发展进行有效调控。实行有效的调控可以充分发挥社会主义市场经济的优越性，解决因市场经济本身的缺陷而造成的两极分化和地区间发展不平衡的问题，市场调节失灵、失效和局限性的问题，盲目竞争和不正当经营行为问题。调控运输市场是社会主义市场经济发展的客观要求，是创造良好的运输市场经营环境的需要，也是发挥运输市场整体功能的要求。社会主义运输市场的经济模式需要调控，运输市场发育不成熟、市场机制不完善，需要调控，运输系统内部的分工合作，市场结构的合理分布，各种运输经济成分的比例及运力结构的协调发展需要调控。

1. 运输市场宏观调控的原则和目标：坚持培育和发展运输市场，促进市场竞争，体现优胜劣汰，建立运输市场引导运输企业的运行机制；坚持公有制运输企业为主，体现公用性运输优于非公用性运输，专业化运输优于非专业化运输，规模经营优于非规模经营，效率高的运输优于效率低的运输，质量高的运输优于质量低的运输；坚持提高运输经济效益和社会效益，满足社会对运输的需求；坚持运用经济、法律、行政的手段实施间接调控。

调控的目标是保持运输市场的供需大体平衡，形成公平竞争协调发展的运输新格局，实现运输市场经营活动规范有序，内部分工趋于合理，运输效率提高，经济效益显著的要求。

2. 运输市场宏观调控的手段：政府对运输市场进行宏观调控的手段主要有三种，即经济手段、法律手段、行政手段。

经济手段是指政府遵循经济运行规律，运用经济因素，通过对各个经济主体经济利益的调节，协调宏观和微观经济活动。经济手段分为物质手段和经济杠杆两种。物质手段是指政府依靠手中掌握的商品、储备、资金等的投放（如对交通运输的港站、航道、路网的建设及新技术、新设备的资金优先投入）来调节经济。经济杠杆是指政府运用价格、信贷，税费等来调节

经济(如运价的调整,信贷方向、利率调整、税费确定、费用费率的调整等)。

法律手段是依靠政府的法权力量,通过经济立法和经济司法机关运用法律来规范、调节运输经济活动和经济关系。经济法规是各运输企业和旅客、货主之间经济关系的准则,具有普遍的约束力,具有严格的强制性,具有相对的稳定性,具有明确的规定性,体现政府的意志,保证政府对经济活动的计划、调节、监督职能的实现。

行政手段是政府按照行政隶属关系,通过颁布命令、规定指标等形式,按行政系统、行政层次、行政区划对运输市场经营主体的经济活动进行直接调节。在一定范围内使用行政手段调节运输经济是非常必要的,因为它具有规定性、强制性和直接性。当总体和个体利益不一致时,当企业局部利益和国家全局利益发生冲突时,由政府根据社会和人民的利益采取一定的行政手段来调节,效果比较明显;当经济手段滞后,法律手段不足时,运用行政手段可以及时进行灵活的调节。行政手段因其自身的弱点,必须限制在一定范围内使用,否则会造成决策失误,造成经济损失。

值得注意的是三种手段之间只有适当地、综合地运用,才能实现有效的调控。

3. 对运输市场宏观调控的措施:首先要完善经济调节的手段,主要通过经济杠杆来实现,避免或改变停留在制定经济政策和一般性的经济处罚上。要积极推进运价改革,统一税费,实行差别费率政策。加快运输基础设施建设,引导企业技术进步,信贷资金实行、优惠政策。其次要健全法规体系,完善法律手段,解决市场机制不能解决的公平竞争、运输安全,环境及经济效益、社会效益的平衡等问题。尽快由人大制定颁布《运输法》,修订升格由国务院颁布有关运输管理条例,各省人民政府要制定出台一批地方性运输行业管理法规和规章,形成以国家法规为主线的地方性法规为具体实施细则的运输法规体系。再次要建立完善法规的监控执行体系,严格按规定的权利和义务,处理协调,解决承托双方及各运输企业之间的矛盾。第四要正确合理地使用行政手段,力求改变政府对运输经济活动的过多干预和直接干涉,从直接管理转向间接管理,制定行业发展规划,理顺运输管理体制,加强稽查监督,培育运输市场。

四、深化运输企业改革,建立现代企业制度

建立现代企业制度是我国社会主义市场经济体制的需要,是运输企业制度的创新,是一项根本性改变,运输企业真正成为"产权明晰、权责明确、政企分开、管理科学"的运输市场主体,就表明社会主义运输市场基本形成。现代企业制度也就是现代企业体制,是指以公司和其他工商法规为依据登记、注册、运行、管理规范的企业制度,这种规范有法律作为依据的现代运输企业,符合国际通行的惯例,能与市场经济体制衔接。

1. 国有大中型运输企业改革实行公司制。国有大中型运输企业转换机制较慢,从国家投入到自负盈亏没有一个过渡阶段,已经从过去运输的主力军、完成紧急任务的突击队、稳定经济秩序的杠杆、运输技术进步的标兵,后退到目前设备设施陈旧、投入不足、技术状况落后、竞争能力很差、运转困难重重的地步。为重振旗鼓,不得不进行改革,而改革的出路就是实行公司制。通过规范责任制,有效地实现出资者的资产所有权与企业法人财产权分离,使政府解除对运输企业承担的无限责任,弱化政府对资产的垄断以及由此派生的对企业的干预,促使国有运输企业产权操作的合理化和对企业的财产约束。

国有大中型运输企业是单一投资主体的国有企业,可以依法改组成股份有限公司制,使企

业产权多元化，国有股份在公司占多少份额比较合适，可以视股权的分散程度而定，非国有的法人和自然人在企业中的持股越是分散，国家控股比例就相应少些，相反就要多些。其股份有限公司可根据运输企业发展为不上市股份有限公司和上市股份有限公司，公司制改革主要包括两个方面：

（1）界定法人产权。在公司的法人资产与股东（包括国家）拥有的其他资产之间划出明确界限，将原来的国家资产划为股权，分别归属公有资本经营机构，可以将部分股权根据发放社会保障费用责任的大小分配给社会保障机构，还可以将部分股权出售给单位职工，形成以公有制为主体的股份有限公司。

（2）建立法人治理结构，成立股东会、董事会、经理会、监事会为核心的企业组织机构。股东会推选出董事会，代表股东主持企业的大政方针，董事会任命总经理负责日常经营，董事会和总经理拥有一切短期决策和长期决策的权力。出资者以股东大会集体的身份保持对企业的最终控制。一方面使企业经理有经营管理权，能充分发挥自己的才能，另一方面又受到严格的监督，约束自己的行为，做到不损害全体股东的利益。

2. 国有小型运输企业进行产权制度的改革，实行股份合作制。国有小型运输企业因其分布广，资产实力弱小，政企不分现象严重，管理水平不高，企业责任低下，在市场上无竞争能力，处境非常艰难。对小型运输企业改革的办法，唯一较好的形式是实行股份合作制，股份合作制改革的核心是抓产权制度的改革，要跳出国有经济的圈子，从变革公有制形式上深化国有小型运输企业改革。因为小型国有运输企业不是国家运输的主导力量，不是运输命脉，可以让这些企业的职工、劳动者成为企业投资主体和产权主体，让劳动者在企业改制中发挥主导作用，依靠社会市场的力量和依靠企业职工的力量，塑造企业改制所需要的投资主体和产权主体。

股份合作制应该是民有、民管、民享的股份合作制，企业的资产同个人联系，无主管部门，实行民主管理，可能使企业出现活力。它的基本做法一是吸收职工入股，以便形成基本股，二是将原有资产的一部分，根据工龄、工资级别、贡献大小等因素，量化到个人，作为分红的依据（但不能取走），股份合作制运输企业的资产为劳动者共有，通过共同劳动，实现资产增值。股份合作制企业的管理结构，也可由股东大会选举董事会，再由董事会聘任经理。

（本文选自 1998 年江苏交通《两个根本性转变》研究报告）

借鉴国外先进经验　集中管理交通运输

随着商品经济的发展,交通运输的规模日趋庞大,世界上经济发达和比较发达的国家,因不同时期历史背景经济发展水平对交通运输的影响,经过多年演绎,为了使五种运输方式在成为社会再生产的纽带和桥梁的同时,通过相互竞争走向相互协作,编织成以系统化、合理化、高效化为特征的综合运输系统网络、大多采用了集中管理模式,实行统一管理。而一些经济尚不发达的国家,因生产力水平不高和社会化大生产程度较低,大多沿用了苏联的分散管理模式,分设几个主管部门,实行分门别类管理。前苏联为解决部门分割的管理体制,曾呼吁成立一个统一的领导全国交通运输的主管部门,改变部门分割,互不协调的局面。为了借鉴国外交通运输管理的先进经验,我们应结合我国的实际情况,制定促进交通运输生产力发展的交通运输管理政策和建立适应我国现代化建设的交通运输管理体制。

综合国外各种交通运输管理体制和模式的资料,可以得出这样一条结论:凡是采用集中管理模式的国家和地区交通运输都比较发达,协调高效的综合运输系统已经形成或正在形成。随着世界经济的发展,交通运输的管理从分散管理走向集中管理,已经成为一种潮流,愈来愈多的国家和地区在调整交通运输管理体制时,都十分注意吸纳集中管理的长处,特别是改革交通运输管理体制时,广泛采用集中管理交通运输的模式。这不仅说明了集中管理是交通运输体制改革的趋势,而且说明了集中管理交通运输模式本身的合理性。集中管理从整体功能上分析,对交通运输的发展壮大是积极的、合理的,其合理性主要有以下几个方面:

一、集中管理可以适应社会化大生产的要求,有利于目发挥特殊的物质生产部门的特殊功能

随着社会化大生产的发展,社会分工日益扩大、专业化生产日益增多,经济联合日益发展,生产协作日益增强,整个国民经济活动更富有协调性和一致性。交通运输作为国民经济的一个重要组成部分,应该通过有效的运输经济联系,使交通运输符合社会化大生产的要求,顺应社会化大生产的需要,服从于服务于社会化大生产,保证经济和社会对交通运输的总需求和交通运输总供给的相对平衡。社会化大生产着眼于市场需求,市场需求有本源需求和派生需求,本源需求是消费者对最终产品的需求,派生需求则是由于某一最终产品的需求而引起的对生产它的某一生产要素的需求。交通运输是社会化大生产派生出来的派生需求。因为运输需求的派生性,个别需求的异质性,总体需求的规律性,交通必须要储存适应性较强的运力,要保持合理的运力规模,才能保障运输的供给。交通运输是一个特殊的物质生产部门,它的生产场所是广阔延伸的空间带,点多、线长、流动、分散、面广、量大、跨区域、连续性、多环节、多工种,要让交通运输像时钟一样运转,必须进行有效的组织,实行有效的配合,才能确保需求和供给的平衡。要做到像时钟一样运转,就必须对交通运输实行统一规划、统一政策、统一建设和统一管理。要做到"四统一"就必须实行集中管理。

对交通运输实行集中管理是因为交通运输对社会的影响是最直接和最广泛的,这是因为

它不能自由选择运输对象,也不能自由支配运输对象。这是因为交通运输的“产品”是特殊的“产品”,它既不能调拨,又不能储存。这是因为交通运输的生产过程和销售过程同时进行,时效性很强,要能使交通运输发挥其特殊功能,为经济和社会的发展提供良好、周到、方便、及时的服务,就必须采取法律的形式,对交通运输进行管理和监督,使交通运输的各个环节、各个工种都能实行有效的配合。

二、集中管理可以实现交通运输资源的合理配置,有利于提高交通运输的市场化程度

运用市场机制进行资源配置是经济发达国家的典型做法,当代高度发达的市场经济不再是20世纪前的自由放任的市场经济,现在的市场经济不仅受看不见的手——价格、利润的微观调节,而且受看得见的手——政府宏观调控的调节。最有竞争力的强者最能满足社会需要,最能提供物美价廉的商品和服务,也必然支配最大量的物质资源。美国交通运输在联邦运输部统筹规划下形成比较合理的产业结构、规模结构和地区结构,美国联邦运输部通过市场机制优化配置运输资源,使运输经济的运行质量高、运输效率高。美国交通运输的产业结构是一种动态的、不断创新的由新技术、新项目带动整个运输经济前进的产业结构,美国的交通运输业为创造竞争的优势,研究新的运输技术,开发新的运输项目,使交通运输的产业结构不断创新,为社会和经济的发展创造出新的强大的运输需求,使交通运输业不断推陈出新,独领风骚。为了适应运输需求的多样化,为了发挥规模效益的长处,提高市场化的程度,美国联邦运输部倡导性质相近并与交通运输有关联的企业和交通运输企业之间实行横向合并,促进“上游”交通运输企业和“下游”交通运输企业之间实行纵向合并,在市场的作用下扬长补短各自发挥优势,使运输资源得到合理的和较好的利用。通过市场机制优化交通运输的资源配置,使可能性成为事实性,一般地说,集中管理是关键。

三、集中管理可以制定综合性的运输政策,组织四通八达的多式联运,有利于加快网络化综合运输系统的建立

各种运输方式实行合理分工和有效合作是由于各种运输方式形成和发展的条件不同而决定,不同的运输方式具有不同的技术经济特征,这些不同的特征决定了各自的适用范围,为了提高运输效率,就要充分发挥各种运输方式的各自优势,进行有效合作,为了提高运输经济效益,就要按各种运输方式的适用范围进行合理分工。各种运输方式之间内在的、本质的、必然的联系决定了各种运输方式分工合作协调发展的必要性,为了使这种必要性成为可能性,为了使这种必要性成为有效性,就要有集中管理交通运输事务的政府主管部门制定相对统一的综合性的运输政策,采取综合性的行政措施,制定综合性的法规和规划,鼓励各种运输方式之间通过合作开展多式联运。瑞典是集中管理交通运输富有成效的国家之一,在工业发达之初就已经认识到“在运输和装卸中,合作综合之必要”。“建立一个高效能的综合运输系统,在充分考虑该系统的需要的情况下,使运输费用减至最小,为产品提供时间效用和地点效用”是综合运输的最终目标和基本原则。瑞典政府很重视综合运输系统的建设,1963年瑞典议会就宣布:应花费最少的钱来为全国提供足够的运输,所采取的形式应能提高效率、促进技术、保证安全,为了达到这一目际,应该允许各种交通工具和运输方式之间自由地、平等地竞争,但种运输

方式要承担自己对社会的经济责任。瑞典综合运输系统已形成息息相通、脉脉相连、环环相扣、四通八达的运输网络，它把各种现代化交通工具结合起来，把集、装、运、卸、散五个环节连接起来，加以长短分工、水陆协调、相互补充、综合利用，组成了一个完整的运输体系，缩短了流通过程时间，扩大了运输的组织面和运力的调度面，选择经济线路，发挥了各种运输工具的最佳效果。网络化的综合运输系统，使运输效率得到发挥，使运输经济效益得到提高，使多式联运成为社会的自觉需要。

四、集中管理可以运用系统工程组织管理交通运输的全过程，有利于加强交通运输的一体化管理

系统工程已广泛应用于军事工程、民用工程、工农业生产规划、经营管理、城市建设、环境保护等方面并已取得显著效果，系统工程应用于交通运输也已在欧、美、日等国取得明显成效。交通运输系统是一个人工系统，它是为了达到人类所需求的目的，由人工建立起来的系统，它包括：由人、车、路、环境、仪器、设备等组成的交通运输技术系统和由组织、过程、制度、标准、法规等组成的运输管理系统。它是一个开放系统，能与环境间进行能源、物资和信息交换；它是一个管理系统，以运输对象、运输经营者、运输能力、运输过程等元素构成。交通运输应用系统工程是研究从运输系统的整体出发，综合运用现代科技，以最优化方案来分析、设计、控制、管理运输系统的科学方法。

应用系统工程研究交通运输，把交通运输看作一个是由人、车、路等可相互区别的元素所组成的不可分割的整体系统，从运输系统的整体出发考虑各种运输方式，各个管理机构的局部，使系统的局部既要服从系统的整体又要处理好系统各局部之间的关系，同时，运输系统本身又要同它所属的更大的国民经济系统或所处运输环境相适应，最终目的是实现运输系统的目标，取得最佳的运输效果。

运用系统工程方法的三维结构，从系统的规划到系统的更新，使系统中互相联系，互相制约的各级组织机构的格局、配制以及管理权限的划分，把人、车、路、环境、政策法规、培训教育、技术监督、安全检验等若干个子系统、分系统串联在一起，使管理要素有机结合，融为一体，对交通运输实行全过程管理，实现“统一、精简、高效”的管理目的。

五、集中管理可以运用现代科学技术，参与国际运输市场竞争，有利于拓展智能化交通运输的服务领域

交通运输的发展与现代科学技术的应用有十分密切的关系，运输经济和技术进步之间的关系是相互适应和相互制约，运输经济发展的需要是推动运输技术进步的动力，运输技术的进步又是促进运输经济发展的诱因。但运输技术的进步是在一定条件下实现的，在集中管理的体制条件下，技术的先进性和经济的合理性可以得到统一。

科学技术是第一生产力，运输生产力的发展，运输效率的提高，靠的是科学的力量、技术的力量，生产力是一切社会发展的最根本的决定性因素。第二次世界大战以来，科学技术迅速发展，一场新的科技革命悄然兴起，对世界产生了广泛的影响，使世界范围内的交通运输发生了深刻的变化。美国陆军使用了所谓的“连接运输工具”，迈出了集装箱运输实用化的第一步；1955 年，美国开始把集装应用于铁路运输，将集装箱放在平板车上，利用铁路运输运费低、速

度快的特点和汽车运输“门到门”运输的特点，使集装箱运输成为先进的运输技术，这种先进技术的广泛应用，成为发展海、陆、空、集装箱多式联运的强大动力。集装箱的使用，引起运输领域内的一场革命，开创了交通运输的新纪元，未来世界的交通运输是国际集装箱运输的世界。

运用现代科学技术实现运输技术进步，可以促进运输生产率的提高，促进运输结构的优化，促进运输经济效益的提高。先进技术是指在世界范围内居于领先的技术。适用技术是指为了达到既定的目的，有可能采用的多种技术中，最符合实际情况，社会经济效益和社会效果最好的一种技术。为了推动交通运输的发展，实现交通运输的现代化，参与国际运输市场的竞争，要尽量采用先进技术，同时还要采用适用技术。例如在运输的组织和管理工作中，应用无线电通讯技术和电子计算机，建立交通运输的信息系统，广泛应用智能化交通运输的新技术，加强交通运输的技术装备，优化运输组织方法，实行交通运输的自动化管理。从为运输对象提供时间效用和地区效用出发，改革包装工具，改进装卸和运输方法，改善托盘和集装箱结构，扩大托盘和集装箱的适用范围，采用能缩短运输工具停留时间的专用机械设备，制定适宜各种运输工具衔接换装的限界标准，使用标准化的集装单元，并且使这些集装单元和国际标准匹配，达到“尽可能早的组合，尽可能大的尺寸，尽可能好的坚固，尽可能迟的解体”的运输要求，实现在提高效率、促进技术、保证安全的前提下，花费最少钱、提供足够的运输，适应科学技术的进步和日益尖锐的市场竞争的需要。当然集中管理的模式也有自身的不足之处。诸如集中管理的线条比粗，管理功能比较单一，集中管理上下比较一致，但左右不够协调等。我们在考虑采用集中管理模式时，应注意对集中管理的不足之处加以补充或限制，使之更加完善。

（本文选自 1998 年第 7 期《江苏交通》）

关于费改税后加强运输行政管理和强化运输市场监督的建议

改革开放以来,市、县运管部门担当起培育和发展社会主义运输市场的重任,实行新的运输经济政策后,交通运输从全面紧张走向明显缓解,呈现出一片“社会各界办运输,运输服务全社会”的兴旺局面。经过起步、发展、整顿和再发展四个阶段的发展历程,建立健全了省、市、县、乡四级运输管理机构,建立了一支懂业务、会管理的运政管理队伍,编制了运输市场发展规划和管理目标,制发了运输行业管理的规章制度和市场规则,规范了运输市场的经营行为和管理职能,形成了培育和发展运输市场的思路和方法,征收了大量的交通运输规费。

回顾运输管理部门建立十多年来的工作实践,在“放管结合”方针的指导下,既坚持了改革开放运输市场,又坚持了加强运输行业管理。基本做到了在管理中扩大开放的力度,在开放中加强行业管理行为,解放和发展了运输生产力,调整和改善了运输结构,打破了单一所有制禁锢和交通专业运输企业包办公用运输的局面,充分调动了社会各界兴办交通运输的积极性。运输管理部门运用经济手段、法律手段和行政手段改善行业管理,运用“规划、监督、协调、服务”八字方针来规范行业管理,通过规范经营行为、强化市场监督、加快场站建设,促进了旅客运输业、货物运输业、汽车维修业、搬运装卸业和运输服务业的健康发展,基本形成了沟通城乡、干支相连、四通八达的运输网络,为繁荣国民经济发挥了重要作用。

为了使运输行政管理工作加快实现“三个转变、一个提高”,为了使运输市场监督走上“依法行政,依法治运”的轨道,为了在机构改革和“费改税”后集中精力加强运输行政管理,集中力量强化运输市场监督,特提出如下意见和建议:

一、澄清思想,转变观念,紧跟时代,开拓创新运输行政管理工作

运输管理部门自从建立之日起,就承担了繁重而又光荣的规费征收任务,为了征足征好各项运输规费,耗费了大量的人力和物力,为发展交通运输供给了大量的和必不可少的建设资金。因为规费征收的任务重,难度大,一度时期,有些运管部门为完成规费征收任务出现了“重收费、轻管理”的现象。在上级领导的教育帮助和正确引导下,运管部门逐步理顺了征费和管理的关系,摆正了管理和征费的位置,从发展运输生产力入手,加强行业管理,从规范行业管理入手,监督经营行为,从强化市场监督入手,保护承托双方的合法权益,从建设运输市场入手,培植稳定的规费来源。20世纪90年代以来,运管部门开创了“行业管理、市场建设、规费征收”三者并重的新局面。有不少获得“双文明先进单位”殊荣的运输管理处,想旅客、货主和经营者所想,急旅客、货主、经营者所急,解旅客、货主和经营者所难,寓管理于服务之中,经常帮助旅客、货主和经营者解决实际困难,缩短了旅客、货主和经营者之间的距离,在管理者和管理对象之间建立了良好的工作关系,经营者视运管部门为合法经营的“保护神”,旅客、货主视运管部门为维护正当权益的卫士。“九五”以来,运管部门为培育和发展运输市场不辞劳苦,奋力拼博,做出了积极贡献。当前,以建立社会主义市场经济体制为目标的改革已进入攻坚阶

段。面对2005年基本建成全国“统一、开放、竞争、有序”的社会主义运输市场的战略目标，运管部门必须认清形势，转变观念，澄清思想，排除干扰，抵制错误言论诱导，坚持“淡化收费、强化管理”的方针，引导经营者合理投资、守法经营、正当竞争，提高运输质量；为经营者提供政策法规服务，提供业务技术服务，提供信息咨询服务，勇敢地担当起建设运输市场、管理运输市场的重任。把解放思想、改革开放作为促进运输市场持续快速发展的基本动力，把建章立法作为建设和发展运输市场的根本任务，把站场基础设施建设作为培育和繁荣运输市场的重要基础，奋力开拓运输行政管理的新局面。值此机构改革、转变职能的关键时刻，运管部门要充分做好“精简机构，精练职能，精干队伍”的准备，“收拢五指、形成合力，坚守岗位、一头对外”。严格管理制度，严明办事程序，严肃运政纪律，严厉查处违章，做到“权力不丢弃，监督不放任，管理不松懈，思想不混乱”，主动配合，积极争取，迎接“费改税”的实施。

二、立足发展，转变职能，建立健全运输行政管理目标体系

运输是一种派生需求，为了协调运输需求和运输供给的关系，政府对运输市场要进行必要的行政干预，主要是在运输市场机制、运输市场行为、运输市场结构上予以干预。干预的实质是通过政府的职能机构——运政管理部门，依照法律和规章，对运输市场及运输企业本身实行监督指导。干预的目的是为了打破垄断和鼓励竞争，是在不以人们意志为转移的市场规律作用的基础上对运输市场进行调节。政府将运输行政管理职能赋予交通部门，是政府履行行政管理权力的必须，也是培育和发展运输市场的客观需要。实施“费改税”后，运政管理部门应根据发展社会主义运输市场总目标（运输市场机制和宏观调控体系基本形成，运输能力和运输需求基本适应，运输法规基本健全，运输市场行为基本规范，运输经营者基本做到自主经营、平等竞争、协调发展）的要求，处理好近期管理和远期规划的关系，从解放运输生产力，发展交通运输事业出发，从“货畅其流、人便于行”出发，转变管理职能，调整管理内容，建立和健全运政管理的目标体系。

根据行政管理学原理分析，在市场经济条件下，运输行政管理实现“两个根本性转变”，必须变被动性管理为主动性管理，变分散管理为集中管理，精练管理职能，简化管理程序，集中力量管那些应该由运输行政管理部门管而又不管不行的事，转移下放那些不应该由运输行政管理部门管而又管不好的事，其主要职能有：

1. 运输经济调控职能。通过对运输市场的宏观调控，解决运输供给和运输需求的协调平衡，运用经济手段、行政手段、法律手段管好管住有全局性的重要运输经济活动，促进运输市场的公平竞争，实现运输市场的规范经营，改善运输市场的结构格局，提高运输市场的经济效益，满足社会对运输的需求。

2. 运输市场监督职能。依据法律、法规和政策，对运输市场的全过程实行依法监督；依据各种规章制度对经营资质的审查、开、歇业的审批，对经营许可证、营运证的核发、营运线路的准入实行行政监督。通过有效的监督活动，解决为市场机制本身所不能解决的各种矛盾，促进运输市场向法制化和规范化方向发展。

3. 运输法规保障职能。依靠政府的法权力量，在经济立法和经济司法的支撑下，通过运输行政管理部门运用法律、法规来规范、调节运输经济活动和运输经济关系，充分发挥法规所具有普遍的约束性、严格的强制性、相对的稳定性、明确的规定性来保障政府对运输经济活动的

计划、调节、监督职能的实现。

4. 运输政策导向职能。通过政府颁布的命令、规定等形式,按行政系统、行政层次、行政区划对运输市场的经营主体的经济活动进行直接调节;通过产业政策和行业发展规划引导经营业户提高经营的规模化、专业化、组织化程度,促进运输经济结构、经营结构和技术结构的提高,实现运输资源的优化配置。

运政管理部门在代表政府履行行政管理职能的同时,要充分发挥民间运输管理组织的功能和作用,要为建立"统一、开放、竞争、有序"的运输市场构筑运政管理的目标体系,制定"运输市场基础,运输市场主体,运输市场体系,运输市场机制,运输市场规则,运输市场调控,运输市场保障,运输市场分配,运输市场中介"等八个方面的定性和定量考核指标,调整和充实运输行政管理的内容。

三、加快立法,强化监督,明确赋予运政管理部门的执法权利

现行的运输法规由于立法滞后、规格不高,严重影响依法行政,依法治运的进程,当前亟需出台运输行政管理的龙头法规,建议汇集已经出台的省、市《道路运输管理条例》或《道路运输管理办法》的精华,起草通过跨世纪的《道路运输管理条例》,建议采纳新疆维吾尔自治区《道路运输管理条例》的文本,由《条例》明确授权"县(市)以上交通运政管理机构具体实施区域内道路运输管理工作";"县以上运政机构对从事道路运输的单位和个人实施监督检查……查处和纠正违法经营行为";"运政机构管理人员执行公务时,应当身着统一服装,佩戴统一标志,并出示国务院交通行政主管部门或自治区人民政府颁发的行政执法证件";"车辆维修经营类别由地州(市)以上运政机构按照国家和自治区人民政府有关规定核准,并核发维修技术等级标志";"车辆技术检测由自治区交通行政主管部门实施行业管理";"检测结果同时作为车辆技术检测和车辆安全检测的依据";"……可以采取暂扣行驶证或车辆的行政措施";"暂扣行驶证的由运政机构出具自治区公安交通管理机关和自治区交通行政主管部门联合监制的暂扣凭证"。同时运用法律手段对运输市场准入规则、运输市场秩序和市场行为加以规范,以保证运输业的健康发展。费改税后要强化对运输市场的监督检查,根据法律法规的授权实施综合性的稽查,调整分散、单一的稽查机构,补充完善监督检查的内容,改革监督检查的方法,强化监督检查的手段,组织一支精干的监督检查队伍,对运输市场运行的全过程,实行预先监督、进程监督和反馈监督,落实监督职能,形成监督系统,实施固定监督和流动监督相结合的方法,把监督检查的范围从依法监督、行政监督扩大到社会监督和自我监督,使监督检查成为全社会的行为和行业自律行为。

四、理顺体制,精简机构,统一调整运政管理机构的设置和名称

运输业的特点是点多、线长、面广、量大、流动、分散,特别是跨地区、多工种、连续性的特征尤为明显,为建设全国统一的大市场,为发展综合运输系统。作为政府实施运输市场监督管理和行政执法的运政管理部门,承担着维护运输市场秩序的重要职责,根据十多年来运政管理工作的实践和建立社会主义运输市场经济体制的要求,为维护良好的运输秩序,营造公平竞争的运输环境,运政管理部门承担的任务更加繁重。但现行的分级管理体制限制和影响了管理职能的充分发挥,要巩固运输市场改革开放的成果,必须加强集中管理,实行集约式管理体制,建

立条线管理系统，以省为主，专司决策、决定、行政命令和统一管理职权；建立职能管理系统，以市为主，专司地域范围内运政管理职能的组织实施和贯彻执行。把运政管理部门建成一个统一、高效和有权威的职能部门。

运输行政管理包括：客货运输、搬运装卸、汽车维修、运输服务、驾培和稽查管理等条口。由于目前运管机构的设置不尽统一，有部分市、县维修管理、道路稽查、航运管理机构与运输管理机构分设，影响了运输行政管理的整体效果，既形不成管理合力，又增加了管理的难度。建议合并所有分支机构，统一市、县运政管理机构的设置，统一挂“×××市运政管理处”的牌子，实行“一套班子、多种职能”。明确省级运政管理机构以决策为主，市级运政管理机构以实施为主，县级运政管理机构以执行为主的管理职责，形成政令畅通、精简效能的管理系统和运行机制。

为克服现存运输管理工作中的不一致性，克服地方保护和不平等竞争，克服现有人员严重超编现象，保证管理人员的素质和运输市场的统一开放和竞争有序，建议对运政管理系统的经费开支纳入省级管理，将燃油税返还中用于运管人员和运管装备的经费，由省交通厅统一划拨给省运管局，由运管局实行总量控制，定额配给，预算拨付，专项审计，省运管局直接将运管经费分配到省辖市运管处，再由省辖市运管处负责统筹安排市、县运管经费。

乡镇交管所是县交通局的派出机构，也是乡镇政府的职能部门，人财物隶属县（市）交通局。运管部门接受委托牵头管理有名无实。建议按事权统一的管理原则，乡镇运政管理可调整为四级机构、五级管理。由县运管部门的派出机构或派驻特派员对乡镇运输市场进行日常管理，人财物由运管部门实行统一管理。

五、注重提高，精干队伍，合理配备领导骨干和分流部分征管人员

为适应市场经济条件下运政管理工作的需要，加快运输行业实现“两个根本性转变”的步伐，提高运政管理人员的素质是关键。要首先提高运政管理人员的整体素质，既要大力培养现有的运管骨干，又要引进优秀管理人才。为实现这一要求，当务之急是精干管理队伍，对现有队伍中的不合格人员，要严格标准予以调整，对机构改革和“费改税”以后富余的征管人员要妥善分流。要采取激励机制公开招聘、择优聘用，严把进人关，在用人制度上要能让懂业务、会管理的人进得来，让不合格和不适应的人出得去。费改税后，运管部门不再承担规费征收任务，但管理职能没有减少，根据交通部《公路运输管理部门工作条例（试行）》“运管人员的配备标准应根据管理范围、车辆数量、工作量大小等实际情况确定，最多每百辆机动车不超过1人”的规定，建议利用费改税的契机，出台运管机构编制和领导职数的标准，按照每百车、百船配备1人为基数，兼顾管理工作量的大小，由省厅统一核定和管理市、县（市）运管部门的编制。

对于基层运管部门，特别是乡镇交管所从事规费征收的富余人员，要认真负责地分流，其中大部分人员是从1986年开始建立运管机构时参加运管工作的老“运管”，建议从以下几个方面作适当安排：

1. 充实一部分规费征管人员到运输市场管理岗位。由于规费征收任务较重，运管部门相当一部分精力放在规费征收上，有时为了能够保证规费征收，屡屡出现“重收费，轻管理”的现象，“费改税”后，加强运输管理成为工作的重点。因此选调一部分规费征管人员，充实运输市

场和运输行业管理岗位,对加强运输市场管理,强化运输市场监督,确保运输市场秩序会产生积极作用。

2. 可向金融管理机构申请成立"江苏省运输保险公司",各市设立分公司,开展客货运输保险业务,利用运输保险公司对驾驶人员进行安全技术培训,对机务人员进行技术管理培训,对运输商务事故、行车事故实行理赔。

3. 通过设立以咨询、评估、信息服务为内容的运输中介服务机构,为业户提供便利,为运管部门提供延伸服务,为分流人员提供工作机会。

4. 倡导成立客运、货运、代理业、运输服务业"同业公会",分流部分运管人员参与工作,发挥特长,充当骨干。

5. 利用已有站场和设施,建立为市场所需要的客运公用站、货运配载点、货运交易市场、检测站、驾驶员培训基地等,转移部分原由运管部门负责而不应由运管部门负责的职能,分流部分人员参与场站的服务工作。

6. 鉴于"费改税"后,燃油税征管工作的需要,建议选派一部分规费征管人员转入财税部门参与征管燃油税工作。

以上建议供领导决策时参考。

(本文选自 1999 年第 2 期《江苏交通》)

浅谈费改税对企业的影响

交通四项规费改为燃油税，这是国家深化改革的重大决策，将对我国运输市场产生深远的影响，近日通过对交通专业有关企业和非交通专业运输企业的调查，从三个方面浅析费改税对企业的影响。

一、费改税从宏观上给企业宽松环境

改革开放以来，交通运输行业实行国家、集体、个体一齐上的开放政策，形成了多层次、多渠道、多种运输方式的新型运输结构，从根本上缓解了“运货难”的状况。交通部门征收的“车辆购置附加费”、“养路费”、“运管费”和“货物附加费”征集的资本在公路建设、客、货运有形市场等方面发挥了决定的作用。

由于宏观经济管理体制尚未完全理顺，缺乏必要的调控和管理手段，运力大于运量，设备老化、工具结构不合理、人员多、负担重、机制不灵活等问题，严重困扰着汽车运输企业。尽管今年企业内部改革重点是转换经营机制，但配套改革滞后，使企业改革进展缓慢。费改税，不只是一个形式上的改变，而是按照市场规律，实行公平税赋的重大举措，是改革的深化和升华，它有效地规范了政府的收费行为，使那些搭车乱收费，增加企业负担，有损政府形象的不轨恶行无空可钻。实行费改税体现了合理税赋的原则，从外部给企业一个公平宽松的竞争环境，大多数运输企业都表示理解和支持；但交通专业企业有些担心和畏难。

我们对部分交通专业和非专业运输企业分别调查如下：

我市交通专业运输企业在实行费改税后，燃料支出所占总成本比例与1997、1998年大体相似，但多年来在征收货附费上实行政策倾斜，意在扶持交通专业企业，使规费在实际成本中的比例变小，如果将专业企业的规费征收与非专业企业在同一标准上测算，实行费改税之后，此项成本应略高于改革之前。从调查中，情况有二：一如港联货运公司并未等、靠、要，在管理服从于市场和占领市场份额的磨合中，初步探索出一条提高经济效益，转变经营机制的管理方法。基本坚持按期足额交纳交通三项规费，费改税后，预测燃料支出占总成本的比例将比相似的1998年下降4个百分点，同时减少办事程序。二如大件运输公司、第二汽运公司和第三汽运公司，今年运管费和货附费缴纳极少，甚至分文未交。费改税后，预测燃料支出所占总成本的比例同1998年比基本持平，有的将上升1～5个百分点。对于这些企业将是阵痛在即。

非专业运输企业费改税后，燃料支出占总成本的比例，将比前三年（交通三项规费+燃料支出之和占总成本比例）下降4个百分点，减轻了企业负担。

二、费改税对企业成本管理的影响

养路费、运管费和货附费在运输企业的成本管理中，因其计算公式、每吨月标准基本不变，视为固定成本。随着费改税后，这三项规费以税的形式在燃油中列支，成本性质也随之变化，由固定转为变动性态，成本总额将随着业务量和行驶里程（周转量）的变动成正比例变动。这对企业如何强化成本管理,节能降耗,提高车辆的行程利用率提出了更高的要求,企业管理的难度加大,但同时也为企业提供了公平的发展机遇。

成本决定企业的竞争力,运输企业属于第三产业,劳动力密集,积重难返的问题很多,工资、燃料和电力不断涨价,企业内部消化困难,成本居高不下,而运输价格执行国家定价,与个体经营者价格活、成本低,不在同一起跑线。费改税后,非交通专业企业如谏壁电厂运输公司、锚链总厂车队等经营状况好的企业,预测燃油支出将占运输总成本比例,比前三年下降6个百分点,从降低的成本中积累资金,以扩大再生产,走上良性循环的轨道。

三、费改税后企业面临机遇与挑战共存

费改税后,给企业和所有从事运输业者一个平等的竞争起点,而那些死撑活熬的企业由于设备老化,性能差,油耗高,将被淘汰出局。特别是在计划经济年代形成的"小而全",管理基础薄弱,业务渠道单一,依赖"扶持""倾斜"的企业将面临着重大选择,产业结构调整,经营机制转换,车辆报废期提前,都会给企业带来更多的困难。但强制淘汰规定的出台,将会有效地改善运力结构和提高工具性能,同时也使社会自备车辆逐步淘汰,运力会有所下降,总量随之减少,这也是机遇。运输企业要走出困境,必须要实现四个根本性转变:一要向结构优化要效益,按市场规律实现资本重组,充分发挥资金、设备、人才等优势;二要向规模经济要效益,在专业化分工的基础上组成大企业和企业集团,以求获得较好的规模效益;三要向科技进步要效益;四要向科学管理要效益,使管理服务于市场竞争,与市场相衔接。特别是我们专业交通运输企业,要一改背靠大树好乘凉的习惯,从观念、制度和方法上发生彻底的变革,立足市场求发展。

(本文选自1999年第5期《交通企业管理》)

适应形势　转变思想　全面推进行业管理上水平

根据《关于国民经济和社会发展第十个五年计划纲要》指出的“进一步实行政企分开，切实转变政府职能，减少行政性审批，发挥行业、商会、行业协会等中间组织的作用，通过改革，使政府与企业的关系真正转到符合社会主义市场经济要求的轨道上来”的要求，按照道路运输管理一体化、法制化、规范化的目标，实行职能转变，构筑道路运输行业管理的新机制。我们拟想结合行业管理的特点，对管理体制、机构设置、管理范围、管理方法及手段、政策法规、检查监督及队伍建设等方面做一些探讨。

一、改革管理体制

1. 明确执法主体地位。党的十一届三中全会，确立了以经济建设为中心的基本路线，运输行业管理工作实质是经济管理工作，根据以经济建设为中心的基本路线，应明确运输行业管理执法主体地位，而不能仅处在委托执法地位。通过执法地位的提高，才有可能建立健全自身的、独立的、完善的管理体系，摆脱长期以来管理中的依附性，使运输行业纳入正常的发展轨道。

2. 调整从属关系。运输业的特点是点多、线长、面广、量大、跨地区特征明显，随着公路、航道的建设发展，时空跨度越来越小，运输业跨地区的特征越来越明显，根据十多年来运输管理工作的实践，在改革管理体制时有必要强化集中管理，实行先条后块，条适应块，块服从条的条块结合的管理模式，具有管理的统一性、市场的开放性和竞争的有序性等优点，可以克服过去管理模式中的管理不一致性、地方保护主义的封闭性和不平等竞争等弊端，为建立统一、开放、竞争、有序的运输市场创造主观条件，通过管理主体的改革调整，促进管理客体的变革。

3. 调整机构设置。运输行业管理涉及面广，有客、货运输，搬运装卸、机动车维修、运输服务业、驾培和稽查等，机构设置应本着精简高效的原则，应实现运输行业管理职能归并，实行一块牌子、一套班子、多种职能，改变过去多块牌子、多套班子、多种职能的现象。其理由主要是由于现代企业制度的改革建立，使投资多元化，跨行业、跨地区的综合性企业集团越来越多，但残留着历史遗迹，“大而全、小而全”仍是目前企业的特征，而运输管理目前仍属依附型管理，尚未健全完整的管理体系，因此，必须使自身形成合力，方能全面、有效的实施行业管理。

对现行五级管理体制，逐步调整为四级机构。当前对乡镇交管所建制调整为市(县)直接派驻乡镇的直属所或特派员进行过渡。由于地区差异，经济发达地区的城乡一体化进程得到充分发展，而经济落后地区乡镇仍很封闭。因此，在经济发达地区以片成立直属所，在经济落后地区以片派驻特派员。以期加强对乡镇运输市场的管理力度，扫除乡镇管理盲区。

二、转变管理职能

1. 抓好行业规划，明确长远目标。任何行业的发展都必须是有序的，保证行业有秩发展的前提是要有行业发展规划。过去，运输管理部门在行业规划上所下功夫甚少，即使有一些阶段性和单方面的规划也往往是做摆饰的。国家确定交通、能源为国民经济先行官，运输管理部门必须尽快制定与国民经济发展相适应的行业规划，以此来指导今后行业管理，变被动管理为主动管理。

2. 运用信息资源，指导行业发展。产业革命进入信息时代后，信息资源成为人们生产、生活的必需，信息资源成为引导社会资源合理配置的重要渠道。运输行业管理部门应运用信息资源的发布等手段，合理引导社会资源的有效配置，促进运输行业结构调整，改变经营者自发、盲目发展的状态，把行业管理变“堵”为“导”。

3. 加快法规建设，规范市场准则。法规建设的滞后，一直是制约运输行业管理向纵深发展的瓶颈。随着公民法律意识的提高，加强运输行业管理的法律法规建设已势在必行。要使运输行业管理顺利实行“两个根本性转变”，必须要组织力量对市场行为准则进行深入的研究，用高规格的法律法规作保证，通过法律手段规范运输市场的行为准则。

4. 组织调查研究，增强调控能力。运输行业管理必须随时研究运输市场的供求状况，运力与运量的匹配，运力结构的合理比例，客货流量流向等动态情况。只有对全行业发展状况做到心中有数，管理方能纵向到底，横向到边。只有通过调查研究，掌握大量数据信息，方能运用科学方法，建立数学模型，由粗放式管理向集约化管理迈进，最终实现行业管理科学化。

5. 提高市场组织化程度，推进行业整体发展水平。社会化大生产和社会化分工协作是社会进步的标志。市场组织化程度的高低是行业管理水平高低的体现，只有注重市场组织化建设，不断加大对市场建设的投入，提高市场组织化程度，才能推进运输行业整体发展水平，也才能适应国民经济发展对运输行业的需求。

三、界定管理对象

《公路运输管理(暂行)条例》明确“凡从事公路客货运输、搬运装卸、汽车维修、运输服务均属公路运输行业管理范围”，后国务院、江苏省政府又相继出台了一系列的文件将港口管理、驾驶员培训管理纳入了运输行业的管理范畴，管理范围逐步扩大，这些调整适应了运输业的特点，即点多线长，面广量大，涉及环节多。运输行业管理部门在今后一个时期内仍将承担建设统一、开放、竞争、有序的社会主义运输市场，促进运输业实现集约型增长和运输资源优化配置等艰巨任务。为此，行业管理的深度和广度必须有所突破，须覆盖运输经济活动人、车、站(场)等方面和运输活动的各环节，形成系统的控制、引导体系，以推动运输业全面进步和“两个根本性转变”的实现。运输行业管理的范围应定性为“凡使用运输工具使旅客和货物发生有目的位移的运输活动和为运输活动直接提供各种劳务的活动”。它不仅包容现存意义上的营业性和非营业性运输，同时还包括了参与运输活动和运输服务活动的劳动力、劳动工具和劳动对象。

按照上述范围，运输行业管理的对象主要可分为四个方面：

1. 对劳动力(即人)的管理。从当前局限于对驾驶员培训、汽车维修工人和特种运输驾驶员的管理扩大为对所有从业人员的岗前培训管理、再教育管理、技术考核及年度审验。

2. 对运输工具和设备的管理。将现有运输工具和设备管理的内涵扩展为所有民用车船及运输辅助设备，包括从事经营活动的非机动车、客货车辆、起重吊装设备、挖掘铲运等特种设备。

3. 对运输活动站场的管理。在强化对营业性客运站、货运站、港口管理的同时，逐步将全社会的各类客货运站场和仓储服务单位纳入管理范围。

4. 对运输活动提供各种服务主体的管理。主要包括车辆维修、车辆检测、搬运装卸、客货代理、信息咨询服务及各类运输中介机构。

重新界定管理对象的性质，将现行营业性运输和非营业性运输区分标准调整为公用型和自用型两类。在经营范围上予以严格区分。管理上对自用型运输活动实行引导政策，重点对公用型活动进行规范和管理。

四、创新管理方法

1. 运输管理工作要尽快完成从微观管理向宏观管理的深层次转变，突破过去以收费为核心，重收费、轻管理，一切围着收费转的管理模式。加强市场调查和理论研究，根据市场规律、市场需求及市场容量，探讨行业发展的新思路。不断加大宏观管理力度，以量的调控为基本手段和切入点，逐步实现以结构调整为主要内容的质的调控。从根本上改变运输市场主体分散、质量不高的状况，全面提高管理部门调控市场和驾驭市场的能力，多方位促进运输资源的优化配置。

管理工作的基本内容要以行业规划、市场（站、场）建设、网点布局、服务质量、创建文明行业、信息发布和信息管理为主。加快上岗证的培训发放进度，提高经营者的综合素质。充分认识市场建设的重要性和迫切性，跳出政府（运管部门）办市场企业去受益的怪圈，按照管理部门规划和谁投资谁受益的原则，不断加大培育和建设市场的力度。

2. 加强对中介机构的领导和管理，充分发挥它的桥梁和自律作用。中介机构是市场经济发展到一定程度的必然产物，对中介机构的工作职责、管理范围和行为规范都需要进行严格管理和多方引导。随着现代企业制度的建立和完善，政府和企业间的关系越来越清晰，中介部门在沟通政府和企业关系中的协调作用和桥梁作用将日益明显。为了保证中介机构的健康发展和高效运作，运管部门必要时应派员参与中介机构的管理工作，对从业人员的培训考核、车辆技术状况等级评定及业户咨询等可委托行业协会承担，以确保行业管理的各项政策落到实处。

3. 突出行业管理的重点。加强源头管理和对特种货物运输的管理，对大件运输、集装箱运输、危险物品运输和零担货物运输等特种运输，要在综合使用经济、行政和法律手段的基础上，强化经济手段。可根据实际情况收取经营保证金、开发（拓）基金或有偿使用费，还可变以前的差别费率为差别价格。强化客运线路、零担线路标志牌和运单管理，结合已经颁布的一系列专门规章和相关规则，真正对这一领域实行特殊管理。

4. 在管理程序、管理依据等方面实施运政执法公示制，切实实现公开、公平、公正。实行先申请后购置的原则，对新开业户必须坚持可行性研究制度，研究报告可由中介部门进行评估，结合本地区实际制定出一些有针对性的操作措施，切实减少盲目投入和无序进入。对停（歇）业或变更过户实行规范程序和主动管理，对不提供票据服务和不实行票据管理的各类运输经营业户应淡化税务登记证的前置条件，允许其在取得许可证以后办理税务登记。

5. 全面提升审验质量。要充分发挥审验工作在行业工作中的作用，重新制订相应的审验标准，严格业户经营资质、车辆技术状况、经营行为、企业法人（或负责人）资格、从业人员资格等为主要指标的考核具体内容。建立区域或者更大范围的行业管理微机网络,建立健全数据库,做到大范围内的全面审核。改革现行审验办法,实施"审"与"验"相对分离,即日常进行"审",集中时间进行"验",变阶段性审验为日常审验,使"两证"审验工作日常化、制度化。

五、完善政策法规

1. 修改和调整的主要方面。计划经济条件下出台的政策法规,是旧的运输经济体制的一部分,在向新的运输经济体制转变过程中必须进行调整和修改。(1)制定运输管理政策、法规的出发点,要从计划经济理论调整到市场经济理论上来;(2)政策目标要从根据计划导向调整到根据需求导向上来,充分满足人民群众和经济发展对交通运输的需求;(3)运输管理政策法规所调整的内容要从维护计划经济秩序转变到维护市场经济秩序,充分尊重运输经济规律上来;(4)具体的政策措施要从侧重"统"调整到侧重"导"的方面来;(5)对影响公平竞争,名目繁多的地方保护、部门保护政策要予以革除。只有这样,才能使原有的政策法规符合市场经济体制的要求。

2. 当前亟需补充建立的法规。在做好原有政策法规修订的同时,要抓紧做好新的立法工作,对市场经济条件下运输管理工作中一些成功的做法,要通过立法的形式确定下来,形成新的政策法规,并用以指导今后的实践。当前,除迫切需要出台《道路运输法》这一运输管理的根本性法律外,部门规章及地方性法规要根据其专业性、区域性强的特点,研究具体的、可操作性的政策措施。

(1)研究市场准入标准问题,标准过高经营者难以达到,不利于生产要素的合理流动,阻碍运输生产力的发展;标准过低,不利于行业素质和技术水平的提高,容易造成市场秩序混乱和经营行为不规范等问题。

(2)研究运力投放额度问题,市场经济虽然有优化资源配置的内在机制,但市场调节也有滞后性和盲目性的缺陷,必须通过其他调控方式来弥补,要在充分调查研究和科学预测的基础上,制定适度的运力投放额度以实现国家对运力投放的宏观调控,保证运输行业的健康发展。

(3)研究市场规则问题,主要方面是通过市场规则的制定,规范市场主体行为,鼓励公平竞争。

(4)研究产业政策问题,产业政策是实施宏观调控、间接引导的主要工具。要通过产业政策的引导,提高运输行业的经营集中程度、专业化程度和组织化程度,并进而促进和推动经营结构和技术结构的提高,等等。

总之要通过修改、调整、制订等措施,尽快完善运输政策法规体系,为实现"两个根本性转变"提供政策支撑和法律保障。

六、强化监督检查

1. 转变监督检查的指导思想。要变过去以征费为重点的检查为以管理为重点的检查,变被动检查为主动检查,把稽查作为管理者与被管理者进行联系和沟通的一个渠道,克服以罚代管、以征代管的思想,提倡教育与处罚相结合的思路,为经营者创造良好的市场环境。

2. 转变监督检查的体制。针对改制后管理职能相对集中的特点,对以往设置的稽征、道路稽查机构适当归并,人员相对集中,改变以往分散、单项检查的做法,为一体化的综合稽查。加强运管部门间的横向联合，建立综合性的违章行为交流网络。建立“黑名单”制度、“信誉”制度和“飞行检查”制度等。

3. 转变监督检查的内容。运输管理部门从繁杂的规费征收事务中解放出来后，可以集中精力加强对经营行为、市场秩序的管理，对无证经营、欺行霸市、倒客宰客、站外经营等屡禁不止的违章现象进行集中治理，净化市场环境。

4. 转变监督检查的方法。源头检查的内涵，不仅包括对车(船)单位、车站、码头、停车场等源头地点进行的检查，还要扩展到对经营者的指导、教育和帮助，以及必要的例会制度，今后经营者与运管部门的事务性交往会相对减少，因此有必要开辟新的沟通渠道，将党和国家有关运输的方针政策及时贯彻落实到位。道路检查除原有的巡回检查外，要加强对主要运输干线进出口的检查。

5. 转变监督检查的手段。目前运输管理监督检查的手段比较软，除警告、罚款外没有其他手段，实际工作中，还存在借用其他法规的手段问题，造成了执法过程中的依附性。管理手段的软化和缺乏，已经严重影响到管理工作的开展，因此必须进行刚化和补充。一是要树立营运牌证的权威性，充分利用已有的手段，克服监督检查对其他证照的依赖性；二是出台必要的行政强制措施，增强执法力度；三是综合运用法律和司法手段，提高运管执法的社会地位。

七、精干管理队伍

1. 精简管理队伍是基础。在人员配备上，要严格按规定执行，改变过去因人设岗，人浮于事的局面，做到因岗设人，以达到精简的目的。对现有队伍中的不合格人员，要严格标准，坚决予以调整，对因机构改革和费改税带来的富余人员，要从中挑选一些有培养前途的中青年进行学习培训，对其他需要调整和分流的人员可利用协会及一些中介组织加以消化。

2. 提高人员素质是关键。为适应现代化运输管理的需要，实现“两个根本性转变”，提高办事效率，关键在于提高管理者素质。只有提高管理者的政策水平、业务知识水平、管理能力，才能具备现代化的管理知识和管理水平，实行现代化的行业管理。提高素质应从多方位入手，既要大力培养和引进各种优秀人才，又要严把进人关，对不符合条件的坚决不予准入，在用人制度上采取激励机制，进行公开招聘，竞争上岗，进行定期考核，能者上、平者让、庸者下。这样才能确保管理队伍的高素质，激发管理人员勤奋工作、加强学习的积极性，提高办事效率和工作质量。

3. 加大科技和教育投入是手段。一方面管理部门要不断完善现代化管理手段，采用现代化办公设备及电子监控和通讯设备，加快市场管理与信息服务网络化进程。另一方面要加强对管理人员的再教育，不断掌握新技术，提高管理人员利用先进技术和设备的能力，只有这样，才能确保管理的现代化，及时掌握市场的动态，提高办事效率，使管理工作更趋科学。

4. 加强管理队伍的行风建设是保证。因为行风直接关系到运输管理部门的形象、声誉和管理工作的内在质量，它不仅关系到管理部门的形象，也关系到党和政府的形象，因此必须加强队伍的思想建设，积极开展创建文明行业活动，转变观念，将服务与管理并重。做到依法行政，文明执法，秉公执法，树立良好的执法形象。

(本文选自 2000 年第 6 期《中国道路运输》)

依托港口优势　利用旅游资源
拉动城市建设　塑造名城形象

为了响应省委、市委的号召，把镇江城市山林“做强、做大、做优、做美”，使镇江的生态环境“美化、绿化、净化”，让镇江的人文景观、自然景观“亮丽、显山、露水、透绿、出新”，笔者借助“头脑风暴法”的旋风，构想几条不成系统的建议，供领导决策时参考。

一、解放思想，集聚能量，冲出亚洲，走向世界

依托镇江港口的优势，利用已经建成和即将建成的水陆交通路径，发挥集、装、运、卸、散和聚合、辐射的功能，把镇江港建成国际多式联运的重要基地，连接西部地区乃至欧亚大陆桥的、长江下游的桥头堡。以联运为支柱产业，拉动城市经济的发展，增强镇江对周边城市乃至华东地区的吸引力。

滚滚东流的万里长江和白浪滔滔的京杭运河，在镇江谏壁十字交汇，形成世人瞩目的“黄金十字”水道，这是大自然和先人留下的无价之宝，是镇江人取之不完，用之不尽的天然资源。虽然“以港兴城”的口号已经喊了多时了，但没有将思想付诸行动，再好的构想也不会成为现实，为之配套的镇大铁路钢轨已染上了斑斑锈迹。镇江港在长江下游四个拥有万吨级码头的港口中（镇江港、南京港、南通港、张家港），是率先实现水水中转、水陆中转和铁、公、水衔接功能的港口，应该成为长江下游四大港口的佼佼者。但现实中的镇江港却没有人所想象中的那么璀璨夺目，她一次又一次地与机遇擦肩而过，一次又一次地遭到冷遇和非议。镇江港的周边环境和经营条件不尽如人意，这是制约镇江港发展的一个重要因素，但实事求是地给镇江港定位，也是领导决策时的重中之重。镇江港虽然是个深水良港，但给人的感觉是“华丽有余，朴实不足”，外表看看气派很大，骨子里面比较凌乱分散，中转接卸时间比较长，功能比较单一，配套设施未形成能力……不能把镇江港说得花枝招展、完好无缺，应该在面对现实、面向实际的同时，考虑如何面对未来、面向世界，在突破“思维瓶颈”；冲破思想障碍、减少内耗、形成合力的同时，理清思路，重新寻找镇江港的位置，选择新的切入点和突破口，从“人无我有、人有我优”、“铁、公、水、航配套成龙”、“江河直达、出海通洋”、“安全优质、经济便捷”等方面，重新确定新的战略支点，形成新的发展载体，适时调整镇江港为之集散的辐射半径，扩大镇江港为之服务的经济腹地。利用苏北大运河吸引苏北、皖北的船舶到港作业；利用苏南京杭运河为杭嘉湖地区运送物资；利用长江水系组织上游的船舶到港中转和换装；利用312国道吸引西部地区的外贸物资到镇江进出口；利用镇大铁路连接京沪线、陇海线和皖赣线吸引内陆地区乃至欧亚地区的集装箱到镇江换装万吨海轮……如有可能，在大港港区的对面高桥镇，建设几个挖入式港池，建设一个功能齐全的国际集装箱中转站场，改造“高虹公路”，与沂淮江高速公路连通，专门为北方集装箱运输车辆中转、集散提供现代化服务。

二、解放思想，开发特色资源，形成特色产业，造就特色优势

依托镇江的支柱产业，利用商贸流通和产销供需的渠道，把镇江建成华东地区物流配送集

散中心，形成促进东、西部地区互补性、互惠性合作的经济、快速的运输走廊。为周边地区提供科技含量高的现代服务，为镇江城市经济积蓄后发优势。镇江是一个东西走向的条状城市，紧邻“苏、锡、常”，身在“宁、镇、扬”，东面是现代化的国际大都市，西面是物产丰富的“鱼米之乡”，公路主骨架、水运主通道、铁路大动脉组合而成的钢笼铁架像栩栩如生的画栋雕梁……这为镇江发展物流业提供了基本条件。但对物流业的认识和物流技术的认识，可能成为镇江要不要发展物流，能不能发展物流，敢不敢发展物流的“思维瓶颈”，要冲破门户观念和小生产思想的障碍，冲破“小而全，大而全”闭门自守、地方保护主义和封建割据的思想障碍，树立创新意识，创造性开拓物流的发展领域，运用新思维、新思想、新方法，彻底改变计划经济的传统思维和习惯方法，干前人未干的事，走前人未走的路，让镇江率先在物流领域有所突破，并成为大市场、大流通、大交通体系中新的经济增长点。

镇江本来就有若干个物资仓储部门，拥有40多万平方米的仓库和堆场，还有8条铁路专用线与之相连接，历史上镇江就是有名的物资中转商埠。近期投产的纸业、铝业、建材、化工行业以及中外合资企业的产品和原材料为发展物流配送提供了可能，明年正式投产的泰克西铸造中心的汽车缸体又给物流技术的应用提供了新的需求。如果以本地而言，可以围绕金东纸品、嘉吉饲料、镇江香醋，镇江水泥、江奎 DVD、赛博电视等产品为发展物流的主要对象，建立物流企业，建立物流配送集散中心。如果以区域而言，可以围绕为周边地区制造业、商贸业、连锁店、超级市场等提供物流服务，为国外企业跨国公司加工贸易提供物流服务。从生产的终端到消费的讫点，形成若干条集储存、加工、包装、配送等功能于一身的物流链，拓宽物流领域。物流业是一个附加值很高的现代服务业，是城市经济可持续发展的亮点，它是一个高效率、低成本的行业，它是以低于制造商、生产商自办配送费用的总和为目标，追逐市场的需求，争取市场的份额，提供全面的、高质量的、高效益的物流服务。

三、解放思想，美化山水园林，亮化名胜古迹，塑造城市形象

依托镇江的“城市山林”，利用镇江的“京口三山”，把镇江建成集山水、文化、古迹、美食游于一身的真正的“第一江山”，形成自然景观和人文景观交融为特色的优秀旅游城市。整合旅游资源，促进拉动内需，激发消费需求，营造镇江的“经营城市”理念。

镇江虽被命名为历史文化名城和优秀旅游城市，但长期以来，囿于产业的界限，在思想上没有突破“思维瓶颈”的障碍，跳出划定的圈子，考虑挖掘、开发、利用、发挥镇江的旅游资源的可能，贻误了发展旅游业的机遇，致使镇江山水名胜，该美的地方不美、该绿的地方不绿、该亮的地方不亮，既不耐看又不耐玩，既不耐购也不耐吃，到此一游的旅客往往是乘兴而来、扫兴而归，本来准备花销的钱，除了各类繁多的门票费用而外，所用无几。能不能拟造神奇变幻的“水漫金山寺”的景观，让法海和尚、白娘子和许仙的形象展现在旅客眼前，还海内外旅客游览金山寺的心愿。能不能使北固山成为“真正的”三国城，重现当年甘露寺刘备招亲的场面，让脍炙人口京剧《龙凤呈祥》和《大回荆州》折子戏，给众多旅客留下美妙印象。如果能把北固山东西两侧的船厂和工程公司改造成“东吴水师”演练的大教场和与三国城配套的游乐场，就更能让游客流连忘返了。能不能再塑造焦山雄伟峻秀景象的同时，考虑开发焦东12.5公里长的芦柴滩，参照松花江上“太阳岛”的模样，建造一个自然生态优美、返朴归真的度假村，给镇江人和周边城市的游客，营造一个双休日休闲的胜地。能不能以“五十三坡”西津渡为起点，把

镇江的大西路改造成类似苏州的观前街,给游客穿行于“京口三山”的途中,营造一个美食维扬菜肴、购买名优土特产、饮茶品茗歇息、品尝镇江“三怪”的步行街。

四、解放思想,改造铁路老线,打开老港口袋,装扮古城新貌

老沪宁铁路线已经退役好多年了,不少人对铁路老线横跨在中山西路的要道口上,感到非常厌烦,曾建议有关部门组织人力、物力拆除铁路老线,还中山西路一个通畅。其实真正挡道的路段就那么一二十米,拆与不拆并无多大妨碍,只要铁路部门在调车时间上做好安排,完全可以避开中山西路的交通高峰,好在拆除铁路老线的建议并未采纳实施,但总是一些人耿耿于怀的烦人大事。能不能从换位思考的角度,重新考虑铁路老线的命运和安排,这也是镇江人责无旁贷的责任。铁路老线是镇江城市历史的见证,铁路老线曾经为镇江的繁荣昌盛做过卓越贡献。今天,穿城而过的铁路老线,再也没有昔日那么风光了,虽然它还在作调车辅助线路使用,但镇江人已经认为它没有多大存在的价值,甚至感到是一种累赘。是废弃它还是利用它,是拆除它还是改造它,这已经引起了各种议论,消耗了多少宝贵时光,其实拆一条铁路老线易如反掌,一挥而就,但是建设一条轨道运输线路就不那么容易了。能不能把铁路老线改造成一条城间轨道客运交通线,开行比较高档的电动列车,既可以运送上下班的员工,又可以开行观赏城市风光的旅游专列,变废为宝,让铁路老线焕发新的光彩。如果从镇江西门火车站老站址算起,向西延伸到润扬大桥南接线桥下花园风景区,向东经过宝盖山山洞,到宝塔南路附近,把地面线改造成地下线,穿过中山西路以后,再回到地面线向东运行,途经铁路南站、丁卯开发区、谏壁工业区直插大港开发区港口前沿,形成一条长35公里左右的城间有轨电动(或内燃机动力)列车交通线。如果需要还可以在铁路南站出线处,往北延伸到焦化厂后院。这样一条城间轨道客运交通线,不仅可以运送大量的市民,还可以让旅客乘旅游专列浏览城市风光、京口三山的风景。

古老的镇江港,哺育了一代又一代镇江人,如今,她被大量的泥沙侵蚀,不再有往日的生机和活力,威武雄壮的风貌一去不复返了。但她毕竟是镇江人的“母亲港”,不能让她就这样沉默下去,“中口袋”的整治方案,没有解决镇江港的淤积问题,“口袋”使港池的水质变得越来越差,长江客轮已经被迫迁到龙门港,但为焦化厂运送煤炭的甲板驳,还必须源源不断地开往焦化厂煤码头,如果不再采取措施,焦化厂的水上运煤线将会被切断,为此建议疏浚“口袋”口,打开“口袋”底,让长江之水能从“中口袋”进来后,流经“焦南航道”汇入长江。一来让水流速度加快,可能改善淤积的情况,二来港池内长期滞留的积水,被冲向下游,可能会使水质有明显改变。引航道疏浚后,可以改善通航条件,焦南大坝炸开后,可以改变水流方向,给老港可能带来一线生机,也会给快要建成的长江路风光带增添光彩。可在风光带边缘的岸壁上建设几座游船码头,开发“黄金十字水道”一日游,开行焦山、北固山专线,大港、圌山专线,谏壁闸、苏南运河、古运河风光带专线……还可以仿照深圳的做法,利用退役的海轮,在风光带临江的水面上建一座“水上世界”,增加风光带的休闲性、娱乐性、观赏性。

引航道疏浚后,可以使老港继续为镇江的生产和生活提供服务,能否在引航道北滩附近的水面上,开辟水上中转作业区域,把集中在扬中夹江江面上从事黄砂过驳作业的80多台浮吊,分流一半到老港区进行过驳作业,一来可以减轻扬中夹江江面的过度拥挤,解决影响船舶航行

的安全问题,二来可以方便老港周边城市用砂,解决迂回运输问题。同时,也可为老港的疏浚筹建一笔资金。

以上是笔者作为一个镇江人"热爱镇江,热爱家乡"的建言之举,可能是天方夜谭,错误之处,还请领导多多包涵和批评指正。

(本文选自2001年第6期《江苏交通》)

简析调整运输结构的政策取向

新千年新世纪交通运输面临的任务，是根据国民经济和社会发展“十五”计划纲要提出的“交通建设要统筹规划、合理安排、扩大网络、优化结构、完善系统、推进改革、建立健全畅通、安全、便捷的现代化综合运输体系”的要求，继续以坚持发展交通运输为主题，以调整运输结构为主线，以提高运输效率和运输经济效益，提供有效运输供给为动力，推进运输业持续、快速、健康发展，促进运输业整体水平的全面提高。

为确保运输业“十五”计划发展纲要的实现，为确保调整运输结构任务的完成，国家必须在坚持依法治运的前提下，制定若干促进运输业发展的政策，以期引导运输业的发展方向，支持运输业的结构调整，鼓励运输业的科技进步。

一代伟人毛泽东同志曾经说过：“政策和策略是党的生命，各级领导同志务必注意，万万不可粗心大意。”可见一个好的政策对于国民经济和社会发展是多么重要，制定一个符合社会主义初级阶段实际的政策是多么不容易，贯彻执行国家的方针政策就更不能粗心大意，务必要充分注意。时下，国务院和有关部委都在为出台若干促进运输业发展的政策集思广益，吸纳各个方面的建议。笔者仅就调整运输结构的政策取向谈一些不成熟的意见。

一、关于调整运输结构的指导思想

调整运输结构是运输业发展战略的重要举措，是一项涉及面很广、工作量很大的系统工程。当前，运输市场需求和供给失衡，经营行为不规范，运输市场秩序比较混乱，其原因是多方面的，有历史问题的积淀，有计划经济思想观念的影响，但究其根本，应首推运输结构不合理为主要原因。企业组织结构的矛盾造成了经营主体多，企业规模小的问题；运输组织结构的矛盾造成了运输组织化程度和市场集中度低的问题；经营结构的矛盾造成了竞争能力弱和不公平竞争的问题等等。这些矛盾和问题的形成和发展，与运输市场改革开放初期的指导思想不无关系，应当客观地评价倡导“三个一起上”、“有路大家跑车、有水大家行船”的初衷是好的，对推动运输市场的改革开放，对促进运输生产力的发展起到了不可估量的积极作用，改变了由专业运输企业包办公用运输的局面，缓解了“乘车难、运输难”的矛盾。但是，对运输市场如何囊括点多、线长，面广、量大，流动、分散，跨区域，多工种以及五种运输方式错落有致未有发展谋虑，对运输市场的总体布局和框架结构未有定义，“运输市场需求什么，运输企业供给什么”，“运输市场缺什么、少什么”，“谁先上、谁后上”，“上什么、怎么上”，“跑什么车、行什么船”等等应该在指导思想中明确的问题被忽略了，被湮淹没了。在十年多的时间里，放放管管，管管放放，只批不控，只控不批，一直没有抛开“一放就乱，一管就死”的怪圈，久而久之就成了运输市场久拖不决的难点、焦点、热点问题，直到问题的严重性被社会各界认可以后，才采纳某位专家“放管结合”改革思路的建议，对运输市场开展大规模的治理整顿，在改革开放中强化行业管理，在行业管理中扩大改革开放，使运输市场秩序有了明显的好转。但这样努力的结果，只是解决了运输市场一般性的问题，要想解决运输市场深层次的问题仍然需要按照治本的要求，认真研究，采取切实可行的措施和方法。致力于解决运输市场存在由来已久的结构性矛盾，应当借助国民经济战略性调整的机遇，积极推进运输业的结构调整，解决长期以来想解决而不能解决的问题。

能否完成调整运输结构的任务，关键是要有一个好的指导思想，指导思想是政策取向的灵魂，政策取向是指导思想的结晶。制定调整运输结构的政策，要解放思想，实事求是；要立足国内，面向国际；要有与时俱进的时代特征，更要有现实性和前瞻性有机结合的特点。宏观上要坚定不移地以马克思主义、毛泽东思想、邓小平理论为指导，以党的基本路线和江泽民同志与时俱进、“三个代表”重要思想为指针，把握好有中国特色的社会主义方向，推进运输业实现“两个根本性转变”的进程，加快建立健全运输市场经济体制的步伐；微观上必须坚定不移地以提供有效的运输供给为出发点，以提高运输效率和运输经济效益为目标，把握调整运输结构的门脉，推进运输业向集约化、规模化经营转轨，加快提高运输业核心竞争能力的步伐。实现在市场经济条件优化配置运输资源的目的，建立健全“人行其便，货畅其流”的综合运输体系。

调整运输结构是一项长期的、艰巨的、繁重的战略任务，调整运输结构应该以“流程再造”的思路为指导思想赋予新的理念，从社会化大生产的需要出发，到社会化个性需求为止，应该有一个坚持以运输速度和运输质量为前提的“流程再造”过程，这个“流程再造”的过程就是结构调整的过程。结构调整的定位要准，起点要高，科技含量要大，创新成分要重。诸如：市场要开放，封锁要打破，地方保护要取消；运输要安全，服务要优质，物流配送要高效；经营要规范，竞争要公平，市场准入要有序；技术要先进，信息要准确，运输成本要降低；布局要合理，管理要严格，依法治运要到位……都应该在调整运输结构的政策中得到体现，也只有做到方向明、力度大、措施实，才能确保调整运输结构的效果好。

二、关于调整运输结构的基本原则

调整运输结构是与我国所处的经济发展阶段的发展水平密切相关的，调整运输结构的过程是走向和实现运输现代化的过程，必须遵循运输经济规律和运输社会化大生产的客观要求，明确调整运输结构需要坚持的基本原则内容是：

1. 立足发展，坚持创新的原则。按照运输业社会化、专业化、集约化的目标，调整运输的组织结构，发展新的运输组织方式，创新运输经营的管理模式，着力提高运输业的生产能力和运输业的整体竞争能力。

2. 立足市场，坚持服务的原则。按照运输业组织化、网络化、信息化的目标，改造和健全运输市场服务网络体系，以运输干线为骨架，以运输场站为依托，以电子商务为手段，提供方便、快捷、舒适、安全、自主等价值取向的客运需求，提供批次多、批量小、价值高、随机性强、分散度高的货运需求，着力建立健全全国性的运输网络、服务网络、信息网络。

3. 立足科技，坚持优化的原则。按照提高运输效率、经济效益和社会效益的目标，实现运用市场机制优化配置运输资源。坚持依靠科技进步，合理配置运输经营结构，运力技术结构。提高企业经营的管理水平和管理企业的业务能力，提高运输设备的技术水平和智能交通的开发能力，着力加大运输科技含量，改造传统的运输行业，实施科技兴运的战略，推动运输业的可持续发展。

4. 立足竞争，坚持合作的原则。按照鼓励竞争，保护正当竞争，反对垄断经营的目标，打破地区封锁和地方保护，实行对外开放，首先对内开放。创造平等竞争的经营环境，提倡在竞争中合作,在合作中竞争,在竞争和合作中发展和创造运输业的新的经济增长点。抓住加入WTO的机遇和挑战,加大引进外资的力度,引进先进的运输技术和管理,着力促进运输业整体素质的提高,促进东部地区运输业和国际运输业的接轨,促进东部、中部、西部地区运输业的互补性和互惠性的合作。

5.立足引导,坚持监管的原则。按照运输管理体制一体化、法治化、规范化的目标,加快转变观念、转变职能、转变作风、提高办事效率的步伐,实施以"严格管理、规范执法、积极引导、服务高效"为主要内容的全面的、科学的、统一的行业管理。加强运输业发展规划的编制和组织实施,强化运输市场的调控和监督,为经营主体提供政策法规服务、业务技术服务、信息咨询服务;引导经营主体合理投资、守法经营、正当竞争、提高运输质量,着力保护运输承托双方的合法权益,规范运输市场的经营行为,维护运输市场的正常秩序,坚持以"服务人民、奉献社会"为宗旨,把创建文明行业活动不断引向深入。

三、关于调整运输市场的政策界限

调整运输结构是一项政策性很强的工作,要解决影响结构调整中的突出问题,要充分发挥市场机制在结构调整中的积极作用。

要掌握运输市场的运行动态,预测运输市场的发展趋势,科学制定运输发展规划,提高宏观调控的科学性,减少主观随意性,综合运用经济、技术、法律、行政手段,调控运输市场,规范经营行为,通过提高或降低开业和运输质量标准、环保和安全运输标准,影响运输市场经营主体的数量和运输生产的总量。

要打破地区封锁和部门保护,扩大开放领域,消除市场壁垒和市场分割,鼓励不同经济成分,不同行业的企业从事运输经营,改革审批制度,减少审批环节,促进国内和国际运输市场的接轨,建立比较完善的全国统一的运输市场体系。

要鼓励运输市场的合理竞争,保持适度的市场竞争规模,合理划分适度竞争和低水平重复竞争的界限,运用市场规律淘汰经营效率低下的经营业户,制订市场资源配置竞争规划、经营主体基本承诺制度,择优配置市场资源。

要建立运输市场动态信息预警机制,定期公布运输市场需求信息和调控措施;建立健全运输市场监管体系,形成以投诉为主的社会公众监督机制;建立较为完善的运输法律和法规体系,大力推行行政执法责任制、公示制和督察制。

调整运输结构任重而道远,要把握限制和鼓励、淘汰和发展的界限,掌握改革和创新、简化和强化、缩小和扩大的内涵,加强领导,精心组织,突出重点,结合实际,大胆探索,勇于创新,积极而又稳妥地推进调整运输结构的进程,全面而又认真地完成调整运输结构的各项任务。

调整运输结构的核心是优化运输网络结构、优化运输设施和装备技术结构,优化客货运输产品结构。应该相信市场的力量是强大的,政策的威力是无穷的,只要真正完成调整运输结构的任务,只要真正实现"两个根本性转变",运输业以市场经济为导向,以可持续发展为前提,建立客运快速化、货运物流化的智能型综合运输体系的长期战略目标就一定能在本世纪中期得以实现。

(本文选自2001年第10期《江苏交通》)

“结点运输”是充分利用和发挥高速公路优势和潜能的必然选择

“结点运输”由来已久，早在第三次社会大分工的时候，随着生产力的发展和专业化分工的出现，专门在流通领域中从事运输活动的社会化运输行业诞生了，实际意义上的“结点运输”在运输业诞生以后就开始伴随着运输业的产生而产生，伴随着运输业的发展而发展，长期以来，“结点运输”始终存在于所有的运输活动之中，只不过把“结点运输”视为运输生产过程中的一个环节、一种分工而已，没有明确“结点运输”的提法，没有突出“结点运输”的功能，更没有给“结点运输”定义。在改革开放初期曾经有专家学者作过类似“结点运输”的专题发言，但没有引起学术界的重视。直到十多条高速公路投入运行以后，人们从大量的数据中，在众多不争的事实面前，看到了资源浪费，无序竞争对高速公路乃至整个道路运输带来的负面影响，才又一次对“结点运输”产生了兴趣，有人建议采用“结点运输”的办法解决资源浪费和无序竞争的问题，本人也以为倡导和推广“结点运输”不失为整顿和规范道路运输市场秩序的措施之一。为此，笔者就“结点运输”的问题发表一些粗浅看法。

一、“结点运输”的属性和内涵

运输需求是一种派生需求，这种需求既不能提前供给，又不能推后供给，这是由运输需求本身的属性所决定的。运输的功能就是改变运输对象的空间位置，运输生产的场所表现为点多、线长、流动、分散，它在运输生产的同时完成运输供给，运输供给不能储存不能调拨，只能按不同的运输对象、不同的运输时间、不同的运输流向、不同的运输流量、不同的运输距离的运输需求提供不同类型、不同档次、不同层次、不同方式、不同价格的运输供给，但所有的运输供给都绝对不能改变运输对象本身的物理性质和化学性质，不能在运输对象身上留下任何可见的痕迹……所有的这些都说明运输业不仅具有与其他产业共同的社会属性和自然属性，而且还表明运输业还有其双重的特殊属性，它既是一个特殊的物质生产部门，又是一个特殊的第三产业。在弄清楚运输业的属性后，就可以对“结点运输”的属性和内涵作进一步的了解。因为“结点运输”是运输的衍生物，所以“结点运输”就自然会具有运输的特殊属性，但“结点运输”相对于“运输”是两个不尽相同的概念，“结点运输”也有其独特的业务技术属性，它的外延并不大，从属于“运输”这个大的范畴，但它的内涵却很丰富。它是在一个特定的既能吸引又能辐射的区域内，以提供能满足个性化需求的有效运输供给为目的，实现点到点的运输。它可以表现为起点运输，也可以表现为讫点运输，更可以表现为中间点运输。在这些起点、讫点、中间点之间的运输组成了“结点运输”，这些起点、讫点、中间点为了确保“结点运输”的正常运行，提供了必要的集散、中转服务和辅助性的装卸作业，使“结点运输”成为可能，成为事实，成为承载“结点运输”的物质脉络的载体。正是因为有星罗棋布的结点的存在和功能的发挥，才得以使运输供给连绵不断，才得以使运输需求有求必应。

如果要给“结点运输”一个解释的话，笔者认为“结点运输”是运输供给链中的一个个首尾相连接区段,这些区段可以独立成为运输单元,为区内的运输对象提供起讫点运输服务。可以与上游和下游结点衔接,成为运输供给链的中间环节,为流入的对象提供讫点运输服务,为流出的对象提供中转运输服务。所以说“结点运输”既有独立性又有关联性,它能实现集、装、运、卸、散、中转等多种功能,使运输供给链发挥最大的功能,创造最大的价值。

如果用“网络”的概念去认识“结点运输”,可以把“结点运输”中的结点比喻是“网络”中的网点和网线,运输的活力在网络,网络的潜力在网点,网点的本能在集散,网点不仅是网线的初始,同时又是网线的归宿,运输必须依托网点,配置网线,编好网络才能充分利用和发挥运输的效能。

二、应用“结点运输”,发挥高速公路效能

高速公路开通以后,标志着道路运输进入了一个新阶段,随着高速公路的延伸和纵横成网,道路运输的运输结构、经营结构、运力结构不仅发生了数量的变化,而且发生了质量的变化,数量的扩张给道路运输带来了活力,质量的提高给道路运输带来了效益,数量的扩张要以质量的提高为目的,质量的提高要以数量扩张为基础,两者相辅相成,相得益彰。怎样才能给数量的扩张定量,给质量的提高定性呢?特别是在高速公路运输中如何确定两者的配比呢?这就需要对高速公路运输的需求和供给进行结点调查,找出两者的临界点。

高速公路是道路运输的大动脉,因为有了高速公路,运输时间减少了,运输距离缩短了,拉近了城市间的距离,缩小了地域的空间,带来了巨大的经济效益和社会效益。但由于高速公路的总量较少,车流量较大,加之事前没有制定好运输规划,没有协调好运输组织,没有发挥好“结点运输”的效能,从而造成在高速公路上行驶的车辆,相同方向,相同讫点的高级车、大型车、专用车缺载,低级车、小型车、普通车超载,相向运输车辆空载率高,超载运输车辆事故频发,高速公路不能高速,超车道不能超车……既浪费了有限的高速公路资源,又造成了道路运输市场的无序竞争,给发展道路运输业带来负面影响,这应该引起主管部门的重视。“亡羊补牢,为时未晚”,如果在规划和组织高速公路的运输方案时,不妨采用“结点运输”的方法统筹协调起点、讫点、中间点的运输方案,可能会达到事半功倍的效果。

应用“结点运输”,要建立在全面调查运输需求的基础上,从改造运输组织方式、改进运输技术装备、改变经营管理思想、改善运输服务质量入手,达到提高道路运输能力,提高道路运输效率,充分利用和发挥干线公路和高速公路优势和潜能的目的。为此,对所有相关的结点都要按流量、流向、流时、流距、运输对象的结构五个要素的要求进行分类调查,建立客货流的数学模型,在科学预测的前提下制定切实可行的运输方案。围绕运输方案,结合干线、支线、高速线的通过能力和各个结点、各个时间段的流量、流向、流距、匹配相应的运输工具,组织干线和支线间的“结点运输”,协调干线和高速线的直达运输。

应用“结点运输”的方法,可以做到合理运输。在一定的时间内,把同方向、同讫点的运输对象从支线的各个结点,运送到干线的结点,集结成一定数量的客货流,换装(乘)高级的、大型的、专用的运输工具,通过高速公路把运输对象送到目的地,要比每条支线的每个结点分别用低级的、小型的、普通的运输工具从支线到干线再到高速公路把运输对象送到目的地,成本低、效率高、质量好、效益大。“结点运输”优化了运输组织,优化了工具配置,在同样的条件下提高有效运输的效益,减少无效运输的消耗。提高了干线和高速公路的通过能力,提高了干线

和高速线的运输效果。

要着力改变“条条大道通罗马”的混乱局面，要改变从乡镇和从县城直达中心城市和大都市的运输组织方式，不能等到干线公路成了支线公路，高速公路成了普通公路以后，再采取对策，要应用“结点运输”和物流技术编织运输网络，发挥高速公路的优势，保持道路运输持续、快速、健康、有序发展的势头。

三、推广“结点运输”，调整运输结构

调整运输结构为的是解决道路运输市场发展过程中存在着的结构性矛盾，彻底扭转经营主体多、企业规模小、运输组织松散、竞争能力弱、市场集中度低、经营行为不规范、运输市场秩序乱的局面，着力解决运输生产组织化程度低、服务质量和服务水平不高的问题，基本改变运力结构和布局不合理、低水平的运输供给能力和高层次的运输供给能力比例失调的现状。这些矛盾的解决必须坚持发展的原则，坚持以市场需求为导向的原则，坚持以企业为主体的原则，坚持发挥道路运输优势的原则，坚持因地制宜的原则，才能积极推进道路运输结构的调整，才能使道路运输业重新焕发旺盛的发展活力。

但是要提高运输业的集约化、规模化经营水平，提高运输的组织化程度，提高企业的竞争能力和运输效率，必须通过市场机制来优化运输资源的配置，利用道路运输的潜在能力，发挥道路运输的经营优势。从这个角度来寻求达到上述要求的途径，可以选用推广“结点运输”的办法，通过组织“结点运输”，重新评定企业的经营资质，重新划分企业的经营范围，重新制定“结点运输”的规章制度，重新调整“结点运输”的功能，重新配置“结点运输”的运力，重新明确“结点运输”的衔接方法，重新规范“结点运输”的经营行为，重新构筑“结点运输”的运输网络，重新确定大、中、小型运输工具在起点、讫点、中间点的配置比例，重新提升高、中、低级运输工具在起点、讫点、中间点结合的档次，从而实现促进运输企业组织结构调整，促进运力结构调整，促进经营结构调整，促进运输组织结构调整的目的，让“结点运输”成为牵一发动全身的推进器。

以上是笔者在调查研究过程中得到的一点启发，信手写来不成体系，不当之处请专家学者斧正。

（本文选自2002年第12期《中国道路运输》）

建议改经营资质评审为经营资质认证 以点代面积极推进道路运输业结构调整

运输市场改革开放以来,交通设施明显改善,运输条件大为改观,运输能力不断发展,运输经济稳定增长。就道路运输而言,全国已拥有营业性客车130多万辆,营业性货车440多万辆,完成客运量约135亿人次,客运周转量约6700亿人公里,完成货运量约105亿吨,货运周转量约6200亿吨公里,在综合运输体系中具有举足轻重的地位。但在道路运输行业发展的进程中,还有若干诸如老旧车辆多,技术性能落后,结构不合理,站场不配套,经营主体多,经营规模小,组织化程度低,经营行为不规范,不正当竞争现象普遍存在等问题,尚需要在运输市场经济秩序整顿治理和运输业结构调整中认真加以解决。

随着市场经济的发展,为了坚持发展运输生产力,坚持提高运输市场组织化程度,坚持提高运输质量和服务水平,坚持在市场经济条件下优化运输资源配置,继续推进运输行业实现“两个根本性”转变,加快建立“统一、开放、竞争、有序”的运输市场经济体制,在稳定提高运输效率和竞争能力的前提下,力求运输需求和供给基本平衡。交通部于2000年发布了《关于道路运输业结构调整的若干意见》,通知要求道路运输企业遵循运输业结构调整的基本原则,立足发展,坚持创新,发展运输生产力,发展新的运输组织方式,创新运输经营管理模式,增强企业整体竞争能力:立足市场,坚持服务,提供“安全、舒适、方便、及时、快捷、自主”等价值取向的客运服务和提供批次多,批量小,价值高,随机性强,分散度高的货运服务,建立健全运输网络,服务网络,信息网络;立足科技,坚持优化,提高企业经营的管理水平和管理企业的业务能力,提高运输设备的技术水平和智能交通的开发能力,推动运输企业的可持续发展;立足竞争,坚持合作,对内对外开放,打破地区封锁和地方保护,创造平等竞争的经营环境,提倡在竞争中合作,在合作中竞争,提高运输企业的整体素质;立足引导,坚持监管,运用市场的力量,引导运输企业合理投资,守法经营,正当竞争,提高运输质量,自觉维护运输市场正常秩序。

为了积极地推进运输业结构调整的步伐,交通部审时度势,抓住加入WTO的机遇和挑战,适应运输市场发展的要求,迎合运输业结构调整的需要,在2000年4月27日和2001年4月5日分别发布了《道路旅客运输企业经营资质管理规定(试行)》和《道路货物运输企业经营资质管理办法(试行)》的通知(以下简称《规定》和《办法》)。两年多来的实践证明,实行道路运输企业经营资质等级管理规定以后,运输市场发生了许多可喜的变化,道路运输经营主体开始了由多、小、弱、散向公司化、规模化经营的转变;运输市场开始了由条块分割、地区封锁向市场化、法制化、有序化方向转变;运输企业经营方式开始了由单车承包、分散经营向集约化,网络化经营模式转变;运输企业经营体制开始了由产权不清,挂靠经营向建立现代企业制度转变;运输装备开始了由传统粗放型、低科技水平向现代环保型、信息化的转变;运输质量开始了由低水平、低要求向“安全、优质、方便、及时、经济”的高标准转变。运输市场发生的这些转变,主要是市场的力量,主要是市场经济的内在要求,但与交通部适时实施《规定》和《办法》的关系也很密切。正因为有了《规定》和《办法》,道路运输企业看到了企业做强做大的希望所在，看到了运输结构调整的战略意义。《规定》和《办法》的实施，调动了道路运输企业参与经营资质等级评定的积极性，激发了道路运输企业自觉要求评定经营资质等级的主观能动性。众多的道路运输企业自觉地组合起来根据《规定》和《办法》的要求，从道路运输企业的经营资历；道路运输企业的资产规模；运输车辆和设施；企业管理；从业人员素质；企业经营效益和企业经营网络等七个方面，联系本企业自身的条件和可能，进行重新定位，合理调整，扬长避短。结合道路运输行业发展的趋势，重新整合和重新配置已经拥有的运输资源。紧紧围绕道路运输市场的需求，重新调整和重新确定企业的经营思想、经营目标，联合和兼并运输市场中可以联合和可以兼并的运输资源，千方百计把企业做强做大。经过经营资质等级的评定，形成了一批具有较高管理水平和较强竞争能力的骨干道路运输企业，初步建成了以“安全、高效”为特征的道路运输组织体系的框架。实施《规定》和《办法》，推进了道路运输业结构调整的进程，避免了恶性竞争，减少了盲目投资，优化了运输资源的合理配置，促进了运输市场秩序的好转。基本达到了交通部颁发《规定》和《办法》引导道路运输企业实行集约化经营和规范化服务，促进道路运输企业合理分工的目的，进一步推动道路运输持续、快速、健康发展的目的。

为了深化运输市场经济体制改革，进一步推进道路运输业的持续、快速、健康发展，优化道路运输结构，增强行业的竞争能力，实行对外开放首先对内开放的政策，国家对行政审批制度进行相应的改革，除对关系国计民生和人民生命财产安全的道路客货运输，车辆维修与检测，驾驶员培训等项运输业务，继续实行行政审批制度外，其他一般性的运输业务实行登记注册制度。根据交通部“加强行业协会等社会中介机构建设，把一些经济技术性、事务性、服务性工作转移给行业协会，充分发挥行业协会自律作用”的要求，建议将旅客和货物运输企业经营资质认证工作交由行业协会来承担，变行政行为为市场行为，变管理职能为服务职能。这样做既是政府转变职能的具体体现，又是市场经济日趋成熟的具体表现，也是加入 WTO 后应对挑战的具体措施。政府把可管可不管的事情交由市场去管，把可做可不做的事情交由行业协会和企业去做，减少不必要的行政干预，实行政企分开，政事分开，发挥市场调节和控制的作用，增强行业协会的经济技术性、事务性、服务性的功能，扩大企业的经营自立权，让市场真正成为企业的主宰，让行业协会真正成为政府和企业的桥梁和纽带，让企业真正成为自主经营的市场主体。

道路旅客和货物运输企业的经营资质管理不列为行政审批项目后，建议对《规定》和《办法》的内容进行修改，使之成为道路运输行业经营资质的标准和业务技术规范。让企业自觉贯彻执行“标准”和“规范”，让行业协会根据“标准”和“规范”，组织专家来认证企业经营资质，由市场决定运输企业的经营资质等级和相对应的经营分工，由运政管理部门对行政许可的经营范围实施后续管理，道路运输企业可以在经营资质等级相对应的经营范围内从事道路运输经营活动。

行政职能转移以后，在将道路运输企业经营资质的管理规定和管理办法改为道路运输行业的经营资质标准和业务技术规范的同时，可以将原来由交通运政管理部门评审改为由行业协会认证，可以将原来由交通运政管理部门颁发的经营资质等级证书改为由行业协会提交的经营资质等级认证报告，“报告”可以作为交通运政管理部门实施后续管理的参考，道路运输企业可以根据“报告”，申请调整企业的经营范围。

实施道路运输行业经营资质标准和业务技术规范的目的，是为了推进道路运输业结构调整,要鼓励道路运输企业建立现代企业制度,组建企业集团,通过大中型骨干企业的示范作用,以点带面,引导众多的道路运输经营业户通过改制、改造,改车辆租赁经营和挂靠经营为公司化经营.重点解决道路运输市场主体“散、弱、乱”的问题。为了使经营资质认证工作落到实处,要继续对道路运输行业实行质量信誉考核,负责认证经营资质的行业协会每年要组织专家对道路运输企业的质量信誉进行跟踪考核,并提交考核报告。考核合格的继续在原经营范围内正常营运,考核基本合格的在提交考核报告的同时提交整改建议书,考核不合格的在提交考核报告的同时,提交整改或重新认定经营资质等级的建议书,并抄送交通运政管理部门,由交通运政管理部门依据行政许可的规定对企业作出相应的处理。

道路运输企业经营资质管理不列为行政审批项目,不是取消经营资质管理,不是不要经营资质等级,实施经营资质管理是市场经济发展的需要,是建立和完善道路运输市场准入制度的需要,是提高道路运输行业整体素质的需要,是促进运输行业发展的需要。从行政审批转向市场引导,是管理方式的改变,不是改变管理目的,不是放任自流。从行政管理过渡到市场管理,从行政干预过渡到中介服务,这是社会进步的体现。继续对道路运输企业实行经营资质认证制度,有利于加快道路运输业结构调整的步伐,有利于加快道路运输业实现“两个根本性”转变的进程,有利于加快提高道路运输行业的核心竞争力,有利于加快提高道路运输市场组织化程度,建立健全的运输市场经济体制,有利于通过市场机制实现资源优化配置,有利于充分发挥道路运输的经营优势,提高运输效率和运输经济效益,有利于实现产业结构的优化和运输产品结构的升级,有利于建成“人行其便,货畅其流”的道路运输组织体系。

“十五”期间是行政审批制度改革,政府职能转换的重要时期,交通主管部门应该在贯彻国务院清理行政审批项目,规范行政审批行为,简化行政审批程序要求的同时,对改革行政审批的事项,拟定过渡时期的实施方案,特别是要对道路运输企业经营资质管理方式的改革提出指导意见,以利巩固整顿治理运输市场秩序的成果,以利道路运输业结构调整任务的顺利完成,以利于扩大和延伸道路运输企业经营资质管理的效能,使道路运输企业真正实现从量的扩张转到整体素质的提高。

(本文选自2003年第8期《中国道路运输》)

关于道路运输业"十一五"发展规划的修改意见

交通部制定的《全国运输业"十五"发展规划纲要》已经付诸实施两年多了。两年来，经过各级交通主管部门和运输管理机构以及众多客货运输企业的辛勤工作和努力拼搏，完成了运输行业"十五"计划的阶段性任务。具体表现为：运输的基础地位进一步加强；运输以市场为导向，运输服务质量和水平不断改善；整顿和规范运输市场取得了阶段性的成效；运输行业的改革开放取得了新的进展；科技创新取得了新的成果；行业文明建设取得了新的成绩。交通运输"瓶颈"制约和全面紧张状况得到缓解，客货运输量持续上升，车辆装备水平不断提高，高档化、舒适化、大型化、专业化的车辆比重快速上升，运输生产力水平跃上了一个新台阶，为推动国民经济增长和改善人民群众出行条件做出了重要贡献。但值得注意的是运输市场开放的水平还很低，地域内的开放和地区性的封闭并存；运输市场的秩序"好一阵，乱一阵"，依赖于突击性和阶段性整治；运输结构调整的步伐跟不上国民经济发展的需求变化；运输的组织化程度不高，信息化进程滞后；运输安全状况依然令人担忧。

根据张春贤部长在全国交通厅局长会议上提出的交通新的跨越式发展的要求和"2010 年基本建立起全国快速客货运输网络，通公路的行政村班车通达率达到 95%，营运客车中高级客车比重达到 1/3。到 2020 年，建成比较完善的全国快速客货运输网络，基本实现通公路的行政村通班车，营运客车中高级客车比重达到 60%"。"建立和完善运输市场准入、竞争、监管、退出机制和信息、规划、投资等宏观调控措施，健全与社会主义市场经济相适应的交通法规体系，综合运用经济的、法律的和必要的行政手段，高效率、高质量优化配置运输资源，形成统一、开放、竞争、有序的运输市场"的目标和任务。围绕道路运输业"十一五"发展规划，特提出如下修改意见：

一、道路运输行业管理方面

1."十一五"期间要以调整运输结构为主线，继续致力于解决运输市场的难点和热点问题

运输市场需求和供给失衡，经营行为不规范，运输市场秩序比较混乱是当前运输市场的难点和热点问题，其原因是多方面的，有历史问题的积淀，有计划经济思想观念的影响，但究其根本，运输结构性的矛盾长期存在是主要原因，运输组织结构，经营结构，技术结构不合理是矛盾的主要方面。

运输管理部门应当顺应市场经济发展的潮流，摒弃"权力寻租"的念头，把调整运输结构作为运输管理的政策取向，把解决结构性矛盾列为管理工作的难点和热点问题，把优化经营主体结构，优化运输网络结构，优化运输设施和装备技术结构，优化客货运输产品结构列为调整的主要内容。

要注意发挥市场机制在优化运输资源中的基础性作用，按照市场化、集约化、专业化的要求，优化运输新的组织结构，发展运输新的组织方式，创新运输新的经营模式，提升运输车辆新

的技术结构,实现真正意义上的计划经济向市场经济转变,粗放经营向集约经营转变。着力改变运输市场主体多、规模小、素质差、组织化程度低、技术性能落后的局面。

要充分运用经济手段和法律手段,辅之以行政手段,打破地区封锁和部门保护,扩大开放领域,消除市场壁垒和市场分割,鼓励运输市场合理竞争,建立运输市场动态信息预警机制,强化为市场服务的意识,引导运输经营者积极主动对运输结构进行战略性的调整,用现代高新技术对运输实施技术创新,实现从数量扩张转为质量提高的跨越。以期通过调节运输需求,达到调整运输布局的目的;通过调优运输规划,达到调新运输结构的目的;通过调高运输效率,达到调好运输经济效益的目的。使运输业跟上国民经济发展的步伐,适应社会主义市场经济发展的需要,推动运输业的持续快速发展。

2."十一五"期间要以"法治和德治"为根本,继续致力于解决运输市场"执法不严"和"有法不依"的问题

运输市场是一个庞杂的系统工程,因为运输业具有点多、线长、流动、分散、面广、量大、跨地区、多工种、连续性的特性,因为道路运输法制建设跟不上道路运输发展的需要,立法滞后的问题应到引起高度重视,否则依法行政的力度难以到位,运输市场机制难以完善,市场体系难以健全,市场调控难以奏效,市场分割和地区封锁的顽症难以根治。

运输管理部门要从"以法治国"和"以德治国"的高度,重新认识"以法治运"和"以德治运"的重要性和必要性。要从"法治"入手,把好运输市场主体的入门关,建立和完善运输市场的准入制度,当好运输市场运行的"裁判员",做好运输市场秩序的"卫士";要从"德治"入手,提高运输经营者的综合素质,在从业人员中开展"爱岗敬业、诚实守信、服务群众、奉献社会"的职业道德教育,组织经营者学习法律、法规,让经营者懂得法律、法规,力促经营者遵守法律、法规,帮助经营者运用法律、法规保障合法权益;着力改变"执法乱、乱执法"的局面,坚持不懈地履行法律、法规赋予的管理职责,运用法律、法规来规范和调节运输经济活动和运输经济关系,充分发挥法律、法规所具有的普遍的约束性、严格的强制性、相对的稳定性、明确的规定性来保障政府对运输市场监督管理职能的实现。

3."十一五"期间要以运管体制改革为重点,继续致力于解决运管部门"体制不顺,机构不一,职责不清"的问题

运输管理部门作为政府实施运输监督管理和行政执法的职能部门,承担着维护运输市场秩序的重要职责,为了维护良好的运输秩序,营造公平竞争的运输环境,运管部门担负的任务越来越重,越来越艰巨。要巩固和发展运输市场改革开放的成果,必须加强集中统一管理,改变现行的分级管理体制和分散管理模式,实行节约型、集约型的管理体制,要以体制创新和技术创新为契机,抓住政府职能转变的机遇,加快职能转变的步伐,着力改变又当裁判员又当运动员的局面,从加强和完善经济调节,市场监管,社会管理和公共服务四个方面入手,进行体制创新,理顺管理体制;进行制度创新,统一机构设置;进行机制创新,明确管理职责。要推行"淡化收费、弱化审批、强化监督、深化服务"的工作方针,构建一个"依法行政、监管有效、诚信服务、管理科学"的有活力、有效率的运输管理运行系统。充分发挥市场机制的作用,充分利用现代信息技术,推进电子政务,改变以行政审批为主要手段的管理模式,减少不必要的行政干预。重点抓好运输的统筹规划、政策引导、宏观调控、法规监督和协调服务,重点抓好运输市场的行政管理和服务质量监督。

4.“十一五”期间要以为人民服务为宗旨，继续致力于解决“重收费、轻管理”，“以罚代管”的问题

运输管理部门从建立之日起，就承担了繁重而又光荣的规费征收任务，为了征收好各项运输规费，耗费了大量的人力和物力，为发展交通运输供给了大量的和必不可少的建议资金。因为规费征收任务重，难度大，为了完成规费征收任务，运管部门“重收费、轻管理”的现象比比皆是。因为运输市场经营主体多，经营行为不规范，市场秩序混乱，运管部门“以罚代管”的问题比较严重。

为了实现张春贤部长提出的交通新的跨越式发展的目标和任务，运输管理部门应当以为人民服务为宗旨，实践“三个代表”重要思想，为发展运输生产力，为实现运输现代化提供智力支持和精神动力。对外坚持“政务公开，执法公示，处理公平，处罚公正”，勇敢地担当起培育运输市场、管理运输市场的重任，精炼管理职能，简化管理程序，集中力量管那些应该由运输管理部门管而又不管不行的事情，彻底转变“重收费、轻管理”的观念，彻底扭转“以罚代管”的思想，增强以民为本，执法为民的意识，为运输业的发展提供“三个服务”，实施“四个引导”，变强制管理为服务引导。为运输经营者提供政策法规服务，提供业务技术服务，提供信息咨询服务；引导运输经营者合理投资、守法经营、正当竞争、诚信服务；保障旅客和货主的正当权益，保护经营者的合法利益。对内坚持严格管理制度、严明办事程序、严肃运政纪律、严防腐败“三乱”，做到思想不混乱，管理不松懈，监督不放任，执法不越位，建设一支“政治坚定、业务精通、作风优良、纪律严明”的运政管理队伍。

5.“十一五”期间要以行业协会为抓手，继续致力于解决“政企不分”和“政事不分”的问题

运输管理部门实行彻底的政企分开、政事分开是职能转变的重点，运输管理部门必须与所属的企业脱钩，才能真正管好运输市场，真正彻底打破地方封锁和部门保护。运输管理部门在行使好管理职能的同时，要加强行业协会等社会团体的建设，要以行业协会为载体，把经济技术性、事务性、服务性的工作转移给行业协会承担，充分利用行业协会发挥行业自律作用，让行业协会真正成为政府和经营者之间的桥梁和纽带。

行业协会是运输经营者为维护共同的经济利益和社会利益而组成的行业性和非营利性的经济类的社团法人。运输管理部门应当发挥行业协会在政府和经营者之间的桥梁和纽带作用，把行业协会看作是运输行政管理的“好抓手”，看作是维护运输市场秩序的“好帮手”，看作是调整运输结构的“好旗手”，要把行业协会建设成经营者“靠得住、信得过、离不开”的家园，要使行业协会当好运输管理部门“拿得起、放得下、少不了”的参谋助手。

二、道路运输市场建设方面

1.“十一五”期间要以市场经济为导向，调整道路运输结构为主线，完善道路运输市场机制为重点，增强道路运输企业竞争力为核心，引导道路运输业实行战略性改组

积极推进国有道路运输企业实行股份制改造，完善国有资本有退有进、以退为主和合理流动的机制。引导道路运输企业实行资产重组和结构调整，建立现代产权制度。积极引导道路运输业发展国有资本、集体资本和非公有制资本参股的混合所有制经济，实现道路运输业投资主体多元化。进一步提高公有制经济在道路旅客运输、危险货物运输中的集约化经营水平，增

强公有制经济在道路集装箱运输、特种货物运输和突发事件应急运输中的规模化经营能力。

继续推行并完善运输企业经营等级管理制度。建立和健全道路运输企业诚实信用管理办法,制定道路运输企业诚实信用考核实施意见。引导道路运输企业以“服务人民、奉献社会”为宗旨,开展文明行业创建活动。建立和健全客运班线招投标制度,制定客运班线招投标管理办法,规范招投标工作。取消客运班线招投标的地域限制,实行“冷”、“热”线捆绑式招投标,鼓励具有经营资质的客运企业异地参加客运班线招投标。

发挥经济杠杆作用,完善道路运输市场调节手段,改革现行通行费和公路养路费的征管体制,调整营运车辆通行费和公路养路费的征收标准和征收方式,适当降低营运车辆通行费的征收标准。鼓励发展大型高级客车、大型货车、拖挂车、特种货物专用车等技术先进、性能良好、高效低耗的车型。加大道路运输企业淘汰能耗高、性能差老旧车的力度,加快发展公用型运输车辆,增强道路运输企业经济实力和发展后劲。

2.“十一五”期间要以安全节能为核心,“安全第一,预防为主”为方针,强化道路运输安全管理为重点,增强科技创新能力为动力,提供“更安全、更便捷、更经济、更可靠”的运输服务

建立和健全道路运输安全生产管理制度,制定和完善道路运输安全生产操作规程,严格实行道路运输安全生产责任制、安全生产预警制和重大安全责任追究制度,实行道路运输安全质量和企业的利益挂钩,发挥道路运输企业在安全管理中的第一责任人的作用。

道路旅客运输企业和客运站要以确保旅客安全为重点,健全运输安全管理机构,充实运输安全管理人员,明确运输安全管理责任。道路危险货物运输企业要以易燃、易爆、剧毒化学危险品运输为重点,加强安全组织建设,加强安全制度建设,严格执行危险货物运输装卸安全操作规程,严格实行道路危险货物运输岗位责任制。

落实“三关一监督”的管理责任。强化道路运输市场的监督检查,对达不到安全生产管理要求的道路运输企业、营运车辆和从业人员,实行一票否决制。建立和健全以安全为核心的机动车维修质量保障体系,实行营运车辆维修检测制度,实行机动车维修质量保证期制度。加强对驾驶员培训的资质管理,保证教学质量,严格培训和考试制度,所有参训人员必须凭培训合格证申请驾驶证考试。严格机动车驾驶员从业资格管理,实行持证上岗制度。

积极推进道路运输科技进步和技术创新,进一步提高能源利用水平,减轻对环境的污染,增强道路运输业可持续发展能力。开发适合现代汽车维修发展使用的汽车保修、检测设备,推广汽车排放治理的维护检查技术和清洁燃料车改装维修技术。积极推广使用环保节能的运输车辆,鼓励发展以天然气、液化气为燃料的环保型车辆,逐步使用无铅汽油为主要燃料,倡导利用雨水和循环水清洁车辆。

大力推广标准化运输、机械化装卸,积极引进国外先进的物流技术和装备条件,推动现代物流的发展。运用甩挂运输工艺,采用移动式活动箱体等运输组织方式,提高集装化、标准化运输水平,推动封闭式厢式货运和集装箱运输的发展。

研究开发道路运输智能交通系统、全球定位系统、地理信息系统、电子数据交换系统、道路运输应急系统、出行信息服务系统、车辆调度和行车线路信息系统,构建全国性和区域性的道路运输信息网络。

3.“十一五”期间要以快速高效为龙头,推广道路节点运输为基础,提高道路运输市场组织化程度为重点,实现城乡道路运输一体化为目标,构建全国性的道路客货运输网络

建设以道路运输客运站为节点，高中普车型配套，城市公交与农村公交相互衔接的多层次的旅客运输网络。依托高速公路，在中心城市和中等城市之间建立以高档客车为主体的快速客运网络；依托干线公路，在中小城市之间建立以中档以上客车为主体的干线客运网络；依托县乡公路，建立以普通客车为主体的农村客运网络；依托风景名胜区和旅游景点，建立以中高档客车为主体的旅游客运网络。

推广节点运输，加强道路客运与其他客运方式的紧密衔接与配合，减少中间换乘距离和次数，拓展服务功能，提高道路客运业在综合运输体系中的地位和作用。坚决打破任何形式的地区封锁和部门保护，废止妨碍公平竞争，设置行政壁垒的各种规定，任何单位和个人不得封锁或者垄断道路运输市场。取消客运班线的"对等对开"规定，鼓励有条件的道路客运企业先行开通客运班车或新增运力。

按照"统筹城乡发展，统筹区域发展"的要求，统筹规划公路建设与道路运输、干线运输与农村运输的协调发展，从偏重基础设施建设转向注重基础设施建设，运输服务和运输管理的全面发展，强调运输系统的整体性、功能性、协调性。

发挥高速公路和干线公路主通道的作用，以信息网络为纽带，发展快速货物运输。加强货运场站规划和建设，货运场站规划布局和功能配套要充分考虑社会对道路货物运输批次多、批量小、价值高、随机性强、分散度高的需求。引入信息技术改造传统的道路运输业，通过对信息的实时把握，构建道路货运信息网络，提高道路货运信息化程度。

加强对道路货运企业发展现代物流的政策引导，鼓励道路货运企业向第三方物流转化。要以"流程再造"为理念，提供运输前加工和运输后服务，由单一的道路运输承运人向现代物流经营人转换，发展现代物流企业。

积极发展农村客运，力求与农村公路同步规划、同步建设、同步投入使用。要以赋予优惠政策，以政府投入和公路建设资金投入为主，重点向西部和"老、少、边、穷"地区倾斜，加大对农村客运基础设施的投资力度。

要加快乡村客运基础设施的建设。建设规模适中、经济适用、一站多用的乡村客运站。要选择适合乡村客运市场需求的适用性和安全性较好的车型投放乡村客运市场，提高乡村客运班车的通达率和覆盖率，解决农民群众出行难的问题。

对社会开放的客运站是为社会公众出行提供服务的，具有公益性和基础性特点的有限公共资源。要本着满足需要、方便旅客、减少换乘距离规划客运站点，原有的客运站点要根据旅客的需求进行调整，不宜都迁出市区。客运企业对社会开放的客运站（含公用型客运站）应当实行"站运分离"。

道路运输客运站的建设应列为"十一五"规划城乡客运一体化的重要内容加大投入，加快建设。应遵循"统筹规划、分级负责"的原则，在加大政府财政性资金和交通部门专项资金投入的同时，建立客运站建设资本金，实行滚动发展，尽快扭转客运站数量较少，设施陈旧，管理落后的局面。

以上是在学习"征求意见稿"后结合调查研究的实际，提出的修改意见，不当之处，请批评指正。

（本文选自 2004 年第 2 期《中国道路运输》）

新时期道路运输行业管理思路的研究

交通部制定的《全国道路运输业“十五”发展规划纲要》已经付诸实施两年多了。两年来，经过各级交通主管部门和道路运输管理机构以及众多客货运输企业的辛勤工作和努力拼搏，完成了道路运输行业“十五”计划的阶段性任务。具体表现为：道路运输的基础地位进一步加强；道路运输以市场为导向，运输服务质量和水平不断改善；整顿和规范运输市场取得了阶段性的成效；运输行业的改革开放取得了新的进展；科技创新取得了新的成果；行业文明建设取得了新的成绩。交通运输“瓶颈”制约和全面紧张状况得到缓解，客货运输量持续上升，车辆装备水平不断提高，高档化、舒适化、大型化、专业化的车辆比重快速上升，运输生产力水平跃上了一个新台阶，为推动国民经济增长和改善人民群众出行条件做出了重要贡献。但值得注意的是运输市场开放的水平还很低，地域内的开放和地区性的封闭并存；运输市场的秩序“好一阵，乱一阵”，依赖于突击性和阶段性整治；运输结构调整的步伐跟不上国民经济发展的需求变化；运输的组织化程度不高，信息化进程滞后；运输安全状况依然令人担忧。

根据张春贤部长在全国交通厅局长会议上提出的交通新的跨越式发展的要求和“2010 年基本建立起全国快速客货运输网络，通公路的行政村班车通达率达到 95%，营运客车中高级客车比重达到 1/3。到 2020 年，建成比较完善的全国快速客货运输网络，基本实现通公路的行政村通班车，营运客车中高级客车比重达到 60%”。“建立和完善运输市场准入、竞争、监管、退出机制和信息、规划、投资等宏观调控措施，健全与社会主义市场经济相适应的交通法规体系，综合运用经济的、法律的和必要的行政手段，高效率、高质量优化配置运输资源，形成统一、开放、竞争、有序的运输市场”的目标和任务。结合“十五”中后期道路运输市场面临的机遇和挑战，应当从以下五个方面研究和调整道路运输管理工作的思路。

一、以调整道路运输结构为主线，继续致力于解决道路运输市场的难点和热点问题

道路运输市场需求和供给失衡，经营行为不规范，运输市场秩序比较混乱是当前运输市场的难点和热点问题，其原因是多方面的，有历史问题的积淀，有计划经济思想观念的影响，但究其根本，道路运输结构性的矛盾长期存在是主要原因，道路运输组织结构，经营结构，技术结构不合理是矛盾的主要方面。

道路运输管理部门应当顺应市场经济发展的潮流，摒弃“权力寻租”的念头，把调整道路运输结构作为道路运输管理的政策取向，把解决结构性矛盾列为管理工作的难点和热点问题，把优化经营主体结构，优化运输网络结构，优化运输设施和装备技术结构，优化客货运输产品结构列为调整的主要内容。

要注意发挥市场机制在优化运输资源中的基础性作用，按照市场化、集约化、专业化的要求，优化道路运输新的组织结构，发展道路运输新的组织方式，创新道路运输新的经营模式，提升道路运输车辆新的技术结构。特别是要进一步推进“两个根本性转变”，实现真正意义上的

计划经济向市场经济转变，粗放经营向集约经营转变。着力改变道路运输市场主体多、规模小、素质差、组织化程度低、技术性能落后的局面。

要充分运用经济手段和法律手段，辅之以行政手段，打破地区封锁和部门保护，扩大开放领域，消除市场壁垒和市场分割，鼓励运输市场合理竞争，建立运输市场动态信息预警机制，强化为市场服务的意识，引导道路运输经营者积极主动对道路运输结构进行战略性的调整，用现代高新技术对道路运输实施技术创新，实现从数量扩张转为质量提高的跨越。以期通过调节道路运输需求，达到调整道路运输布局的目的；通过调优道路运输规划，达到调新道路运输结构的目的；通过调高道路运输效率，达到调好道路运输经济效益的目的。使道路运输业跟上国民经济发展的步伐，适应社会主义市场经济发展的需要，推动道路运输业的持续快速发展。

二、以“法治和德治”为根本，继续致力于解决道路运输市场“无法可依”和“有法不依”的问题

市场经济是法制经济。道路运输市场是一个庞杂的系统工程，因为道路运输业具有点多、线长、流动、分散、面广、量大、跨地区、多工种、连续性的特性，加之道路运输法制建设跟不上实际发展的需要，立法滞后，道路运输基本处于无法可依的状态。虽然全国27个省、自治区、直辖市已经出台了地方性的道路运输管理条例，但全国性的道路运输法律、法规至今尚未出台，无法可依的被动局面难以扭转，依法行政的力度难以到位，道路运输市场机制难以完善，市场体系难以健全，市场调控难以奏效，市场分割和地区封锁的顽症难以根治。

道路运输管理部门要从“以法治国”和“以德治国”的高度，重新认识“以法治运”和“以德治运”的重要性和必要性。要从道路运输市场存在的大量矛盾中，找出本质性的矛盾；要从“法治”入手，把好道路运输市场主体的入门关，建立和完善道路运输市场的准入制度，当好道路运输市场运行的“裁判员”，做好道路运输市场秩序的“卫士”；要从“德治”入手，提高道路运输经营者的综合素质，在从业人员中开展“爱岗敬业、诚实守信、服务群众、奉献社会”的职业道德教育，组织经营者学习法律、法规，让经营者懂得法律、法规，力促经营者遵守法律、法规，帮助经营者运用法律、法规保障合法权益；要进一步加强法制建设，继续搞好道路客货运输市场的清理整顿，健全市场规则，完善市场机制，着力改变“执法乱、乱执法”的局面，坚持不懈地履行法律、法规赋予的管理职责，运用法律、法规来规范和调节运输经济活动和运输经济关系，充分发挥法律、法规所具有的普遍的约束性、严格的强制性、相对的稳定性、明确的规定性来保障政府对道路运输市场监督管理职能的实现。

三、以运管体制改革为重点，继续致力于解决运管部门“体制不顺，机构不一，职责不清”的问题

道路运输管理部门作为政府实施道路运输监督管理和行政执法的职能部门，承担着维护道路运输市场秩序的重要职责，为了维护良好的道路运输秩序，营造公平竞争的运输环境，运管部门担负的任务越来越重，越来越艰巨。要巩固和发展道路运输市场改革开放的成果，必须加强集中统一管理，改变现行的分级管理体制和分散管理模式，实行集约式的管理体制，建立条线管理系统。要以体制创新和技术创新为契机，抓住政府职能转变的机遇，加快职能转变的步伐，着力改变又当裁判员又当运动员的局面，从加强和完善经济调节，市场监管，社会管理和

公共服务四个方面入手，进行体制创新，理顺管理体制；进行制度创新，统一机构设置；进行机制创新，明确管理职责。要推行“淡化收费、弱化审批、强化监督、深化服务”的工作方针，构建一个“依法行政、监管有效、诚信服务、管理科学”的有活力、有效率的道路运输管理运行系统。充分发挥市场机制的作用，充分利用现代信息技术，推进电子政务，改变以行政审批为主要手段的管理模式，减少不必要的行政干预。重点抓好道路运输的统筹规划、政策引导、宏观调控、法规监督和协调服务；重点抓好道路运输市场的行政管理和服务质量监督，维护道路运输经营者和旅客、货主的合法权益，以构建统一、开放、竞争、有序的道路运输市场为己任，努力提高道路运输市场的组织化程度，努力优化道路运输资源的合理配置，为国民经济和社会发展“十五”计划纲要的实现作出新贡献。

四、以为人民服务为宗旨，继续致力于解决“重收费、轻管理”，“以罚代管”的问题

道路运输管理部门从建立之日起，就承担了繁重而又光荣的规费征收任务，为了征收好各项道路运输规费，耗费了大量的人力和物力，为发展交通运输供给了大量的和必不可少的建设资金。因为规费征收任务重，难度大，为了完成规费征收任务，运管部门“重收费、轻管理”的现象比比皆是。因为道路运输市场经营主体多，经营行为不规范，市场秩序混乱，运管部门“以罚代管”的问题比较严重。随着市场化进程的不断加快，道路运输管理部门按照“转变观念，转变职能，转变作风，提高办事效率”的总体要求，开展理想、信念、宗旨、法制、职业道德教育，切实转变了职能，提高了管理水平，提高了运管队伍的整体素质。经过“两个根本性转变”的锤炼，已经步入了“行业管理、市场建设、规费征收”三者并重的新阶段。

为了实现张春贤部长提出的交通新的跨越式发展的目标和任务，道路运输管理部门应当以为人民服务为宗旨，实践“三个代表”重要思想，为发展道路运输生产力，为实现道路运输现代化提供智力支持和精神动力。对外坚持“政务公开，执法公示，处理公平，处罚公正”，勇敢地担当起培育道路运输市场、管理道路运输市场的重任，精炼管理职能，简化管理程序，集中力量管那些应该由道路运输管理部门管而又不管不行的事情，彻底转变“重收费、轻管理”的观念，彻底扭转“以罚代管”的思想，增强以民为本，执法为民的意识，为道路运输业的发展提供“三个服务”，实施“四个引导”，变强制管理为服务引导。为道路运输经营者提供政策法规服务，提供业务技术服务，提供信息咨询服务；引导道路运输经营者合理投资、守法经营、正当竞争、诚信服务；保障旅客和货主的正当权益，保护经营者的合法利益。对内坚持严格管理制度、严明办事程序、严肃运政纪律、严防腐败“三乱”，做到思想不混乱，管理不松懈，监督不放任，执法不越位，建设一支“政治坚定、业务精通、作风优良、纪律严明”的道路运政管理队伍。

五、以行业协会为中介，继续致力于解决“政企不分”和“政事不分”的问题

道路运输管理部门实行彻底的政企分开、政事分开是职能转变的重点，道路运输管理部门必须与所属的企业脱钩，才能真正管好道路运输市场，真正彻底打破地方封锁和部门保护。道路运输管理部门在行使好管理职能的同时，要加强行业协会等社会中介机构的建设，要以行业协会为载体，把经济技术性、事务性、服务性的工作转移给行业协会承担，充分利用行业协会发挥行业自律作用，让行业协会真正成为政府和经营者之间的桥梁和纽带。

行业协会是道路运输经营者为维护共同的经济利益和社会利益而组成的行业性和非赢利性的经济类的社团法人。它具有沟通、协调和服务职能,沟通与政府主管部门的联系,协调会员与社会的经济利益,反映会员的自身愿望和要求,为大多数会员服务,为政府主管部门提供咨询,同时还要通过制定行规行约发挥行业自律职能。道路运输管理部门应当保障行业协会行使沟通、协调、服务和自律的职能,应当发挥行业协会在政府和经营者之间的桥梁和纽带作用,把行业协会看作是道路运输行政管理的“好抓手”,看作是维护道路运输市场秩序的“好帮手”,看作是调整道路运输结构的“好旗手”,要把行业协会建设成经营者“靠得住、信得过、离不开”的家园,要使行业协会当好道路运输管理部门“拿得起、放得下、少不了”的参谋助手。

行业协会理应在业务管理部门和登记管理部门的监督管理下,按照市场化运作的要求,加强行业协会自身建设,以中介服务为主要使命,充分发挥沟通、协调、服务、自律的功能,使之真正成为具有协调市场主体利益,沟通政府联系,实现行业自我管理功能的市场经济体系中的重要组成部分。

以上是在实施《全国道路运输业“十五”发展规划纲要》的过程中,根据课题研究的要求,在跟踪调查的基础上,对原定工作思路提出的调整建议,仅供参考,恭请指正。

(本文选自2004年第10期《中国道路运输》)

强势推进道路运输业结构调整
着力提高道路运输业竞争能力

20世纪以来，经过全社会的共同努力，道路运输进入了历史上最好的发展时期，道路运输业得到了较快的发展，取得了显著的成绩，为国民经济和社会发展作出了重要贡献。进入新世纪后，道路运输业的发展面临着全新的经济和社会环境，从道路运输业整体发展上看，还远远不能适应快速发展的国民经济和社会对道路运输的要求。

为了解决道路运输业结构性的矛盾和问题，提高道路运输业的整体竞争力，为了规范道路运输市场的经营行为，新时期道路运输业要按照全面建设小康社会的要求，以"以人为本"和"人与自然和谐"为理念，树立"全面、协调、可持续"的科学发展观，建立能力充分、组织协调、运行高效、服务优质、安全环保的道路运输系统。要坚持以发展为主题，结构调整为主线，"五个统筹"为要求，建设市场和规范秩序为主要突破口，科技进步为主动力，不断提高道路运输服务质量和管理水平。

一、以市场经济为导向，调整道路运输结构为主线，完善道路运输市场机制为重点，增强道路运输企业竞争力为核心，引导道路运输业实行战略性改组

积极推进国有道路运输企业实行股份制改造，完善国有资本有退有进、以退为主和合理流动的机制。进一步提高公有制经济在道路旅客运输、危险货物运输中的集约化经营水平，增强公有制经济在道路集装箱运输、特种货物运输和突发事件应急运输中的规模化经营能力。

引导道路运输企业实行资产重组和结构调整，建立现代产权制度。积极引导道路运输业发展国有资本、集体资本和非公有制资本参股的混合所有制经济，实现道路运输业投资主体多元化。道路运输业实行股份制改造和建立混合所有制经济，要有利于增强企业的竞争力；有利于依法保护各类产权，防止国有资产流失；有利于保障职工的合法权益；有利于实行公司化经营，建立现代企业管理制度，提高道路运输市场集中度。

继续推行并完善运输企业经营资质管理制度，加快道路运输企业结构调整，鼓励道路运输业集约化、规模化经营。以资本为纽带，组建一批以干线公路、高速公路为依托，跨区域、跨行业，具有较强竞争力的道路运输企业集团。

建立和健全道路运输企业诚实信用管理办法，制定道路运输企业诚实信用考核实施意见。对道路运输企业实行诚信考核，信用监督和失信惩戒制度，定期发布道路运输企业诚实信用的有关信息。

引导道路运输企业以"服务人民、奉献社会"为宗旨，开展文明行业创建活动。建立和健全道路运输"诚实信用、普遍公正"的服务体系，倡导道路运输企业制定以"对待旅客、货主保持善意、诚实，恪守信用，反对欺诈行为"为内容的行规行约，鼓励道路运输企业自我管理，自我约束，实行行业自律的机制。

道路运输管理机构要加强信用监督，根据企业的诚实信用情况进行奖励和惩戒。对连续

多年诚实信用度好的企业可授予“诚实信用示范企业”品牌称号，获得优先发展新的运输项目和客运班线的经营权；对诚实信用度低的企业应抄告整改建议书，限期整改；失信严重的企业应当严厉惩戒。

改革道路客运班线行政许可方式，充分发挥市场机制在客运班线资源配置中的作用，变完全的行政手段为公开的市场行为。逐步建立客运班线和客运运力投放评价制度。对拟向社会招投标的客运班线和在营客运班线新增运力，由行业协会进行事前评价、科学论证，并将论证结果向社会公布。

建立和健全客运班线招投标制度，制定客运班线招投标管理办法，规范招投标工作。取消客运班线招投标的地域限制，鼓励具有经营资质的客运企业异地参加客运班线招投标。可以采用招投标式评标形式作出行政许可；按照“普遍服务、方便群众、平等对待旅客”的原则，综合平衡合理分配客运资源，实行“冷”、“热”线捆绑式招投标；对于不采用招投标形式作出行政许可的，应建立许可前听证和公示制度，确保行政许可的公正、透明。

发挥经济杠杆作用，完善道路运输市场调节手段，改革现行通行费和公路养路费的征管体制，调整营运车辆通行费和公路养路费的征收标准和征收方式，适当降低营运车辆通行费的征收标准。对多轴大型车辆和大型高级客车给予收费优惠。进一步清理整顿道路运输收费，取消不符合规定的收费项目，适当降低偏高的收费标准；对适合农村客运市场需求的兼具适用性和安全性的客车且专门从事乡村客运的农村公交班车，适当减免交通运输规（税）费。

鼓励发展大型高级客车、大型货车、拖挂车、特种货物专用车等技术先进、性能良好、高效低耗的车型。加大道路运输企业淘汰能耗高、性能差老旧车的力度，加快发展公用型运输车辆，增强道路运输企业经济实力和发展后劲。

二、以安全节能为核心，“安全第一，预防为主”为方针，强化道路运输安全管理为重点，增强科技创新能力为动力，提供“更安全、更便捷、更经济、更可靠”的运输服务

建立和健全道路运输安全生产管理制度，制定和完善道路运输安全生产操作规程，严格实行道路运输安全生产责任制、安全生产预警制和重大安全责任追究制度，实行道路运输安全质量和企业的利益挂钩，发挥道路运输企业在安全管理中的第一责任人的作用。

道路旅客运输企业和客运站要以确保旅客安全为重点，健全运输安全管理机构，充实运输安全管理人员，明确运输安全管理责任，严格实行车辆进出站的检查制度，认真落实消防安全管理制度和治安保卫工作制度，切实做好危险品查堵工作，消除运输安全事故隐患。

道路危险货物运输企业要以易燃、易爆、剧毒化学危险品运输为重点，加强安全组织建设，加强安全制度建设，严格执行危险货物运输装卸安全操作规程，严格实行道路危险货物运输岗位责任制，实现道路危险货物运输规范化、制度化。鼓励具有道路危险货物运输资质的企业拓展业务，用小型（核准载质量 2 吨以下）、微型（核准载质量 0.5 吨以下）货车（危险品专用），从事小批量危险货物运输或城市危险货物配送。

落实“三关一监督”的管理责任。对道路运输企业实行经营资质管理，严把道路运输企业市场准入关；对营运车辆实行综合性能技术等级评定，严把车辆技术状况关；对道路运输从业人员实行考试考核，持证上岗制度，严把道路运输从业人员，特别是驾驶员、押运员、装卸及管

理人员资格管理关。强化道路运输市场的监督检查,对达不到安全生产管理要求的道路运输企业、营运车辆和从业人员,实行一票否决制。

建立和健全以安全为核心的机动车维修质量保障体系,实行营运车辆维修检测制度,实行机动车维修质量保证期制度。严禁使用假冒伪劣配件维修机动车辆,严禁维修报废的机动车,严禁擅自改装机动车。

要加强对驾驶员培训的资质管理,保证教学质量,严格培训和考试制度,所有参训人员必须凭培训合格证申请驾驶证考试。

加强对营业性驾驶人员的运输法律法规、运输业务知识、机动车维修、职业道德和应急基本知识的培训教育,定期组织理论考试和技能考核,严格机动车驾驶员从业资格管理,实行持证上岗制度。

积极推进道路运输科技进步和技术创新,进一步提高能源利用水平,减轻对环境的污染,增强道路运输业可持续发展能力。开发适合现代汽车维修发展使用的汽车保修、检测设备,推广汽车排放治理的维护检查技术和清洁燃料车改装维修技术。积极推广使用环保节能的运输车辆,鼓励发展以天然气、液化气为燃料的环保型车辆,逐步使用无铅汽油为主要燃料,倡导利用雨水和循环水清洁车辆。

积极推广新技术、新工艺,大力推广标准化运输、机械化装卸,重点引进开发高档客车和大型专用货车的成套技术,促进道路运输设备,搬运装卸设备及其与生产企业、销售企业和其他运输方式的配套衔接,积极引进国外先进的物流技术和装备条件,推动现代物流的发展。运用甩挂运输工艺,采用移动式活动箱体等运输组织方式,提高集装化、标准化运输水平,推动封闭式厢式货运和集装箱运输的发展。

研究开发道路运输智能交通系统、全球定位系统、地理信息系统、电子数据交换系统、道路运输应急系统、出行信息服务系统、车辆调度和行车线路信息系统,构建全国性和区域性的道路运输信息网络,实现道路运输智能化、信息化。要加大科技投入和人才培养力度,建立以先进技术研发推广为重点,以企业科技进步为目标的科研运行新机制,推动道路运输产业升级。

三、以快速高效为龙头,推广道路节点运输为基础,提高道路运输市场组织化程度为重点,实现城乡道路运输一体化为目标,构建全国性的道路客货运输网络

建设以道路运输客运站为节点,高中普车型配套,城市公交与农村公交相互衔接的多层次的旅客运输网络。依托高速公路,在中心城市和中等城市之间建立以高档客车为主体的快速客运网络;依托干线公路,在中小城市之间建立以中档以上客车为主体的干线客运网络;依托县乡公路,建立以普通客车为主体的农村客运网络;依托风景名胜区和旅游景点,建立以中高档客车为主体的旅游客运网络。

进一步发挥道路客运的方便、快捷、机动灵活和“门到门”等优势,推广节点运输,加强道路客运与其他客运方式的紧密衔接与配合,减少中间换乘距离和次数,拓展服务功能,提高道路客运业在综合运输体系中的地位和作用。

按照“统筹城乡发展,统筹区域发展”的要求,统筹规划公路建设与道路运输、干线运输与农村运输的协调发展,从偏重基础设施建设转向注重基础设施建设,运输服务和运输管理的全面发展,强调运输系统的整体性、功能性、协调性。从注重道路运输资源的配置效率转向效率

与公平并重，增强道路运输有效资源的开发和利用功能。抓紧组织制订地区性、区域性的和长三角、珠三角和环渤海等经济区的客运网络规划。道路客运发展规划力求与公路建设同步规划、同步建设。

坚决打破任何形式的地区封锁和部门保护，废止妨碍公平竞争，设置行政壁垒的各种规定，任何单位和个人不得封锁或者垄断道路运输市场。不论企业的所有制性质和隶属关系，不论地域，都允许进入道路运输市场从事与其经营资质等级相适应的运输经营活动。取消客运班线的"对等对开"规定，鼓励有条件的道路客运企业先行开通客运班车或新增运力。

发挥高速公路和干线公路主通道的作用，以信息网络为纽带，发展快速货物运输。以中心城市和运输主枢纽为龙头，重点港站、商品集散地和大型厂矿为依托，以城乡货运站场，信息网点为载体，组建衔接铁路、水路、航空运输方式的快速货运网络，推行"产供运销一条龙"运输。加强货运场站规划和建设，货运场站规划布局和功能配套要充分考虑社会对道路货物运输批次多、批量小、价值高、随机性强、分散度高的需求。

加强对道路货运企业发展现代物流的政策引导，鼓励道路货运企业向第三方物流转化。要以"流程再造"为理念，以运输前加工和运输后服务，提供全过程服务为宗旨，拓展仓储、包装、装卸、搬运、流通加工、配送、信息处理等多种功能和经营范围，由单一的道路运输承运人向现代物流经营人转换，发展现代物流企业。

引入信息技术改造传统的道路运输业，通过对信息的实时把握，构建道路货运信息网络，提高道路货运信息化程度。要从提高运输效率，方便货主需要出发，发展货运代理，推广结点运输、甩挂运输，发展多式联运，提高道路货运市场的组织化程度，促进道路货运的社会化、专业化、标准化和网络化。

认真贯彻党中央、国务院对"三农"问题要"多予、少取、放活"的要求，积极做好发展农村客运的规划，力求与农村公路同步规划、同步建设、同步投入使用。要以代表广大农民群众根本利益为出发点，赋予优惠政策，以政府投入和公路建设资金投入为主，重点向西部和"老、少、边、穷"地区倾斜，加大对农村客运基础设施的投资力度。西部地区和贫困地区应以政府资金投入为主，提高政府资金和公路建设资金投入的比例。

要加快乡村客运基础设施的建设。建设规模适中、经济适用、一站多用的乡村客运站。要选择适合乡村客运市场需求的适用性和安全性较好的车型投放乡村客运市场，提高乡村客运班车的通达率和覆盖率，解决农民群众出行难的问题。要整顿农村客运市场，杜绝拖拉机、农用车、货车从事客运。鼓励三、四级客运企业"车头向下"，开拓乡村客运市场。鼓励个体户联合联营，实行自律性的公司化经营，强化运输安全监督，适当减免交通运输规费。

对社会开放的客运站是为社会公众出行提供服务的，具有公益性和基础性特点的有限公共资源。要编制与城市总体规划相匹配的道路运输客运站发展规划，要本着满足需要、方便旅客、减少换乘距离规划客运站点，原有的客运站点要根据旅客的需求进行调整，不宜都迁出市区。

道路运输客运站建设应遵循"统筹规划、分级负责"的原则，在加大政府财政性资金和交通部门专项资金投入的同时，建立客运站建设资本金，实行滚动发展，尽快扭转客运站数量较少，设施陈旧，管理落后的局面。新建客运站，鼓励市场化运作，吸纳社会民间资金，实行投资主体多元化，推行经营股份化。政府资金投入应体现"国民待遇"原则，补贴对象不分所有制性质和经济成分。

中心城市的公用型道路客货运站场设施建设，可以采用特许经营的方式，通过招投标确定项目业主，利用社会民间资金进行建设。按照所有权和经营权分离的要求，明确项目业主的经营期限，经营期限届满后，继续运用招投标方式转让客货运站场经营权。

客运企业对社会开放的客运站（含公用型客运站）应当实行"站运分离"。为了提供"放心、省心、舒心"的客运服务，创造公平、公正的竞争环境，可以将客运站经营权和旅客运输经营权分离，客运站作为独立法人经营。可以实行客运站产权所有者，客运站经营者和旅客运输经营者"三分离"。客运站经营者向客运站产权所有者租赁客运站，缴纳租赁费，独立经营，自负盈亏，但不得同时经营旅客运输。

四、以法规授权为契机，转变道路运输管理职能为根本，创新运输管理机制为重点，推动道路运输行业自律为己任，改善和加强道路运输行业管理

以道路运输管理机构体制改革和机制创新为重点，加快转变职能的步伐。按国家的有关规定和要求，实行政企分开，与所属的企业彻底脱钩，加强经费开支预控，严格"收支两条线"管理制度，加强财务管理；按"精干效能"的原则，紧缩道路运输管理人员的编制；按"最少执法原则"，紧缩道路运输管理的行政职能。加强道路运输机构的编制管理，统一道路运输管理机构的名称和设置，明确道路运输管理机构的事权分工。

在明确定岗定编的基础上，制定道路运输管理人员的基本条件和标准，参照公务员管理的规定，实行公开招聘、择优录用。加强对道路运输管理人员的法制和业务技术培训考核，实行道路运输管理人员执法资格管理和持证上岗制度。提高道路运输管理队伍的政治和业务技术素质，创建"政治坚定、业务精通、纪律严明、作风优良"的道路运输管理队伍。

加强执法监督，推行政务公开，规范执法行为，严格执法程序，严格执法管理，构建电子政务系统，自觉接受社会和人民的监督。严肃查处道路运输管理人员滥用职权、徇私舞弊和经商办企业的行为。

推行文明服务，倡导诚实信用，增强"以人为本、奉献社会"的意识，做到法为民所用，情为民所系，利为民所谋。要实行"教育与处罚相结合，以教育为主"的原则，对能主动纠正违章和及时消除后果的违章行为，可以减轻甚至免于行政处罚。保证监督检查的真实性，保证监督检查的规范性，保证监督检查的公开性。

加强道路运输法制建设，建立和健全道路运输法规体系。要加大道路运输立法的力度，提高道路运输立法质量，制定和完善道路运输市场各项规章制度，为道路运输行业发展提供法律保障。

道路运输行业协会是道路运输市场体系的重要组成部分，加强行业协会建设，是社会主义市场经济的总体要求，是政府职能转变，实现政府管理创新的根本要求。

作为政府职能转变的基点，行业协会要坚持以"三个代表"的重要思想为指导，做到"与政府同步，与企业同心"，发挥"双向服务"的功能，拓展服务领域，提高服务水平，充分发挥行业协会在道路运输市场建设中的自主管理职能。要充分发挥行业协会沟通、协调和服务功能，当管理部门的助手，市场经济的抓手，行业发展的旗手。负责沟通与政府主管部门的联系；协调会员与社会的经济利益；反映会员的自身愿望需要，为大多数会员服务；接受政府委托，为政府

主管部门提供咨询服务;代表会员的要求,制定行规行约,发挥行业自律职能。

要加大行业协会改革的力度,加快行业协会的发展步伐,实现彻底的政企分开、政事分开、政会分开,培育和发展按市场化运作、功能齐全、行为规范、服务有效的行业协会。要以行业协会为载体,为会员单位提供政策法规、业务技术、信息咨询服务。引导道路运输经营者守法经营、合理投资、正当竞争、提高服务质量。承办政府委托的业务技术咨询、信息服务、可行性研究、经营资质评定,客运班线招投标、从业人员岗前培训、服务质量信誉考核等经济性、业务性、技术性、事务性、服务性的管理工作,充分发挥行业协会的桥梁和纽带作用。

(本文选自 2005 年《亚欧道路运输大会论文集》)

道路运输业和经济社会发展关联性分析

道路运输业把社会生产、分配、交换与消费各个环节有机地联系起来,是保证社会经济活动得以正常进行和发展的前提条件。应当把道路运输作为国民经济发展的基础性和先导性工程,做到适度超前于经济社会的发展,真正体现道路运输行业的“先行官”作用,真正使道路运输业成为经济社会发展的牵引机、助力器。

正确认识道路运输业与经济社会发展的关联性,正确处理道路运输发展与经济社会发展之间的关系,正确把握道路运输业与经济社会发展的比例,是道路运输业和经济社会协调发展的重要前提。

一、道路运输业的特点和属性

(一)道路运输业的特点

道路运输业除了和其他行业一样,具有共同的社会属性和自然属性外,还有其独有的特性。

1. 道路运输业的生产场所是在一个广阔的延伸的空间带上。道路运输业的产品是位移,实现位移的生产场所延伸万里,交织成网,不仅表现为点多线长,流动分散,面广量大,而且表现为多环节、多工种、跨区域、连续性,要使道路运输业像时钟一样运转,就必须进行有效的组织,使各种运输方式达到有效配合。

2. 道路运输业劳动对象众多繁杂,性质各异,运输的目的是实现劳动对象的位移,而被运输的对象既不能自由选择又不能自由支配,而对众多繁杂性质各异的劳动对象,必须配备相应的运输工具,以适应劳动对象的需要。

3. 道路运输业的加工方式是动态加工。劳动对象在广阔的空间带上,位置变化的移动过程本身就是道路运输业的生产过程,移动不存在,位移就无法实现。一般的制造业为了对工件进行加工也常常使工件处于运动状态,但是此时工件运动的本身并不是目的,而只是进行加工的手段,一般不会产生长距离的位置变化,道路运输业和一般制造业不同的是生产过程的基本方式就是长距离空间移动式的动态加工。

4. 道路运输业的产品是在不改变其劳动对象的化学性质和物理性质的基础上,改变劳动对象的空间位置而不形成任何新形态的产品,道路运输业的产品不能脱离生产过程而单独存在。因此道路运输业的产品既不能调拨,又不能贮存,从而决定了道路运输业只能而且必须贮备一定的运输能力,使运输能力的地区配置和形成时间尽可能与需要相协调。

5. 道路运输业的生产过程和销售过程同时进行。道路运输业的产品几乎全部向用户直接出售,而不经过其他中间环节,因此在道路运输业的生产过程中也包含了一部分商务过程。在一定程度上兼有商业性质。道路运输业的资金循环公式是:

$$G—W\begin{cases}A\\PM\end{cases}\cdots P\cdots(W')\cdots G'$$

式中:G——货币资金;

G'——产品销售收入;

W——货币资金转化为实物形态;

A——劳动力;

PM——生产资料;

P——生产;

W'——运输“产品”。

6. 道路运输业对社会的影响是最直接和最广泛的。道路运输业是一种公用型且公益性很强的服务行业,直接和旅客、货主接触,直接影响人们的衣、食、住、行,直接关联经济社会的发展,直接影响政治、文化、国防、卫生事业。因此必须采取法律形式对整个运输服务进行宏观调控,具体监督。

(二)道路运输业的功能

道路运输业的功能作用归纳以来有以下几点:

1. 道路运输业实现商品空间和时间的转移,为实现商品的使用价值提供可能,体现商品的物理属性。

2. 道路运输业适时适量运送商品、原材料、生活必需品,维持生产和流通及消费的协调通畅。

3. 道路运输业连接生产、消费、节约减少流通费用,稳定物价,促进生产和消费协调发展。

4. 道路运输业为生产企业、商贸企业、工业制造业、农林牧业提供安全、及时、经济、方便的运输服务,为企业合理降低成本提供可能。

5. 道路运输业是政治、文化、卫生、国防事业发展的有效保障。实践证明,道路运输业的发展相对于城市和农村经济的发展愈显重要。

二、道路运输业与社会经济发展的关联性

1. 道路运输业与社会经济的关联性。

社会经济活动由生产、消费、流通活动所组成。其中,流通活动是连接生产和消费不可缺少的重要环节。商品经济越先发展市场范围越是广大,流通的重要性就会愈加突出。流通并不是受制于生产和消费,流通效率的提高,新型流通方式的出现,流通领域的重大变革会对生产和消费产生巨大推动作用。

我国的道路运输业是流通领域中的货运和客运流通的重要载体。因为重建设轻运输的问题存在,道路运输业发展速度比较缓慢,改革开放以后,道路运输业逐步开放,运输市场得到较快发展,道路运输业在促进市场经济发展方面的能动作用日益显现出来,道路运输业的发展受到重视,道路运输业创造的增加值不断提高。在社会经济发展的规划中,道路运输业的发展视为重中之重。

2. 道路运输业与现代工业的关联性。

现代工业与现代道路运输业关系紧密,没有通畅发达的道路运输业就不会有现代工业的发展。

我国幅员辽阔,资源丰富,人口众多,资源与人口分布不平衡。矿产资源和森林大部分在

东北、华北、西南山区，而人口和大中城市则大部分在东南沿海和东北平原。因此大宗物资交流和加工工业与消费者之间的最终产品配送以及这个领域中的人员往来，都要依靠道路运输业。铁路、公路、水路、航道和管道五种运输方式构成的现代运输服务业，在现代工业的发展过程中起着不可估量的推动和促进作用。

3. 道路运输业和农业的关联性。

农业运输是交通运输的重要组成部分。交通运输是农业发展的重要力量，是农业建设的重要保障，是农民增收的重要途径。多年来，因为认识问题和体制机制问题，使农村交通运输的发展相对滞后，并成为制约农业发展的主要障碍。农村经济的发展要依靠交通运输的支撑。解决“三农”问题首先要解决交通运输的问题，要在加快农村公路建设的同时，加快发展道路运输业。建设社会主义新农村，“首先要建设农村交通运输网络，加快村村通农村客运班车的步伐”，“要得富先修路”，在解决农村温饱问题的基础上，帮助行政村和自然村建农村公路，帮助农民出行和鲜活农产品交易，通达农村客运班车，帮助发展有机农业提供绿色通道，这是实现小康社会，建设社会主义新农村的重要举措，没有发达的道路运输业就不会有现代化的农业。道路运输业是农业增效、农村增(财/富)、农民增收的重要保障。

4. 道路运输业与现代服务业的关联性。

道路运输业是现代服务业(现代物流、旅游业、信息服务业、商贸流通业等)发展的重要载体，是发展现代服务业的核心功能要素。道路运输业与现代服务业之间是要素和系统的关系。现代服务业是一个系统，道路运输业是系统中的子系统，运输与现代服务业系统的其他功能要素存在着有机联系，共同构成现代服务业系统。现代服务业系统的整体优化不考虑道路运输业的功能优化，无法实现系统优化的目的。随着消费需求多样化，传统的大量生产和大量销售的生产经营模式已经不适应市场的需要，用户的需求向小批量、多批次的方向变化，因此传统的运输模式就难以满足用户的需要。为了满足小批量多批次迅速配送的要求，又不会使运输成本有过高的增加。为了能够有效地控制运输成本，道路运输业必须发展第三方物流，应用现代物流技术，信息传输技术改造传统的道路运输业。

综上所述，道路运输业和经济社会的关系密切，是实现经济社会发展不可或缺的重要手段。道路运输业要通过科学合理的配置克服空间距离，优化运输径路，用“到达理论”代替“距离理论”，使道路运输活动高效化，与经济社会的发展有机结合，融入经济社会发展的整体，满足经济社会发展的需要。

(本文选自2006年《江苏省交通科学研究计划项目报告》)

引进汲取发达国家先进经验 研究我国道路运输发展模式

学习发达国家道路运输业发展的产业政策,对研究我国道路运输业发展模式和制定相应的发展政策,具有十分重要的现实意义。发达国家道路运输业100多年来的发展历史,积累了大量的经验和教训,我们在研究发展模式和制定发展政策时,应当取其精华,去其糟粕,为我所用,扬我所长。汇集美国、荷兰、加拿大、日本、德国、瑞典等发达国家道路运输业发展的经验,政府重视道路运输业发展是值得我们学习和借鉴的。

一、政府重视道路运输业的规划和宏观调控

发达国家的政府通过行业规划、政策引导,不断改善道路运输基础设施和车辆的运输条件,不断适应不同发展阶段道路运输业发展的需要。在市场准入方面,由对经营者的"数量控制"转为开业的"质量控制",把"公众必需与便利"、"权利和义务"、"适宜性"列为准入标准。在市场管理方面,综合运用投资政策、税收政策和收费政策等经济手段引导行业发展,通过减免税收、减免通行费、直接补贴和间接补贴的方式,鼓励发展公用型营业性运输,鼓励调整车型结构,投资场站建设,鼓励少数规模很大的企业发挥市场的主导作用,引领中小企业发挥自身优势,发展相宜运输项目。

二、政府重视道路运输业的法制建设和规范化、标准化管理

发达国家的政府在道路运输业发展的各个阶段都有强有力的法律、法规体系作保障,大多数政策也是通过法律、法规形式公布的,有《公路法》、《车辆法》、《运输法》等。还有依据法律制定的规章制度和依据法律授权可以采取的行政措施,有力地维护了运输市场秩序。与此同时,政府十分注重发挥国际标准化组织的作用,制定并实行统一的各项行业标准和规范,对车辆技术、物流技术、信息技术、集装箱、装载工具、托盘、挂车等,实行规范化管理和标准化作业,大大提高了运输效率。

三、政府重视创新现代化道路运输组织模式和运作机制

发达国家的政府很重视改进和创新道路运输的组织方式和管理水平,发展大吨位柴油车和专用汽车,推广甩挂运输和集装箱运输。应用物流技术降低运输成本,减少流通费用,提高道路运输效率。发展现代物流业,已经成为一个重要的经济增长点。

欧洲国家之间的国际道路运输通过签订国际协议和公约,将运输、贸易、卫生检疫和安全、海关、税收等方面的政策目标不一致的多个国家组织起来,开展便利运输,欧洲国家关于便利国际运输的多边协议值得我们借鉴。

四、政府重视道路运输安全、环保、节能和科技进步

发达国家的政府通过"数量控制",使道路运输企业走上规模化、集约化和组织化的发展

之路，通过“质量控制”使道路运输企业不断提高安全、节能、环保等方面的技术和管理水平，向信息化和智能化方向发展。影响道路运输业发展的安全、环保、节能、科技进步等要素成为政府重视和关注的目标，成为提高道路运输效率和效益的政策导向。我国政府把交通运输业列为节能减排的重点领域，要求把节能减排摆在实现交通运输现代化更加突出位置，就是新政策导向的重要体现。

五、政府重视发挥行业协会中介组织的作用

发达国家的政府非常重视行业协会中介组织的作用。依靠行业协会维护运输经营者的合法权益，规范运输企业的市场行为。行业协会参与制订行业发展规划，制订行规行约，实行行业自律；研究道路运输业的发展途径和提高道路运输效率的对策；组织专家学者为道路运输行业提供业务技术咨询服务；组织道路运输企业交流合作；对道路运输从业人员进行行业培训；建立市场信息网络，发布预测信息等等。行业协会在发挥交流和合作、协调和服务功能方面，作用越来越大，地位愈显重要，行业协会成为市场经济不可或缺的重要组成部分。

我国道路运输业正在从低水平、不全面、不平衡向更高水平、更加全面、更加平衡的方向转化，建设资源节约型、环境友好型的道路运输行业，以信息化提升传统的道路运输业，实现质量和效益的超常规发展。道路运输业已经从“基本适应”转入全面协调可持续发展的新阶段，根据原交通部又好又快发展道路运输业和加强节能减排工作战略部署，为实现2020年基本实现道路运输现代化的目标，应当学习和借鉴发达国家道路运输业发展的先进经验，对道路运输业的发展模式和发展政策进行深入细致的研究。道路运输业的发展模式要以更安全、更便捷、更可靠、更经济、更智能、可持续发展为标志，以节能减排和安全优质为核心，实现“人便于行、货畅其流”。研究发展模式要结合我国的国情和特点，要充分体现中国社会主义市场经济的特色，笔者认为以下六个方面应列为研究的要点：

(一)安全是转变发展模式的根本

1. 安全至上。道路运输参与者普遍树立“安全至上”的理念，从政府职员到普通从业者都自觉意识到安全是道路运输的第一要素；减少道路运输伤亡、促进公众安全，是政府和从业者的首要职责、行动准则和业绩判断标准。

2. 显著改善道路运输安全状况。营业性道路运输重特大安全事故次数和死亡人数和由道路运输基础设施引起的交通事故大幅降低。

3. 可信赖的道路运输安全。死亡和失踪率达到公认的安全标准，重大事故率低，道路运输成为社会更信赖的安全运输方式。

4. 全方位覆盖、全天候运行、具备快速反应能力的现代化道路运输安全保障系统。

(二)便捷是转变发展模式的活力

1. 更广的覆盖面。道路基础设施网络将中国连接成一个紧密的整体——无论是大都市、小城镇，还是乡村、海岛和边防站点。

2. 形成网络的高速公路。高速公路所连接目前所有城镇人口超过20万的城市，形成“首都直达省会、省会彼此畅通、省会通达地市、连接重要县市”的高速公路网络。中等以上城市

间400~500公里当日往返,800~1000公里当日到达。大部分地区汽车在1小时左右可到达高速公路,东部和中部大部分地区在半个小时左右就可驶入高速公路。

3.适用的基础公路网。全国县际基本由二级以上公路连接,县乡公路技术状况显著改善,并得到及时、有效养护。农村公路通达集镇、乡村,方便农民“早进城,晚归家”。

4.快捷、舒适的城间客运网络。以班车客运为基础、旅游与包车客运为补充,全部由高级客车载运,站场(点)服务体系完善。

5.便利的农村客运网络。基本实现行政村“村村通班车”。班线可深入山区农村,通达居民村落;为农民出行和鲜活农副产品交易提供方便。

6.便捷的货运网络。形成以现代物流服务为特征的货运网络;建立以中等以上城市的枢纽站场为主要节点、比较完善的城间快速货运网络。

7.更普遍的一体化运输系统。建立起现代化的立体客运枢纽,紧密衔接不同运输方式和市内交通,实现“零换乘”,提供一体化公共客运服务;建成完善的以货运枢纽为节点的一体化运输系统,实现无缝运输。

(三)可靠是转变发展模式的保障

1.抗灾能力强的基础设施。由自然灾害造成的断通时间大幅下降。

2.更稳定的服务。旅客班线运输正点率接近100%;道路旅客运输途中延误时间下降至零;道路快速货运限时到达更有保障。

3.完善的应急反应体系。足以应对人为的或自然的重大灾害和突发事件,具有迅速恢复、重建的能力。

(四)经济是转变发展模式的动力

1.完善的运输市场体系。运输资源优化,市场壁垒消除,统一、开放、竞争、有序的现代运输市场体系建立。

2.合理的价值费用比。运输服务者在改善运输服务的同时降低运输成本,用户以可承受的价格,享受到更好的服务。

3.单位运输成本相对下降的货物运输。新技术、新设备广泛应用,运输成本相对降低。道路营业性货运车辆空驶率较目前降低5个百分点;营运重型车或汽车列车比例达到15%。

(五)智能是转变发展模式的导向

1.电子化的装备设施。电子收费普遍应用,交通运输监控管理实时化;车辆装备自动化。

2.数字化的行业管理。信息技术广泛应用于各级交通运输管理部门,实现主要业务管理的数字化、网络化,行业内外相关管理系统无缝连接、协同处理,全方位地向社会提供优质、规范、透明、符合国际水准的管理服务。

3.人性化的公众信息服务。用户可以全天24小时、全年365天,在任何地方及时获取所需的交通运输咨询。

4.信息化的企业管理。大型企业普遍开展电子商务;信息技术及其他新技术广泛应用于道路运输企业生产、管理和营销。

5.其他令人激动的产品与服务。智能交通系统正在加速提升着运输产业,未来的产品和服务超乎我们的想象。

（六）可持续是转变发展模式的核心

1. 集约化的国土资源利用。每亿车公里占用土地面积明显减少。

2. 环境友善的设施。具备条件的公路沿线全部得到绿化美化。

3. 低污染的运输工具。在用营运车辆普遍使用清洁燃料，全部达到国家排放标准要求；厢式车占营运货车60%以上。

4. 更高的能源利用效率。道路营业性运输车辆单位运输量能耗明显下降。

道路运输业发展模式研究是关系到道路运输业发展方向、发展速度、发展质量的综合性课题，希望能够通过研究，形成更加科学、更加合理、更有中国特色的研究成果，引导道路运输业朝着又好又快的方向健康发展。

（本文选自2008年第5期《上海地方交通》）

节能减排与“结点运输”

节约能源是我国的基本国策,依法履行节能义务是任何单位和个人的重要职责。节能减排工作是深入贯彻科学发展观,构建资源节约型、环境友好型社会的重大举措,深入开展全民节能行动,实行依法节能是促进经济社会可持续发展的必由之路。道路运输行业是一个耗能大户,尾气排放是污染空气的重要原因。交通运输部根据国家《节约能源法》和国务院《关于加强节能工作的决定》制定《关于进一步加强交通行业节能减排工作的意见》,就是要求道路运输行业坚决贯彻执行《节约能源法》和《关于加强节能工作的决定》厉行节能减排的具体体现。

道路运输行业节能减排工作是一项系统工程,要以抓好汽车节油为关键,积极开展道路运输节能减排技术的综合研究,推广应用新技术、新设备,提供节能减排政策和资金保障,科学制定燃料消耗定额和规范驾驶员操作技能,同时还要注重研究优化运输资源配置和创新运输组织方式。笔者有意推崇的“结点运输”,就是优化创新运输资源配置和运输组织方式需要研究的重要内容。

一、“结点运输”是科学合理的运输组织方式

“结点运输”由来已久,早在第三次社会大分工时期,随着生产力的发展和专业化分工的出现,专门在流通领域中从事运输活动的社会化运输行业就诞生了。“结点运输”始终活跃在原始运输、传统运输和现代运输的发展过程中,伴随着运输行业发展而发展、提高而提高。只是没有把“结点运输”单独作为一种运输组织方式来定义,没有单独总结归纳“结点运输”的功能特点,更没有把“结点运输”和节能减排联系在一起。

“结点运输”是运筹学研究的产物,用运筹学的理论来解析“结点运输”,可以从中得到许多教益。“结点运输”运用统筹学规划论、图论、对策论、排队论和存储论的原理,从系统的观点出发,以整体最优为目标,对道路运输系统进行统筹规划,寻求道路运输系统实现运行最优的运输组织方式。运筹学是一门现代科学,是管理系统的人为了获得关于系统运行最优解而必须使用的科学方法,“结点运输”就是运用这种科学方法,对交通运输系统进行创新性研究得到的最佳行动方案。

“结点运输”是运输的衍生物,它相对于“运输”是两个不尽相同的概念,它的外延并不大,从属于“运输”这个大范畴,但它的内涵却很丰富。它是在一个特定的既能吸引又能辐射的区域内,以提供能满足个性化需求的有效运输供给为目的,实现点到点运输,它可以表现为起点运输,也可以表现为讫点运输,更可以表现为中间点运输。把这些起点、讫点、中间点之间的运输组成为“结点运输”,这些起点、讫点、中间点为了确保“结点运输”的正常运行,提供了必要的集散、中转服务和辅助性的装卸作业,使“结点运输”成为可能,成为事实,成为承载物质脉络的载体。正是因为有星罗棋布“结点”的存在和功能的发挥,才得以使运输资源得到优化配置,运输效率得到充分发挥;才得以使运输效益得到提高,运输成本得到节约;才可能为道路运

输行业节能减排提供运输效率和运输效益实现双赢的可能。

如果要给“结点运输”一个解释的话，笔者认为“结点运输”是一种既古老又新颖的运输组织方式，是运输供给链中的一个个首尾相连接的区段。这些区段可以独立成为运输单元，为区内的运输对象提供起讫点运输服务；可以与上游和下游的“结点”衔接，成为运输供给链的中间环节，为流入的对象提供讫点运输服务，为流出的对象提供中转运输服务。所以说“结点运输”既有独立性又有关联性，它能实现集、装、运、卸、散、中转等多种功能，不仅可以节约能源的消耗、减少污染物的排放，而且可以减少无效运输增加有效供给，使运输供给链发挥最大的功能，使运输的使用价值创造出最大的价值。

如果用“网络”的概念去认识“结点运输”，可以把“结点运输”中的“结点”比喻是“网络”中的网点和网线，运输的活力在网络，网络的潜力在网点，网点的本能在集散。网点不仅是网线的初始，同时又是网线的归宿。运输必须依托网点，配置网线，编好网络，才能充分利用和发挥运输的效能，有了网络才能为道路运输节能减排提供实现的载体和空间。

二、“结点运输”是实现节能减排的有效途径

节能减排是道路运输行业全面、协调、可持续发展的头等大事，节能减排是道路运输行业转变发展方式，提升运输经济发展质量和效益的关键所在。道路运输行业必须采取技术上可行、经济上合理以及环境和社会可以承受的措施，降低能源的消耗、减少污染物的排放，制止浪费，确保有效合理地利用能源。面对节能减排的严峻形势，必须提高节能减排的责任感，增强忧患意识和危机意识，必须综合利用各种有效手段和配套措施，开拓发展道路运输和坚持节能减排双赢的新局面。

应用推广“结点运输”可以减少运输时间，缩短运输距离，合理布局城市之间的运输径路，合理调整区域之间的运输供给，可以带来巨大的经济效益和社会效益。但是在现实的道路运输中，没有注重采用“结点运输”这种科学合理的运输组织方式，没有注重发挥“结点运输”的效能，使得在公路上行驶的车辆，相同方向、相同讫点的高级车、大型车、专用车空载缺载，低级车、小型车、普通车超员超载，相向运输车辆实去空来或空去实来，超载运输车辆压垮车辆、压坏路面，发生了许多本不应该发生的交通安全事故……造成了高速公路不能高速，超车车道不能超车，浪费了有限的公路资源和大量的汽油柴油；造成了运输车辆盲目、重复、过多投入，引发了运输市场的无序竞争、恶性竞争。道路运输行业在高消耗、高污染、低效率、低效益的“怪圈”中承载着社会经济对道路运输的需求和供给，白白损失了许多经济效益，白白浪费了许多资源能源。在无情的事实面前，人们很少去想如何跳出这个“怪圈”，而是“心甘情愿”地继续在“怪圈”中周而复始地生活。特别是面对交通运输行业节能减排的目标和任务，表现得束手无策，非常无奈。节能减排把道路运输行业推向生死存亡的关口，节能减排关系到企业的核心竞争力和占领市场的份额。要增强核心竞争力，占领运输市场的平台，当务之急就是要综合应用各种手段，厉行节能减排，就是要应用推广“结点运输”，提高道路运输的效率和效益，提高道路运输节能减排的水平和效能。

应用“结点运输”的方法，可以促进合理运输，可以促进节能减排。在一定的时间内，把同方向、同讫点的运输对象从支线的各个“结点”，运送到干线的“结点”，集结成一定数量的客货流，换装(乘)高级的、大型的、专用的运输工具，通过高速公路、干线公路把运输对象送到目的

地，要比每条支线的每个“结点”分别用低级的、小型的、普通的运输工具从支线到干线再到高速公路，把运输对象送到目的地，成本低、效率高、质量好、效益大。要着力改变“条条大道通罗马”的混乱局面，要改变从乡镇和从县城直达中心城市和大都市的运输组织方式，不能等到干线公路成了支线公路，高速公路成了普通公路以后，再采取对策。要应用“结点运输”和物流技术编织运输网络，发挥“结点运输”的功能和比较优势，保持道路运输持续、快速、健康、有序的发展势头。“结点运输”优化了运输组织，优化了运输资源配置，应用推广“结点运输”的核心价值和关键所在是提高高速公路和干线公路的利用能力，提高高速公路和干线公路的使用价值；在同样的条件下，减少能源消耗和污染物排放，节约运输成本，提高有效运输供给，减少无效运输浪费。

三、“结点运输”是管理性节能的重要抓手

道路运输行业节能减排要在技术性节能、结构性节能和管理性节能方面取得显著效果，必须以科学发展观为指导，建立健全节能减排的体制和机制，必须制定相应的规章制度和考核办法，促进管理创新和技术创新。道路运输行业要实现到2010年单位运输能耗下降5%，到2020年单位运输能耗下降16%的节能减排目标，管理性节能是节能减排的重要手段。应用“结点运输”不仅是节能减排管理创新的亮点，而且是对稀缺资源实行有效分配和供给的技术创新。“结点运输”言简意赅，说起来好说，做起来很难。它不需要投入巨额的资金，不需要耗费大量的成本，关键要有相应的体制支撑和机制保障，它是管理领域内的一场技术革命。道路运输行业节能减排的难题主要是运力结构和布局不合理，运输生产组织化程度低，服务质量和服务水平不高，低水平的运输供给和高层次的运输需求比例失调。采用“结点运输”的方法，对运输供给链实行流程再造，对运输资源实行优化重组，可以促进节能减排难题的解决，可以收到事半功倍的效果。

“结点运输”是一个渐进的过程，要根据不同阶段的需求，不同时期的实际，重新调整“结点运输”的功能，重新构筑“结点运输”的网络，重新配置“结点运输”的运力，重新确定大、中、小型运输车辆在起点、讫点、中间点的配置比例，重新提升高、中、低级运输车辆在起点、讫点、中间点上结合的档次，重新评定道路运输企业的经营资质，重新划分企业的经营范围，重新制定“结点运输”的规章制度，重新规范“结点运输”的经营行为。借助“结点运输”对运营机制产生的作用力和反作用力，促进企业调整组织结构、调整运力结构、调整经营结构，挖掘和利用道路运输的潜在能力，形成效率效益和节能减排的互动机制，实现节能减排目标，完成节能减排任务。

（本文选自2008年第9期《中国道路运输》）

30 年 变 迁

——浅析道路运输改革开放的发展轨迹

道路运输是综合运输体系的物质基础,在社会经济发展中占有很重要的地位。道路运输是衔接铁路、水路和航空实现"门到门"运输不可替代的运输方式。改革开放 30 年来,我国的道路运输业快速发展,全国公路总里程达到 358.37 万公里,其中高速公路 5.39 万公里,国、省道 39.23 万公里;全国民用汽车保有量 5697 万辆,比 1978 年增长 41 倍;营业性客货运输车辆发展到 849.22 万辆,比 1978 年增长 46 倍;2007 年完成客运量 205.07 亿人,旅客周转量 11506.77 亿人公里;完成货运量 163.94 亿吨,货运周转量 11354.69 亿吨公里,在综合运输体系中所占比重分别为 92.0%、53.2% 和 72.3%、11.4%,为社会经济发展做出了重要贡献,为建设综合运输体系打下了坚实基础。回顾改革开放 30 年来的发展历程,我国道路运输业的发展大体可分为五个阶段,即放宽限制阶段,数量发展阶段,整顿治理阶段,质量提高阶段,全面改善阶段。

一、放宽限制阶段

党的十一届三中全会以后,运输生产力的发展步入了一个新时期,在南方和经济发达省份,个体运输业户率先兴起,随之在全国各地广泛发展,成为道路运输业中的一支新秀。为促进运输业的发展,保护各方面办运输的积极性和合法权益,国家提倡"有路大家走车,有河大家行船",实行"国家、集体、个体一起上"的方针政策,鼓励多家经营运输,积极发展运输业户之间的联营,引导个体运输业户组织协会或服务中心,在"自愿互利"的原则下实行联合经营。国家要求各级交通主管部门放宽对运输的限制,对各行各业和个体户办运输要热情支持,加强管理,搞好服务,要引导运输业户按国家经济建设发展的需要发展,做好各种运输方式的合理分工。

在"三个一起上"方针政策的感召下,各行各业办运输的热情高涨,个体运输户如雨后春笋势不可挡。道路运输市场出现了"农村包围城市"的态势,数以万计的个体运输户驾驶手扶拖拉机、简易机动车、农用车从农村走向城市,数以万计的社会车辆从工厂、矿山驶向港口、车站,缓解了"乘车难、运输难"的紧张局面。

二、数量发展阶段

经济要发展,运输要先行。为了解决运输市场的供求矛盾,原有的专业交通运输企业远远不能适应社会经济发展的需求,非交通运输企业和个体运输户汇合成一支庞大的社会运输力量,提供了大量的运输能力,承担了大量的客货运输,运输的经营结构发生了翻天覆地的变化。面对众多繁杂的道路运输经营业户,为了进一步改善和加强道路运输管理,保护合法经营,保障货主和旅客的正当权益,维护运输秩序,提高社会经济效益,交通部、国家经委联合发布《公路运输管理暂行条例》(交公路字〔1986〕1013 号),对从事道路客货运输、搬运装卸、汽车维修、运输服务的纳入道路运输行业管理范围;对为社会提供劳务,以各种方式结算费用的道路运输从开业、停业、运价、票证到规费征收、资料统计,实行营业性运输管理;对为本单位生产、生活服务不发生费用结算的实行非营业性运输管理。《公路运输管理暂行条例》就货物运输、旅客运输、省际运输、搬运装卸、运输服务、汽车维修等方面分别规定了专项管理要求。

为通过贯彻执行《公路运输管理暂行条例》,促进道路运输事业的发展,交通部决定在江苏省镇江市和湖北省襄樊市(现为襄阳市)进行试点,以期取得经验全国推广。为了贯彻实施国家有关道路运输的方针、政策及法规,交通主管部门原有的民间运输管理机构已不能适应运输市场管理的需要,交通部出台《公路运输管理部门工作条例》着手建立五级行业管理机构,在"没有个体运输户,哪来运输管理处"的呼声中,运输管理机构应运而生,接受交通主管部门委托,负责对道路运输业实行以经营资质、经营行为、价、票、证为主要内容的全行业管理。

在党的十一届三中全会改革开放方针政策指引下,开放的运输市场在贯彻实施《公路运输管理暂行条例》的过程中,一支支由各行各业和个体户组成的运输大军迅速崛起;一支支"政治坚定、业务精通、纪律严明、作风优良"的运输管理队伍茁壮成长;一批批不同型号的机动车辆驶向运输市场;一批批旅客和货物源源不断地运往目的地……运输市场的供求关系发生根本变化,道路运输市场机制初步建立,道路运输业进入了以"数量扩张"为特征的发展阶段,全国民用汽车保有量比1978年的135.84万辆翻了一番;营业性客货运输汽车比1978年的18.15万辆翻了两番;客货运输量大增长,汽车维修能力大提高,搬运装卸大改善,运输服务业务大拓展,道路运输生产力大发展,市场化程度大提高。

三、整顿治理阶段

改革开放以来,一个多层次、多形式、多家经营的运输格局已经形成,繁荣的运输市场有力地促进了社会经济的发展。但是,由于宏观调控不力,政出多门,管理多头,由于缺少国家权威的法规,缺乏统一有效的管理,指令性运输计划被遗弃了,原有的运输秩序被打乱了,开放的运输市场出现了"各自为政、各行其是、各霸一方、鱼龙混杂"的现象。这是对传统计划经济体制的挑战,是对运输资源分配和业务分工的冲击。面对道路运输畸形发展的势头,仅仅依靠交通部和国家经委发布的《公路运输管理暂行条例》对道路运输实行全行业管理就显得势单力薄,力不从心。根据党的十三届三中全会提出的治理经济环境,整顿经济秩序的要求,交通部发出《关于整顿治理道路、水路运输市场决定》的通知,颁布了加强运输行业管理的各项规定,全面开展对从事营业性运输单位和个人的清理整顿。通知要求加强对运输市场运力投放的宏观控制;加强旅客运输管理,合理调整线路、班次,实行计划审批、择优安排;加强货物运输管理,鼓励承托双方直接见面,推行合同运输,择优成交;加强运输服务业和搬运装卸业的整顿治理;加强汽车维修业的管理,着重解决越级维修,修理质量低劣,乱收费等突出问题;加强运输票证和运价管理;加强交通规费征收管理和强化对运输市场的监督检查。各省区人民政府和交通厅闻风而动,制发专门文件,组织专门班子,全面开展对运输市场的整顿治理。各地运输管理机构按照交通专业运输、非交通专业运输、城乡集体运输、个体运输四大块进行了分类整顿治理;按不同部门、不同行业、不同层次、不同性质分类统计社会各界参与运输的基本情况。并结合当地实际,对运输市场开放以来,出现的欺行霸市、强占货源、抢客争客、无证营运等不正当经营行为视情节轻重,分别按照有关规定进行教育、罚款、取消经营资格直至追究法律责任的处理。运用行政手段和经济手段相结合的办法,先把道路运输业户“请进笼子”,规定了各类运输业户的经营范围,再给道路运输业户“系上绳子”,规范了各类运输业户的经营行为;对重点物资、抢险救灾物资、涉及国计民生的物资运输,继续实行指令性运输计划管理;对省际旅客运输和超长途旅客运输等实行必要的限制……为巩固整顿治理的效果,在全国范围内又开展了以“整顿道路运输市场秩序,规范道路经营和管理行为,健全道路运输市场监督和运行机制,改善道路运输行业整体形象”为主要内容的道路运输市场管理年活动,大大改善了道路运输的经营环境,运输市场走上了“开放搞活、活而不乱、改革管理、管而不死”的新征程,开放的运输市场重新走上了健康有序的发展道路。

四、质量提高阶段

党的十四大确定了建立社会主义市场经济体制的战略目标,党的十四届三中全会通过了《中共中央关于建立社会主义市场经济体制若干问题的决定》,特别是邓小平同志南方谈话发表后,道路运输业又一次走上了持续发展的快车道。但这一次的发展较之整顿治理之前的发展不仅有量的扩张,而且有质的提高,减少了盲目性,避免了低水平的重复。特别是江苏省镇江市运管处提出的“放管结合”的建议被广泛采纳以后,各地都能做到正确处理开放搞活和宏观调控运输市场的关系,做到在开放中加强行业管理,在管理中扩大改革开放。既坚持开放搞活,又坚持规范管理,既充分调动了社会各界兴办道路运输业的积极性,又进一步解放和发展了运输生产力。打破了单一所有制和交通专业运输企业包办公用运输的格局,运输市场的供求关系从简单的数量需求进而发展到个性化的质量需求。

尽管道路运输业的发展取得了较大成绩,但在发展过程中也存在着不少结构性的矛盾和问题。为从根本上解决经营主体多、企业规模小、运输组织松散、竞争能力和抗风险能力弱、市场集中度低、经营行为不规范、运输市场秩序比较混乱,运输生产组织化程度低、运力结构和布局不合理、重客轻货、重干线轻支线的问题,交通部发出《关于道路运输业结构调整的若干意见》的通知,积极推进道路运输业结构调整。继续推进道路运输行业实现“两个根本性转变”(即经济体制从传统的计划经济体制向社会主义市场经济体制转变,经济增长方式从粗放型向集约型转变),以改革开放和科技进步为动力,提高全行业集约化、规模化经营水平和组织化程度,优化资源配置,发挥经营优势,提高竞争能力,实现结构调整。

道路运输业结构调整工作是一项长期的、艰巨的、繁重的战略任务,道路运输业结构调整的过程是走向和实现道路运输现代化的过程。在“立足发展、坚持创新,立足市场、坚持服务,立足科技、坚持优化,立足竞争、坚持合作,立足引导、坚持监管”五项原则的指导下,道路运输业的组织结构、运力结构、经营结构、运输组织结构等方面的调整进展顺利,成果显著。不仅推进了道路运输业“两个根本转变”的进程,而且提高了道路运输效率和运输质量。集装箱运输、快件和零担货运、现代物流、城际快速客运、城乡班车客运、旅游客运、汽车维修、运输服务、搬运装卸、客货运场站、运输信息网络都在结构调整中得到充实加强和快速发展。

随着公路里程的快速增长和技术标准的提高,道路运输的整体服务水平得到提高。45 个主枢纽基本建成,完成客运量、旅客周转量和货运量、货物周转量分别为 1978 年的 10 倍、14 倍和 13 倍、24.5 倍,在综合运输体系中所占比重分别为 91.6%、55% 和 75%、13%。高速客运和货运迅速崛起,1998 年以来,特别是进入 21 世纪以后,道路运输结构调整加快,营运车辆快速增长，道路运输站场、汽车维修、驾驶员培训等相关业务发展迅速。截至2002年，全国公路通车里程达到181万公里，其中高速公路近3万公里，是1978年的15倍；全国民用汽车保有量增加到2742万辆，是1978年的17倍。在推进“车进站、人归点”和“站运分离”的进程中，建设等级客运站超过7800个，一大批舒适性、安全可靠性的高中级营运客车投放市场，客车总量超过160万辆，其中高级客车已占10%，中级客车已占35%；一大批集装箱专用车、厢式货车、大吨位重型货车、多轴重载大型车辆以及轻型多功能货运车辆投放市场，营运货车总量超过480万辆，其中专用货车已占15%，厢式货车已占10%，重型车已占10%；“高、中、普”相结合，“大、中、小”相配套的“结点化、快速化、公交化”旅客运输协调发展；货物运输专业化、集约化、集装化程度大幅提高，货运企业向第三方物流企业转换开拓了新局面。

通过优化道路运输业结构，道路运输行业现代化管理水平不断提高，运输管理机构全面推行以“权力公开、执法公正、处理公平”为内容的行政执法公示制和“多媒体运政管理信息咨询服务系统”，运输管理监督检查人员做到“先敬礼、后讲理、再处理”，和谐了管理人员和运输业户的关系。在保持运力适量增长的前提下，发展重点从“量”的增长转向到“质”的提高，基本建立了公平竞争、规范有序的道路运输市场体系和安全、优质、高效的道路运输服务体系。

五、全面改善阶段

建设现代化的道路运输是进入新世纪的宏伟目标，未来的道路运输基础设施要实现网络化；未来的道路运输要构建城乡一体化的运输网络系统；未来的道路运输管理要实现智能化；未来的道路运输要适应人们舒适、便捷、经济、满意的出行和适应生产企业、流通企业物流管理与运作成本和效益的要求；未来的道路运输服务要做到最优化；未来的道路运输节能减排要实现清洁化。“十一五”期间道路运输对社会经济发展的适应状况要得到全面改善，2020年道路运输要基本适应社会经济的发展需要，到21世纪中叶，建国100周年之际，要基本实现道路运输现代化。

加快道路运输法制化建设进程是改革创新、又好又快发展道路运输的关键。在27个省、区、直辖市相继出台地方性道路运输法规的强势推动下，历经19年酝酿的《中华人民共和国道路运输条例》（以下简称《条例》）正式出台了。《条例》的颁布实施是国家高度重视道路运输发展的体现，是道路运输适应全面建设小康社会要求的客观需要，是道路运输实现“全面改善”目标的重要法律保障。《条例》体现了为维护道路运输市场秩序，保障道路运输安全，保护道路运输有关各方当事人合法权益，促进道路运输业健康发展的立法宗旨和精神实质。《条例》出台正值我国道路运输历史上最好的发展时期，道路运输是整个交通运输业中最具潜力，具有后发优势的领域，面临着前所未有的发展机遇。

在全国各地贯彻落实《条例》的热潮中，交通部相继出台十部管理规定和六个交通行业标准（《国际道路运输管理规定》、《道路货物运输及站场管理规定》、《机动车维修管理规定》、《道路危险货物运输管理规定》、《道路旅客运输及客运站管理规定》、《机动车驾驶员培训管理规定》、《道路运输企业质量信誉考核办法（试行）》、《道路运输从业人员管理规定》、《道路旅客运输班线经营权招标投标办法》和《道路旅客运输企业等级》、《道路货物运输企业等级》、《汽车运输、装卸危险货物作业规程》、《营运客车类型划分及等级评定》、《汽车运输危险货物规则》、《机动车驾驶培训机构资格条件》等），这些规定和标准是迄今为止最齐全、最配套的道路运输法规,正因为这套法规和标准得到有效贯彻实施,使道路运输走上结构创新、技术创新和管理创新的良性发展、持续发展、健康发展的道路。

在“以人为本”和“人与自然和谐”的理念和科学发展观的统领下,交通部为实现道路运输跨越式发展目标,继续在“适应型发展战略”和“质量效益型发展战略”的结合上推进“中国道路运输现代化发展战略”。道路运输业在“十一五”期间,按照全面建设小康社会的要求,坚持发展为主题,以结构调整为主线,做到了“三个服务”(服务国民经济和社会发展,服务社会主义新农村建设,服务人民群众安全便捷出行),特别是农村公路的建设和农村客运的发展成为时代的特征和建设和谐社会的亮点,农村客运班车实现了“村村通、站站停、开得好、留得住”,为广大农村出行提供了良好服务。以建立能力充分、组织协调、运行高效、服务优质、安全环保的道路运输系统为宗旨,以基础设施网络化、客运便捷化、货运物流化、运营与管理智能化、安全与服务最优化为要求,交通部于2007年制发《关于促进道路运输业又好又快发展的若干意见》,继续推进结构调整,转变增长方式,建设资源节约、环境友好型行业;继续完善市场机制,加强市场监管;继续贯彻安全发展方针,强化安全监督;继续加快信息化建设,着力提高运输管理和服务水平。道路运输按照“公路建设是基础、发展运输是目的”和“为国民经济和社会发展服务,为建设社会主义新农村服务、为人民群众安全便捷出行服务”的既定方针,在建设统一开放、公平竞争、规范有序的运输市场中,密切联系国际道路运输市场;在推进道路运输“全面改善”的实践中,加快了道路运输业的市场化进程,提高了服务水平和运输质量。道路运输市场要素得到全面改善,高级客车比重达到25%,中级客车比重达到50%,各类特种车辆的比重达到5%,重型货车比重达到10%,厢式货车比重接近5%。道路运输的服务水平全面改善,“安全、便捷、通畅、高效”的客货运输网络基本建成,节能减排清洁运输快速推进,车辆新度系数明显提高,车辆结构档次优化出新,道路运输紧张状况基本消除。截至2007年,全国有二级以上客货运企业730户,其中一级客运企业83户,二级客运企业458户,一级货运企业37户,二级货运企业157户,形成了一批以一、二级企业为龙头,三、四级企业为辅助的全国性和区域性的道路运输企业集团。

忆往昔白手起家,呕心沥血,克难攻坚;看今朝天翻地覆,苦尽甘来,硕果累累。30年来,道路运输走过了一条不平凡的发展之路,这是一条从计划经济体制走向社会主义市场经济体制的路,是一条各种所有制结构并存发展的路,是一条运输产业升级换代、结构调整的路,是一条不断提高市场开放层次和水平的路,是一条以“安全、质量、效益”为特征的发展集约化经营的路,是一条持续、健康、又好又快发展的路。

在纪念改革开放30年之际,应当认真总结经验,以利再战。为21世纪中叶实现我国道路运输跨越式发展战略目标打下坚实的基础,为基本适应经济增长、社会进步、国家安全的需要和实现道路运输现代化,全面建设小康社会作出重要贡献。

(本文选自2008年第10期《中国道路运输》)

运输行业协会是承接管理职能转变的重要载体

行业协会是市场经济的重要组成部分。行业协会作为政府和企业并列的第三部门，是基本社会组织的重要形式，它具有人才、技术、信息和体制等方面的优势。在维护企业合法权益、协调市场主体利益、促进行业公平竞争、规范市场经济秩序、提高市场配置效率、协助政府实施市场调节功能等领域有较强的潜能。

随着行政管理体制改革的深入，“小政府、大社会”的格局已经形成，政府已经向“有限政府”、“责任政府”、“法制政府”转变。党的十六届三中全会对行业协会建设提出“按照市场化原则，规范和发展行业协会、商会等自律组织”和党的十六届四中全会提出“发挥社团、行业组织和社会中介组织提供服务、反映诉求、规范行为的作用，形成社会管理和社会服务的合力”、“加强和改进对各类社会组织的管理和监督”等坚持培育发展和管理监督并重的方针后，行业协会在邓小平理论、“三个代表”重要思想和科学发展观的指导下，迈上了以服务政府、服务社会、服务企业为己任的新征程。

培育发展和规范管理是行业协会健康发展所面临的长期而又艰难的任务。“十一五”以来，行业协会的建设取得了长足的进步。实践证明，行业协会已经成为政府联系企业的桥梁和纽带，已经成为推动经济发展不可或缺的重要力量。对建设全面小康社会，构建和谐社会，推动物质文明、政治文明、精神文明协调发展发挥了积极作用。但是行业协会的建设仍处于初级阶段，是初级阶段的初级产物，其生存和发展的环境亟待改善，困难很大，问题不少，特别是在行业协会的理论探讨、政策研究等方面相对滞后，真正意义上的行业协会为数很少。为使运输行业协会的培育和发展跟上新时期道路运输业发展的步伐，为使运输行业协会真正成为燃油税费改革后承接运输管理职能转变的重要载体，本文就运输行业协会的培育和发展发表几点粗浅的看法：

一、改革和创新运输管理体制，运输行业协会要争取“独立自主”

公共行政职能理论表明，在任何实行市场经济的国家，市场机制和政府管理是影响经济发展的两个基本要素。政府的职能设置科学与否，直接关系到市场对经济资源配置的基础性作用，要加快市场经济的发展，必须加快政府职能的转变。只有以全新的政府管理理念，构造政府职能和市场机制、政府管理与企业自主经营、政府管理与社会自主管理之间的关系，才能改进管理方式，推进电子政务，提高行政效率，降低行政成本。在市场经济的召唤下，脱颖而出的行业协会代表市场经济主体，表达市场经济主体的愿望和要求，维护共同经济利益和社会利益，不仅能协调市场经济主体之间的利益关系，而且能沟通和政府管理部门之间的联系，特别能作为政府、企业和社会的桥梁纽带，发挥政府管理部门不可替代的和独特的作用。在市场经济体系中，行业协会必须坚持“独立自主”的方针，坚持“双向服务”的宗旨，既充当市场经济发展的“润滑剂”，又充当市场经济发展的“催化剂”，更应该成为关系整个社会有序管理的重要组织形式。

运输行业协会应运输管理体制改革而存在,随运输管理体制创新而发展。运输行业协会应当参与运输行业发展战略的研究,应该对运输行业的发展进行深入的经济调查和运行分析,对发展中存在的问题进行专题研究和可行性论证,并提出有前瞻性和可操作性的建议。运输行业协会要摒弃消极观念,克服“等、靠、要”的依赖思想,发挥主观能动性,树立“独立自主、积极进取”的理念,立足为运输管理机构服务,协助运输管理机构制定产业政策、行业规划,拟定政策法规,组织各类业务培训和从业人员再教育,真正成为运输管理机构发展运输经济,建设现代化运输业的好抓手,加强运输市场监管的好帮手,引导运输行业又好又快发展的好旗手。

二、健全和完善市场经济体制,运输行业协会要力排“长官意志”

在建立和完善社会主义市场经济体制中,政府所扮演的角色和所发挥的作用应当切实转变到加强和完善经济调节、市场监管、社会管理和公共服务四个方面去。这个定位涉及到政府管理体制创新、制度创新和管理运行机制创新,其最核心的内容是政府职能转变。要通过政府职能的转变构建一个有活力的、有效率的,能够汇集社会各方面积极性的管理运行机制。要通过加快政府职能转变,在政府宏观管理和企业微观经济活动之中,建立能沟通上下、联络左右、服务市场的行业协会,解决政府不该管、管不了和管不好的相关事务。健全和完善市场机制,实行凡是市场机制能做到的,就要充分发挥市场机制的作用;凡是行业协会能做到的,就要充分发挥行业自主治理的作用;改变以行政审批为主要手段的管理模式,充分发挥行业协会的调节功能,力排“长官意志”,减少管理部门对市场主体行为不必要的干预。

运输行业随着市场经济体制的逐步完善,原来由企业自行管理的社会公共事务被逐步剥离出来,“单位人”变成了“社会人”。运输行业协会要找准位置明晰定位,发挥调节器和稳定器的作用,正确处理和兼顾各方的利益。运输管理机构转变职能后,不可能也没有必要对社会事务进行全方位的直接管理,有关运输质量规范、服务标准的制定、技能资质的考核、市场信息的发布、行业行为的自律等社会公共管理职能应当交由运输行业协会行使。运输管理机构要吸收运输行业协会参与市场准入、技术标准和从业资格等行业政策、法规的制定,听取运输行业协会的意见和建议。运输管理机构应当支持运输行业协会开展行业统计、行业调查、人员培训、市场准入、企业资格资质审验和价格协调等项服务工作;支持运输行业协会参与市场竞争的调查和应诉工作。运输行业协会反映企业的诉求,维护企业的合法权益,要通过制定行规或公约,强化行业自律,净化行业市场,维护统一、规范、公平竞争的市场秩序;要实行同行业集体的自我约束,减少和制止行业内的不平等竞争和恶性竞争,保障正常的经济运行秩序。运输行业协会进入市场经济体系的架构后,要担负“双向服务”的重任,要在服务政府、服务社会、服务企业的过程中,为运输管理机构提供咨询服务,反映行业发展的要求,帮助企业引进先进管理和先进技术,推广节能减排新设备、新工艺。为行业的发展提供“三个服务”(提供政策法规服务、提供业务技术服务、提供信息咨询服务),实行“四个引导”(引导市场经济主体合理投资、引导守法经营、引导正当竞争、引导提高质量)。要通过切实履行服务、自律、代表、协调等职能,成为运输管理职能转变的可靠基点,成为承接运输管理职能转变的重要载体。

三、充实和提高创新和服务能力,运输行业协会要敢于“挑战自我”

国民经济的可持续发展给行业协会工作提供了大有作为的舞台,市场经济体系的完善给行业协会工作提出了更高的要求。要真正把运输行业协会建成市场体系中的社会自主管理组织，不仅要结合实际研究探索行业协会的发展思路，科学制定行业协会的发展规划，而且要在自身建设中加强班子和队伍建设，建立吸引人才、培养人才、留住人才的用人机制和激励机制。不仅要加强制度保障、依法办会，形成决策和执行相对分离，内部组织机构相对完整，工作责任相对明确的行业协会制度体系和运行机制，而且要加强行业协会的能力建设，着重提高行业协会的服务能力、协调能力、创新能力、自律能力和积累能力。要充分发挥理事会的核心领导作用，提高行业协会的服务水平，加强行业协会与政府管理部门、与会员企业和其他社会组织的相互信赖和合作，建立具有特色的信息披露制度，切实履行服务、自律、代表、协调等职能，面向全社会同行业，不受所有制限制吸收会员，扩大会员覆盖面，不断提高行业协会的社会公信力。运输管理机构委托运输行业协会承担有关行业管理职责，要通过“购买”服务的方式来实现，应当给予相应的经费支持。

要坚持依法民主办会的方向，依照章程开展工作，以协商、公平、公正原则处理协会的内部事项。要加大对企业的协调、指导和服务力度，规范行业的企业行为，加强企业诚信建设，引导运输市场有序发展，要拓展服务功能，提高服务质量，帮助企业提高技术和管理水平。要强化自身行为规范，在激励和监管中建立绩效评估，激发行业协会的活力和潜力，使运输行业协会真正成为会员单位“信得过、靠得住、离不开”的家园。

行业协会要真正成为同行业企业及其他经济组织自愿组成，向会员单位提供服务和自律管理的社会团体，任重而道远。国务院国办发〔2007〕36 号发布的《关于加快推进行业协会商会改革和发展的若干意见》文件，为行业协会的健康发展指明了道路。“行百里者半九十”，只要坚持不懈、代代相传，行业协会一定会绽放出耀眼的光辉。运输行业协会的工作要贴近运输管理机构、贴近运输行业、贴近会员单位、贴近运输市场、贴近旅客货主。运输行业协会的工作不仅要运输管理机构的支持，还要企业的帮助和全行业的努力。要建立一个布局合理、功能健全，按市场经济规则和国际惯例运作的行业协会体系，关键在统一思想，提高认识；关键在转变政府职能，发挥行业协会作用；关键在增强行业协会实力，提高服务水平。只有这样，才能使行业协会真正成为承接政府管理职能转变的重要载体。

（本文选自 2009 年《中国公路学会道路运输论文集》）

认真贯彻《道路运输条例》促进道路运输业健康发展

20世纪以来，经过全社会的共同努力，道路运输进入了历史上最好的发展时期，道路运输业得到了较快的发展，取得了显著的成绩，为国民经济和社会发展作出了重要贡献。

进入新世纪后，道路运输业的发展面临着全新的经济和社会环境，经济社会的发展对道路运输业提出了更高要求。而现实中的道路运输业还存在着“道路运输市场既开放又封闭，道路运输市场秩序既有序又混乱，道路运输业的结构调整步伐既快又慢，道路运输安全生产既有喜又有忧，道路运输行业的竞争力既强又弱，道路运输业发展既面临机遇又面对挑战”的六对矛盾，从道路运输业整体发展上看，还远远不能适应快速发展的国民经济和社会对道路运输的要求。

为了规范道路运输活动，维护道路运输市场秩序，保障道路运输安全，保护道路运输各方当事人的合法权益，促进道路运输业健康发展，国务院颁布了《中华人民共和国道路运输条例》。《道路运输条例》的出台，无疑为解决道路运输业结构性的矛盾和问题提供了契机，为规范道路运输市场行为提供了法律保障，为道路运输业的发展提供了强大动力。

按照全面建设小康社会，以“以人为本”和“人与自然和谐”为理念，树立“全面、协调、可持续”的科学发展观，建立能力充分、组织协调、运行高效、服务优质、安全环保的道路运输系统的目标思路，笔者认为贯彻《道路运输条例》，要正确领会《道路运输条例》的精神实质，正确把握《道路运输条例》的主要原则、基本法律制度和各项规定，坚持以发展为主题，以结构调整为主线，以“五个统筹”为要求，以培育市场和规范秩序为主要突破口，以科技进步为主动力，以“人便于行，货畅其流”为最终落脚点，从引导改组、提供服务、构建网络、加强管理四个方面入手，综合运用行政手段、法律手段、经济手段和市场机制，促进道路运输业健康发展，不断提高服务质量和管理水平，为国民经济发展提供安全、优质、高效的运输服务。

一、以市场经济为导向，以调整道路运输结构为主线，以完善道路运输市场机制为重点，以增强道路运输企业竞争力为核心，引导道路运输业实行战略性改组

积极推进国有道路运输企业实行股份制改造，完善国有资本有退有进，以退为主和合理流动的机制。进一步提高公有制经济在道路旅客运输、危险货物运输中的集约化经营水平，进一步增强公有制经济在道路集装箱运输、特种货物运输和突发事件应急运输中的规模化经营能力。

引导道路运输企业实行资产重组和结构调整，建立现代产权制度。积极引导道路运输业发展国有资本、集体资本和非公有制资本参股的混合所有制经济，实现道路运输业投资主体多元化。道路运输业实行股份制改造和建立混合所有制经济，要有利于增强企业的竞争力；有利于依法保护各类产权，防止国有资产流失；有利于保障职工的合法权益；有利于实行公司化经营，建立现代企业管理制度，提高道路运输市场集中度。

继续推行并完善运输企业经营资质管理制度，加快道路运输企业结构调整，鼓励道路运输业集约化、规模化经营。以资本为纽带，组建一批以干线公路、高速公路为依托，跨区域、跨行业，具有较强竞争力的道路运输企业集团。

统一企业经营资质评定标准，将交通部颁布的《道路旅客运输企业经营资质管理规定》和《道路货物运输企业经营资质管理办法》修订为《道路运输企业经营资质行业标准》，由行业协会负责道路运输企业经营资质的评定工作，评定结果在媒体上公告，并发给经营资质证书。道路运输管理机构可以按照经营资质等级核定或调整经营范围，可以作为招投标运输的基本条件。要严格执行后续监管措施，加大事中检查、事后稽查力度，确保管理措施落实到位。

建立和健全道路运输企业诚实信用管理办法，制定道路运输企业诚实信用考核实施意见。对道路运输企业实行诚信考核，信用监督和失信惩戒制度，定期发布道路运输企业诚实信用的有关信息。

引导道路运输企业以"服务人民、奉献社会"为宗旨，开展文明行业创建活动。建立和健全道路运输"诚实信用、普遍公正"的服务体系，倡导道路运输企业制定以"对待旅客、货主保持善意、诚实，恪守信用，反对欺诈行为"为内容的行规行约，鼓励道路运输企业自我管理，自我约束，实行行业自律的机制。

道路运输管理机构要加强信用监督，根据企业的诚实信用情况进行奖励和惩戒。对连续多年诚实信用度好的企业可授予"诚实信用示范企业"品牌称号，获得优先发展新的运输项目和客运班线的经营权；对诚实信用度低的企业应抄告整改建议书，限期整改；失信严重的企业应当严厉惩戒。

改革道路客运班线行政许可方式，充分发挥市场机制在客运班线资源配置中的作用，变完全的行政手段为公开的市场行为。逐步建立客运班线和客运运力投放评价制度。对拟向社会招投标的客运班线和在营客运班线新增运力，由行业协会进行事前评价、科学论证，并将论证结果向社会公布。

建立和健全客运班线招投标制度，制定客运班线招投标管理办法，规范招投标工作。取消客运班线招投标的地域限制，鼓励具有经营资质的客运企业异地参加客运班线招投标。可以采用评标形式作出行政许可；可以采用招投标的形式作出行政许可；可以按照"普遍服务、方便群众、平等对待旅客"的原则，综合平衡合理分配客运资源，实行"冷"、"热"线捆绑式招投标；对于不采用招投标形式作出行政许可的，应建立许可前听证和公示制度，确保行政许可的公正、透明。从《道路运输条例》实施之日起，所有客运班线经都应当实行客运班线经营期限制。经营期限届满后，应当重新确定经营期限。道路运输管理机构应根据客运市场需求状况，区别不同客运班线确定经营期限。

客运班线的招投标要坚持"公平、公正、公开、便民"的原则，并将资质等级、车辆档次、服务质量、安全管理等条件作为评标议标的重要内容，促进道路运输业结构调整，优化客运班线资源配置，提升道路客运服务水平，提高客运班线的满意程度和社会经济效益。

发挥经济杠杆作用，完善道路运输市场调节手段，调节道路运输经济利益，降低道路运输成本，促进运力结构调整。改革现行通行费和公路养路费的征管体制，调整营运车辆通行费和公路养路费的征收标准和征收方式，适当降低营运车辆通行费的征收标准。对多轴大型车辆和大型高级客车给予收费优惠。

鼓励发展大型高级客车、大型货车、拖挂车、特种货物专用车等技术先进、性能良好、高效低耗的车型。加大道路运输企业淘汰能耗高、性能差老旧车的力度,加快发展公用型运输车辆,增强道路运输企业经济实力和发展后劲。

进一步清理整顿道路运输收费,取消不符合规定的收费项目,适当降低偏高的收费标准;对适合农村客运市场需求的兼具适用性和安全性的客车且专门从事乡村客运的农村公交班车,适当减免交通运输规(税)费;对专门接送小学生上下学的农村客运班车免征交通运输规(税)费。

二、以安全节能为核心,以“安全第一,预防为主”为方针,以强化道路运输安全管理为重点,以增强科技创新能力为动力,提供“更安全、更便捷、更经济、更可靠”的运输服务

道路运输安全直接关系到人民群众的人身安全和财产安全,要按照道路运输企业承担安全的责任能力,划定企业的经营范围和经营规模,严禁没有安全保障和达不到安全条件的道路运输企业,进入道路运输市场经营道路运输。

建立和健全道路运输安全生产管理制度,制订和完善道路运输安全生产操作规程,严格实行道路运输安全生产责任制、安全生产预警制和重大安全责任追究制度,实行道路运输安全质量和企业的利益挂钩,发挥道路运输企业在安全管理中的第一责任人的作用。

道路旅客运输企业和客运站要加强对运输安全工作的领导,要以确保旅客安全为重点,健全运输安全管理机构,充实运输安全管理人员,明确运输安全管理责任,严格实行车辆进出站的检查制度,认真落实消防安全管理制度和治安保卫工作制度,切实做好危险品查堵工作,消除运输安全事故隐患。

道路危险货物运输企业必须持有道路运输管理机构核发的注明从事“道路危险货物运输”经营项目的《道路运输经营许可证》。要以易燃、易爆、剧毒化学危险品运输为重点,加强安全组织建设,加强安全制度建设,严格执行危险货物运输装卸安全操作规程,严格实行道路危险货物运输岗位责任制,实现道路危险货物运输规范化、制度化。鼓励具有道路危险货物运输资质的企业拓展业务,用小型(核准载质量 2 吨以下)、微型(核准载质量 0.5 吨以下)货车(危险品专用),从事小批量危险货物运输或城市危险货物配送。

落实“三关一监督”的管理责任。对道路运输企业实行经营资质管理,严把道路运输企业市场准入关;对营运车辆实行综合性能技术等级评定,严把车辆技术状况关;对道路运输从业人员实行考试考核,持证上岗制度,严把道路运输从业人员,特别是驾驶员、押运员、装卸及管理人员资格管理关。强化道路运输市场的监督检查,对达不到安全生产管理要求的道路运输企业、营运车辆和从业人员,实行一票否决制。

建立和健全以安全为核心的机动车维修质量保障体系,营运车辆维修后经综合性能检测合格,发给竣工出厂合格证,实行机动车维修质量保证期制度。严禁使用假冒伪劣配件维修机动车辆,严禁维修报废的机动车,严禁擅自改装机动车。

机动车驾驶员是提供公共服务并且直接关系到公共安全、人身健康、生命财产安全的特定行业。要加强对驾驶员培训的资质管理,保证教学质量,严格培训和考试制度,所有参训人员必须凭培训合格证申请驾驶证考试。

加强对营业性驾驶人员的运输法律法规、运输业务知识、机动车维修、职业道德和应急基本知识的培训教育，定期组织理论考试和技能考核，严格机动车驾驶员从业资格管理，实行持证上岗制度。

积极推进道路运输科技进步和技术创新，进一步提高能源利用水平，减轻对环境的污染，增强道路运输业可持续发展能力。开发适合现代汽车维修发展使用的汽车保修、检测设备，推广汽车排放治理的维护检查技术和清洁燃料车改装维修技术。积极推广使用环保节能的运输车辆，鼓励发展以天然气、液化气为燃料的环保型车辆，逐步使用无铅汽油为主要燃料，倡导利用雨水和循环水清洁车辆。

积极推广新技术、新工艺，大力推广标准化运输、机械化装卸，重点引进开发高档客车和大型专用货车的成套技术，促进道路运输设备，搬运装卸设备及其与生产企业、销售企业和其他运输方式的配套衔接，积极引进国外先进的物流技术和装备条件，推动现代物流的发展。运用甩挂运输工艺，采用移动式活动箱体等运输组织方式，提高集装化、标准化运输水平，推动封闭式厢式货运和集装箱运输的发展。

研究开发道路运输智能交通系统、全球定位系统、地理信息系统、电子数据交换系统、道路运输应急系统、出行信息服务系统、车辆调度和行车线路信息系统，构建全国性和区域性的道路运输信息网络，实现道路运输智能化、信息化。要加大科技投入和人才培养力度，建立以先进技术研发推广为重点，以企业科技进步为目标的科研运行新机制，推动道路运输产业升级。

三、以快速高效为龙头，以推广道路节点运输为基础，以提高道路运输市场组织化程度为重点，以实现城乡道路运输一体化为目标，构建全国性的道路客货运输网络

建设以道路运输客运站为节点，高中普车型配套，城市公交与农村公交相互衔接的多层次的旅客运输网络。依托高速公路，在中心城市和中等城市之间建立以高档客车为主体的快速客运网络；依托干线公路，在中小城市之间建立以中档以上客车为主体的干线客运网络；依托县乡公路，建立以普通客车为主体的农村客运网络；依托风景名胜区和旅游景点，建立以中高档客车为主体的旅游客运网络。

进一步发挥道路客运的方便、快捷、机动灵活和“门到门”等优势，推广节点运输，加强道路客运与其他客运方式的紧密衔接与配合，减少中间换乘距离和次数，拓展服务功能，进一步提高道路客运业在综合运输体系中的地位和作用。

按照“统筹城乡发展，统筹区域发展”的要求，统筹规划公路建设与道路运输、干线运输与农村运输的协调发展，从偏重基础设施建设转向注重基础设施建设，运输服务和运输管理的全面发展，强调运输系统的整体性、功能性、协调性，从注重道路运输资源的配置效率转向效率与公平并重，增强道路运输有效资源的开发和利用功能。抓紧组织制订地区性、区域性的和长三角、珠三角和环渤海等经济区的客运网络规划。道路客运发展规划力求与公路建设同步规划、同步建设。

坚决打破任何形式的地区封锁和部门保护，废止妨碍公平竞争，设置行政壁垒的各种规定，任何单位和个人不得封锁或者垄断道路运输市场。不论企业的所有制性质和隶属关系，不论地域，都允许进入道路运输市场从事与其经营资质等级相适应的运输经营活动。取消客运班线的“对等对开”规定，鼓励有条件的道路客运企业先行开通客运班车或新增运力。

发挥高速公路和干线公路主通道的作用，以信息网络为纽带，发展快速货物运输。以中心

城市和运输主枢纽为龙头，重点港站、商品集散地和大型厂矿为依托，以城乡货运站场，信息网点为载体，组建衔接铁路、水路、航空运输方式的快速货运网络，推行“产供运销一条龙”运输。加强货运场站规划和建设，货运场站规划布局和功能配套要充分考虑社会对道路货物运输批次多、批量小、价值高、随机性强、分散度高的需求。

加强对道路货运企业发展现代物流的政策引导，鼓励道路货运企业向第三方物流转化。要以“流程再造”为理念，以运输前加工和运输后服务，提供全过程服务为宗旨，拓展仓储、包装、装卸、搬运、流通加工、配送、信息处理等多种功能和经营范围，由单一的道路运输承运人向现代物流经营人转换，发展现代物流企业。

引入信息技术改造传统的道路运输业，通过对信息的实时把握，构建道路货运信息网络，提高道路货运信息化程度。要从提高运输效率，方便货主需要出发，发展货运代理，推广结点运输、甩挂运输，发展多式联运，提高道路货运市场的组织化程度，促进道路货运的社会化、专业化、标准化和网络化。

认真贯彻党中央、国务院对“三农”问题要“多予、少取、放活”的要求，积极做好发展农村客运的规划，力求与农村公路同步规划、同步建设、同步投入使用。要以代表广大农民群众根本利益为出发点，赋予优惠政策，以政府投入和公路建设资金投入为主，重点向西部和“老、少、边、穷”地区倾斜，加大对农村客运基础设施的投资力度。西部地区和贫困地区应以政府资金投入为主，提高政府资金和公路建设资金投入的比例。

要加快乡村客运基础设施的建设。建设规模适中、经济适用、一站多用的乡村客运站。要选择适合乡村客运市场需求的适用性和安全性较好的车型投放乡村客运市场，农村公路通达三个月内开通乡村客运定点或定线班车，提高乡村客运班车的通达率和覆盖率，解决农民群众出行难的问题。要整顿农村客运市场，杜绝拖拉机、农用车、货车从事客运。鼓励三、四级客运企业“车头向下”，开拓乡村客运市场。鼓励个体户联合联营，实行自律性的公司化经营，强化运输安全监督，适当减免交通运输规费。

对社会开放的客运站是为社会公众出行提供服务的，具有公益性和基础性特点的有限公共资源。要编制与城市总体规划相匹配的道路运输客运站发展规划，要本着满足需要、方便旅客、减少换乘距离规划客运站点，原有的客运站点要根据旅客的需求进行调整，不宜都迁出市区。

道路运输客运站建设应遵循“统筹规划、分级负责”的原则，在加大政府财政性资金和交通部门专项资金投入的同时，建立客运站建设资本金，实行滚动发展，尽快扭转客运站数量较少，设施陈旧，管理落后的局面。新建客运站，鼓励市场化运作，吸纳社会民间资金，实行投资主体多元化，推行经营股份化。政府资金投入应体现“国民待遇”原则，补贴对象不分所有制性质和经济成分。

中心城市的公用型道路客货运站场设施建设，可以采用特许经营的方式，通过招投标确定项目业主，利用社会民间资金进行建设。按照所有权和经营权分离的要求，明确项目业主的经营期限，经营期限届满后，继续运用招投标方式转让客货运站场经营权。

客运企业对社会开放的客运站(含公用型客运站)应当实行“站运分离”。为了提供“放心、省心、舒心”的客运服务，创造公平、公正的竞争环境，可以将客运站经营权和旅客运输经营权分离，客运站作为独立法人经营。可以实行客运站产权所有者，客运站经营者和旅客运输经营者“三分离”。客运站经营者向客运站产权所有者租赁客运站，缴纳租赁费，独立经营，自负盈亏，但不得同时经营旅客运输。

四、以法规授权为契机，以转变道路运输管理职能为根本，以创新运输管理机制为重点，以推动道路运输行业自律为己任，改善和加强道路运输行业管理

以道路运输管理机构体制改革和机制创新为重点，加快转变职能的步伐。按国家的有关规定和要求，实行政企分开，与所属的企业彻底脱钩，加强经费开支预控，严格“收支两条线”管理制度，加强财务管理；按“精干效能”的原则，紧缩道路运输管理人员的编制；按“最少执法原则”，紧缩道路运输管理的行政职能。加强道路运输机构的编制管理，统一道路运输管理机构的名称和设置，明确道路运输管理机构的事权分工。

在明确定岗定编的基础上，制订道路运输管理人员的基本条件和标准，参照公务员管理的规定，实行公开招聘、择优录用。加强对道路运输管理人员的法制和业务技术培训考核，实行道路运输管理人员执法资格管理和持证上岗制度。提高道路运输管理队伍的政治和业务技术素质，创建“政治坚定、业务精通、纪律严明、作风优良”的道路运输管理队伍。

加强执法监督，推行政务公开，规范执法行为，严格执法程序，严格执法管理，构建电子政务系统，自觉接受社会和人民的监督。严肃查处道路运输管理人员滥用职权、徇私舞弊和经商办企业的行为。

推行文明服务，倡导诚实信用，增强“以人为本、奉献社会”的意识，做到法为民所用，情为民所系，利为民所谋。要实行“教育与处罚相结合，以教育为主”的原则，对能主动纠正违章和及时消除后果的违章行为，可以免于和减轻行政处罚。保证监督检查的真实性，保证监督检查的规范性，保证监督检查的公开性。

加强道路运输法制建设，建立和健全道路运输法规体系。要加大道路运输立法的力度，提高道路运输立法质量，制定和完善道路运输市场各项规章制度，为道路运输行业发展提供法律保障。

道路运输行业协会是道路运输市场体系的重要组成部分，加强行业协会建设，是社会主义市场经济的总体要求，是政府职能转变，实现政府管理创新的根本要求。

作为政府职能转变的基点，行业协会要坚持以“三个代表”的重要思想为指导，发挥“双向服务”的功能，拓展服务领域，提高服务水平，充分发挥行业协会在道路运输市场建设中的自主管理职能。要充分发挥行业协会沟通、协调和服务功能，当好参谋助手。负责沟通与政府主管部门的联系；协调会员与社会的经济利益；反映会员的自身愿望需要，为大多数会员服务；接受政府委托，为政府主管部门提供咨询服务；代表会员的要求，制定行规行约，发挥行业自律职能。

要加大行业协会改革的力度，加快行业协会的发展步伐，实现彻底的政企分开、政事分开、政会分开，培育和发展按市场化运作、功能齐全、行为规范、服务有效的行业协会。要以行业协会为载体，为会员单位提供政策法规、业务技术、信息咨询服务。引导道路运输经营者守法经营、合理投资、正当竞争、提高服务质量。承办政府委托的业务技术咨询、信息服务、可行性研究、经营资质评定，客运班线招投标、从业人员岗前培训、服务质量信誉考核等经济性、业务性、技术性、事务性、服务性的管理工作，充分发挥行业协会的桥梁和纽带作用。

（本文选自2009年第12期《中国道路运输》）

以道路运输节能减排为抓手 开展科学发展观实践活动

改革开放30年来实践证明,道路运输坚持开展科学发展观实践活动对实现全面改善道路运输的目标具有十分重要的意义,科学发展观是推进道路运输又好又快发展的指导思想,是道路运输业跨越式发展的强大动力。只有坚持科学发展观,道路运输才能又好又快发展,只有坚持开展科学发展观实践活动,才能实现道路运输现代化。道路运输行业在科学发展观的指导下,坚持道路运输走率先发展和科学发展之路,不仅增强安全运输能力,而且改善运输服务质量,能实现道路运输的持续快速发展,对推动地区经济发展能发挥重要作用。

行业协会作为交通主管部门与运输经营者之间的桥梁和纽带,应当成为引导道路运输行业科学发展的旗手,开展科学发展观实践活动是道路运输行业贯彻落实科学发展观的必由之路。要根据"深入开展科学发展观实践活动"的精神和要求,结合道路运输市场实际,以道路运输节能减排为抓手,以道路运输企业为载体,以国务院《关于加强节能工作的决定》和交通部《关于进一步加强交通行业节能减排工作意见》为方针,以"四个引导、三项服务"为内容,在全行业开展科学发展观实践活动,全面启动汽车节油、净化和清洁运输技术应用推广的示范项目。为使节能减排工作取得突破,要做好以下几项工作:

一、以贯彻科学发展观为先导,开展解放思想更新观念实践活动

节能减排是深入贯彻落实科学发展观,构建社会主义和谐社会的重大举措。为提高节能减排的使命感和责任感,要召开"道路运输行业节能减排研讨会"、"节能减排推进会",增强会员单位的节能减排忧患意识,把思想和行动统一到科学发展观上来,统一到又好又快发展运输生产力上来。为提高节能减排的主动性和自觉性,要组织道路运输企业学习国务院《关于加强节能工作的决定》、交通部《关于进一步加强交通行业节能减排工作的意见》、《2007年全国交通行业节能工作要点》和《建设节约型交通指导意见》等节能减排的方针、政策、法律、法规,宣传我国的能源和环境形势,把"推进节能减排、发展清洁运输"作为道路运输业贯彻落实科学发展观的出发点和落脚点,把贯彻落实节能减排方针政策作为道路运输经济全面、协调、可持续发展的基本要求。以推进节能减排为使命,以发展清洁运输为己任,大力弘扬节能减排的先进典型,广泛开展节能减排合理化建议活动,千方百计节约燃油消耗,减少污染物排放。把建设生态文明城市、建设资源节约型和环境友好型社会列为道路运输发展的重要战略,作为衡量道路运输现代化的重要标志。

二、以自主创新科技节能为龙头,开展节能减排科研实践活动

为推动行业节能减排科技创新,把"汽车节能与清洁运输技术应用推广"列为交通科学研究计划项目开展课题研究。通过对道路运输行业节能减排情况的调查研究和对道路运输业节能减排热点和难点问题的分析,梳理出影响汽车运输节能减排的关键因素,拟定以解决"人的

不节约行为”和消除“物的不节约状态”为重点，综合研究节能减排的途径和方法。把安全驾驶技能和节能减排技巧研究；应用“油造库”和抗磨剂节能净化新技术，调整车辆车型结构，改革创新运输组织方式，创新能耗计量和运量统计方法和途径等五个方面作为节能减排研究的主攻方向。以江苏省镇江江天汽运集团为载体，以镇江宝华物流有限公司（江苏省重点物流企业）、江苏恒顺物流有限公司、镇江通华集装箱运输公司、镇江索普运输公司、镇江纬太运输公司、镇江同发运输公司、镇江句容华通客运公司、丹徒新运客运公司等八家客货运企业为试点，综合研究应用推广节能减排新技术。并与课题研究人员签订“课题研究目标责任书”，与试点单位签订“汽车运输节能与清洁运输技术应用推广协议书”。明确研究的目标和责任，落实节能减排的任务和要求，形成以行业协会牵头，运输企业参与，主管部门监督，与政府同步、与企业同心的开展科学发展观实践活动的新形式、新机制、新局面。

三、以安全驾驶技能和节能减排技巧为重点，开展克服“人的不节约行为”实践活动

驾驶员是决定营运车辆节能减排水平的关键因素，驾驶水平的高低、驾驶动作的规范与否直接影响节能减排的效果。为了解决驾驶员的不节约行为，通过对不同车型同一驾驶员和相同车型不同驾驶员的油料消耗数量和驾驶技能水平比对，表明不同技能水平的驾驶员在同一汽车上驾驶，油料消耗相差为15%~30%。为提高驾驶员安全驾驶技能和掌握节能减排技巧，通过对营运车辆驾驶员驾驶技能重点调研，特别是不同驾驶操作方式（发动、起步、加速、换挡、滑行、制动等）对节油净化的影响，总结出不同车型、不同道路、不同驾驶方式之间对节油净化的影响。编写《安全驾驶技能和技巧节能减排》培训教材，规范驾驶员技能和操作行为。提高驾驶员技能和素质，把节能减排指标考核列为驾驶员业绩考核的主要内容，实行“一票否决制”，对油耗多的驾驶员进行再培训，（培训后，参训人员平均油耗下降2.67升/百公里，部分驾驶员下降了5.03升/百公里），以期提高驾驶员的节能意识，改变不良操作习惯，有效降低人为因素导致的浪费油料和环境污染。

四、以应用节油净化新技术为重点，开展消除“物的不节约状态”实践活动

营运车辆随着使用时间和行驶里程的增加，车辆技术状况不断下降，车辆尾气排放对大气造成的危害进一步加剧。为节约油料消耗，减少尾气排放要积极应用汽车节能减排新技术、新设备、新产品、新工艺，加快应用汽车节油净化油造库技术的试验步伐，应用液体燃料分子离子化、微细化的高新科技，提高燃油的燃烧效率，减少一氧化碳、碳氢化合物、氮氧化合物等废气的排放。加快应用威腾动力抗磨剂技术的试验步伐，提高发动机功率，减少尾气中有害气体的含量，延长机油更换周期，降低发动机噪音。采用污染预防的战略减少污染物的产生，控制和减少运输过程中污染物的排放，不断提高汽车清洁运输水平，不断降低能源消耗，不断改变物的不节约状态，争取实现比定额油料消耗节油3%~5%，减排30%，争取实现客货车燃料消耗量限值第一阶段标准排放达到国Ⅲ标准。

五、以提高车辆新度系数为重点，开展优化运输结构实践活动

加快运输结构调整，鼓励道路运输企业发展高效低耗的新型运力，推广和使用绿色环保车

辆是实现道路运输节能减排的重要因素。通过对道路运输企业现有车辆结构的调查分析，重新修订道路客运高级、中级、普通型车辆配置方案；调整改善大型、中型、小型车辆配套比例；建立健全货运汽车推荐车型制度，引导企业使用推荐车型；鼓励使用柴油汽车，提高柴油车在营运车辆中的比重；重点发展适合高速公路、干线公路的大吨位多轴重型汽车和短途集散用小型货运汽车；加快发展厢式货车和甩挂运输；加快车辆更新改造，提高在用车辆的新度系数。江天汽运集团实施新方案后取得了显著效果，高中级客车数量占现有车辆总数90%，在用车辆的新度系数提高了0.05，柴油车等新型环保高效车辆在营运车辆中的比重提高了10%。

六、以优化线路班次为重点，开展提高运输组织化程度实践活动

以市场需求为导向，继续推进企业改制改组，实行公司化经营。引导企业集约化经营、规模化发展、网络化运输，发展结点运输，发展第三方物流，发展铁公水联运，建立和完善道路运输信息系统。为落实节能减排的要求，严格控制客运企业实载率低于70%的客运线路新增运力。根据高速公路客运、干线客运、旅游客运、农村客运、出租客运的不同形式和特点，结合客运市场实际，优化线路班次，优化运输资源配置，优化站点中转换乘；以实现“零距离中转”、“零距离换乘”为目标，提高科学调度技术含量，优化调度方案，提高利用率和实载率。结合货运市场实际和货源分布的特点，合理组织货源，保持货流平衡，加强货运组织和运力调配，提高回程利用率。以节能减排、提高运输效率为目标，建立货运信息共享平台，充分发挥信息服务的功能，提高节能减排的有效性和针对性。充分发挥港口、站场的结点功能，促进货运网络的无缝衔接和铁路、公路、水路运输的中转互通。加快开发运输企业仓储、配送、包装一体化功能，应用现代物流技术，提高节能减排的综合效率。

七、以燃料消耗统计考核为重点，开展创新统计制度和计量方法实践活动

建立和完善节能减排指标体系、监测体系和考核体系，建立严格的节能减排管理制度和有效的激励机制，加强企业管理的基础工作、基本功训练和基层班组管理。建立专门机构，配备专职人员，负责节能减排的跟踪监督检查，定期公布节能减排指标完成情况，强化企业节能减排的监督管理。实施严格的节能减排预警制度，对营运车辆的燃料消耗和利用限值监测，强化企业耗能绩效、单耗考核的约束化管理。重新修订客货车辆燃料消耗定额，推动管理节能、技术节能、制度节能。汽车维修企业重点推广先进节油技术，改造代用燃料供油系统，做好废油的回收处理，避免造成二次污染。加强车辆技术管理，汽车综合性能检测站实施运输车辆燃料消耗量限值和排放检测，实行不达标的车辆不签发汽车综合性能检测报告制度。

建立健全“推进节能减排、发展清洁运输”问责制，制定科学合理的目标和考核方案，把节能减排目标任务分解到各个部门、各个班组、各个岗位，各有关人员，建立健全“节能减排、清洁运输”综合评价体系，严格目标责任业绩考核，及时解决“推进节能减排、发展清洁运输”中的重要问题。

科学制定燃料定额，创新燃油消耗统计管理方法和节能减排考核奖惩办法，实行定量考核为主，定量和定性考核相结合的方法建立健全节能减排的奖励制度。加强节能减排的计量管理，改革统计制度和统计方法，确保统计数据准确、及时。对在“推进节能减排、发展清洁运输”工作中的先进集体、先进个人给予精神表彰和物质奖励，对浪费严重的给予经济处罚和行

政处分。

行业协会是政府行政管理的帮手，是企业经营的助手，是行业管理的抓手。行业协会抓节能减排是社会的需要、企业的要求，有责任帮助企业推进节能减排，有义务宣传、贯彻科学发展观，开展实践科学发展观活动是贯彻政府意志的重要体现。行业协会在实践科学发展观的活动中，要坚持又好又快发展道路运输为根本，以社会和企业需求为导向，加强节能减排的科技创新，引导企业自主创新，完成道路运输业技术节能、管理节能和制度节能的目标和任务。

（本文选自2009年《江苏省交通科学研究计划项目报告》）

城乡公交客运一体化和基本公共服务均等化

实现城乡协调发展是构建社会主义和谐社会的重要内容。加快城乡社会经济发展一体化是党的“十七大”作出的重大战略部署,是“两个率先”的重大战略任务。城乡公交资源相互衔接,是推进城乡公交客运一体化的重要举措。建立资源共享,布局合理,城乡互通,方便快捷,畅通有序的城乡公共客运网络是城乡协调发展的重要基础,是城乡公交客运一体化的重要条件,是促进社会经济发展的重要保障。

推进城乡公交客运一体化,关键是要让道路运输改革开放的发展成果惠及城乡,实现“基本公共服务均等化”,让城乡居民共同享受安全、经济、便捷、高效的客运服务。国家实施大部门体制的改革,为城乡公交客运一体化提供了难得的历史机遇,为实现“基本公共服务均等化”提供了可能,但是要真正实现享受“国民待遇”的城乡公交客运一体化发展目标,任重而道远。要破除城乡二元结构的传统观念,扫除提供“基本公共服务均等化”的思想障碍,创新城乡公交客运一体化的体制机制,才能为城乡居民提供享受“国民待遇”的基本出行服务。

一、城乡公交客运要享受“国民待遇”,更要成为政府提供的最基本公共产品

城乡公交客运涉及城乡居民基本出行的民生问题和社会问题。城市公共交通是城市经济运行的基础和保障,农村客运是服务“三农”最直接、最有效的重要举措。城市公交客运是为社会公众提供基本出行服务的公益性事业,农村客运是为农民群众出行和农民工流动提供有效保障的基本公益事业。党的十一届三中全会以来,在“以工促农、以城带乡”的过程中,“三农”问题已经成为影响社会经济发展的重要问题,“三农”问题解决与否,直接关系到统筹城乡发展和稳定的基础。“三农”问题已经成为影响城乡协调发展的重要因素,“三农”问题协调与否,直接关系到构建城乡社会经济发展一体化新格局的战略部署。改革开放使中国的大地发生了翻天覆地的变化,中国的社会主义建设取得了骄人的成绩和辉煌的成就。农村、农业、农民为建设有中国特色的社会主义;为全面建设小康社会;为国民经济持续、快速、健康发展;为改变农业、农村的面貌,切实加强农业基础地位,增强国民经济的发展活力作出了重要贡献。改革开放的发展成果应当让城乡人民群众共同享受,让城乡居民走共同富裕的道路;应当让发展成果体现到不断提高人民生活质量和健康上;不断保障人民享有经济、政治、社会的权益上。应当让改革开放的成果惠及城乡广大人民群众、享受相同的“国民待遇”,享受政府提供的最基本公共产品。

城乡公交客运属于政府提供的最基本公共产品的公益性事业。因为历史的原因,城市公交客运为社会公众提供的基本出行服务,已经列入政府公共财政,而农村客运列不列入公共财政一直没有定论。随着社会经济的发展,农村客运已经成为城乡公共交通体系的重要组成部分,农村客运理应属于基本公共服务的范畴,应当成为政府提供的最基本公共产品之一,为农村客运提供基本出行服务的费用也应列入政府公共财政,实现基本公共服务均等化。城市公共交通事业实行的“政府主导、规划先行、差额补偿、服务民生”的基本原则,同样也适用于农

村客运，应当从公共财政、征地用地、规划建设、路权使用、科技支撑、管理体制、运营机制等七个方面加大政府投入，加大公共财政保障力度，构建城乡公交客运网络，实现基本公共服务均等化，维护城乡公交客运的公益性。

二、城乡公交客运要突出公众利益，更要关注公共空间、公共需求、公共服务

城乡公交客运要想实现基本公共服务均等化，让城乡居民共同享受安全、经济、便捷、高效的客运服务，就要十分注重突出“公共关怀”。文明社会要关注城乡居民“公共空间”、“公共需求”、“公共服务”的多重关怀，体现人民利益至上的价值追求，体现以人为本的价值观念，推动公平正义社会体制与机制的建设，打造让生活更美好的生活环境、人文环境、生态环境和工作环境。

要关注城乡公交客运发展的“公共空间”。面对构建和谐社会和现代化的进程，因为城乡公交客运发展的盲目性和不对称性，造成空间资源的过度利用，直接影响城乡社会经济发展一体化的新格局，直接影响城乡居民的生活质量，要避免因为城乡公交客运发展的空间缺失，就要关注“公共空间”，让空间资源的配置中性化、均衡化，使不同的阶层、不同的群体，在合理的空间配置环境中共存共生和谐出行。

要关注城乡公交客运发展的“公共需求”。面对社会经济快速、持续发展的进程，因为城乡公交客运发展受企业和部门利益的驱动，没有兼顾集体和国家的需求，没有考虑个体和群体的需求，直接影响民生问题和社会问题的解决，直接影响城乡百姓公共需求的满足。要关注“公共需求”，编织公共需求的大网络，体现绝大多数人的利益，形成绝大多数人的共同追求，才能满足城乡居民基本公共出行服务的需求。

要关注城乡公交客运发展的“公共服务”。面对城乡社会经济发展一体化的进程，因为城市公交和农村客运的差异、低收入者和中高收入者的差异，直接影响城乡居民享受相同“公共服务”的待遇，直接影响低收入者、农民群众和农民工的生活质量。要提升公共服务能力和水平，改善城乡公交客运的可达性，完善城乡公交客运网络的服务功能，为城乡居民提供同等的公共服务，增强城乡公交客运公共服务的吸引力和凝聚力。

现行的城乡公交客运还没有做到突出公众利益，更没有体现“公共关怀”。理想中的城乡公交客运一体化应当是“公共空间、公共需求、公共服务和公众利益协调统一的”城乡公交客运一体化。

三、城乡公交客运要推进一体化，更要追求基本公共出行服务均等化

推进城乡公交客运一体化，要统筹规划城际、城市、城乡、镇村四级客运网络；要消除分割、合理布局，加强城市公交和农村客运的相互衔接，建立统一协调的区域和城乡公交客运服务体系。

但因为种种原因，城乡公交在法制法规的束缚和体制机制的制约下，城市公交因为供应总量不足，服务质量低下的问题一直没有得到改善，成为制约城市公交发展的瓶颈，行业的发展难以满足人民群众基本公共出行的需求，影响了城市功能的正常发挥。农村客运因为经营主体过度分散、站场建设严重滞后、车型老旧、安全隐患多的问题一直没有重视，经营者负担重、效益差，经营农村客运的积极性不高的问题一直没有关心，农村客运开开停停，难以做到“村

村通、站站停”,“开得长、留得住”。

实现城乡协调发展,逐步形成城乡公交资源相互衔接,方便快捷的客运网络,是党的十七届三中全会提出的重要任务。笔者认为实现“基本公共出行服务均等化”也是与之相关的“重要命题”,要坚持城乡公交客运是政府应当提供的最基本的公共产品,加强城乡居民出行消费方式的引导,倡导城乡居民选择节能环保公共交通的方式出行。用基本公共出行服务的理念,公交优先发展的战略,发展城市公交客运,改造农村客运。要完成党中央提出的重要任务,就要充分发挥政府的主导作用,建立健全城乡公交客运一体化的法律法规。以破除城乡二元结构为突破口,创新城乡公交客运一体化的体制和机制,优化城乡公交客运资源的配置,大力推进基本公共服务均等化。要做好“重要命题”的文章,就要创新城乡公交客运一体化的发展理念、创新城乡公共交通管理体制,创新城乡公共交通优先发展的协调机制,理直气壮地去追求“基本公共出行服务均等化”。通过城乡公交客运发展沿革的调查研究,可以得出这样的基本结论,即:有了“均等化”才能保障“一体化”,有了“一体化”才能保障“均等化”,“基本公共出行服务均等化”和“城乡公交客运一体化”互为条件、相辅相成。通过较长时间研究讨论,城乡公交客运是公益性事业已经形成共识,但公益性性质需要有法律规定,管理体制要有政策支撑,运行机制要有政府主导,资金投入要有财政保障,要以追求实现“基本公共服务均等化”为核心,推进城乡公交客运一体化的整体发展服务水平。唯有这样才能为城乡居民提供安全、便捷、经济、环保、文明规范的基本出行服务。

(本文选自2010年第10期《中国道路运输》)

关于制订“十二五”道路运输发展规划的几点建议

改革开放以来，道路运输业有了长足的进步。三十多年的改革和发展使道路运输业彻底扭转了长期落后的局面。“十一五”以来，道路运输业在“以人为本、优质服务、调整结构、加快发展、依法治运、规范市场、依靠科技、安全高效”方针的指引下，运输能力迅速发展，运输效率不断提高，运输结构趋于改善，行业发展由弱到强，管理理念发展创新。特别是2007年，在原交通部颁发的《关于促进道路运输业又好又快发展的若干意见》的促进和推动下，道路运输业以发展为主题，以结构调整为主线，以满足需求为目标，步入了持续、快速、健康的发展轨道，在社会经济发展中发挥着越来越重要的作用。

道路运输业是国民经济的基础和先导产业。当前道路运输业正面临“十二五”大发展的机遇期，以加快转变发展方式为主线，制定“十二五”道路运输业发展规划，要与国家“十二五”社会经济发展规划相衔接，更好地为社会经济发展提供支持和保障。要制订一个好的“十二五”发展规划，当务之急就是要在总结“十一五”道路运输业发展经验的同时，探索“十二五”道路运输业科学发展的路径，寻求实现道路运输“全面改善”目标的方略，解决长期困扰和影响道路运输业发展的矛盾和问题。制订“十二五”道路运输发展规划，事关道路运输业的现代化建设，事关全面实现小康社会的目标，应当高度关注、高度重视、潜心研究。笔者在探索未来的实践中，以为“十二五”道路运输业科学发展的理想目标是：在“适应型发展战略”和“质量效益型发展战略”结合的基础上，全面实现道路运输基础设施网络化、客运便捷化、货运效率化、管理智能化、服务最优化，形成以安全、便捷、畅通、高效为特征的高品质、智能型道路运输网络。

为了实现道路运输业科学发展的理想目标，在制订“十二五”发展规划时建议把握好以下五个重点：

一、以转变道路运输业发展方式为重点，调整道路运输业的发展战略，发挥道路运输的比较优势和组合效率，提高道路运输对社会经济发展的贡献率

转变道路运输业发展方式旨在解决道路运输产业大而不强，服务广而不深，行业宽而不稳的问题，促进综合运输体系建设，促进现代物流发展。转变道路运输业发展方式要以结构调整和产业升级为主线，全面提升“三个服务”的能力和水平。

调整发展战略，坚持创新驱动；优化运输结构，坚持内生增长。从依靠增加物质资源消耗向科技进步、行业创新、节能减排、从业人员素质提高的方向转变；从单一依靠发挥道路运输自身的比较优势向发挥综合运输组合效率的方向转变；调整基础设施布局，改善网络功能结构，优化运力结构和运输组织结构，积极推进规模化、集约化、多样化、清洁化经营，发展网络化、一体化运输。

转变发展方式，注重走现代、精细、内涵发展之路。通过调整结构、优化布局、提高安全优质发展水平，提高综合竞争能力；大力发展甩挂运输和多式联运，大力扶持龙头骨干企业发展

现代物流；统筹城乡客运协调发展，加快公益性公共交通客运体系建设，加快市场化班线客运体系建设，注重发挥城乡客运的公益性。

转变道路运输发展方式是一项系统功能，任务艰巨而又紧迫，要发挥道路运输“门到门”的重要功能和“先行官”的重要作用，为社会经济发展提供高效、便捷、安全、可靠、绿色环保、规范诚信的道路运输服务。

二、以厉行道路运输节能减排为重点，提高能源利用效率，向节能减排要效益，让节能减排降成本，建立健全道路运输业节能减排长效管理机制和有效激励机制

节能减排作为国家战略涉及社会经济发展及人民群众生活的各个领域。道路运输业既是耗能大户，又是温室气体排放的大户，是节能减排的重点行业。道路运输业转变发展方式的核心目的就是要提高用能效率，改善用能结构，优化发展模式，建立以低碳为特征的道路运输体系。

构造低碳道路运输体系的目标是实现“一高三低”，即高效能、低能耗、低污染、低排放。建立以最终减少以传统化石能源为代表的高碳能源的高强度消耗的长效管理机制。根据重节能更重减排的要求，应用推广道路运输节能与清洁运输新技术、新设备；应用推广道路运输安全节油驾驶技巧；应用推广道路运输车辆结构调整与节能环保车型；应用推广道路运输组织方式优化技术；应用推广节能减排计量监测和统计监督制度。根据构建低碳运输的原则和技术性减碳、结构性减碳、制度性减碳的要求，建立健全节能减排基础支撑系统，清洁能源优化利用系统，公众出行社会引导系统。制订道路运输节能减排中长期规划，明确刚性要求。建立节能减排技术标准和生产指标体系；实施营运车辆燃料消耗量限值标准；严格车辆燃料消耗准入管理；实施驾驶员继续教育制度；实行节能减排预警机制和激励机制，建立节能减排目标责任制和评价考核体系。实施节能减排“同奖同罚”问责制，争取到2020年GDP二氧化碳排放量比2005年降低40%~50%。

三、以提高道路运输业创新能力为重点，不断进行理念创新、科技创新、体制机制创新、政策创新，建设更安全、更通畅、更便捷、更经济、更可靠、更和谐的道路运输系统

面对未来唯有坚持不断创新，才能解决新问题、满足新需求、实现新发展。要营造有利于创新的氛围和环境，激发全行业的创新精神，大力推进理念创新、科技创新、体制机制创新和政策创新，走以创新促发展的道路。要通过培育和建立统一开放、竞争有序的道路运输市场，提高运输效率，促进又好又快发展，把道路运输业建成富有创新活力，具有创新动力和拥有创新实力的行业。

理念创新是提高道路运输行业创新能力的前提。其核心是以人为本、好中求快、协调发展、可持续发展，适应社会经济发展，满足社会公众需求，走全面协调可持续发展之路。

科技创新是提高道路运输创新能力的动力。其核心是攻克关键性技术、突破牵动性技术、普及应用型技术，走科技支撑和引领道路运输业的发展之路。

体制机制创新是提高道路运输创新能力的保障。其核心是用创新的思路和办法，推进道路运输行业的发展和改革。加快行政管理职能的转变，理顺管理体制，完善运行机制，走提高

道路运输管理效能和服务水平的发展之路。

政策创新是提高道路运输创新能力的手段。其核心是适时调整和完善相关政策,促进政策制定科学化、民主化和法制化,走加强法制建设,强化政策跟踪、评估和调整的发展之路。

四、以培养道路运输科技人才为重点,不断增强加快人才发展的紧迫感和责任感,大力开发现代道路运输和现代物流急需紧缺专门人才,建设一支适应现代化道路运输发展需要的人才队伍

人才是社会经济和行业发展的第一资源。人才是具有一定的专业知识或专门技能,进行创造性劳动并对社会作出贡献的人,是人力资源中能力和素质较高的劳动者。培养道路运输科技人才要以服务现代化道路运输科技人才队伍建设为出发点和落脚点,针对当前道路运输行业科技创新人才匮乏,科技人才创新能力不强和科技人才队伍建设滞后的突出问题,不断增强加快人才发展的紧迫感和责任感,制订培养道路运输科技人才发展战略,创新科技人才的培养途径和办法,实施道路运输科技人才创新工程,形成育才、引才、聚才、用才的良好氛围。

加强人才队伍建设,专门制订"十二五"道路运输科技创新人才发展规划,重点是加强管理人才、专业技术人才、技能人才队伍建设和加快培养现代道路运输和现代物流急需紧缺专门人才。建立健全道路运输从业人员职业资格十项制度,实施道路运输职业资格的培训、继续教育、从业管理和注册登记管理制度,完善技能教育培训体系,鼓励技术革新,培训数量充足,富有创新精神的技能型人才。

抓住人才引进、培养和使用三个关键环节,创新人才的选拔和培养机制,健全公开、公正、公平的人才选拔机制,推进竞争上岗、公开招聘。突出培养创新型科技人才,重视培养科技领军人才和复合型人才,形成科技创新人才梯队。坚持精神激励和物质激励相结合,实行人才激励机制,促进人才在实践中创新,在创新中成长。

五、以理顺道路运输管理体制为重点,科学调整道路运输管理机构的职能,加强道路运输法制建设,创新道路运输管理机制,为道路运输业又好又快发展提供良好的体制机制保障

以大部门体制改革为契机,抓住政府职能转变的机遇,致力于解决"体制不顺、机构不一、政事不分、职责不清"的问题,为推进现代道路运输业发展创造良好的体制基础和机制保障。面对道路运输管理工作的新形势、新任务和新要求,从加强和完善经济调节、市场监督、社会管理和公共服务四个方面入手,进行体制创新,理顺管理体制;进行制度创新,统一机构设置;进行机制创新,明确管理职责。着力实现"三个转移",即从重许可向许可准入与动态管控并举转移;从重处罚向处罚教育与政策引导并举转移;从重监管向市场监管与服务公众并举转移。把管理的重点转向到客货集散地和运输源头,转向培育市场环境和提供公众服务,加强道路运输法制建设,按"最少执法原则",建立健全道路运输法规体系,建立源头治理的管控体系,构建一个"依法行政、监管有效、诚信服务、管理科学"的有活力、有效率的道路运输管理运行系统。

改善运管队伍结构,合理确定运管队伍规模。按照"精简、统一、效能、权责一致"的原则,参照公务员管理的规定,统一道路运输管理机构的职能、名称、性质、级别,制定道路运输管理

人员的基本条件和标准，实行公开招聘、择优录用，逐步改善运管队伍的专业结构、知识结构和年龄结构，创建一支“政治坚定、业务精通、纪律严明、作风优良”的道路运输管理队伍。

以上是笔者在参与制订“十二五”道路运输发展规划过程中，结合长期从事运输经济研究的实践，提出的“门户之见”。似乎有点“超然脱俗”，又好像有点“老生常谈”；似乎有不少新的亮点，又好像有些许旧的影子；似乎有务虚之虞，又好像有细微之余。反正，问题很多，不一而足，只期望这些“闲言碎语”能够对制订“十二五”道路运输发展规划有所帮助。

（本文选自2010年第11期《中国道路运输》）

推进和振兴江苏物流业的几点建议

当前正处于物流业发展的良好时期。国务院颁布的《物流业调整和振兴规划》和江苏省政府出台的《江苏省物流业调整和振兴规划纲要》为江苏省发展物流业提供了良好的政策环境和难得的机遇,笔者就进一步推进和振兴江苏物流业的发展,提几点粗浅建议:

一、创新发展思路,调优发展目标

发展现代服务业要有新的理念,发展物流业更要有新的思路。推进和振兴江苏物流业要根据国务院《物流业调整和振兴规划》的总体要求,结合江苏物流业发展实际,坚持以"立足当前、着眼长远;规划先行、协调发展;整合资源、规范运作;改革开放、创新服务"为基本原则,以"提高物流增值服务水平,降低物流总成本;加大物流科技含量,提高物流效率;加强安全质量监管,实现节能环保"为目的,以综合利用交通运输枢纽、拓展物流服务功能、促进运输企业转型发展第三方物流为切入点。通过引导、扶持和培育等手段,加快发展现代物流业,建立现代物流服务体系,形成以物流节点城市为基础,物流公共信息平台为支撑,骨干物流企业为载体,物流专业人才为保障、物流服务一体化为先导的江苏省物流业服务网络,才能推进江苏物流业又好又快地发展。

江苏的物流业要通过调整产业结构和整合物流资源,形成四大物流服务体系。一是以沿海、沿江、沿河港口设施和公路、铁路站场为依托,构建多式联运、转运物流服务体系,实现多种运输方式"无缝衔接";二是以高速公路和干线公路为通道,构建江苏省区域性物流节点城市网络化服务体系,实现物流园区、物流中心、配送中心、农村物流站点的衔接和配套;三是以行业和区域物流公共信息平台为基础,构建政府部门的物流管理与公共信息服务体系,实现公路、水路、航空、铁路运输信息共享和信息化运作、全程化跟踪;四是以资产重组的物流企业为骨干,构建第三方物流综合服务体系,实现仓储、运输、货代、包装、装卸、搬运、流通加工、配送、信息处理多种功能的综合集成。要通过坚持不懈,努力使四大物流体系成为支撑江苏物流业发展的重要力量。

二、抓当前谋长远,夯实发展基础

推进和振兴江苏物流业要根据江苏省政府《江苏省物流业调整和振兴规划纲要》总体部署,结合江苏实际,制定推进和振兴物流业发展的行动方案,重新明确江苏物流业的发展方向,重新确定江苏物流业发展的重点任务,重新规划江苏物流业的发展目标、发展重点、扶持政策、配套措施。当前要因地制宜、因需制宜做好五项工作任务:

(一)编制物流业发展规划

围绕江苏省产业布局、交通运输枢纽,在现有公路网、航道网、铁路网、港口、机场等规划的基础上,编制江苏省物流业发展的规划。重点规划物流服务体系和一批集散辐射功能较强、兼顾两种以上运输方式,并具有口岸通关、多式联运物流服务功能的公共型交通运输枢纽,充分发挥公路、水路、铁路、空港、港口等交通基础设施的作用。

（二）培育具有竞争力的物流企业

鼓励运输企业通过参股、控股、兼并、联合、合资、合作等多种形式进行资产重组，向第三方物流企业转型，培育一批服务水平高、国际竞争力强的大中型物流企业。要通过骨干物流企业的市场整合能力、示范效应，带动江苏省物流行业提升技术水平和管理能力，促进物流企业规模化发展，集约化经营。

（三）引导企业调整运输结构

以节能减排为抓手，引导货运企业转变发展方式、调整运输结构。以物流业调整和振兴为契机提高运输装备的技术水平。引导货运企业实施技术改造，货运车辆结构向大型化、标准化、专用化、清洁化方向发展，重点发展厢式运输、甩挂运输、快速运输、集装箱运输、冷链运输和特种运输；货运船舶发展标准化船舶、集装箱船及各类专用内河船舶；支持国际航运企业发展大型化、专业化船舶。以改革和创新运输组织为重点，引导运输企业发展规模化、集约化、网络化运输，提高运输组织效率，加快功能整合和延伸服务，向现代物流企业转型。组织开展城市配送车辆车型标准研究和推广工作，优化城市配送车辆结构。

（四）建立健全物流服务业安全质量信誉考核体系

推广国家标准《卓越绩效评价准则》（GB/T 19580—2004）、ISO9001 质量管理体系、ISO14001 环境管理体系和 OHSAS18001 职业健康安全管理体系，引导和激励企业追求卓越的质量管理经营，提高企业综合质量和竞争能力，进一步提升江苏省货运业物流服务管理水平。

（五）引进和培育物流专业人才

推进物流专业技术人员职业资格证书制度，发挥行业协会、高等院校开展物流专业技术人员培训的优势，联合省人事考试部门实施物流专业技术人员职业资格考试。建立江苏省物流专业人才库，培养物流专业高级管理人才、物流专业技术管理人才、物流专业技能管理人才。

推进和振兴物流业的发展，在综合利用运输枢纽和场站设施的同时，要重点建设六项物流工程：

（一）公铁水联运中转工程

依托江苏沿海、长江、京杭大运河的港口设施、沿线的公路和铁路站场，选择能承担区域性物流和地区性物流的交通运输枢纽，建设“前港后厂（场）”型、“前河后厂（场）”型、“前站后厂（场）”型的集装箱物流联运中转设施，建设连接两种以上运输方式的公铁水联运物流中转设施，重点发展长江和京杭大运河的集装箱运输，重点建设长江和京杭大运河集装箱联运中转港口，重点推广应用江海直达和江河两用集装箱运输船舶，重点解决运输方式间和运输过程中中转环节多、换装次数多的问题，力争实现港口与工厂、物流基地、物流园区；港口与铁路运输、公路运输的“无缝衔接”。

（二）物流区域和物流通道工程

构建四大物流区域：以徐州为中心连接鲁豫皖和江苏北部的“北大门”物流区域，以南京为中心连接皖赣和江苏中部的“银三角”物流区域，以连云港为中心连接西陇海和淮海地区的“东陇海”物流区域，以苏州为中心连接沪浙和江苏南部的“金三角”物流区域。沟通四大物流区域网络之间的联系,形成江苏省物流业服务网络。

打破现行行政区划的界限,按照经济区划和物流业发展的需要,开辟八大物流通道:长江中下游物流通道、京杭大运河苏北物流通道、京杭大运河苏南物流通道、沪宁高速公路物流通道、宁通高速公路物流通道、宁连高速公路物流通道、京沪高速公路物流通道、对外开放港口进出口物流通道。实施制造业与物流业联动发展,提高交通运输行业物流区域和物流通道的联动能力,实现长途运输和短途运输的合理衔接。

(三)农村物流工程

按照"城乡统筹、城乡结合"的要求,加快发展农业生产资料和农村消费品的物流配送中心。加快发展农副产品批发市场,建设农村物流交易、配送站点,完善鲜活农产品运输、储藏、加工、交易和配送等冷链物流设施,促进农村物流与城市物流的有机结合。

(四)物流节点城市和网络工程

以地级市所在地为基础,构建区域性物流节点城市和地区性物流节点城市物流服务网络。以苏州、南京、连云港、徐州等市形成江苏省区域性物流节点城市,以无锡、常州、镇江、南通、扬州、泰州、盐城、淮安、宿迁等市形成江苏省地区性物流节点城市。物流节点城市根据本地区的产业特点、经济发展水平、市场需求、功能定位,健全和完善城市物流设施。加强物流基地建设。可以因地制宜、因需制宜建设货运服务型、生产服务型、商业服务型、进出口贸易服务型和综合服务型的物流基地,形成区域性和地方性物流节点城市以及农村物流站点三级物流节点形成的物流网络系统。

(五)城市物流配送通道工程

以货运市场和物流基地为依托,建设点状辐射的交通运输行业城市物流配送网络和绿色通道。应用现代物流管理技术、电子商务和连锁经营技术建设城市物流配送项目,发展向流通企业和消费者的社会化共同配送服务,激励专业运输企业发展专用车辆开展城市配送,提高城市物流配送专业化水平。制定和实施城市物流配送绿色通道管理办法和措施,为城市配送车辆提供进出城区和停车的方便,完善城市物流配送网络,降低商品流通成本。

(六)物流信息公共平台工程

应用信息技术推进企业物流管理信息化,鼓励企业开展信息发布和信息系统外包等服务业务,建设为企业服务的物流服务信息平台,建立物流信息采集、处理和服务的信息共享机制。加快建设行业和区域物流公共信息平台,重点建设电子口岸,综合运输信息平台、物流资源交易平台和大宗物资交易平台,建立江苏省道路水路运输信息网络,以及和其他运输与服务方式相衔接的信息网络。鼓励城市间物流平台的信息共享,加快构建政府部门的物流管理与服务公共信息平台。

三、改革管理体制,实行政策保障

物流业之所以发展缓慢,管理体制不顺和运行机制不灵是阻碍发展的重要原因,要推进和振兴物流业的发展,必须按改革政府公共服务职能的要求,建立健全管理体制,要按市场经济的需要建立健全运行机制。

（一）加强组织领导，落实工作责任

成立专门机构，负责江苏省物流业总体规划的编制，方针政策的研究制定和推进物流业发展日常工作的组织协调、督促检查和年度考核。加强对发展物流业的指导和协调，定期研究发展动态，统筹解决发展中的重大问题。

（二）加强行业管理，促进行业联合

按照精简、统一、高效的原则和决策、执行、监督相协调的要求，建立健全本地区发展物流业的协调机构，进一步规范货运企业的行业管理，促进物流服务规范化、市场化。发挥行业协会服务、自律、协调、代表的职能，主动加强与相关管理部门协调配合。建立部门间的协调机制，建立各项政策之间的协同机制和建立持续的改进机制。

（三）加大资金投入，建设物流基础设施

相关部门要按照"突出重点、统筹推进、分级负责"的原则，拓宽融资渠道，多方筹措资金，增加对物流业的投入，要重点抓好本地区物流规划研究、物流基地和综合物流信息服务平台的建设，要重点支持骨干物流企业改造物流流程，提高对市场的响应速度。发展连锁经营、物流配送、电子商务等物流业务，提高企业的竞争力。

（四）严格规范审批程序，确保项目建设质优高效

要加强对物流发展项目的审查，强化项目前期工作。对物流业发展规划、省重点物流建设项目和重点骨干物流企业的投资补助，要对重点物流基地、物流公共信息平台、物流企业等发展项目实行动态管理，做到项目信息公开、建设程序规范、资金使用合理，确保项目进度、项目质量、项目安全、项目廉洁。

（五）建立健全物流业统计指标体系

建立和健全江苏省物流业统计调查制度、信息管理制度、统计调查方法和报表指标体系。要加强物流统计队伍建设和基础工作。研究创新统计方法，确保统计数据准确、及时、真实。修订物流统计核算和报表制度，建立健全物流统计信息系统，建立健全统计信息共享机制。

推进和振兴江苏物流业的发展是一件利国利民的好事，是一项涉及环节多、面广量大的系统工程，以上是笔者的门户之见，仅供参考，不当之处恭请指正。

（本文选自2010年《中国道路运输年会论文集》）

关于发展低碳道路运输的几点思考

进入新世纪以来,道路运输的发展规模、发展速度、发展质量都取得了骄人的成绩,对经济社会的发展发挥了重要的推动作用。但是在快速发展的过程中,因为长期积累形成的结构性矛盾和体制不顺、机制不畅的问题不断显现,影响了道路运输又好又快的发展,特别是道路运输长期依赖对传统高碳能源的高强度消耗,严重制约了道路运输全面协调可持续发展的能力。面对全球气候变化和环境污染问题最严峻的挑战,国家实行节能减排战略,道路运输是国家厉行节能减排的重点领域,是汽油柴油消耗和温室气体排放的大户,理应担当起节能减排的重任。

节能减排是一项精细的、缜密的、复杂的、科技含量高的系统工程,发展低碳道路运输涉及许多问题和诸多领域,本文拟就发展低碳道路运输的路子、方法和途径,从理论和实践的结合上发表几点意见和看法,与业内专家共同商榷。

一、观念更新是发展低碳道路运输的前提

观念更新的要义就是要坚持用科学发展的办法解决前进中的问题。因为“一定的物质财富是一切人类生存的第一前提”,所以发展低碳道路运输要以一切人类生存为前提,在观念更新中重新认识物质财富的自然属性和社会属性。发展低碳道路运输是一个全新的理念,不仅关系到人类的生存和发展,而且关系到社会的进步和和谐。要让这个“理念”深入人心,变成全社会和全体民众的共同愿望,成为全社会和全体民众义不容辞的共同责任,就要用科学发展的观念更新传统的发展观念,紧紧依靠全体民众、动员全社会的力量共同参与道路运输节能减排的行动。

观念更新的重点就是要以转变不适应不符合科学发展的思想观念为重点,解决“要我节能减排”和“我要节能减排”的问题,解决“重节能、轻减排”、“重经济效益、轻社会责任”的问题。节能减排是道路运输科学发展的必由之路,要树立在减排中求节能,在节能中谋减排的新观念,增强节能减排的自觉性。要树立在减排中发展“绿色运输”,在节能中发展“清洁运输”的新观念,增强节能减排的主动性。着力解决因思想观念陈旧影响道路运输节能减排的矛盾和问题。

20 世纪 90 年代以来,我国的机动车,尤其是小汽车的增长速度太快,发展态势犹如雨后春笋,截至 2011 年 8 月我国的机动车保有量已达 2.19 亿辆,其中汽车保有量超过 1 亿辆,已经跻身进入汽车年生产量和年销售量双超千万辆的汽车大国。平均每千人就拥有 50 多辆汽车。汽车每年消耗大约 85% 的汽油和 23% 的柴油,在城市大气污染中,机动车尾气排放污染贡献率高达 50%,已经成为大气污染的首要污染源。随着生活的不断富裕,收入的不断提高,城市空间的不断扩大,出行距离的不断拉长,先富起来的人对汽车的需求越来越大,仅 2011 年 1~8 月就增加汽车 983 万辆,平均每月增加 123 万辆。面对机动车保有量突飞猛进的增长势头和难以为继的资源和环境困局,必须按照科学发展的理念进行观念更新,按节能减排的要求控制汽车的发展速度,不能让社会为部分人群的“短期行为、局部利益”埋单,不能为“愿意不愿意、高兴不高兴、欢迎不欢迎”高调所干扰,立即着手调整国家汽车工业和交通运输的产业

政策，果断采取调控措施，运用行政手段、经济手段、法律手段对汽车的年生产量和国内销售量实行总量限制，限制非节能环保车型的生产，对汽车消费和使用实行“绿色交通”政策，对道路客运实行“公交导向”的发展战略，对道路货运实行“现代物流”的发展战略。以人类的生存为第一前提，站在对国家和民族，对人类和子孙后代负责的高度，深刻认识节能减排的重大意义，立即采取节能减排实际行动，避免油荒气荒和预防能源环境危机，为人类和社会可持续发展作出应有的贡献。

二、节能减碳是发展低碳道路运输的手段

节能减碳是贯彻落实节约资源基本国策的必然选择。节能减碳行动要贯穿道路运输的全过程，不仅要通过提高道路运输的组织化水平，提高车辆利用效率，改善用能管理，而且要通过技术改造和技术创新，节约燃油消耗，减少尾气排放，降低运输成本。更要通过“管理节能、制度节能和技术节能”的综合应用，挖掘节能减碳的潜力，提高节能减碳的业务技术水平，增强节能减碳的效果，实现阶段性的节能减碳目标。

节能减碳必须运用行政性和法治性的手段。因为只有强制性和约束性管理手段才能发挥“敲山震虎”的威力，才能使节能减碳真正奏效。必须大张旗鼓地在全社会开展节能减碳行动，严格限制道路运输能源消耗和温室气体排放，强制淘汰和报废“环保超限”车辆，更新和限制“环保黄标”车辆，鼓励和发展“环保绿标”车辆。道路运输企业要通过强化道路运输能源单耗考核制度，强制执行《道路运输营运车辆能耗限值标准》。要运用价格、收费、税收、财政、金融等经济杠杆，建立节能减碳长效机制。对实施节能减碳行动有力的企业实行税收优惠政策，对实施节能减碳的科技创新项目给予一定数额的引导资金。要在每年征收的燃油税和车购税中设立道路运输节能减碳专项资金，用于驾驶员节能减碳教育培训和应用推广安全节油驾驶技巧，用于研发推广道路运输节能减碳新技术、新产品和节能减碳监控技术。要通过广泛、深入、持久、有效的节能减碳行动，采取增加车辆使用消费费用，增加车辆上牌领证费用，征收燃油消耗特别税等手段，全民动员多管齐下，遏制道路运输高消耗、高污染的发展势头，从根本上改变道路运输对高碳能源高强度消耗的局面。

发展低碳道路运输是一项民生工程，节能减碳是“工程”的核心，是“工程”的行动纲领。要综合应用节能减碳的各种手段，达到降低单位能耗，减少污染物排放，规范驾驶行为，提高车辆新度系数，提高车辆运行效率，发展结点运输，编织运输网络，建立节能减碳预警机制、实时监控运行动态的目的。克服“物的不节约状态”，消除“人的不节约行为”。

三、“调结构、转方式”是发展低碳道路运输的途径

“调结构、转方式”的核心是发展，目的是提高。这里所讲的“发展”是科学发展，是全面协调可持续发展。“提高”是内生增长的提高，是效用、效能、效率、效益的提高。道路运输业经过改革和创新，运输生产力迅猛发展，服务经济社会能力极大增强，客货运输结构不断完善，在国民经济和社会发展中发挥着越来越重要的作用。但是因为长期受以索取资源为代价的发展模式的影响和制约，道路运输业在发展中出现的“产业大而不强，服务广而不深，行业宽而不稳”的问题愈显突出，道路运输业的发展轨迹出现了偏离重心，类似抛物线的发展态势，已经到了非调整发展政策不可的边缘。因为道路运输消耗了大量的能源和排放了大量的温室气

体，在能源和环境的双重压力下，能源消耗可能支撑不住，环境污染可能容纳不下，社会生活可能承受不起，传统的道路运输不实行“调结构、转方式”就有可能萎缩，有可能衰退，难以保持发展的势头。特别是进入综合运输体系发展的今天，低碳道路运输的发展模式已经成为必然的选择，“调结构、转方式”已经成为发展低碳道路运输的必由之路。

“调结构、转方式”的指导思想决定“调结构、转方式”的政策取向，政策取向是指导思想的结晶。道路运输业只有走“调结构、转方式”的路子，才能提高用能效率、减少尾气排放、降低运输成本和治污费用、降低环境污染贡献率、提高运输经济效益、提高社会环境效益。才能有助于扭转因为能源和环境问题而造成的被动局面，实现道路运输业又好又快的发展；只有走“调结构、转方式”的路子，才能不断增强核心竞争力，在和各种运输方式的竞争中赢得主动权，实现“高效、便捷、安全、可靠、绿色、环保、规范、诚信”的道路运输业的发展目标，提升“三个服务”的能力和水平。

“调结构、转方式”对发展低碳道路运输至关重要，不仅要深化思想认识，在“调结构”中求减排，“转方式”中谋节能，增强加快发展的自觉性，而且要坚定政策取向，在“调结构”中求绿色环保，“转方式”中谋节能降耗，增强加快发展的主动性。

道路运输业“调结构、转方式”，以“两个根本性转变”为根本，以提供有效运输供给为出发点，以提高运输效率为目标，以道路运输业集约化、规模化经营为取向，以提高道路运输业核心竞争力为己任，以发展低碳道路运输为目标，实行理念创新、科技创新、行业创新、体制机制创新，为人民群众提供“服务质量优、安全性能好、满足能力强、满意程度高”的运输服务。

四、创新驱动是发展低碳道路运输的动力

创新驱动是经济发展的一个阶段。“驱动”是指推动经济增长的主动力。创新驱动是继要素驱动阶段和投资驱动阶段以后成为推动经济增长主动力的新阶段。创新驱动可以在减少物质资源投入的基础上实现经济的再增长，是依靠知识资本、人力资本和激励创新机制等无形要素对有形要素的作用，产生的以提高效率为主的内生动力。

低碳化是现代道路运输的本质特征，传统的道路运输业向现代道路运输业发展，必须以“低碳”为核心目标，以创新驱动为主动力，促进知识、技术、企业组织制度和商业模式等创新要素发挥作用，使道路运输人、车、路、站等有形要素在无形要素的作用下，实现以“低碳”为核心的新组合。利用创新的知识和技术，改造道路运输的物质资本，提高从事道路运输劳动者的素质，实行道路运输智能化和信息化管理，提高道路运输的创新能力，驱动道路运输向低碳道路运输的目标前进。

传统道路运输在向低碳道路运输发展的进程中，要从依赖物质消耗实现经济增长转向依靠创新驱动实现经济新增长。要以创新驱动为源泉动力和新生动力，完善科技创新体系，使道路运输的政策导向、管理导向、经营导向、考核导向、利益导向服从于、服务于发展低碳道路运输。利用科技创新成果，优化科技创新环境，建设低碳道路运输的技术公共服务平台、技术成果应用推广平台、创新创业融资平台和人才培养服务平台。要通过创新驱动提高道路运输产业竞争力，并带动整个产业结构优化升级，形成具有自主创新能力的现代道路运输产业体系。要在创新驱动的过程中使道路运输业从集约型经营向“低碳化”经营转变，从“二元结构”向“城乡一体化”转变，运输组织方式实现集约化、专业化、网络化，客货运输实现“零距离”、“零

换乘”和“无缝衔接”。要以创新驱动为主动力,实现道路运输行业间、城乡之间、地区之间协调发展,人与自然之间可持续发展,人与人之间和谐发展。

五、“一高三低”是发展低碳道路运输的目标

低碳道路运输的目标任务就是要通过不懈的努力,达到并实现“一高三低”的标准和规范,即:高能效、低能耗、低排放、低污染。“一高三低”的核心是提高用能效率,任务是以最终减少传统能源为代表的高碳能源的高强度消耗。基本特征表现为在节能减碳的过程中,以减碳为主,以减少温室气体排放为主,节能服从于、服务于减碳。

低碳道路运输通过技术性减碳、结构性减碳、制度性减碳,达到“低碳化”的额定标准。通过供给性减碳、生产性减碳、需求性减碳、消费性减碳实现“低碳化”的社会目的。

发展以“低碳”为特征的道路运输,要以加快转变道路运输发展方式为导向,以加快调整道路运输结构为主线,以组织实施节能减碳行动为抓手,以提高科技创新和技术进步为重点,以建立健全节能减碳规章制度为保障,全面实施稳步推进道路运输节能减碳发展战略。

发展低碳道路运输要大幅度降低二氧化碳排放强度,大幅度降低能源消耗强度,首先要增强节能减碳的责任感和紧迫感,积极贯彻应对气候变化的节能减碳对策措施,认真研究发展低碳道路运输的科学合理模式;制定并实行约束性强制性节能减碳指标,以减碳指标为前提倒排节能指标,强化节能减碳指标的责任制考核;健全节能减碳的法规和标准,严格车辆燃料消耗量准入和退出管理;建立健全节能减碳合同管理制度,实行节能减碳约束和激励机制,加强节能减碳统计监测考核体系建设。要以“一高三低”衡量节能减碳的成效,有效控制温室气体排放,有效提高能源利用效率。

构建低碳道路运输体系是一项艰巨而复杂的跨世纪工程,任重而道远。古人语:“蜀道难,难于上青天”。今人说:“低碳难,难于减二氧化碳”。发展低碳道路运输的大道理虽然人人“明白”,个个“知晓”,都能说个“子丑寅卯”,都认为是“造福人类、造福子孙”大事,是“利在当代、功在千秋”的善事,但是往往停留在口头上,是语言的巨人,行动的矮子,“节能减排”的深刻寓意,很难为人们所认识,很难为社会所重视。当今世界过量的温室气体排放,已经使威胁人类安全的全球气候变暖;过度地开发资源和消耗资源已经成为经济发展的普遍模式;“先污染后治理”的观念已经成为经济社会发展的瓶颈;急剧恶化的生存环境已经破坏全球生态平衡;盲目追求高速度发展已经导致高碳经济如火如荼……综上所述,已经充分表明人类正在经受着气候变化和环境污染的伤害。中国作为世界上最大的发展中国家,在节能减碳中理应发挥重要作用,道路运输业是我国节能减排的重点行业,理应发挥主力军作用,发展低碳道路运输刻不容缓、时不待我,要发扬“愚公移山”的精神,号召全人类、全社会都来参与节能减排行动,形成排山倒海和雷霆万钧之力。我们坚信只要从全社会做起,从全体民众做起,从我做起,从今天做起,低碳道路运输的目标就一定能实现。

以上是笔者思前想后形成的几点思考,不乏有些“雷同”,但在大同中有些不同,在套话中有些新语,其中还有些文字略显偏激。但愿能求同存异,在共同商榷中达成共识,付诸行动,为发展低碳道路运输当一颗鲜为人知的铺路石。

(本文选自2011年第11期《中国道路运输》)

全面、协调、持续发展道路运输的建议

道路运输是一种派生需求，它随着国民经济和社会的需要而发展。道路运输是现代五种运输方式中最为重要的组成部分，是衔接铁路、水路、航空和管道运输不可或缺的运输方式，是实现“门到门”运输无法替代的运输载体。

20 世纪以来，经过全社会的共同努力，道路运输进入了历史上最好的发展时期，道路运输业得到了较快的发展，取得了显著的成绩，为实现跨越式发展奠定了较为扎实的基础；道路运输市场秩序逐步规范，为实现跨越式发展提供了良好的外部环境；面对经济全球化大趋势，道路运输市场将进一步对外开放，为实现跨越式发展带来了新的挑战和机遇。道路运输业在综合运输体系中的基础性作用日益增强。

进入新世纪后，道路运输业发展面临着全新的经济和社会环境，经济社会发展对道路运输业提出了更高要求。而现实中的道路运输业还存在着“道路运输市场既开放又封闭，道路运输市场秩序既有序又混乱，道路运输业的结构调整步伐既快又慢，道路运输安全生产既有喜又有忧，道路运输行业的竞争力既强又弱，道路运输业发展既面临机遇又面对挑战”的六对矛盾，从道路运输业整体发展上看，还远远不能适应快速发展的国民经济和社会对道路运输的要求。

按照全面建设小康社会，“以‘以人为本’和‘人与自然和谐’为理念，树立‘全面、协调、可持续’的科学发展观，建立能力充分、组织协调、运行高效、服务优质、安全环保的道路运输系统，为用户提供安全、便捷、经济、可靠的运输服务。到 2010 年，道路运输紧张状况得到全面缓解，对国民经济的制约状况得到全面改善”的总体要求，道路运输业必须“坚持以发展为主题，立足现实，面向未来，开拓进取，改革创新，进一步提高道路运输业在综合运输体系中的地位和竞争力；坚持以结构调整为主线，发挥市场机制配置资源的基础性作用，实现道路运输的结构优化和产业升级；坚持以培育市场和规范秩序为主要突破口，进一步打破地区封锁，建立全国统一开放、公平竞争、规范有序的道路运输市场体系；坚持以科技进步为主动力，借鉴世界各国的先进技术和管理经验，大力推进道路运输业的信息化进程；坚持以“人便于行，货畅其流”为最终落脚点，不断提高服务质量和管理水平，为国民经济发展提供“安全、优质、高效的运输服务”的跨越式发展的总体思路。

为了实现上述目标和解决道路运输发展中的主要问题，特提出建议如下：

一、加快发展旅客运输，建立安全、便捷、高效、优质的客运网络体系

制订客运发展规划，加快客运网络建设，实现道路客运与公路建设同步规划、协调发展。加强公路建设规划和客运规划的统筹协调，重点解决好客运站场建设落后于公路建设的问题，交通部和各省（自治区、直辖市）应组织制订全国和本省区的城乡客运发展规划；相关省市应联合制订经济区域客运发展规划。

依托全国高速和干线公路网络，以城市客运站为节点，建设高、中、普车型配套，城市公交

与农村客运相互衔接的多层次的全国旅客运输网络。依托高速公路,在中心城市和中等城市之间建立以高档客车为主体的快速客运网络;依托干线公路,在中小城市之间建立以中档以上客车为主体的干线客运网络;依托县乡公路,建立以普通客车为主体的农村客运网络;依托风景名胜区和旅游景点,建立以中高档客车为主体的旅游客运网络。

推广结点运输,加强客运代理、联网售票和结算系统建设。充分发挥道路客运的优势,加强长途、中途、短途道路客运之间以及道路客运与其他客运方式之间的紧密衔接与配合,减少中间换乘距离和次数,拓展服务功能,进一步提高道路客运业在综合运输体系中的地位和作用。

改革道路客运班线行政许可方式,充分发挥市场机制在客运班线资源配置中的作用。逐步建立新增客运班线和新增运力的事前评价制度。由道路运输行业协会,根据市场供求状况对新增客运班线和在营客运班线新增运力进行事前评价、科学论证,并将论证评价结果向社会公布。

建立和健全客运班线招投标制度。制定全国(省、自治区、直辖市)客运班线招投标管理办法,规范招投标工作。可以采用招投标的形式做出行政许可;可以利用议标形式做出行政许可;对于不采用招投标形式做出行政许可的,应建立许可前听证或公示制度,确保行政许可的公正、透明。按照“普遍服务、方便群众、平等对待旅客”的原则,综合平衡、合理分配客运资源,实行“冷”、“热”线捆绑式招投标。客运班线的招投标要坚持“公平、公正、公开、便民”的原则,并将企业经营资质等级、车辆类型及等级、服务质量、安全管理等条件作为评标议标的重要内容,以促进道路运输结构调整,优化客运班线资源配置,提升道路客运服务水平,提高旅客的满意程度和客运班线的社会、经济效益。

实行客运班线经营期限制。从《道路运输条例》实施之日起,所有客运班线实行经营期限制。各省(自治区、直辖市)应根据客运市场供求状况,区别不同客运班线确定经营期限。目前尚未实行经营期限制的从“条例”实施之日起确定经营期限;已经通过招投标明确经营期限的,从经营期限期满后,应当重新确定经营期限。大力推进农村客运网络化,加快实现城乡客运一体化。

认真贯彻党中央、国务院对“三农”问题要“多予、少取、放活”的要求,做好发展农村客运的规划,力求农村客运与农村公路同步规划,协调发展。加大政府对农村客运基础设施的投资力度,重点向西部和“老、少、边、穷”地区倾斜,加快农村客运基础设施的建设;在改造县际和农村公路的同时,建设经济适用的农村客运站。

提高农村客运班车的通达率和覆盖率。农村公路通达三个月内开通乡村客运班车。以“安全、方便、经济”为基本要求,选择适合乡村客运市场需求、安全性较好的车型投放乡村客运市场。

整顿农村客运市场,强化运输安全监督。杜绝拖拉机、农用车、货车从事客运。鼓励客运企业“车头向下”,开拓乡村客运市场。鼓励运输业户联合联营,实行自律性的公司化经营。

对农村客运实行优惠政策。积极争取有关部门和地方政府的支持,减免乡村客运税费;在一定时期和范围内,适当减免乡村客运车辆的交通规费。

加快客运车辆更新改造,提升客运服务质量。客运要适应经济、社会发展,树立“以人为本”的理念,建立服务质量评价体系。降低通行费和养路费的收费标准,减免仅在高速公路上行驶客运班车的养路费，鼓励道路运输企业发展技术先进、性能良好、高效低耗的大型高级客车，加速淘汰能耗高、性能差的客车，发展公用型运输车辆。改善旅客乘车条件，提高服务质量，确保诚实信用，维护旅客合法权益，提供安全、可靠、及时、方便、舒适、优质的运输服务。

鼓励客运经营者以客运班线为纽带，以自律为基础，按照守法、利民、公平、公正的原则，实行公司化经营或合作、合伙经营，提高客运班线整体效益，减少或消除恶性竞争，方便人民群众。

建立旅客应急运输保障制度。确保在节假日期间（特别是长假期间）客流集中时期、重大疫情和灾害等特殊时期的旅客运输。道路运输企业要根据客流变化情况，在企业内调配客运班线的运力、增加或减少班次，要事前向社会公示，并向道路运输管理机构备案。

二、加快发展货物运输，建立安全、便捷、高效、优质的货运网络体系

依托高速公路和干线公路，以信息网络为纽带，发展快速货物运输。以中心城市和公路主枢纽为龙头，以信息网络为纽带，以商品集散地和大型厂矿、重点港站为依托，建立与铁路、水路、航空运输方式相衔接的道路快速货运网络。加强货运场站的规划、建设与公路和城市的规划、建设之间的统筹协调，货运场站的规划布局与配套功能应充分考虑道路货物运输批次多、批量小、价值高、随机性强、分散度高的需求。

加强货运信息网络建设，发挥信息技术在提高货运组织化程度中的作用。鼓励和引导企业运用现代信息网络技术，建立货运信息系统。引导集装箱和危险货物、冷藏保鲜等特种运输的发展；鼓励道路货运企业发展结点运输、甩挂运输、多式联运等高效运输组织方式，提高货运组织化程度，培育和开发新的经济增长点。

制订有关交通事故、自然灾害以及其他突发事件的道路货运应急预案，确保突发事件应急运输。

引导和鼓励传统的道路货运企业发展第三方物流。按照国家有关加快发展现代物流的政策，积极培育和发展现代物流市场，加强对道路货运发展现代物流的指导，建立相应的制度、标准。引导道路货运企业以提供延伸服务和增值服务为切入点，拓展仓储、包装、装卸、搬运、流通加工、配送、信息处理等多种服务功能和经营范围。引导传统的道路货运企业由单一的道路运输承运人向现代物流经营人转换，大力发展现代物流。积极推进利用现代物流技术改造传统的道路货运业，构建道路货运信息网络，提高道路货运信息化程度。加强对全国物流试点工作的指导，及时总结经验，加快企业物流向物流企业转化的进程。

降低规费征收标准，促进货运车辆结构调整，鼓励发展封闭式运输。运用经济手段，实行差别费率，降低多轴大型货车和封闭式厢式货车通行费和养路费的收费标准，鼓励发展专业化、公用型运输。要认真贯彻落实《道路车辆外廓尺寸、轴荷及质量限值》这一国家强制性标准，加快货运车辆结构调整，推进甩挂运输，发展封闭式运输，提高货运厢式化程度，为建立以集装箱车和厢式货车为主的快速货运系统奠定基础。

三、拓宽投资渠道，加快道路运输站场建设；实行“站运分离”，营造更加公平公正的竞争环境

加强道路运输站场建设发展规划工作，使站场建设与公路和城市建设协调发展。结合制订国家高速公路和干线公路规划，编制国家和省（自治区、直辖市）道路运输站场规划。各地

区、市县的道路运输站场规划布局和建设规模，要经过科学论证，充分考虑经济、社会的发展和运输市场的需求，与城市总体规划同步进行，协调发展。新建或改建客运站场要尽量减少换乘距离，方便旅客。货运站场的规划建设要结合货源集散地，方便货主托运，便于各种运输方式衔接。

调整投资结构，拓宽投资渠道，加快站场建设。加大政府资金对站场建设的投入，建立客货运输站场建设资本金，实行滚动发展，尽快扭转客货运站场数量偏少、设施陈旧、管理落后的局面。道路运输站场是为社会公众出行和货物集散提供服务、具有公益性的基础设施，应遵循“统筹规划、分级负责”的原则，分别不同地区采取不同的投融资政策进行建设。国家和地方应当适当调整公路和站场投资结构，增加站场建设的投资比例。对西部地区和贫困地区，政府资金投入的比例应当有较大的提高。各级交通主管部门要将70%以上的道路客货运附加费用于道路运输站场建设。政府资金投入应建立回收机制，并应体现“国民待遇”原则，补贴对象不分所有制性质和经济成分。

充分运用市场机制，广泛吸纳社会民间资金，实行投资主体多元化。鼓励和吸引国内和境外资金、民间资本投资站场建设。中心城市的公用型道路客运站设施建设，可以采用特许经营的方式，通过招投标确定项目业主，按照所有权和经营权分离的要求，明确项目业主的经营期限，经营期限届满后，继续运用招投标方式选择客运站经营者。

调整客运站场的投资和管理机制，营造公平、公正的市场环境。对社会开放道路客运站(含公用型客运站)是有限的公共资源，其一定程度的垄断性和公益性要求其经营必须公平、公正，应当改进道路客运站管理的方式，实行“站运分离”。

新建的道路运输客运站都要以独立法人的身份经营，对社会开放，公平对待使用客运站的经营者。客运企业对社会开放的客运站实行“站运分离”可以从实际出发采用多种方式：将客运站经营权和旅客运输经营权分离，客运站作为法人自主经营；实行客运站产权所有者，客运站经营者和旅客运输经营者“三分离”，客运站经营者向客运站产权所有者租赁客运站，独立经营，自负盈亏，但不得同时经营旅客运输。

四、深化国有道路运输企业改组改制，加快推进道路运输结构调整，完善道路运输市场体系，规范道路运输市场秩序

积极推进国有道路运输企业实行股份制改造，引导大中型道路运输企业进行资产重组和产权结构调整。搞好国有大中型道路运输企业改组改制是构建现代企业制度的重要基础，要按照国家有关政策的要求，积极推进国有道路运输企业的产权结构调整，完善国有资本有进有退、以退为主和合理流动的机制。大力发展国有资本、集体资本和非公有制资本参股的混合所有制经济，鼓励多种经济成分投资道路运输业，实现道路运输业投资主体多元化，逐步使股份制成为道路运输业公有制的主要实现形式。要不断提高公有制经济在道路旅客运输和危险货物运输中集约化经营水平，要不断增强公有制经济在道路集装箱运输、特种货物运输和突发事件应急运输中的规模化经营能力。

道路运输业实行股份制改造应严格执行国家《关于规范国有企业改制工作的意见》的有关规定。要正确处理企业改组改制和发展稳定的关系，切实保障职工的合法权益；要按照建立现代企业制度的要求，完善公司法人治理结构；要有利于实行公司化经营、增强企业的竞争力，提高道路运输市场主体的集中度；要实行市场化运作，依法保护各类产权，不论企业所有制性

质如何，都要防止各种形式的国有资产流失。各级交通主管部门应加强调查研究，要会同或协助有关主管部门和企业对国有资产进行科学评估，制定改革方案，做好企业改组改制工作。

继续推行并完善道路运输企业经营资质制度，加快道路运输企业结构调整。企业经营资质制度是促进道路运输企业实现集约化和规模化经营的有效途径和手段，应当继续坚持和完善。要通过经营资质评定，引导道路运输企业规范经营、公平竞争，优化道路运输资源配置，调整企业结构和运力结构。鼓励优势企业进行跨地区、跨行业之间的资产重组和并购，优势互补，联合集中，实行品牌连锁合作经营。鼓励企业做优、做大、做强，推进企业向集约化、规模化、网络化和品牌化方向发展。提高道路运输市场主体的集中度，促进具有全国性网络并主导行业发展方向的骨干企业集团的形成和发展。

统一企业经营资质评定标准，将交通部颁发的《道路旅客运输企业经营资质管理规定》和《道路货物运输企业经营资质管理办法》修订为《道路运输企业经营资质行业标准》，制定企业经营资质管理规范，使经营资质的评定和管理工作制度化、科学化、规范化。

由道路运输行业协会负责经营资质评定工作，评定结果应在媒体上公告，并发给经营资质证书。道路运输管理机构可以按照经营资质等级，核定或调整经营范围和作为招投标运输的基本条件。要加强企业经营资质评定的后续监管工作，把企业的诚实信用情况和安全生产考核记录作为对经营资质等级实行动态管理的重要依据。

打破市场壁垒，加快建立全国统一开放、公平竞争、规范有序的道路运输市场体系。坚决打破任何形式的地区封锁和部门保护，废止妨碍公平竞争、设置行政壁垒的各种规定，任何单位和个人不得封锁或者垄断道路运输市场。不论企业的所有制性质和隶属关系，不分地域，都允许进入道路运输市场从事与其经营资质等级相适应的运输经营活动。结合贯彻《道路运输条例》，整顿道路运输市场，规范市场秩序。

取消客运班线招投标的地域限制，鼓励具有经营资质的客运企业异地参加客运班线投标；取消客运班线的“对等对开”规定，鼓励有条件的道路客运企业先行开通客运班车或新增运力。

建立以道路运输企业和从业人员信用征集体系、信用市场监督管理体系和失信惩戒制度为主要内容的道路运输企业诚实信用管理制度。道路运输管理机构要加强信用监督，根据企业诚实信用情况进行奖励和惩戒，并在媒体上定期发布道路运输企业诚实信用的有关信息。对连续多年诚实信用表现优秀的企业可授予一定荣誉，在同等条件下可优先发展新的运输项目，优先获取客运班线的经营权；对诚实信用表现度低劣的企业予以公告，并限期整改，失信严重的应当给予严厉惩戒。

道路运输行业协会是道路运输市场体系的重要组成部分。加强行业协会建设，进一步发挥其行业自律和协调服务功能。要指导并支持行业协会发挥行业自律和协调服务功能，拓展服务领域，提高服务水平。

行业协会要组织和鼓励道路运输经营者自我管理，自我约束，实行行业自律，继续深入开展文明行业创建活动；要面向行业和会员，提供政策法规、业务技术、信息咨询、职业资格培训等服务，承办好政府委托的各项工作，充分发挥桥梁纽带作用。

五、大力加强道路运输管理机构建设，提高管理和执法水平

以道路运输管理机构体制改革和机制创新为重点，加快转变职能的步伐。在全国范围进

行道路运输机构改革。按照国家有关法规和要求，实行政企分开，与所属的企业彻底脱钩，加强经费开支预控，加强财务管理，严格“收支两条线”管理制度。加强道路运输机构的编制管理，制定机构编制标准，统一道路运输管理机构的名称和设置，促进各级道路运输管理机构转变职能、精简机构和人员，提高工作效率。

制定道路运输管理人员的基本条件和标准，参照公务员管理的规定，实行公开招聘、择优录用。对道路运输管理人员加强政治思想教育和业务培训考核，实行执法资格管理和持证上岗制度。加强道路运输管理队伍的职业道德建设，提高管理人员的政治和业务素质，建设一支“政治坚定、业务精通、纪律严明、作风优良”的道路运输管理队伍。

推行政务公开，加强执法监督，规范道路运输执法行为。各级道路运输管理机构都要按照公平、公正、公开和便民的要求，实行政务公开制度，构建电子政务系统，严格执法程序和管理。自觉接受社会和群众的监督，提高执法能力和水平，切实保护公民、法人和其他组织的合法权益。认真落实执法监督各项规定，严肃查处道路运输管理人员滥用职权、徇私舞弊及经商办企业的行为。

加强道路运输法制建设，建立和健全道路运输法规体系。要加大道路运输立法的力度，提高道路运输立法质量，抓紧研究制定与《道路运输条例》相配套的各项规章制度。做好本地区道路运输立法工作，完善以《道路运输条例》为龙头的道路运输法规体系，为道路运输行业的发展提供法律保障。

六、完善“一个机制”、突出“两个重点”、实行“五项制度”，构筑道路运输行业安全预防和保障体系，提高道路运输安全水平

运用市场准入、监管和退出机制，强化道路运输安全管理。认真贯彻道路运输行政许可中的安全条款，把道路运输企业承担安全责任的能力，作为企业进入、退出市场和确定企业经营范围、经营规模的重要条件，严禁没有安全保障和达不到安全条件的企业经营道路运输及相关业务。加强对企业安全管理的监督，严格执行道路运输安全生产、安全责任等各项管理制度。把企业的安全管理作为企业经营资质管理的重要内容，达不到安全要求、安全问题严重的应当取消其经营资格。

以道路客运和危险货物运输为重点，加强道路运输的安全管理工作。安全是道路运输行业管理和企业管理永恒的主题，必须常抓不懈。各级交通主管部门应建立健全安全监督管理的机构和规章制度，强化对旅客和危险货物运输安全的监督管理。必须建立安全生产责任制，安全生产预警制和重大安全责任追究制，完善安全管理制度和安全生产操作规程。企业要加强从业人员的安全教育和培训，重要岗位实行持证上岗制度，配备确保安全生产的相关设备，提高安全管理水平。

客运企业和客运站要以确保旅客安全为重点，健全安全管理组织，充实管理人员，明确安全责任，严格实行车辆检查检测制度，认真落实消防安全和治安保卫制度，切实做好危险品查堵工作，消除运输安全事故隐患。

危险货物运输企业要以易燃、易爆、剧毒化学危险品运输为重点，加强安全管理组织建设，加强安全生产制度建设，严格执行危险货物运输装卸安全操作规程，严格实行道路危险货物运输岗位责任制，实现道路危险货物运输规范化、制度化。鼓励具有道路危险货物运输经营资质

的企业拓展业务，用小型（核准载质量2吨以下）、微型（核准载质量0.5吨以下）货车（危险品专用）从事小批量危险货物运输或城市危险货物配送。

加大道路运输安全科技研究和开发力度，研制道路交通事故紧急救援系统，采用先进技术和设备提升安全水平。

实行"五项制度"，把道路运输安全工作落到实处。继续坚持"三关一监督"的安全工作制度。切实把好道路运输企业市场准入关、营运车辆技术状况关、从业人员特别是驾驶员、危险品运输的押运员、装卸及管理等人员的资格管理关。强化道路运输市场的监督检查，对达不到安全生产管理要求的道路运输企业、营运车辆和从业人员，实行"一票否决制"。

对道路运输企业实行安全认证制度。结合贯彻《道路运输条例》和国家有关安全生产工作的方针政策，尽快研究制定道路运输企业安全认证的行业标准和配套的管理制度，着力提高道路运输企业和行业的安全管理水平。

对机动车维修实行质量保证期制度。尽快制定并实施质量保证期制度及其配套的规章，规范汽车维修和检测的行业管理，提高从业人员专业技术和维修装备水平。严禁使用假冒伪劣配件维修机动车，严禁维修报废的机动车，严禁擅自拼装、改装机动车。

对驾驶培训机构实行资格管理制度。制定驾校资格管理标准和办法，保证教学质量，严格培训和考试制度。对驾培机构的教练员和营业性驾驶人员定期组织业务技术培训和考试，考试合格者由道路运输管理机构发给从业资格证书，实行行业自律管理。

建立公路工程安全保障制度。在认真总结实施公路安全保障工程经验的基础上，研究制定公路工程安全保障制度。通过强化公路工程建设中的设计、施工和养护等环节的管理，提高公路安全设施的功能和服务水平；重点改善山区公路、坡陡弯急等事故频发路段的安全防护设施，提供良好的行车安全环境。

七、积极推进道路运输科技进步和技术创新，增强道路运输可持续发展能力

多渠道筹集资金，加快道路运输信息化进程。结合建立道路客货运输网络，国家和各省（自治区、直辖市）应当分别研究制定全国和地方的道路运输信息网络建设规划。要按照"谁投资、谁使用、谁受益"的原则广开渠道，多方投资，加快信息系统的建设。要研究开发道路智能交通系统（含地理信息系统、电子数据交换系统、道路运输应急系统、出行信息服务系统、联网售票和财务结算系统）、物流信息系统和道路运输、运政、车辆管理信息系统，构建全国性和区域性的道路运输信息网络，实现道路运输智能化、信息化。

鼓励节约能源，提高能源利用水平，减轻对环境的污染。积极采用新技术，降低道路运输能源消耗和环境污染；积极推广使用节能型的运输车辆；大力推广标准化运输、甩挂运输等新工艺，发展封闭式、厢式货运和集装箱运输；引进开发高档客车和大型专用货车的成套技术；积极引进国外先进的物流技术和装备，推动现代物流的发展。

鼓励发展以天然气、液化气为燃料的环保型车辆，逐步使用无铅汽油为主要燃料，倡导利用雨水和循环水清洁车辆。加大科技资金投入，开发适合现代汽车维修业使用的汽车保修、检测设备，推广汽车排放治理的维护检查技术和清洁燃料车改装维修技术。

（本文选自2012年第8期《中国道路运输》）

建立健全运输经济运行分析机制的对策和措施

运输经济运行分析机制是一项系统工程,涉及运输经济运行全过程的指标体系、数据的采集方式、分析方法和预决策等多个方面多项内容。运输经济运行分析的成果可以为政府及主管部门决策提供准确的参考,为运输经济又好又快,健康、持续的发展提供有效的帮助。建立健全经济运行分析机制要结合运输生产力发展水平的实际,遵循运输经济发展的规律和运输生产发展的规划布局,采取相应的对策和措施:

一、加强领导、健全组织、规范管理是建立运输经济运行分析机制的重要保障

1. 建立运输经济运行分析机制,是一项系统工程,对于确保国家有关调控政策的落实,提高宏观和行业管理的预见性、灵活性和针对性,促进运输行业健康发展意义重大。要加强对运输经济运行分析工作的组织领导,建立健全运输经济运行分析机制,制定运输经济运行分析规章制度,确保责任到位,工作任务分解落实到位。

2. 运输经济运行分析要建立健全管理网络和管理体制。要采取"统一归口,分工协作"的原则,运输主管部门要加强统筹协调和政策引导,切实把运输经济运行分析工作列为加强运输行业发展的重点工作。加强指导监督,及时搜集、汇总、整理、分析行业的运行统计数据和材料,编写相关经济运行分析报告。运输企业要依据任务分工,积极参与运输经济运行分析工作。

3. 以运输经济运行分析主要季度为频度,重点对每年一季度、上半年、三季度、全年的行业经济运行情况进行分析,其中一季度分析应对上半年走势进行预测,上半年分析应对下半年走势进行预测,三季度分析应对全年走势进行预测,全年分析应对下一年度进行预测。具体可根据运输行业管理和运输行业实际运行情况,适当调整频度。

二、建立健全经济运行分析指标体系

运输经济运行分析指标体系要在运输经济运行分析中不断创新。根据运输经济的运行情况及时调整补充完善指标体系。运行分析的专业指标体系,力求所列指标能反映被分析对象的一般特征和行业特色。

1. 经济运行分析指标要适应运输发展需求。指标数据要采用反映运输经济运行的基础数据,数据采集要运用可操作性强的方法和途径,所有数据都要力求准确可靠。

2. 在确定运输经济运行分析的指标体系时首先应当使设计的指标能够反映行业和项目的基本特征。指标的安排上既要有总量指标,又要有要素指标;既要有经济指标,又要有物量指标;既要有数量指标,又要有质量指标;既要有目标对象的状态描述的写实指标,又要有在行业或国民经济定位指标。写实指标应当将目标对象的总体状况描述清楚。

3. 在指标的设计上应当反映不同运输方式、运输工具、运输组织形式的专业特征。专业指

标往往能够反映行业的发展水平和发展能力,是对行业长远发展能力的检测基础。这类指标在设计时除考虑专业特色的指标本身外,还要对该指标产生影响的变动因素设立相应的辅助指标。运输经济运行分析的数据需要依靠指标体系进行分类,运输经济运行分析中分析指标的确定要准确。

三、建立健全数据采集机制的途径

数据采集机制主要由数据源的确定、数据采集的组织方式、采集的方式方法、相关技术保障措施等构成。

数据源的确定要以经济运行产生最原始资料的环节作为数据源采集数据,以保证数据资料的真实完整。

组织方式的确定表明了具体数据采集工作的架构及方向,它根据运输经济运行分析和检测的需要制定。有效的组织方式是能否进行有效经济运行分析的决定因素,理顺组织方式,配备专业人员在数据的统计和采集过程中是必不可少的要素。

数据的采集方式方法应当根据具体的工作目的确定采集方式方法。可以分为固定采集和随机采集。应用于常规分析的数据必须采用固定采集的模式,定时、定点采集数据。动态的、热点的问题分析可以采取随机的模式,采用具体专业的方式采集数据。

在具体数据采集过程中要充分利用科技手段和信息网络技术,大量的数据采集和整理依靠手工容易产生误差,且工作效率无法保障,利用现代信息网络技术是提高效率,是促使运输经济运行分析更能适应运输经济发展的必由途径之一。

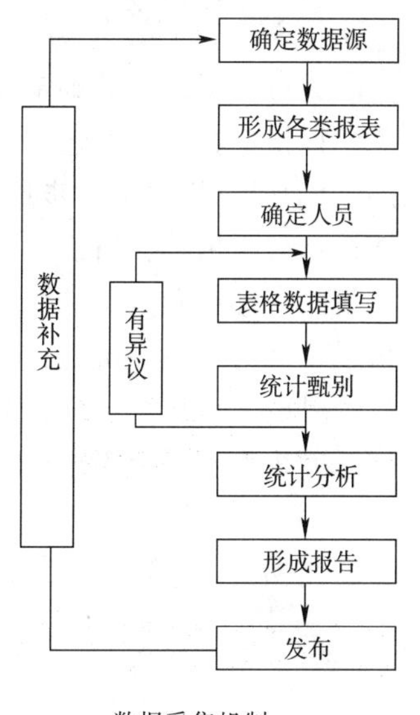

数据采集机制

四、建立健全经济运行分析信息加工机制和成果应用发布机制

1. 运行分析信息加工机制主要由分析的重点、分析的具体内容、加工分析的组织建设和信息加工标准化构成

运输经济运行分析涉及诸多方面,为增强工作的时效性和针对性,分析的重点应包括三个方面:宏观经济政策的影响分析,实时反映市场波动;各项指标数据进行纵向和横向比较分析,量化影响效果;预测行业未来发展趋势,研究制定相关指导意见,确保行业又好又快发展等。

分析的具体内容包括四个方面:对运输行业统计报表指标数据进行分析,衡量发展规模和供给能力、服务能力、服务水平;对运输市场时效性数据进行分析,反映市场动态和市场景气,发展趋势;对重点关注的运输安全、节能减排、应急保障指标进行重点分析,掌握运输行业发展质量;对纵向和横向指标进行分析,反映运输行业自身和在国民经济、综合运输体系中的地位作用。

信息加工分析机制主要解决组织化建设和加工分析标准化建设的问题。组织建设主要建立加工分析的组织机构、标准化建设主要解决加工分析部门职责,加工分析标准和分析报告形式。

2. 成果应用发布机制

运行分析应用成果主要由年度运输经济运行分析报告、月度运输经济运行分析报告、专题运输经济运行分析报告和实时发布写实信息构成。

运行分析成果发布形式主要由发布主体和发布载体构成。发布主体主要有省级交通运输部门、市级交通运输部门、县级交通运输部门、行业协会和中介组织、相关运输企业。发布载体主要由年度运输经济运行分析报告、月(季)度运输经济运行分析报告、专题经济运行分析报告构成定时发布写实性信息。

五、科学应用运输经济运行分析的方法和相关技术

通过指标体系的确定及数据采集机制的合理途径,从而获得符合运输经济运行分析的相关数据指标数值。而运用具体的分析方法对数据指标进行合理分析是对数据指标的深层次的加工,通过分析将进一步扩大相关指标的指向性,更能直观地反映经济发展的态势。对运输经济运行分析依据分析的时间可分为日常分析、定期分析和专项分析。日常分析主要针对数据采集的合理性及数据的可信度开展;定期分析主要针对特定期间经济运行的状态开展;专题分析主要针对运输经济运行过程中出现的特定事项,根据运输经济运行的需要而开展。具体分析是可以采取比较分析、因素分析等多种分析工具,从而使分析的结果更具可信度。运输经济运行分析的结果应当通过定向报送和公开发布等方式向相关政府、行业管理部门、企业和社会公开,为相关利益团体决策提供依据。运输经济运行分析和运输经济运行决策之间要形成良好的互动,使运输经济运行分析的结论能真正成为运输经济预决策的重要依据。

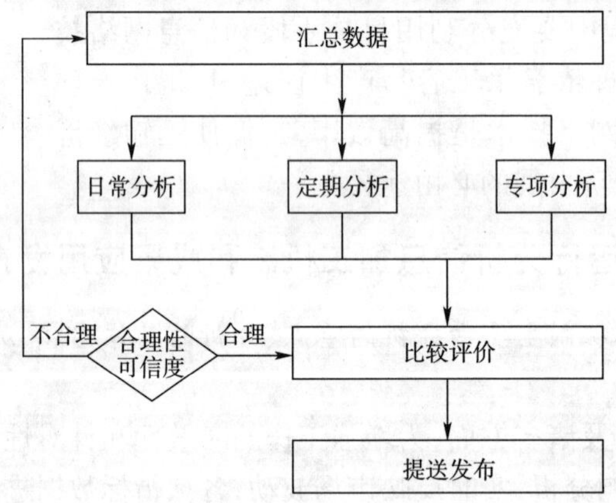

运输经济运行分析方法

在运输经济运行分析中应用预决策技术首先要提高对预决策的认识,其次要掌握预决策的技术,第三要建立健全预决策组织和行为规范,第四要制定预决策制度。使运输经济运行分析的过程中应用预决策技术规范化、制度化。

六、建立健全运输经济的分析机制的对策和措施

1. 统一思想认识,加强组织领导

运输经济运行分析工作应当从改革和创新管理体制入手,健全管理制度和规范管理行为,建立专门机构、配备专业人员、构建指标体系、强化采集机制、畅通发布渠道。要以新技术、新

方法创新运输经济运行分析机制，建立定期采集、定期分析、定期发布和日常分析、定向分析、专题分析的管理制度，准确把握运输经济发展的脉络。

2. 完善法规政策，健全运行机制

为了加强对经济运行分析、统计数据采集机制的调查研究，推进运输经济运行分析工作的制度化、科学化、规范化建设，要健全政策、完善法规，保障相关运行的权利，明确其应尽的义务，将数据采集、运行分析和预决策工作纳入到法规保障体系中。建议出台《运输经济运行分析实施意见》和《运输经济运行分析管理办法》，健全运行机制，发挥运输经济运行分析的职能，使运输经济运行分析工作的水平不断提高。一是建立定期分析、综合分析、专项分析和预测分析相结合的调控分析机制；二是建立健全运输经济运行分析的长效工作机制；三是建立统计数据，全面分析运输形势，实现信息共享，为领导和部门提供更加快捷、全面的信息服务；四是建立跟踪监测和反馈落实的监管机制，对于运输经济运行分析工作中发现的重大问题，要尽快组织研究解决，解决不了的要及时反映。不能把运输经济运行分析当成一次性任务，做完就完，而是要及时跟踪解决发现的问题，把运输经济运行分析工作落到实处，真正发挥运输经济运行分析这一科学工具的功能。

3. 提高人员素质，加强队伍建设

对运输企业的经济分析负责人进行专门的培训，详细学习运输经济运行分析的目的、内容和重点的学习了解运输经济运行分析的指标体系、组织方式、运行模式。运输管理部门制定切实可行的调查上报制度，采用运输经济运行统计专题调查的形式，深入运输企业内部进行调查，定期和企业进行经济分析工作交流。切实加强统计信息的基础工作，一是要坚持实事求是的原则，坚决维护经济运行数据的严肃性和权威性，确保数据真实可靠；二是要注重时效，提高统计数据的利用效率。分析报告需严格按照部里要求的时间报送。

要尽快建立健全运输经济运行分析机制组织体系，落实具体组织实施的部门、人员，建立运输经济运行分析例会制度，确保工作规范化、制度化；相关工作人员要进一步加强对运输经济运行分析的目的、内容和重点的学习，了解运输经济运行分析的指标体系、组织方式、运行模式，为今后开展工作，提高运输经济运行分析质量和效率奠定基础。同时，加强与统计、发改、能源等部门和团体的沟通协作，了解这些行业的发展情况和相关经济数据，结合运输经济运行情况进行全面研究。

4. 依托信息技术，提高数据质量

要完善运输管理信息相关软件系统，为实现数据实时录入、实时上传，提高数据采集的准确性，减轻信息采集人员的劳动强度，提高效率，加强数据信息化管理，强化数据的审核，评估，不断提高数据的准确性、科学性和权威性。

尽快建立起运输经济运行分析工作相关网站，及时公布相关信息和有关材料。要充分发挥这一平台的作用，实现资源共享，并深入挖掘数据，使政府、企业以及个人可以方便地查询到所需信息。

5. 做好调查研究，重视统计工作

实现运输统计工作功能和目标定位的转变。在计划经济时代，统计的基本功能是检查计划的执行情况，因此，统计主要是跟着计划走。在市场经济体制建立后，政府职能要转变，主要采用政策指导、信息引导的方式来进行行业管理。所以，可以将运输统计工作功能和目标定位为“为行业管理和政策制定服务，为社会公众提供交通运输信息服务，为提高政府部门行政行为的透明度服务”。

健全和完善现有的统计网络体系，为调查研究工作提供组织保障。要建立以运输管理机构的统计机构为纽带的统计体系，专门负责运输统计工作，其他机构和组织不再做统计工作。这既可提高统计工作的地位，保证统计数据的可靠性，又实现对统计数据的统一管理，提高统计数据的利用程度。此外，要设置专门的统计经费。组建成熟的调查队伍，提高统计人员素质。

完善统计指标体系。运输统计指标的内容、范围、计算口径应顺应市场经济的进程和特点，适应运输经济运行分析的需要，建立一套满足运输企业经营管理、运输管理和调控需要，尽可能反映交通运输行业产出成果、生产效率、发展趋势、可持续发展与国民经济发展之间关系等各方面的内容，有利于反映运输行业与国民经济关系的运输统计指标体系。统计指标的设置要考虑国有经济、集体经济、股份制经济、个体经济以及一些其他经济类型的管理需求；也应更具灵活性，能反映不同状态、不同时间、不同运输工具的运行情况；还应考虑数据收集是否方便、准确，能否全面地反映整个运输行业的整体情况，以及与国民经济的关系。

6. 列出专项经费，提供资金保障

运输经济运行分析工作是一项平淡无声的系统工程，不仅内容多，涉及面广而且环节多，情况复杂多变，需要占用耗费大量人力和物力。要建立专门组织，配备专门人员，购置设备器材，采集大量数据、开发相关数据采集系统，都要有一定的经费作保障，建议从燃油税和车辆购置税中列出运输经济运行分析工作的专项经费，用于专业设备配备、信息采集和信息提供人员的培训、项目研发等，为运输经济运行工作的顺利开展提供资金保障。

（本文选自 2013 年第 12 期《中国道路运输》）

调研报告篇

建立完整、统一、精简、高效道路交通管理体制的必要性和迫切性

一、新世纪道路交通面临的新任务

20 世纪即将过去,在这世纪之交,党的十五大制定了把建设有中国特色社会主义事业全面推向 21 世纪的行动纲领,我国的国民经济和社会进步将进入一个崭新的发展阶段。从现在起到下世纪的前十年,是我国实现第二步战略目标,向第三步战略目标迈进的关键时期。我国的经济体制和经济增长方式将发生根本转变,"九五"计划和 2010 年远景目标要如期实现,国民经济将保持持续快速健康发展的态势。到那个时候我国的经济总量和综合国力将会得到极大的增长和增强。国民经济的快速发展必将促进社会的更快进步,国家的科技、教育、文化、卫生、体育等各项社会事业一定会取得更加辉煌的成就;我国人民生活水平将继续得到提高,逐步跨入小康行列,人们生活中的四大要素——衣、食、住、行将会发生更大的变化。国民经济和社会发展的新形势必然对道路交通事业产生直接而深远的影响。一方面经济和社会的快速发展将为道路交通事业的发展提供更多的人力、物力和财力支持,国家把道路交通事业列为国民经济发展的战略重点将为道路交通事业的发展提供强有力的政策保障和更为广泛的社会支持。另一方面经济与社会的快速发展,必然在客观上对道路交通事业在数量上和质量上提出更高的要求。我国的道路交通事业虽然取得了长足的发展,道路运输网络已经有了初步的基础,但总体上仍处于比较落后的状态,要满足新世纪国民经济和社会的快速发展及人民生活水平提高的需要,面临的任务是十分繁重和艰巨的。

从根本上改变我国道路交通运输的落后状况和被动局面,实现道路交通运输现代化,是一个渐进的历史过程,要经过几代人的艰苦奋斗。从社会主义初级阶段道路交通的实际来看,大致需要经历三个阶段:第一个阶段,从"瓶颈"制约、全面紧张走向"两个明显"(即交通运输的紧张状况有明显缓解,对国民经济的制约状况有明显改善);第二个阶段,从"两个明显"到基本适应,这个目标争取到 2020 年左右实现;第三个阶段,从基本适应到基本实现现代化,这个目标要在 21 世纪中叶即新中国成立 100 周年的时候达到。这与我国国民经济基本实现现代化是同步的。到那时,我国道路交通运输的发展水平将进入中等发达国家行列。

要完成上述道路交通发展的历史任务,必须从建设全国统一的综合交通运输网络体系出发,研究道路交通发展战略和产业政策,研究道路交通在综合运输体系中的地位和作用,研究道路交通产业结构调整变化中的影响和对策,研究国际国内道路运输市场发展趋势和科技进步对道路交通的影响等。坚持行之有效的"好规划、好机制、好政策",并保持其连续性和稳定性。依靠科技进步,充分发挥科学技术第一生产力的作用,转变增长方式,实现道路交通输现代化。

据预计,到2010年,国民经济和社会发展对道路交通运输的需要将有迅猛的增长:道路客运量将达到263亿人次,旅客周转量将达到12642亿人公里,与1997年相比(下同),分别增长230.7%和243.9%;货运量将达到170亿吨,货物周转量将达到9400亿吨公里,分别增长171.7%和182%。要充分满足新世纪国民经济和社会发展对道路交通运输迅速增长的需求,道路交通运输生产力必须有一个极大的发展。

1. 要进一步加强道路交通基础设施的规划、建设、维护和管理

道路交通基础设施是道路交通运输最基本的支撑条件。当前,我国的路网密度和质量仍处于滞后状态,突出的问题是技术等级低、通行能力小、抗灾能力弱。进入新世纪,要极大地提高路网密度和质量。要以建设高等级公路特别是高速公路为重点,建成覆盖全国的高等级公路主骨架和45个公路主枢纽。到2010年,全国公路通车里程要由现在的118万公里增加到136万公里,其中高速公路要达到1.5万公里。具体来说,要通过对现有公路的改造,提高公路等级,实现道路交通运输能力增长方式的转变,同时要新建一批新的公路。通过新建和改造,形成"三纵、两横、两条干线"公路为骨架的公路网络。"三纵"是指黑龙江同江至海南三亚、北京至珠海、重庆至广西北海三条贯穿南北的主干公路线;"两横"是指江苏连云港至新疆霍尔果斯、上海至四川成都二条横贯东西的主干线公路;"两条干线"是指北京经天津、济南至上海和北京经山海关至沈阳的两条主干线。这个公路主骨架的建成将极大地改善和提高我国公路网的质量和通行能力,为沟通东西部地区和周边国家的经济联系,促进西北、西南和少数民族地区经济发展,发挥重要的保障作用。与此同时,还要大力加强与之配套的公路网络的建设,大力加强为之服务的车辆救援网络的建设,大力加强原有国、省道干线的技术改造和路面养护,确保其完好和畅通,发挥公路的应有的和潜在的通行能力,以缓解道路运输增长迅猛同基础设施建设周期长而不相适应的矛盾,使道路运输的增长主要走内涵发展的道路,这也是道路运输能力转变增长方式重要的方面。

2. 要进一步加大道路运输车辆的投入,努力改善运力的技术结构

根据新世纪社会对道路交通运输需求的增长速度,道路客货车辆应当有相应比例的增长。今后5~15年内,客货车辆将在目前1100万辆左右,到2000年增长到1600万辆左右,年均增长率15%,其中客车尤其是小客车的增长比例将大于货车,载客汽车保有量将达到950万辆左右:到2010年客货车辆将增长到3500万辆左右,载客汽车将达到1200万辆,其中小型客车将达到900万辆左右。这也是符合经济发展、人民生活水平提高和社会进步的客观规律的。

车辆投入的增加,不仅要从运输量增长的需要考虑,还应从道路基础设施的容纳程度方面考虑,即要妥善处理好需要与可能的关系。为了减轻车辆的大幅度增长给道路基础设施带来的压力,对投入车辆的技术和车型要进行必要的调控,优化在用车辆的技术和车型结构。首先要鼓励快速、高效车辆的投入,限制低速高耗车辆的投入,以合理的运行速度求得运输能力的

增长，满足高速客运和高速货运对车辆的需求。其次，要根据运输需求的变化合理配置车型，小客车因其速度较快、道路占用相对小，是今后发展的趋势；大型客车宜鼓励高中档车和卧铺车的投入，压缩中低档客车的比重。载货车辆要积极发展大吨位集装箱和其他专用汽车，快运箱式货车，适当控制中型普通货车的发展，逐步淘汰拖拉机运货，从车型适用程度上挖掘运能的潜力。

3. 要加快道路交通运输市场体系的建设，提高道路交通运输的组织化程度和经济运行质量

在建立社会主义市场经济体制的进程中，道路交通运输作为国民经济中的基础性产业之一，应加快建立完善的道路交通运输市场体系，充分发挥市场机制在优化资源配置中的基础性作用。这是一项事关道路交通事业发展全局的重大任务，也是实现两个根本性转变的重要内容之一。要进一步形成以公有制为主导，各种经济成分共同发展的市场经营主体的格局，建立起统一、开放、竞争、有序的道路交通运输市场。围绕这个总体目标，首先分层次，有重点地培育和发展以45个公路主枢纽所在城市为重点的区域性道路运输市场，以及地区性道路运输市场和局部性道路运输市场，建立健全并发挥其运输组织管理、中转换装换乘、装卸仓储、公铁水联运、通信信息、生产生活辅助服务等多项功能，促动客流、物流的有序运转和良性循环，巩固和发展道路交通运输在国民经济发展过程中的先行地位。其次，要加强对道路运输市场的宏观调控和运政管理，在科学论证的基础上严把市场准入关，严格依法行政，规范经营行为，维护市场秩序，营造公平竞争的经营环境，保障消费者和守法经营业户的合法权益。第三，加强道路运输法制建设，建立层次分明、配套齐全的道路运输法规体系，加强行政执法和执法监督工作，改进行政执法工作方法，规范行政执法程序，切实提高运政管理人员和道路运输从业人员的法律知识和政策水平。第四，要重视并加强运政管理队伍建设，要按2~3年一个周期，定期对全体运政人员进行运输政策、法规和运输业务知识培训，同时要经常开展反腐倡廉教育，搞好勤政、廉政建设，以提高全体运政人员的政治、业务素质。同时，要切实加强对运输企业职工和个体经营业户的运输业务技能培训和道德、职业纪律培训，努力提高其经营水平和服务水平。第五，要努力促进道路运输科技进步。加紧研究开发并建设现代化的干线公路快速客货运输组织系统、运输信息服务系统和运政管理系统，逐步建设和发展道路运输物流系统，大力推广应用EDI技术，组建全国道路货运配载信息网络。进一步加强道路运输行业的微机推广应用工作，并通过实现微机的联网，分层次逐步建立运输信息服务、运政管理三级信息网络，进一步加强大中型汽车运输企业的科技进步工作，引导企业增加科技投入，推广应用国内外现代化客货运输及汽车维修和企业管理等方面的新技术、新工艺、新装备。要结合干线快速客货运输系统的建设，利用卫星通讯和卫星定位(GPS)等高新技术，在高档豪华客车和大吨位货车上装备无线电话和卫星定位仪，加强客货运输过程中的动态管理，进一步提高运输效率和作业质量。第六，要通过政策引导，加大企业改革的力度，加快“抓大放小”的步伐，以公有制形式的多样化，推动资产重组，优化所有制结构，增强道路交通运输企业的活力；以推进技术改造，依靠科技进步，强化企业内部管理为主要措施，实现道路交通运输经济增长方式由粗放型向集约型转变，推动道路运输企业的规模经营和规模效益，努力提高道路交通运输的运行质量，以保障道路交通事业的健康发展，满足新世纪国民经济和社会发展对道路交通运输日益增长的需求。

二、为实现新世纪的任务必须建立起完整的、统一的、高效的道路交通管理体制

跨世纪道路交通事业发展的任务是十分繁重而艰巨的,然而这又是跨世纪国民经济和社会发展所必须的。应该说,完成道路交通事业发展任务是具备了一定条件的。首先是改革开放以来,道路交通的空前发展,这项事业已形成一定规模,为跨世纪的发展奠定了较好的基础。其次随着我国经济的发展和对外开放的加大,将为道路交通事业的发展提供更为丰富的物质条件,加大道路交通事业的投入是必然的。现在,唯一缺乏的是宽松的外部条件。这种外部条件的形成,不仅要有正确的经济政策,而且还有赖于正确的管理政策给予切实的保障。

综观发达和较发达国家和地区道路交通事业兴起的初期,他们也曾采用过分散管理的模式,随着道路交通事业的发展而逐步形成现在这种集中统一的管理模式,这说明国家对道路交通管理的政策,应当随着道路运输生产力的发展而变化,力求使管理体制适应于、有利于道路运输生产力的发展。我国现在和今后相当长的一个时期内处在社会主义的初级阶段,是一个发展中国家,生产力水平还比较低。但也应当看到,在改革开放以来,特别是党的十四届三中全会确立了建立社会主义市场经济体制为经济体制改革的目标以来,我国的国民经济得到了高速而稳定的发展,作为保障和支持国民经济发展的基础性产业之一的道路交通事业,其发展速度很快,已经达到一定的规模。从目前我国道路交通运输生产力的水平来看,大体相当于发达国家六七十年代的水平。在这个时期,发达国家的道路交通现代管理模式已经趋于成熟,即完成了由分散管理到集中统一管理的转变。因此,无论从国内现实的发展需要看,还是从国外的历史经验来看,建立完整、统一、精简、高效的道路交通管理体制,应是我们国家适时采取的管理政策。

新中国成立以来,由于长期受到以前苏联为代表的计划经济的管理模式的影响,我国对道路交通管理采取的是"分而治之"的政策,所以在管理体制上采用了分散管理的模式。据了解,实行这种分散管理体制的东欧一些国家,目前也在根据社会经济发展的需要,对管理体制的改革进行着研究和探索。这种管理体制,导致了道路交通管理的诸多方面出现重复管理,职责交叉而又相互脱节。其直接结果是管理机构重叠、管理人员增多,不可避免地产生证照多、检查多、罚款多,管理手续烦琐,办事效率低,部门行政性收费增加而同管理上的脱节使国家征费减少;其间接结果是加大了道路交通事业的投入,影响了道路交通三要素的协调、顺畅地运行。这种不利于道路交通运输生产力发展的管理体制,是与新世纪道路交通发展面临的形势和任务不相适应的。如果将现行的道路交通管理体制带进21世纪,对完成新世纪道路交通发展任务将造成许多无法克服的困难。

1.道路交通管理体制不理顺,公路建设将受到严重制约

新世纪的经济和社会发展要求道路运输能力有更大、更快的增长、其基础是公路的建设和养护。而加快公路建设,首要的问题是资金问题。我国人口多、底子薄,人均占有资源少,生产力发展水平还比较低,解决建路资金困难很多。虽然国家在政策上对建路资金的筹集提出了很多措施,如民间集资、引进外资等拓宽了筹资渠道。但就目前而言,征收道路交通规费,仍然是主要的,也是最稳定、最可靠的筹资渠道。由于现行的交通管理体制,征费与发放车辆牌证的职能分设在两个部门,相互脱节又相互制约,规费漏征问题很严重,如本报告第二章所分析的那样,每年全国流失的规费高达100多亿元。这是一个什么样的概念呢?就是说,每年流失

了250余公里高速公路的建设资金（以每公里造价4000万元计算）大约相当于1996年全国公路总投资的15%，这是问题之一。问题之二是截止到1997年，已有四家高速公路股份公司成功地在香港发行了H股，募集建设资金110亿元人民币，开辟了多元化筹资的新路子。这些股份公司都是按照国际通行的模式进行管理和经营的，其资产运作、资金管理、成本开支等均有严格的内部管理规范，并要经常性地接受境外投资者的监督检查。作为股份公司，其对国家、对社会应尽的责任和义务是通过缴纳税费的形式来完成的，在此基础上，政府有关部门就应该为其提供所必需的服务。但是，由于目前的管理体制不顺，一些境外上市公司除了缴纳正常的税费以外，还要额外负担交警组建高速公路交通安全管理机构（高速公路交警大/支队）经费，从房屋、办公用品、车辆、服装、通信装备乃至枪支弹药等无所不包。此外，一些地方政府还规定高速公路股份公司每月要按每公里数千元的标准向交警部门上交管理费。即使如此，公司方面还不能得到及时、周到的服务：交通事故发生后，交警往往几小时后才赶到现场处理事故。事实上，高速公路公司从经营和效益的角度出发，按照国际通行的做法，都配置有紧急救援、拖障、报警等服务系统，但因管理体制不顺，这些保障措施都不能有效地发挥作用。这些问题，增加了股份公司的成本开支、减少了经济效益，损害了其在境外证券市场上的经营形象和融资能力，造成了广泛而深远的恶劣影响，不利于高速公路建设事业的发展。

2.道路交通管理体制不理顺，路网功能的发挥将要受到影响，道路交通基础设施的效益不能充分利用

前已述及，交通、公安两个部门在公路的限速、封闭、路产、路权和拖障（拖故障车）等方面存在着严重的职能交叉和矛盾。随着路网密度的不断增加，像发生在湖南长潭高速公路那样的人为路阻的问题，将会愈演愈烈，公安部门因其行政职能的特殊性，往往应用处理社会治安问题的手段来处理诸如交通事故、交通阻塞、道路封闭等非社会治安性质的问题，作出的处理决定是不会从公路部门和运输经营者的经济效益的角度出发的。加之交警在处理交通事故时，因其操作上的原因，不能有效地保障在交通事故中损坏的路产与设施得到相应的赔偿。如此等等，严重制约了公路的通行能力，影响了已建成使用的路网功能的充分发挥，对道路交通运输能力的提高造成了难以估量的影响。

3.道路交通管理体制不理顺，将增加对运输组织和运输市场宏观调控的难度，影响道路交通运输市场的健康发展

现行道路交通管理体制的最大的特点也是最大的弊病是管理运输经济的不能利用车辆牌照和驾驶证发放的手段，对车辆和驾驶员实施有效的管理，而具有车辆牌照和驾驶证发放权利的部门又不管运输经济。这种背离了道路交通运输市场经济管理客观规律的职能配置，对于负有道路交通运输市场的组织与调控职能的部门来说，无疑是一道无法解答的难题。因为对道路运输经济实施有效的调控，正是通过控制车辆投放的速度与规模，调整车辆技术结构的配置等具体的行政手段来实现的。车辆是运输的主要工具，对于运输的组织和管理者来说，不仅要求车辆有良好的安全性而且要有良好的经济性和车型适用性，而现在车管部门是不考虑这些的，因为他们并不承担这方面的职责。于是车辆投放第一关是，只要车辆符合安全性能的就予以登记发牌，有了牌就要跑，所以造成目前道路运输车辆投放失控，车型和技术结构不合理，有些车型投放过多，造成运力闲置；有些车型投放偏少，造成运力供给不足，形成运力过剩与不足并存的局面。驾驶员是道路交通运输的主要工种，对于运输的组织和管理者来说，不仅要求

驾驶员有良好的驾车技能，而且必须有良好的职业技能，而这后者也是目前管驾驶员的部门不予考虑的，只要通过驾车技能考试就给予发照，有了照就可以驾车，驾驶员的整体素质自然难以保证。然而要求负有道路交通运输组织与调控职能的部门完全不参与车辆和驾驶员的管理是无法履行自己的职责的，参与这方面的管理也就不可避免了。这样一来，重复发证、发照，重复检测、检查的问题就必然出现，最终受害的是道路运输的经营者，证照多、缴费多、罚款多、负担重，人为地增加了道路运输的成本，挫伤了投资者的积极性。同时，由于运力投放的失控，还造成运输市场供需矛盾和竞争的无序，也使相当一部分经营者，特别是个体运输经营者，千方百计逃避管理以减轻负担，无证经营者增多，市场秩序难以维护。这种状况对道路交通运输市场的发育与发展和运输生产力的提高将造成严重的阻碍。

4. 道路交通管理体制不理顺，道路运输市场的服务水平和服务质量难以提高

由于道路交通经济管理部门没有有效的手段对进入运输市场的客货车辆的车型技术结构的配置进行合理的调控，因此无法引导道路运输经营者按照市场发展的需要合理配置道路运输车辆。例如对货运车辆，多年前已提出要按照“两头大、中间小”的原则，多配置大型和小型的货车，少配置中型货车的要求；对客运车辆也提出要向中高档、空调、卧铺的方向发展。但事实上，目前进入道路运输市场的客货车辆的车型配置，基本上取决于经营者的自觉行为，这种失控状态，导致营业性客货运输车辆中，中高档客车特别是高档客车和大吨位柴油货车以及集装箱等专用货车所占的比例偏低，还不能满足广大旅客和货主的需求。从总体上看，性能较差、技术构成不高，现代化的车辆装备少，超期服役的老旧车辆比较多，相当一部分报废淘汰汽车仍在参与公路运输，车辆超载严重，交通事故多，货损货差情况严重。加之道路通行能力降低，高速道路不能高速行驶；客货运输信息服务体系不健全，运输组织水平和运输效率较低；道路运输行业从业人员素质普遍偏低，职业道德和职业技能尚不能满足市场需要等因素，使道路I 运输服务质量难以迅速改善，服务水平难以迅速提高。

5. 道路交通管理体制不理顺，道路交通安全的严峻局面将难以改变

道路交通安全是道路交通运输生产力发展的重要保障。然而我国的道路交通安全形势较为严峻，交通事故居高不下，呈逐年上升的趋势；事故发生率不仅高于发达国家，而且也高于发展中国家，每年因交通事故造成的直接经济损失高达 17 亿元。道路交通安全形势严峻，虽说原因是多方面的，但与我国的管理体制的不合理有着非常密切的关系。道路交通安全贯穿于道路交通的全过程，安全管理工作必须环环紧扣，有大量的经济技术工作要做。道路的建设与管理要为道路交通安全创造条件，运输的组织与管理要为道路交通安全做好事前的防范工作，而且这些都是道路交通安全的基础性工作，然后才是加强运行的监督，纠正违章和处理事故，这些属于事后的处置。我国现行的道路交通管理体制，是把不可分割的道路交通安全管理的职能单列出来由公安部门负责，其本意也许为了强化安全管理，但实际上除了不可避免的产生职能交叉的问题之外，只能起到弱化安全管理的作用。如上所述，道路交通安全的基础在道路的建设与管理和运输的组织与管理之中，要结合道路交通的经济技术工作去做好道路交通安全管理的基础工作。而现行管理体制的职能分工，作为交通安全管理的职能部门的公安机关是无法也是不应将其管理职能延伸到基础工作中去的，否则将在更大范围内引起职能交叉；而事实上承担着道路交通安全基础工作的道路建设与管理、运输组织与管理的职能部门，却并不负有道路交通安全管理的职责，至少在法律上是这样体现的，因此，或多或少地削弱了道路交

通安全管理的基础工作。于是从道路交通安全管理的整体上看,事后处置加强了,事前的防范放松了,而放松了事前的防范,必然加大事后处置的难度。因此,道路交通安全管理上的职能交叉而又相互脱节的问题,在总体上弱化了道路交通安全管理。这个问题再不解决,将使道路交通安全的形势愈加严峻,进而制约道路运输生产力的发展,对完成新世纪道路交通运输应当完成的任务是非常不利的。

上述情况充分表明,我们在把建设有中国特色社会主义事业全面推向 21 世纪的战略行动中,决不能把现行的有碍道路运输生产力发展的道路交通管理体制带进 21 世纪。改革现行道路交通管理体制,建立完整、统一、精简、高效的道路交通管理体制势在必行,刻不容缓。这是适应新世纪道路交通事业发展的需要,更是进一步解放道路交通运输生产力的需要。

建立适应生产力发展的道路交通管理新体制的建议

一、建立完整、统一、精简、高效的道路交通管理体制的基本原则

总结几十年来道路交通管理的经验和教训,国家有必要调整道路交通管理的政策,确定管理体制建设的基本原则。我们建议,在改革道路交通管理体制时,应明确以下几个原则:

一是集中管理的原则。实践已经证明,对道路交通管理实行分而治之的政策,弊多利少,是不可取的。道路交通是人、车、路有机组合的一个完整的系统,只有对其实行集中管理,才能为这个系统的正常运转创造一个良好的外部环境,保护和促进道路交通运输生产力的发展。

二是按管理属性划分管理职能的原则。公安部门是国家的专政机关,其主要职能是管理社会治安,打击犯罪活动,维护社会秩序,不宜直接参与经济技术管理。一方面经济技术管理不在公安机关的职能范围,公安机关也不具备经济技术专业人才的优势;另一方面公安机关因其职能的需要,具有其他行政机关不具有的强制行政力,以强制的行政权力管理经济技术工作是不符合经济规律的,容易发生与民争利、与企业争利的问题;出了问题也很难得到及时制止和纠正,有损于公安机关的声誉和形象。所以国外的警察只是配合道路交通管理部门做好运行车辆的指挥、疏导,维护运行秩序和纠正违章驾驶,而不直接介入道路交通的经济技术管理。

三是统一规范的原则。对于规范道路交通经济行为和管理行为的法律,以及各种技术标准、管理标准和运行规则、业务规则等,应由国家统一制定,由法律、法规规定的相应的道路交通管理行政机关负责实施和监督,以保证政令统一,避免出现“法律冲突、文件打架”的现象。

四是精简、效能的原则。新的道路交通管理体制要体现精简、效能的原则。首先是机构要精简,不能重叠设置机构,形成多头管理;其次是人员要精简,解决重复管理的问题,管理人员的精简也就有了可能;其三是手续要简化,证件要减少,最终实现一车一证、一人(驾驶员)一证,通过简化手续,提高办事效率。

二、建立道路交通管理新体制的建议方案

为了建立完整、统一、精简、高效的道路交通管理的新体制,应将目前分散在各个部门管理道路交通的职能调整归并优化组合,按照建立完整、统一、精简、高效的道路交通管理新体制的基本原则,重新组建“精简、精干、高效”的道路交通管理机构,对涉及道路交通的“人、车、路”的运作过程实施全面的、科学的、统一的管理。根据我国的实际情况,借鉴国外道路交通的先进管理模式,提出两个道路交通管理新体制的建议方案。

方案一:将现行涉及道路交通管理的全部职能归并到一个道路交通行政管理机关实施统一集中管理。

道路交通管理一般包括道路交通运政管理、道路交通路政管理和道路交通秩序管理。道路交通主管部门在国家法律、法规和方针、政策规定的职责范围内,运用行政、经济和法律手段

对道路和道路上的人员、车辆及其交通基础设施实行依法管理和行政监督。

实施这种管理体制方案时,考虑到道路交通秩序管理具有一定社会性,并同社会治安有着比较密切联系的实际情况,在国务院道路交通管理部门设道路交通警察,实行双重领导,在建制上归属公安部门警察序列,经费和业务工作由道路交通管理部门负责。

归并到一个道路交通行政管理机关集中管理道路交通运政、路政、秩序管理(简称“三项管理”,下同),也就是实行类似我国铁路、民航和水路的运输管理体制,是从根本上理顺道路交通管理体制的最佳方案,建议这次国家机构体制改革中能研究采取这种体制改革方案,并在今后由国家通过立法,以法律的形式明确道路交通行政管理机关的法律权利、法律责任和法律义务;明确由道路交通行政管理机关负责组建“三项管理”的工作机构,统一制定和发布道路交通行政管理的管理法规、管理政策、管理制度、管理规范;明确由道路交通行政管理机关实行“以条为主,条块结合”的管理办法,建立省、市道路交通行政管理机构,负责贯彻执行国家道路交通行政管理机关发布的政令,负责本地区的道路交通管理。

道路交通行政管理机关集中实施“三项管理”,要把道路交通“人、车、路”运作的全过程纳入法制管理和行政管理,按科学管理的要求分解归类,对相近或相同的职责实行归并,对可能出现交叉或重复的管理机构实行合并,使负责“三项管理”的管理机构做到权利和义务相一致。

道路交通运政管理的主要职责有:对道路交通运输业户实施行政许可证制度,对道路运输市场实施宏观调控和市场监督,道路交通规费的稽征和管理,道路交通车辆的注册登记、发牌发证、安全技术认证,机动车驾驶员的培训、考核、发证和安全教育及交通事故的统计分析,汽车维修技术标准、工艺规范的制定等。

道路交通路政管理的主要职责有:道路的规划建设和管理,道路的养护管理,道路的路产、路权管理(包括清理路障和临时占道),道路交通的标志、标线、交通讯号、安全设施的设置和管理等。

道路交通秩序管理的主要职责有:道路交通秩序的维护,车辆运行过程中的指挥与疏导,纠正道路交通违章行驶,处理道路交通事故等。

方案一的要点是把道路交通的运政、路政、秩序管理归口一个政府主管部门实行集中统一管理,扎口负责车辆的检测、发证、发牌;道路的养护、标志、标线、讯号、路产、路权;交通秩序维护、交通事故的处理等日常工作。在实施“三项管理”中将道路交通安全贯穿于道路交通“人、车、路”运作的全过程,使之与“三项管理”融为一体,服务始终(见图方案一)。

采纳方案一的组织机构、功能设计模式,有利于道路交通事业的进步,有利于道路交通运输生产力的发展。道路交通的发达程度是一个国家经济和社会发展水平的重要标志。道路交通事业的进步和发展有赖于社会和经济的发展,而道路交通管理体制则是决定道路交通发展和发达的关键性因素。

集中管理道路交通适应社会化大生产的需要,有利于交通行政管理从传统的计划经济体制向社会主义市场经济体制的转变。道路交通在市场经济规律的推动下,必须要像时钟一样运转,进行有效的组织和实行有效的配合,集中管理道路交通利于实行“统一规划、统一政策、统一建设、统一管理”。

集中管理道路交通的体制模式,有利于改变部门分割,互不协调的被动局面,有利于建立一个协调的、高效的现代化道路交通管理系统,有利于充分发挥道路交通运输这个特殊的物质生产部门的特殊功能。

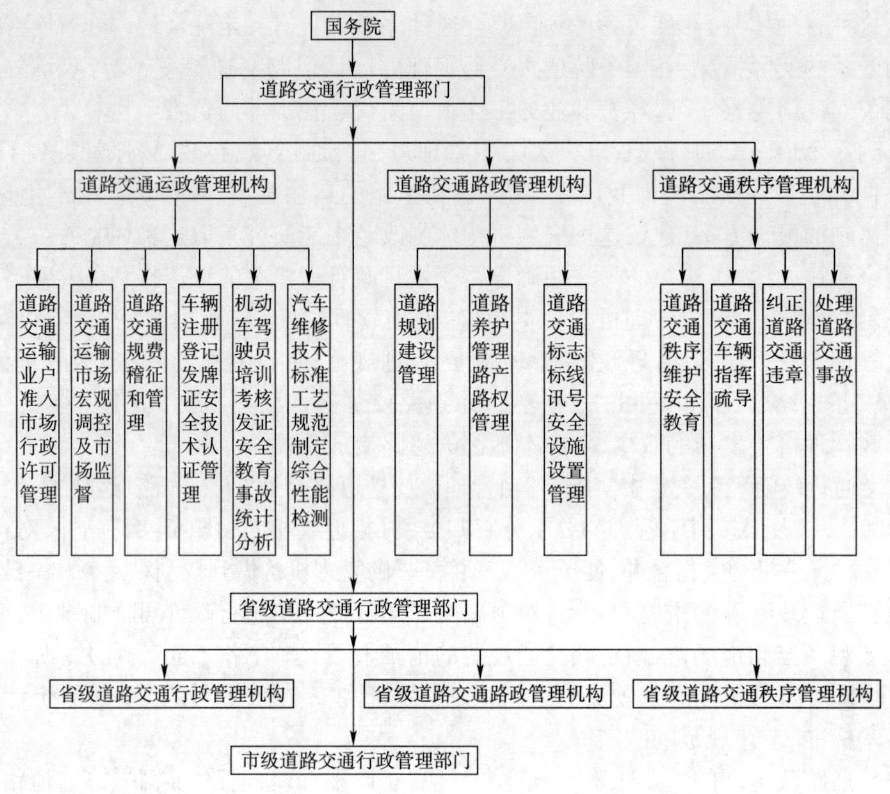

方案一示意图

采用方案一的组织机构、功能设计模式,对现行的管理体制要做重大调整。涉及的方方面面都要按行政管理学的基本要求重新界定,对责、权、利的分配和构成要重新划分,对实行新的管理体制的法律关系要重新明确。是一项巨大的系统工程,改制投入的人力相对较大,牵扯的部门相对较多。

方案二:通过国家行政管理体制改革和国务院各部门管理职能划分,明确道路交通行政管理机关的法律权利、法律责任和法律义务;明确由道路交通行政管理机关统一制定和发布道路交通行政管理的管理法规、管理政策、管理制度、管理规范的前提下,将现行涉及道路交通管理的全部职能,按方案一道路交通运政管理、道路交通路政管理、道路交通秩序管理所列的职责范围界定明确。由政府的道路交通行政管理部门负责实施道路交通的运政管理和道路交通的路政管理;由政府的公安交通警察部门负责实施道路交通的秩序管理。也就是把现由公安部门管理的车辆登记发牌照、车辆检测和驾驶员考试发证划归道路交通行政主管部门负责。

道路交通安全,由道路交通行政管理部门负责制定并发布道路交通规章制度和技术标准,组织道路交通安全对策研究,拟定道路交通安全技术性和政策性的管理规定。道路交通秩序管理由公安交通警察部门根据道路交通行政管理部门颁布的规章制度、技术标准、管理规定进行监督检查,负责道路交通秩序的维护、车辆的指挥疏导、纠正车辆行驶违章和交通事故处理等(见图方案二)。

采纳方案二的道路交通管理体制,较之方案一有许多不足之处,但与现行管理体制相比是

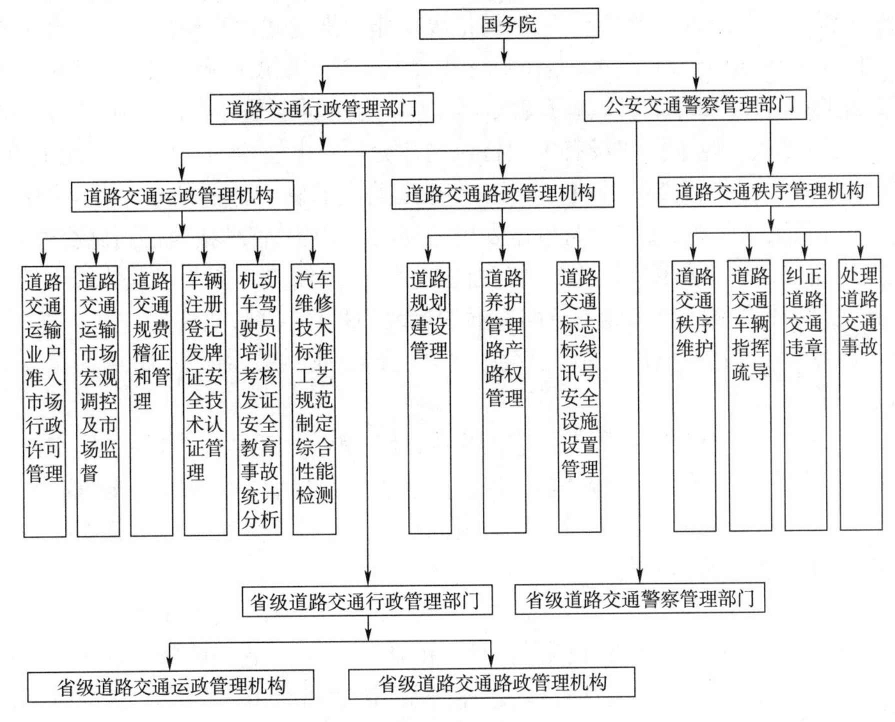

方案二示意图

一个长足的进步。方案二是在明确道路交通行政主管部门的基础上，按“三项管理”的要求界定划分明晰管理职责的同时，由两个行政部门实行分工管理，避免了职责不清、多头管理、职能交叉、相互掣肘、相互扯皮，可以保证政令统一。

实行明确职责、分工管理的管理体制模式，有利于公安部门集中精力管理社会治安，打击车匪路霸和打击犯罪活动，维护社会秩序；有利于充分运用公安机关的强制行政力维护正常的道路交通秩序，纠正违章驾驶，强化交通运输过程的治安工作。

方案二的要点是把“三项管理”规定的职责，实施运政、路政、秩序管理分为两块，由两个行政管理部门按各自的事、权分工，设立职能管理机构实施具体管理，根据法律法规授权，规范管理行为，依法管理道路交通运政、路政、秩序，依法行使法律赋予的行政权力。精简重复管理机构，简化车辆投放和注册登记的程序和手续，对车辆和驾驶员实行一车一证和一人一证。方案二虽然是分工管理，但因为职能不交叉，克服了多头管理、重复管理，可以大大提高行政办事效率。

采用这一方案对现行的管理体制调整不大，仅仅局限于涉及道路交通管理的事、权分工和调整、归并、界定“三项管理”的职责范围，能在短期内形成决定，付诸实施。在社会主义市场经济尚不成熟的今天，在社会主义初级阶段，实用性和可操作性较强，容易被方方面面接受形成共识。但采用方案二的模式以后，可能因责、权、利的牵扯和利益驱动机制的影响，在“三项管理”中出现新交叉、产生新摩擦，对道路交通运输生产力带来新的制约。

三、建立道路交通管理新体制的实施保障

道路交通管理体制的问题，在一个侧面上反映了上层建筑与经济基础是否相适应、生产关系是否有利于解放生产力的问题。江泽民总书记在党的十五大报告中指出“在社会主义初级

阶段,围绕发展社会生产力这个根本任务,要把改革作为推进建设有中国特色社会主义事业各项工作的动力。改革是全面的改革,是在坚持社会主义基本制度的前提下,自觉调整生产关系和上层建筑的各个方面和环节,以适应初级阶段生产力发展水平和实现现代化的历史要求。”为了使道路交通事业适应于把建设有中国特色的社会主义事业全面推向21世纪的需要,我们认为:国家应下定“快刀斩乱麻”的决心,积极推进道路交通管理体制的改革,尽快在我国建立起完整、统一、精简、高效的,适应于跨世纪发展需要的,与国际管理接轨的道路交通管理体制。

1. 建立道路交通管理新体制,需要通过加强立法予以保障。因为已经发布的《中华人民共和国公路法》法律调整范围未涵盖道路交通的运政和秩序管理,建议通过立法出台发布《道路交通法》,并根据《道路交通法》的调整范围建立道路交通的法律体系,把道路交通管理纳入法制轨道。

2. 建立道路交通管理新体制要充分运用法律,经济和行政手段,建议对道路交通运输实行宏观经济控制管理,实行必要的行政监督、依法监督和社会监督,促进道路交通资源的合理配置和有效利用,以“人行其便,货畅其流”为目标,逐步实现道路交通运输的总供给和社会对道路交通运输的总需求的基本平衡。

3. 建立和实施道路交通管理新体制是涉及“人、车、路”运作全过程的综合管理体制,既有硬件的规划、建设和管理,又有软件的研制、开发和应用。规划、建设和管理的要求,研制、开发和应用的内容以及如何规划、建设和管理,怎样研制、开发和应用,都需要通过调查研究,结合国情和借鉴国外经验,制定出适应我国社会主义初级阶段实际和符合党的“十五大”要求的全新的管理政策。建议围绕建立适应生产力发展的道路交通管理新体制组织专门的工作班子,确定专门的研究课题,深入研究建立新体制的实施措施和管理政策,以策应道路交通管理新体制的运作和实施,充分发挥新体制的新效应。

社会主义道路运输市场发展概况

党的十四届三中全会通过的《中共中央关于建立社会主义市场经济体制若干问题的决定》和党的十四届五中全会通过的《中共中央关于制定国民经济和社会发展“九五”计划和2010年远景目标的建议》,根据我国社会主义现代化建设分三步走的宏伟规划,对20世纪末和2010年的奋斗目标进一步作出比较科学、完整的概括,提出了具体要求,是进行经济体制改革和指导今后15年国民经济社会发展的行动纲领。《决定》和《建议》勾画了建立社会主义市场经济的基本框架,设计了深化经济体制改革的总体蓝图,规定了建立社会主义市场经济体制的根本要求,指出了市场经济体制与社会主义基本制度结合的内容、方式和途径,描述了社会主义市场经济体制的新模式,即社会主义市场经济体制 = 公有制为主体 + 市场机制 + 国家调控 + 社会保障。

交通运输是国民经济中具有全局性、先导性影响的基础行业,要使交通运输适应国民经济发展的需要,促进社会主义市场经济体制建立,就必须争取“超前”发展交通运输,特别是从“质”和“量”两个方面作出坚持不懈的努力,大力发展道路运输事业,提高道路运输市场化的程度,加大道路运输的改革力度,加快培育和发展道路运输市场体系。为了对道路运输市场的框架结构和要素构成有一个比较清晰的认识,我们必须对道路运输在国民经济发展中的地位、作用和道路运输市场特点和管理进行深入的研究。

一、道路运输在社会主义现代化建设中的地位和作用

道路运输是国民经济的动脉,它把国民经济各个部门和各个地区连接起来,在社会物质财富的生产和分配过程中,在广大人民的生活中,起着极为重要的作用。

道路运输是人类社会的基本活动,是社会生产的重要条件,是社会生产力的重要组成部分。纵观道路运输与社会和经济发展的关系,它既是推动经济和社会发展的巨大动力,又是经济和社会发展的制约因素。任何一个国家在发展国民经济中,都必须高度重视道路运输的建设和发展。

(一)道路运输在国民经济发展中的地位

现代化的交通运输由五种方式组成,各种运输方式在发展过程中,水运和铁路运输的发展在先,道路运输发展在后,随着商品经济的发展,道路运输的发展速度后来居上,大大超过了其他运输方式的发展速度。预计到2000年全世界各种运输方式的货运周转量在总运输周转量中所占的比重,将会有较大幅度的变化,其中铁路运输占30%,道路运输占25%,水路运输占20%,管道运输占25%。我国实行改革开放以来,道路运输也得到了迅速发展,仅以1994年实绩为例,全国道路运输完成的客运量和客运周转量分别比改革开放的1978年增长了5.5倍和7倍,货运量和货运周转量分别比改革开放的1978年增长了1.5倍和5倍。

道路运输是一个历史的范畴,人类社会的运输活动是与生产活动同时进行的。自从1886年德国人卡尔·本茨发明第一辆汽车,到现在的100余年中,全世界已有公路近2500万公里,

已有各种汽车近4.5亿辆。我国的道路运输也有悠久的历史,秦始皇统一中国后,大力发展车马大道,到了唐朝,全国陆路交通干线已长达50000华里。新中国成立后,我国的公路建设较新中国成立前有了突飞猛进的发展。党的十一届三中全会以来,全国通车里程已达100万公里,仅以北京市连接各省、市、自治区政治经济中心和各大港口、铁路干线枢纽以及重要工农业基地的干线为例,公路就有70多条,总长度有十几万公里,其中以首都为中心的放射线就有12条之多,长度约2.5万公里;南北纵横线28条,长度约4万公里;东西横线32条,长度约5万公里……历史的史实表明道路运输已经成为现代化交通运输的重要组成部分,已经成为促进社会生产力发展的重要手段,已经成为社会生产力发展水平和经济技术发展水平的标志,已经成为人们调配地理资源的一种手段。道路运输促进了工业中心、商业中心和港口车站的形成,创造了高楼林立的城市,开创了社会的、文化的、个人和家庭的活动方式。在各种力量的产物中,道路运输也是其中最强大的力量之一。

道路运输的发展是以社会劳动地域分工的公共运输为基础的,随着商品经济的发展,道路运输之所以成为实现社会再生产的纽带和桥梁,究其原委是由道路运输的属性所决定的。

道路运输是一种特殊的物质生产劳动。道路运输通过运输工人,借助运输工具和机械,使劳动对象改变空间位置而不留下任何可见的痕迹,应被看作是一种物质变化,应被认定是一种特殊的物质生产劳动。马克思之所以把交通运输业称为除了采掘工业,加工工业和农业以外的第四物质生产的部门,是因为运输业的劳动是创造价值的劳动。道路运输在运输过程中所消耗的活劳动和物化劳动,是对所运商品的价值的一种追加。这就是说,道路运输劳动所产生的费用(价值追加)要加到所运输的商品中去。它与道路运输的生产力成反比例,与所运的距离成正比例。道路运输生产劳动的结果是使劳动对象发生预期的物质变化,可以认为它是完成产品生产过程的继续,这是因为生产过程在很大程度是在进行运输。也可以认为它是产、供、运、销之间的经济联系,这是因为流通过程的运输改变了劳动对象的位置,使其使用价值发生变化,满足了社会对消费的需要。简而言之,生产以运输为起点,以运输为终结,运输成为物质生产的纽带,征服了空间,节约了时间,实现了价值,创造了价值。

道路运输业是一个特殊的物质生产部门。由若干个道路运输企业组成的群体,既是为继续商品的生产过程而产生,又是为实现商品的消费过程而存在,道路运输业依赖生产和消费而存在而发展,道路运输活动是社会赖以存在和发展的必要活动之一。道路运输业为了满足社会的需要,占用了大量的人力(我国交通运输业的职工数约占全国职工总数的8%左右),占用了大量的资金(我国交通运输业的基本建设投资约占全国基本建设投资总额的1/5左右),消耗了大量的能源和原材料(我国道路运输业每年耗费的汽油约占汽油年产量的85%左右)。道路运输业发展的规模和速度,包括运输工具,运输装备的数量和水平,职工的数量和质量,运量的大小和构成运量的地区分布和时间波动,运距的长短等,都与工农业生产的发展规模、发展速度和发展水平密切相关,并受到社会消费的制约。道路运输业虽然不生产新的实物形态的产品,但道路运输业的"产品"已经和被运输的实体形态的产品结合在一起了,场所的变动,劳动对象的空间位移,就是道路运输业的社会效用。评价道路运输业的投资效果时,不能局限于企业的经济效益,还应兼顾到社会的经济效益;不能局限于直接的、近期的、定量的经济效益,还要兼顾到间接的、远期的、定性的经济效益。为此,道路运输业在确保运输质量和满足国民经济各部门需要的条件下,组织合理运输,最大限度地节约社会再生产过程中的运输费用就是应尽的社会职责。

综上所述,可以再次论定,从事道路运输经营活动的道路运输业是一个重要的、特殊的物质生产部门,属于国民经济现代化建设中的支柱产业,是具有全局性、先导性的基础行业,我们应把道路运输作为经济发展的战略重点,把发展道路运输事业作为振兴经济的战略重点来抓,充分发挥道路运输的优势,建成12条南北向、东西向的主骨架,使之成为通过能力强的运输大通道。

(二)道路运输在国民经济发展中的作用

道路运输是国民经济的重要组成部分,是社会主义现代化建设的重要内容。它不仅在维系社会发展的生产、交换、分配、消费四大领域中发挥着重要作用,而且在社会的再生产过程中发挥着特殊作用。这些都是由道路运输的特征所决定的。

道路运输机动灵活,迅速方便,适于实行"门到门"运输,道路运输所用的汽车对不同的自然条件适应性强,运输的送达速度快,空间活动的灵活性大,能实现直达运输,能加速货物的运送,能加快资金的周转,汽车本身比较坚固可靠,具有较强的稳定性和较好的操作性,具有较大的连续工作能力,能适应多方面的运输需要,汽车运输的替代性强是其他运输方式无可比拟的。汽车运输也有其自身固有的缺点,例如,载重量一般较小,燃料消耗大,运输成本高,污染环境比较严重,建造公路需要占用大量的土地等。但这些不仅没有影响道路运输的发展速度,反而因为发展经济的需要,加快了道路运输基础设施建设的进度,"要得富,先修路","小路小富,大路大富","公路一通,致富成功,汽车一响,山河变样"已经成为人们的共识。随着时代的进步,科技的发展,汽车运输较之其他运输方式发展得更快,道路运输与经济的发展关系愈来愈密切,道路运输在经济建设中的作用愈来愈重要。综论道路运输的作用归纳起来有以下几点:

1. 道路运输是开发资源,促进生产力合理布局的重要条件;
2. 道路运输是发展社会主义市场经济,深化改革,扩大开放的重要支柱;
3. 道路运输是提高经济效益和社会效益的重要手段;
4. 道路运输是连接城乡的纽带,沟通周边国家友好交往的桥梁;
5. 道路运输是维护国家统一,增进各民族团结的重要条件;
6. 道路运输是满足人民旅行需要,提高人民物质文化生活水平的重要手段;
7. 道路运输是发展生产,繁荣经济,连接生产,交换,分配,消费的纽带;
8. 道路运输是国防建设的重要支柱;

二、改革开放17年来道路运输的发展概况

改革开放以来,我国的道路运输得到了蓬勃的发展。1978年以后,随着计划经济体制和价格管理体制的改革,指令性运输计划的减少,个体运输业户的兴起,道路运输结束了长期徘徊,停滞不前的局面,特别是从1984年全面放开交通运输的管制以后,社会车辆踊跃参与社会运输,个体运输业户迅速发展,已经成为运输大军中的一支重要力量,承担了比交通专业企业还要多的运输量,缓解了"乘车难,运货难"的紧张局面。以江苏省为例,全省民用汽车保有量约47万辆,社会和个体车辆占总量的96%,交通专业企业仅占总量的4%;全省完成总客运量约5.5亿人,客运周转量约136亿人公里,社会和个体运输户完成总量的61%和63%,交通专

业企业仅完成总量的39%和37%；全省完成总货运量约3.7亿吨，货运周转量约243.5亿吨公里，社会和个体运输户完成总量的88%和91%，交通专业企业仅完成总量的12%和9%。

回顾改革开放17年来的发展历程，大体可以分成四个阶段，即起步阶段、发展阶段、整顿阶段，再发展阶段。党的十一届三中全会以来，道路运输业的发展随着计划经济体制条条框框的破除，运输生产力的发展步入了一个新时期，在南方和经济发达地区，个体运输业户率先兴起，随之在全国各大省区广泛发展，成为道路运输中的一支独立大队。从1984年开始，交通部提出"有路大家跑车，有水大家行船"的口号后，又实行了"国营、集体、个体运输三个一齐上"的政策，国家放宽了对道路运输的限制，道路运输业进入了发展阶段，非专业交通运输企业和个体运输业户汇合成一支庞大的社会运输力量，以"代替"、"替换"、"补充"、"充实"等多种形式参与社会运输，使运输结构发生了翻天覆地的变化。1986年国家经委和交通部联合发布《公路运输管理暂行条例》开始对道路运输业实施全行业管理，并着手建立五级行业管理机构，《条例》出台的本意是要加强对开放的道路运输市场进行必要的管理，但面对运输业户和运输车辆迅猛发展的势头，依据《条例》实施全行业管理就显得势单力薄，力不从心。道路运输市场出现了"农村包围城市"的势态，大量的个体运输户从农村走向城市，众多的社会车辆从工厂、矿山驶向港口、车站，原有的运输秩序被打散了，指令性运输计划被遗弃了，面广量大的运输量被吞噬了，所有这一切无疑是对传统计划经济体制的一次挑战，对原有运输资源的分配和运输业务的分工产生的强烈冲击，道路运输业呈现出一片"社会各界办运输，运输服务全社会"的兴旺局面。1989年以后，为适应国民经济实行全面治理整顿的需要，运输行业在高速发展的基础上也进入了整顿阶段，交通部和各省区都作出了对运输市场进行整顿治理的决定，1989年10月交通部在苏州召开全国道路运输市场整顿治理工作会议，各级运输行业管理部门针对本地的实际情况，制定了加强运输行业管理的各项规定，借助国民经济治理整顿的契机，变消极的治理为积极的整顿，对进入运输市场的各类经营业户从经营资质、经营行为、运价执行、票据使用、证照持有五个方面进行了审验，并按照交通专业运输、非交通专业运输、城乡集体运输、个体运输"四大块"进行了分类统计，梳理出社会各界参与运输的基本情况。对运输市场开放以来出现的欺行霸市、强占货源、抢客争客等不正当的经营行为进行了整顿治理，运用行政手段和经济手段相结合的办法，规定了各类运输业户的经营范围，对重点物资的运输，对抢险救灾物资的运输，对涉及国计民生的物资运输，继续实施指令性运输计划的管理，对省际旅客运输和超长途旅客运输等实行了必要的限制。对未经许可进入道路运输市场的运输业户责令其停止营运补办手续，对其中的不法经营业户进行了惩治和处罚。从而使开放的道路运输市场重新走上了有序发展的道路，使整顿治理道路运输市场的工作取得了积极有效的成果，减少了因整顿治理而带来的负面影响。1992年，党的十四大确定建立社会主义市场经济体制的战略目标，党的十四届三中全会通过了《中共中央关于建立社会主义市场经济体制若干问题的决定》，特别是邓小平同志南方谈话发表后，道路运输事业又一次驶上了快速发展的轨道，道路运输进入了再发展的阶段，这一次的发展较之"整顿治理"之前的发展，不仅是"量"的扩展，而且是"质"的提高，减少了盲目性、避免了低水平的重复，特别是江苏省镇江市运管处提出"放管结合"的建议被广泛采纳以后，各省、区都能正确处理开放搞活道路运输市场和宏观调控的关系，做到在开放中加强行业管理，在管理中扩大开放，既坚持改革开放，又坚持加强管理.从而解放和发展了运输生产力，调整和改善了运输结构，打破了单一所有制和交通专业运输企业包办道路运输的旧格局，充分调动了社会各界兴办道路运输业的积极性，并通过规范经营行为，改善行业管理，加快站场建设，促进企业转机建制，使旅客运输、货物运输，汽车维修，搬运装卸和运输服务五个行业的发展初具规模，初步形成了沟通城乡，干支相连，四通八达的道路运输网络。运输行业的管理开始走上了法制化、规范化的轨道。

道路运输改革开放17年来的实践表明：培育和发展道路运输市场是一项任重而道远的工作，我们在肯定成绩和看到光明的同时，还应承认面临的困难和存在的问题，归纳起来，大致有以下十个方面：

（一）道路运输的通车里程有了快速的延伸，但是东部和西部地区公路密度的差距仍然很大

我国从1913年开始修筑公路，到1949年只修建了公路13万公里，新中国成立后45年间，全国公路通车的总里程已逾111.78万公里。其中国道10.8万公里，占总里程的9.66%；省道17.4万公里，占总里程的15.56%；县道36.5万公里，占总里程32.65%；乡道42.5万公里，占总里程的38.01%；专用汽车道4.6万公里，占总公里的4.12%。按全国国土面积计算平均每百平方公里拥有公路11.4公里，平均每万人拥有公路9.1公里。而美国公路的通车里程是中国的6倍，达630万公里，平均每百平方公里拥有公路66公里，平均每万人拥有公路300公里。我国的近邻日本，公路通车里程与我国相仿大约是112万公里，而平均每百平方公里拥有公路300公里，是我国的26倍；平均每万人拥有公路98公里，是我国的10倍。以东部沿海地区的江苏省为例，全省公路通车里程为25.891公里，平均每百平方公里拥有公路25.9公里；以西部地区的青海省为例，全省公路通车里程16963公里，平均每百平方公里拥有公路2.36公里，是江苏的十分之一。

（二）道路运输的公路等级有了明显的提高，但是汽车运输的技术速度仍然很低

改革开放17年来，公路建设迈出了新步伐，路面的技术状况有所改进，公路的等级有所提高。全国已有高速公路1145公里：一级公路4633公里，二级公路63316公里，三级公路193567公里，四级公路559472公里，等外公路261343公里。江苏省地处东南沿海、长江下游和京杭大运河交汇的水网地区，公路建设曾一度滞后，近几年来，在全国建设公路主骨架的带动下，正在实施“四纵四横”的公路建设规划，沪宁高速公路1996年底通车，目前全省已有等级公路2.4万公里，其中高级路面2300公里，次高级路面10500公里，建有公路桥梁9753座，应该说较之改革开放前有了全新的变化，但行驶在公路上的技术速度不但不能提高，反而因为汽车混合交通造成堵车，营运速度还有所下降。例如，经过南京大桥的车辆，只能像蜗牛般地排着队向前爬行。再如，312国道江苏段原设计流量7000~8000辆次/天，现实际通过量已达15000~16000辆次/天，大大超过了公路的承受能力，大大延缓了车辆在路上的滞留时间。

（三）道路运输的经营者成分有了多元化的发展，但是公有制运输企业的主导地位仍然难保

自从打破了单一所有制的禁锢和交通专业运输包办道路运输的局面后，参与道路运输的经营者的经济成分发生了剧烈变化，国营、集体、个体、私营、中外合资各种经济成分纷纷涌入道路运输市场，形成了多元化的新格局。江苏省现有从事道路运输的个体户近2万户，拥有汽车2.2万辆，另外还有40多万辆拖拉机运输经营者活跃在县乡公路上。但是公有制运输企业，因为受到个体运输、社会运输的冲击，加上历史的、社会的原因，陷入了比较困难的境地，在市场竞争中缺乏活力，不仅不能发挥主导作用，而且在激烈的竞争中难保主导地位，亏损企业面一直居高不下。这是个经济问题,也是个政治问题,应当引起各级交通主管部门的高度重视,应当尽快采取有效措施帮助公有制运输企业扭转被动局面。但更为值得注意的是企业管理的倒退,运输生产活动的失管失控,“富了和尚,穷了庙”,特别是有不少运输企业实行了以承包期满后车辆产权转移为内容的单车承包,造成了资金的流失,市场占有份额的缩小和以包代管的现象愈演愈烈,致使公有制运输企业在市场竞争中处于劣势,最终失去市场。要保住公有制企业的主导地位.应该依靠企业本身通过内部改革,转机建制,苦练内功,加强企业管理,摆脱对政府和主管部门的依赖,才能真正成为运输市场的主体。

(四)道路运输的工具数量有了成倍的增长,但是从事道路运输的汽车“缺轻少重”的局面仍然未能改变

新中国成立之初,全国只有5.1万辆汽车,直到道路运输业的发展阶段的1984年,全国也才拥有民用汽车232.6万辆,截至“八五”期末,全国民用汽车保有量已达9%万辆,其中营业性车辆突破了400万辆大关,虽然比解放初增长了186倍,比1984年增长了4倍。但与经济发达国家民用汽车保有量相比,仍然是“小巫见大巫”,美国民用汽车保有量达1.8亿辆,日本民用汽车保有量达4200万辆。我国现有的汽车吨位构成不合理,80%以上是2~5吨的中型车,重型车只占货运汽车的3%,小型汽车所占比重更是微乎其微。美国大型汽车占13.8%,小型汽车占84.9%,中型汽车仅占2.3%。日本大型汽车占7%,小型汽车占87.9%,中型汽车只占5.1%。我国汽车的技术性能差,柴油车与汽油车之比为1:9,设计速度比国外同吨位汽车低1/3,燃料消耗量比国外同类产品高30%。我国专用车的数量也很少,平板车,自卸车、厢式车、液罐车,冷藏车,保温车,集装箱运输车的构成不成比例,大都是普通车,万能车。美国4.5吨以上的载货汽车有80%是专用车。应当看到的是在我国从事道路运输的工具,还有相当多的拖拉机和简易机动车,这些运输工具相对于现代化的道路运输理应是要淘汰的对象。全国有拖拉机和简易机动300车万辆,仅江苏省就有55万辆拖拉机和简易机动车从事道路运输,比民用汽车保有量还要多出10万辆。

(五)道路运输的客货运输量有了大幅度的增长,但道路运输的经济效益和社会效益仍然不高

道路运输是高档工农业产品运输和较小批量物资运输以及中、短距离客运的重要力量。全世界现代交通运输网中,道路运输线路长度已占2/3,所完成的货运量已占全部货运量的80%,我国的道路运输完成的运输量较之其他运输方式位列前茅。“八五”期末,全国道路运输所完成的客运量达4220亿人次,占全国各种运输方式完成总量81%;完成客运周转量达4220亿人公里,占全国各种运输方式完成量49%;完成货运289.5亿吨,占全国各种运输方式完成总量的75%;完成货运周转量4500亿吨公里,占全国各种运输方式完成总量13%。道路运输较好地适应了国民经济发展的需要,基本上满足了人民物质文化生活的需求。但值得注意的是参加道路运输的社会车辆,不计成本,不计费用,花费高额的代价换取为数不大的运输量,造成资源的浪费,是运输经济效益低下的典型表现。仅以往返于镇江至上海的货运汽车为例,空驶率达51%,大量的车辆或者空车进上海拉回头货,或者送货到上海空车返回,白白地浪费了许多运输能力。而交通专业运输企业因为货源紧缺,货源流失,造成车辆停驶闲置,人员停工待业,企业亏损加剧,使许多应该获得的运输经济效益白白地流失了。这种双重浪费的现象，相对于完成大幅度增长的运输量来讲，所付出的代价是太大了。

（六）道路运输的法制建设在省、市一级有了丰硕的成果，但关系到道路运输的龙头法规仍然未能出台

道路运输涉及各行各业，方方面面，需要有相应的法律法规来使经营者依法经营，管理者依法治运。近几年来，交通部和各省区都十分重视并加强了法规建设，交通部制定一批行业管理规章和开业技术经济条件以及行业标准，修订了部分现行规章制度。黑龙江、河南、辽宁、广东、云南、广西等省人大制定颁布了本省的《道路运输管理条例》；浙江、海南、西藏、北京等地区省（市）长令或政府发文，颁布了《道路运输管理办法》或客货运输专项管理规定，还有的地市人大或政府也分别出台了有关道路运输管理规定……所有这些对促进道路运输市场的发展和行业管理的加强起到了重要作用。但是作为调整道路运输业和道路运输市场各方面关系的龙头法规《中华人民共和国道路运输管理条例》，自 1988 年 9 月上报国务院以来，历经数年，几易其稿，但仍然未能获准提交国务院常务会议审议，这对道路运输业的健康发展，市场经营行为的监督，道路运输管理部门实施行业管理都带来了消极影响，也是当前道路运输市场秩序混乱的原因所在。

（七）道路运输的行业管理有了较大的改善，但是运输市场的秩序仍然比较混乱

道路运输行业管理工作是从 1986 年国家经委和交通部联合颁布《公路运输管理暂行条例》以后，正式开始对道路运输实行全行业管理的，交通部为使《条例》得到全面的贯彻，决定在江苏镇江和湖北襄樊（现为襄阳市）两市进行《条例》实施的试点工作，《条例》对行业管理的范围、对象、内容、方法、监督、处罚等方方面面作出了规定。镇江市和襄樊市经过一年时间的试点，《条例》规定的方方面面进行了管理的实践，从颁发经营许可证，发放营运证到使用统一的运输票据，执行统一的运输价格，以及规范合法的经营行为，组织实施市场监督，为《条例》在全国全面推开提供了经验，为制定各省区的实施细则提供了借鉴。所有关于经营者依法经营的要求和管理者依法行政的规定，在《条例》的实施细则中都作了明确规定，对建立健全五级运政管理机构作出了具体要求。经过八年的艰苦努力，特别是治理整顿运输市场以来，各地注重健全市场规则，加强市场监督，在市场准入、经营行为、公平交易、平等竞争等方面都建立了较为完善的规范，加强和改善了行业管理，寓管理于服务之中，从而维护了运输市场的正常秩序。但就全国而言，道路运输的行业管理工作发展很不平衡，有些地方对行业管理的认识不足，工作不力，只注重收费不注重管理，运输市场处于自然状态，车辆空驶、能源浪费，行业管理落后的现状很难改变，运输市场的秩序相当混乱，失控失管现象非常严重，无证无照、违章经营、欺诈旅客、坑蒙货主、欺行霸市，强占货源等不法行为仍然是当前道路运输中的突出问题。

（八）道路运输的新兴行业——出租汽车有了长足的发展，但是政出多门，职能交叉，管理体制仍然不顺

出租汽车客运是长途汽车客运的一种补充形式，在经济发达地区，不仅城市的出租汽车有了较大发展，所辖的县、区甚至乡镇也出现了出租汽车热。全国有出租汽车客运的城市有 1093 个，拥有出租车 33.4 万辆，其中有 982 个城市属交通部门管辖，有 21.5 万辆出租车纳入了交通部门的行业管理，特别是在全国中等城市出租汽车行业发展很快，行业管理有了较为巩固的阵地。但是出租汽车行业的管理由于交通与城建、公安部门的职能交叉，使得本来可以统一的出租车客运市场，政出多门，多头管理，被人为地分割成支离破碎的城市客运市场和公路客运市场。实践证明凡是由两个部门管理的出租汽车，出租汽车的客运市场秩序就比较混乱，领证、缴费、用票都是双重的，不仅手续烦琐，而且增加经营者和乘客的负担，影响了出租汽车行业的健康发展。

（九）道路运输的保障系统——汽车维修业竞相发展有了一定的规模，但是发展过快、竞争激烈、市场机制不健全，修车质量仍然低劣

随着国民经济和道路运输事业的发展，汽车维修业异军突起，迅速发展壮大，形成了区域性的汽车维修市场。全国已有汽车维修厂家18.5万户，其中一类1万户，二类5.5万户，三类12万户，从业人员达200多万人。以辽宁省抚顺市为例，原来只有几十家维修厂点，短短几年就发展到1000多个维修厂家，从业人员达到1万多人。就全国而言，在经济发达的地区和比较发达的地区，初步形成了各行各业参加，各种经济成分都有，各类维修级别齐全的汽车维修市场，这些维修厂家适应了道路运输业发展的需要，提高了车辆的完好率，延长了车辆使用寿命，促进了经济的发展。但是普遍存在的修车质量低劣，不按工艺规程和技术标准修车，低价进次品配件，修车以次充好，越级修理，人员素质低，技术力量薄弱，大多数从业人员是从其他行业和工程转换过来的，基本上没有经过专业培训，有的厂甚至停留在“拆拆装装、洗洗清爽，装得不对，调个方向”野蛮修理混沌维护的原始状态。

（十）道路运输生产的辅助作业——运输服务业的发展如雨后春笋，承托运双方有了多功能的服务代理，但是畸形发展，经营混乱，管理滞后，规范经营行为的难度仍然很大

道路运输服务业是道路运输的重要组成部分，是道路运输市场发展的必然产物。各种性质，多种形式的客、货运输委托代办、联运中转、货物配载、信息咨询、理货打包、仓储换装等运输服务网点，随着道路运输的发展，在车站、港口、码头、货场、机场、集市贸易中心形成，成为道路运输生产活动的中介，适应了道路运输发展的需要。但是运输服务业是一种派生服务，行业发展无规划，业务繁杂，收费混乱，票据使用五花八门，不正当竞争，敲诈勒索等不正之风比比皆是，严重干扰了道路运输的正常秩序，偏离了行业发展的轨道。为了使道路运输服务业走上健康发展的轨道，必须加强对运输服务业的管理，加强经营行为的监督。

与此相反的是在道路旅客运输上，很难形成适应需要客运服务网点，企业的自有车站不能对外开放或不能实行站运分离，社会车辆不能进站经营，马路市场乱停乱放，拉客宰客的现象屡见不鲜，“车进站、人归点”的要求无法实现，“有市无场，有场无市”的局面难以扭转。为使旅客运输市场的秩序井然，实现“人便于行”，必须呼唤建设大量公用的客运服务站点和开放大批企业自用的客运车站，以适应构筑道路旅客运输服务网络的需要。

三、今后15年道路运输的发展趋势

道路运输是用现代化生产技术装备起来的，以机器体系作为主要生产手段的社会化运输生产活动。它要求运输生产过程实行精细的劳动分工和密切合作，要求应用最新的科学技术，有效地使用现代化技术，合理地组织运输生产过程，确保运输生产过程的连续且有节奏地进行。为此就要实现“超前”发展道路运输，促进社会主义市场经济体制的建立，就要提高道路运输的市场化程度，加大道路运输业的改革力度，加快培育和发展道路运输市场体系。

道路运输市场就是指买卖运输“产品”的场所，就是指运输经营者提供运输工具和运输服务，满足客货运输需要的场所。道路运输市场成交的商品就是运输，而运输的“产品”是位移，道路运输的生产过程和销售过程同步进行，“产品”几乎全部向用户直接销售。运输需求是一种派生需求，运输交易不是商品所有权的转移，而是一种事实行为，是商业活动和运输活动的结合。道路运输的区域性和时效性较强，道路运输的“产品”又不能储存，运输交通又受到个别需求、中间需求和最终需求的影响而产生一定的波动。只有让参与道路运输市场交易的道路运输业保持适当的运力规模，保持适当的运力储存，才能确保运输市场供给和需求的大体平衡。道路运输市场是一个特殊的市场，它不仅包括各种各样的有形交易市场，而且还包括看不见，摸不着的无形交易市场。要使道路运输市场健康地发展，必须加强对道路运输市场的管理，管理的重点在于建立和健全市场机制。管理的目标是建立全国统一、开放、竞争、有序的运输市场。改革开放以来，我国的道路运输市场有了很大的发展，但是，按照社会主义现代化建设的要求，按照建立社会主义市场经济体制的要求，与经济发达国家相比，还有很大差距。根据党的十四届五中全会通过的《中共中央关于制定国民经济和社会发展“九五”计划和2010年远景目标的建议》，今后15年里，要继续加强基础设施和基础工业，大力振兴支柱产业。要加强水利、能源、交通、通信等基础设施和基础工业建设，使之与国民经济发展相适应。

交通，要以增加铁路运输能力为重点，充分发挥公路、水运、空运、管道等多种运输方式的优势，加快综合运输体系的建设，形成若干条通过能力强的南北向、东西向的运输大通道。要通过一手抓基础设施建设，一手抓培育和发展运输市场，实现“九五”交通大发展，使我国交通运输和基础设施建设到2000年上个新台阶，使我国道路运输的紧张局面有明显缓解，对国民经济的制约状况有明显改善。基础设施的建设就是构筑全国的公路主骨架，与主通道相衔接，与主枢纽相沟通，形成四通八达的公路网络。培育和发展道路运输市场就要继续开放道路运输市场，发挥市场机制的作用：加快道路运输交易市场的建设，发展和规范市场中介组织；加强对道路运输市场的宏观调控，改善和加强行业管理。

培育和发展道路运输市场是一项长期而又艰巨的任务，要提高认识，加强领导，从实现国民经济战略目标的高度上来认识培育和发展道路运输市场的重大意义。增强责任感和使命感，扎扎实实做好培育和发展道路运输市场的各项工作，充分发挥公有制道路运输企业的主导作用。要加强对培育和发展运输市场的领导，正确处理好重视基础设施建设和抓好培育和发展道路运输市场的关系，坚持公路建设与运输市场培育并重的原则，坚持改革开放和以公有制为主体的方针，完善道路运输市场机制，建立和健全宏观调控体系，规范运输市场的经营行为，依靠科技进步，依靠法律法规，彻底打破地区封锁，维护运输市场的正常秩序。

根据当今世界道路运输的发展趋势，结合我国的实际情况，我国的道路运输，在培育和发展市场体系的同时，还应十分注意解决好以下几个技术问题：

1. 努力调整运输结构，大力发展汽车运输、充分发挥道路运输在客货运输中的主力作用，使汽车运输逐步成为中长途客货运输的重要力量。到20世纪末，我国的公路通车总里程将要达到120万公里，公路等级不断提高，高速公路不断增加，道路运输在各种运输方式中所占的比重将会越来越大。

2. 努力提高汽车的技术性能，调整汽车的吨位构成，提高重型车，轻型车，柴油车比重，大力发展各种变型车,大力发展集装箱专用车,使道路运输的车辆向大型化和小型化方向发展,降低中型车的比重。在道路条件允许的情况下,发展拖挂运输,使一车一挂的汽车列车总重达到30~40吨,一车二挂或三挂的汽车列车总重达60吨。为适应各种货物的不同运输条件,最大限度减少装卸时间,提高运输质量,使集装箱专用车在道路运输中发挥出最大的经济效益,就要把发展集装箱运输作为道路货物运输的重中之重来抓。集装箱运输被喻为货运领域内的一场革命,今后十五年将是集装箱的运输世界。

3. 广泛采用先进的道路运输组织形式,使分散经营的道路运输业户,组织起来联合经营,实行统一管理,并使公有制在大中型企业在其中发挥主导作用,使公有制大中型企业成为完成全社会运输量的主力军。要提高道路运输市场组织化程度,建立道路货运站,组织道路运输联运网络,大力发展两程或两种运输方式之间的联运,利用集装箱这个特殊的运输链把道路与水路,道路与铁路的衔接运输组织起来,提高运输效率,提高运输效益。

4. 加快应用先进的科学技术,实现道路运输组织管理的现代化。要采用电子计算机、闭路电视、无线电通讯等现代化手段,对行驶在道路上的汽车进行调度、管理、控制。对道路运输企业的经营管理,如财务核算、人事管理、车辆调度方案、车辆装卸、发车、运行情况,以及道路运输信息的搜集处理,都要以电子计算机为主,建立起控制中心、计算中心、调度指挥系统,形成道路运输运营组织管理计算机网络系统,在道路运输的国道、省道上实现交通管制系统的自动化。

总之,道路运输在多功能的服务系统和科学的经营管理中,道路运输的网络系统将日趋完善,技术装备将越来越先进,综合运输体系将会继续保持领先的优势。

关于加快发展江苏道路、水路运输服务业的实施纲要

交通运输业是国民经济的重要组成部分，是连接生产与消费的纽带和桥梁。当前，我省的道路、水路运输服务业已进入一个新的发展阶段，面临新的机遇和挑战。为实现省委、省政府提出的“全面达小康，建设新江苏”的战略目标，必须坚持发展运输生产力，贯彻落实科学发展观，促进运输结构调整，提高运输效率和效益。是加快发展道路、水路运输服务业的重要举措。面对国际运输服务业向我省转移加快的新机遇，面对全国道路、水路运输服务业加速发展的新趋势，面对区域运输经济竞争激烈的新形势，要进一步解放思想，增强紧迫感、责任感，充分发挥比较优势，以创新的理念、创新的思路、创新的举措，又好又快地发展道路、水路运输服务业，以期形成运输经济新的增长点。为此，特制定本实施纲要。

一、总体要求

（一）指导思想

以邓小平理论和“三个代表”重要思想为指导，全面贯彻落实科学发展观，按照建设创新型、节约型、环境友好型省份的战略部署，提高道路、水路运输服务业的发展质量，为经济总量翻两番提供强有力的支撑，为缩小工农差距、城乡差距和地区差距奠定坚实基础，为更加富足的人民生活提供便利和选择，为新型工业化作出贡献。结合江苏经济和社会发展的需要，立足江苏交通运输的实际，坚持以发展为主题，以结构调整为主线，着力改革和创新，积极探索运输行业发展和管理的新思路、新理念、新举措，加大对新型业态发展的扶持力度，重点选择旅客运输业、现代物流业、集装化运输等增长潜力大、市场需求旺、比较优势强的领域做强做大，为经济和社会发展提供优质高效服务。

（二）奋斗目标

以“以人为本”和“人和自然和谐”为理念，坚持走“全面、协调、可持续”发展的道路，以“服务国民经济和社会发展全局，服务社会主义新农村建设，服务人民群众安全便捷出行”为落脚点，建立能力充分、组织协调、运行高效、服务优质、安全环保的运输服务系统。到2010年达到道路、水路运输的产业结构合理，运输供给与社会需求平衡，适应国民经济和社会发展需要的要求，基本建成“人便于行、货畅其流”的全省快速客货运输网络和农村便利客运网络，实现产业倍增计划的目标。争取在向更高水平、更加全面、更为平衡发展的过程中实现质量型、效益型的持续快速发展，建成满足全面小康社会需要的道路、水路运输服务网络体系，为国民经济和社会发展提供更安全、更通畅、更便捷、更经济、更可靠、更和谐的运输服务。

二、发展思路

（一）促进现代化综合运输体系的协调发展，充分发挥道路、水路运输的比较优势

交通运输业是国民经济的基础产业，是国家重点发展的服务业。道路、水路运输是综合运

输体系的重要组成部分。要充分发挥道路运输机动灵活、覆盖面广、通达度深、承担运量多、能实现门到门运输，以及水路运输投资省、占地少、能耗低、运能大、污染小的优势，充分发挥道路、水路运输服务业在综合运输中的地位和作用，协调铁路运输和民航运输，建成现代五种运输方式衔接匹配的综合运输网络，适应国民经济和社会对综合运输发展的需要。

（二）充分发挥高等级公路大通道功能，巩固和加强道路运输的基础作用

道路运输的发展继续遵循“全面规划、合理布局、确保质量、保障畅通、保护环境”的原则，突出高速公路长途客货运输的大动脉作用，以结构调整为重点，提高道路运输发展质量，提升道路运输的服务水平。优化道路运输资源的配置。增强道路运输的市场竞争能力，加强与其他运输方式的协调衔接。运用现代经营方式和规范化的服务技术改造传统道路运输企业，引导企业向集约化、规模化经营方向发展，提高道路运输生产效率、服务质量和经济效益。

（三）充分利用水运资源大省的优势，强化水路运输在外贸运输和大宗散货运输中的主力地位

加快水路运输基础设施建设和水路运输结构调整步伐，充分开发和利用水运资源，大力发展海洋运输，充分发挥内河航运的优势，提高水路运输在外贸运输、大宗散货和集装箱货物承运比重。加快水路运输发展规划的制订，促进水路干支直达和江海直达运输的发展；以市场为导向，以改革为动力，以企业为主体，加强政府的宏观调控和指导，促进统一开放、竞争有序的水运市场的发展；引导航运企业提高市场竞争能力和经济效益，适应国民经济、对外贸易发展和国家安全的需要。

（四）增强环保意识，推广节能技术，实现行业可持续发展

大力开发和推广应用环保节能技术，积极开发并鼓励使用运输装备的替代能源，倡导公共性运输，扶持专用车和重型车发展，提高资源的利用率。鼓励运输服务企业应用新技术、使用新设备发展清洁生产，加大环境治理力度和执行环境影响评估制度。采取强制性措施，重点控制运输中可能造成的生态变化、大气污染、水污染和噪声污染，建立和完善事故预防与应急处理机制，引导行业走生态环保、节能降耗的发展道路。

（五）实施“科教兴运”战略，提高运输行业科技创新能力

贯彻“经济建设必须依靠科学技术，科学技术必须面向经济建设”的方针，全面实施“科教兴运”战略。以提高运输效率和效益为中心，以建立技术创新体系为重点，促进运输行业整体技术水平的提高。鼓励企业自主创新，充分利用先进适用技术，加速科技成果的转化，加大使用高新技术改造传统运输产业的力度，不断提高运输行业的科技含量，实现技术跨越式发展，推进产业结构调整和产业升级，为实现运输行业经济增长方式的转变，不断提供强大的技术支持。

根据运输事业发展的需要，大力开发人才资源，加强人才培养和继续教育，鼓励高科技人才投身运输事业，提高运输人才整体素质，增强持续创新能力，为运输事业的发展提供人才保障。

（六）大力推进信息化进程，加速实现交通运输现代化

以提高运输效率和质量、改善运输安全性、向全社会提供优质、高效信息服务为战略目标，把信息化放在行业发展的优先位置,以信息化带动运输现代化。广泛应用现代通信、信息技术,提高计算机和网络的普及及应用程度,开发利用运输信息资源,全面推动信息化进程。遵循"统筹规划、联合建设,应用主导、面向市场,统一标准、资源共享,技术创新、竞争开放"的方针,建成各具业务特色的道路、水路运输信息资源网络。

(七)发展现代物流,拓展运输服务功能

加强对发展现代物流的引导,充分发挥运输企业在现代物流中的自身优势和主体作用。培育和开发物流市场,推广和应用现代物流技术,推进运输业与生产企业、营销企业的协调与合作,鼓励运输企业大力拓展仓储、配送和代理等多种服务功能。重点建设物流服务中心、集装箱货运站和物流信息系统,促进大型运输企业由承运人向物流经营人方向转变。

(八)进一步扩大对内对外开放,提高发展质量和服务水平

面对国际运输服务业向我省转移加快的新态势,结合道路、水路运输服务业的实际,坚持适应经济全球化和加入 WTO 的需要,实行全方位、高层次、宽领域对内对外开放的方针,实行稳步、有序的对内对外开放的政策。进一步开放道路、水路运输市场,培育大型道路、水路运输集团,积极参与国际经济合作和竞争,不断提高发展的质量和服务水平。

(九)树立行业新风,提升运输服务行业文明形象

以"服务人民、奉献社会"为宗旨,建设道路、水路运输市场诚信体系,推进行业精神文明建设,开展创建文明行业活动,坚持为国民经济和社会发展服务,为建设社会主义新农村服务,为人民群众安全便捷出行服务。制订创建文明规划,推行行业文明服务标准,完善规章制度,落实岗位规范,自觉接受社会监督,使创建活动规范化、制度化,为社会提供优质文明服务。

(十)发挥运输行业政策的调控职能,确保实现运输行业发展目标

建立和完善交通运输法规体系,坚持依法治运。要对道路、水路运输服务业提供政策法规的引导和服务,加强法制建设,提高行业管理效能,发挥行业政策在优化运输资源配置中的调控作用。明确道路、水路运输服务业发展的方向和重点,实现产业结构的升级和优化。规范运输市场交易行为,营造健康有序的经营环境。引导运输服务企业提高运输安全服务能力,提高运输效率和效益,保障实现道路、水路运输的发展战略目标。

三、运输布局

(一)依托干线公路网、客货站场、港口、铁路及交通枢纽,构建道路、水路客货运网络和现代物流服务网络,形成与经济社会发展相匹配的优质高效空间供应链

依托高速公路网,建立以高级客车为主体的公司化经营的省辖市之间及由省辖市到各大中城市的直达客运网络;

依托干线公路网,建立以中、高级客车为主体的市际、县际便捷客运网络;

依托县乡公路,建立以普通客车为主体的县域农村通达客运网络;

依托长三角旅游城市、重点旅游景点和大型商品交易市场,建设长三角区域旅游客运网络;

依托国家级高速公路网,建设旅客集散换乘服务中心,推广结点运输,建立跨区域的快速客运网络；

依托高等级公路、物流中心、货运交易市场、商品集散地建设快速货运服务网络；

依托京杭运河、长江及重点航道，建立大宗散装物资运输网络；

依托重点港站、集装箱中转站，建立多式联运服务网络；

依托工业园区、商品集散地，建设物流加工区，建立现代物流服务网络。

（二）依托城市商贸商务集聚区，街道集镇社区，重点开发园区，建设机动车维修、驾驶员培训、仓储、配送等网点，形成与生产生活相配套的功能齐全的平面服务区

在中心城区，根据行业规划布局，设立机动车维修服务网点；

在中心城区，根据行业规划布局，设立机动车驾驶员培训服务网点；

在城郊接合部、重点开发园区建设一类机动车维修企业，建设规模化驾驶员培训基地；

在商务商贸集聚区、重点开发园区建设城市物流配送基地；

在中心城区，根据行业规划布局，设立货运配载、货运代理、仓储加工、配送服务网点；

在中心城区，根据行业规划布局，设立联网售票、搬家、装卸服务网点。

四、重点项目

（一）全面打造快速客运品牌

以“做优、做强、做大”为目标，构建长三角地区的快速客运网络，以公司化经营为基准，调整客运企业结构，优化客运企业组合，制定快速客运的服务规范，统一快速客运的服务标准，量化快速客运的服务质量，塑造“江苏快客”品牌形象。拓展快速客运的市场开发能力，发挥快速客运在安全、及时、经济、舒适、便捷等方面的优势，形成7~8家集约化、品牌化经营的一级客运企业。扩大快速客运网络的辐射范围，建立长三角快速客运网络。制定出台相关的鼓励政策，减轻公司化经营的客运企业的税费负担。

（二）全面打造快速货运品牌

培育一批集约化、规模化经营的江苏快速货运企业，提高江苏货运企业在全国的影响力。以江苏经济为依托，以快速货运需求为基础，大力推进货运结构调整，打造“江苏快货”品牌。限制单车经营户，整合和引导快件运输经营者通过联合、联营、兼并等方式，组建快速货运企业，实行统一的服务规范和服务标准，提高快速货运服务质量和服务能力。利用专业客运企业站点多、线路班线辐射面广、班次密度高，建立客货兼营的服务体系，增强快速货运竞争力。要培养5~7个集约化、规模化、公司化经营一级货运企业，重点发展快速货运、限时运输和支撑物流服务的货物运输，在集装箱运输、零担、快件、危险品、大型物件运输中发挥主导作用，形成省内功能布局完善、省外辐射区域广阔的快速货运网络服务体系。

（三）积极推进城乡客运一体化

加快农村公路建设的进度，加大对农村客运基础设施的投资，建设农村客运站要做到“四同步”。“十一五”期末实现“村村通班车、村村有站点”。农村公路符合通车条件的，三个月内必须开通乡村客运班车。选择安全性能好、经济实惠的车辆投放农村客运市场，提高农村客运班车的运输效率和服务质量。

鼓励专业客运企业“车头向下”，发展农村公交客运，推进城乡客运一体化，对新开通的农村公交线路可在一定期限内给予专营权。对农村客运实行优惠政策,积极争取县(市)政府对开行县、乡、村的农村公交客运企业实行与城市公交客运企业同等的税费待遇,积极争取有关部门适当减免农村客运的规税费。

(四)调整优化水路运输结构

提升水运发展理念,创新水运发展政策,改革水运管理体制机制,优化水路运输的经营环境,加快实现内河船型标准化工程,着力提升水运服务水平。到2010年,率先实现长江、京杭运河船型标准化,干线航道船型标准化率达80%。要充分发挥内河航运的优势,扩大内河运输能力,大力发展集装箱、成品油、液化气等专业化船舶运输。提高在中长距离的大宗散货和集装箱货物的承运比重,海上运输要大力发展国际运输航线,鼓励发展干支直达和江海直达运输,发展集装箱运输班轮、大型散货运输船、专用化学品船,提高海运市场国际化水平,逐步形成吨位结构配置合理,适合市场需求并具有较强竞争力的国际海运船队。到2010年,沿海、远洋运力总量比2005年增长50%以上。

(五)发展现代物流企业

引导货运企业应用现代物流技术发展第三方物流,研究制定道路、水路运输服务业发展现代物流的规划、政策、法规和标准。鼓励多种经济成分投资物流基础设施建设,积极培育和发展物流中心。重视物流管理和技术人才的培养。

货运企业要以提供延伸服务和增值服务为切入点融入现代物流,成为第三方物流企业。拓展仓储、包装、装卸、搬运、流通加工、配送、信息处理等多种服务功能和经营范围;要利用现代物流技术整合资源,与产品制造企业、商贸企业结成战略联盟,通过融入供应链来达到供应链协同运作的效果,逐步使传统货运企业由单一的承运人向现代物流经营人转换。

(六)建设运输公共信息平台

研究制定全省运输信息化建设规划,率先在全国建设成服务全社会,涵盖运输管理、运输经营、运输服务内容的信息服务系统。在客货运站场建设中首先启动信息网络的建设,做到信息网络建设和客货站场建设同步规划、同步建设、同步使用。

明确运输管理机构、中介服务机构和企业在运输信息化建设中的地位和作用,制定行业标准,大力发展运输信息网络技术。每年可从客货运附加费中提取一定比例的资金用于运输公共信息平台建设,充分利用管理体制健全,四级机构遍及全省的优势,拓展行业行政办公业务信息网络功能,与相关联的信息网络实现有效联网。引导运输企业加快信息化建设,用现代网络技术管理企业,大力发展货运信息服务网,促进货运市场的电子化和网络化,使企业成为网络信息的提供者,网络信息的消费者,网络信息的受益者,网络信息的依赖者。

(七)强化运输生产安全监督

坚持"预防为主"方针,交通主管部门要实行运输安全生产监督管理责任制,健全运输安全生产机构和规章制度。以旅客运输和危险货物运输为重点,以"三关一监督"为主要内容,建立健全运输安全应急保障体系,加强源头的安全监督。推行旅客和危险货物运输企业安全认证制度。加强运输安全科研开发工作,鼓励企业采用先进技术和设备,提升安全生产管理水平。

运输服务企业要健全安全管理组织,健全并完善安全生产责任制、安全生产预警制和重特大安全事故责任追究制等。严格执行安全生产操作规程,加强从业人员的安全教育、培训和营运车辆的检测、维修,严把从业人员资格关和车辆技术状况关。营运客车、危险货物运输车以及重型载货汽车和牵引车,要安装GPS、行车记录仪或信息采集器等先进技术装备,建立监控平台,及时监督纠正超速行车、疲劳驾驶和超限超载等违法违规行为,消除安全隐患。

(八)构建和谐诚信运输体系

以行业管理部门为主导,由运输服务企业和行业协会相配合,建立以企业和从业人员"诚实信息征集、信用市场监督和失信惩戒"为主要内容的运输行业诚实信用考核制度。倡导"诚实守信、质量第一",开展以"服务人民、奉献社会"为宗旨,行业自律为内容的文明行业创建活动,树立交通运输是第一"窗口"意识。

各级运输管理机构根据诚实信用考核制度,负责建立健全运输经营者诚实信用档案,负责对运输服务企业诚实信用情况进行考评考核,实行奖励和惩戒,在媒体上定期发布有关企业诚信考核的信息,并纳入年度审验的内容。对连续多年诚实信用考核表现优秀的企业,实行年度审验免检,在同等条件下可支持其发展新的运输项目和优先获得客运班线的经营权;对诚实信用考核表现低劣的企业,予以公告,并限期整改;失信严重的给予惩戒,直至取消其经营资格。

(九)鼓励发展厢式货车和集装箱专用车

大力发展高中档集装箱车辆、厢式货车、大吨位货车,促进道路货运向集装化、厢式化方向发展。鼓励企业购置或更新科技含量高、技术先进、性能良好、高效低耗的多轴大吨位重型货车,进一步提高运输效率、降低运输成本。引导企业发展冷藏运输车辆和罐车等特种专用车辆,以适应市场需求和个性化运输的需要。结合贯彻环境保护和节约能源法律法规,加大对汽车尾气排放污染环境行为的整治力度,发展绿色环保车辆,逐步淘汰普通型、敞开式的运输车辆从事营业性运输。对集装箱运输车辆和重型车辆给予技术改造补贴,在通行费收费标准方面给予较大幅度的优惠。到2010年,重型货车、厢式货车、专用货车占货运车辆总数的比例提高到30%以上。

(十)加快客货运站场建设

站场是公益性交通运输基础设施,是运输网络的节点,是运输经营者与旅客、货主发生运输交易活动的场所,是发展运输市场的载体。建立健全站场系统,修订或编制全省客货运输站场规划,把运输站场建设,纳入公路和城乡发展总体规划,使其与公路和城乡建设协调发展。客运站场的规划建设要充分体现"以人为本"的理念,满足人民群众出行的需求,新建客运站要做到近城不进城,尽量减少换乘距离和次数。货运站场的规划建设要依托中心城市,服务区域经济,与物流中心和交通枢纽规划建设结合起来,适应发展现代物流的需要,方便货主、用户,便于与其他运输方式衔接。

遵循"统筹规划、分级负责"的原则,充分调动多方面积极性,充分利用市场机制,走多元化投资站场建设的路子。交通主管部门要加大对站场建设的资金投入,适当增加车购税和客票附加费对站场建设的投资比例,鼓励地方政府增加财政性资金投资站场建设。对农村客运站场建设,争取政府无偿提供用地并给予税费减免。鼓励和吸引境内外资金、民间资本投资站场建设,实行投资主体多元化。"十一五"期间,争取50%以上的乡镇有等级客运站,争取各省辖市新建1个1级客运站,县(市)建设1个2级客运站。

新建的公用型客运站，都要明晰产权归属，实行站运分离，以独立法人的身份经营。已经投入运营的公用型客运站，可从实际出发，采用多种方式，实行“站运分离”。加强对站场服务质量信誉考核，不断推进站场服务的“三优”、“三化”工作。

货运站场的规划建设参照客运站标准化建设的思路，充分利用货运市场已形成的市场份额、信息资源、诚信资源和投入产出效果好的优势，将省辖市的货运交易市场列入重点改造和建设对象。交通主管部门将货运站场（含交易市场）建设资金列入预算，分年度组织实施，力争“十一五”期末各省辖市建成1个标准化的综合性的货运站场或交易市场，50%的县（市）建成相应规模的货运交易站场。

（十一）大力发展旅游客运业

以建立旅游客运强省为目标，制定旅游客运发展规划，建立旅游客运服务质量标准，加大对旅游客运企业信誉质量的考核考评，树立品牌形象，统一旅游客运行为规范，全面提升旅游客运服务质量。大力推行旅游一条龙服务，将旅游客运融入各地区的旅游市场，发展综合性旅游客运企业。建设长三角区域旅游客运网络，增大旅游客运的发展空间，积极开辟跨区域旅游客运线路，研究旅游客运市场的统一政策，使用长三角区域独特的一体化旅游客运标志，提升旅游车辆档次，增加旅游车辆的数量，适应和满足旅客安全、便捷、舒适旅行的需要。

（十二）提升汽车维修业技术和服务能力

按照有条件进入、按标准分类、动态评定资格的原则，加强对维修市场的监督管理。推进维修业向维修专业化、经营多样化和服务网络化方向发展，实现各种品牌车辆维修能力区域化、汽车维修救援全天候化。引导维修企业和综合性能检测站加大对维修、检测设施设备的投入，大力推广安全、节能、环保等先进维修、检测技术，运用现代化手段提高维修、检测的能力和质量。通过实施维修信誉考核制度，培育一批“诚实守信、质量价格信得过”的品牌维修企业。制定有关维修、检测的服务规范和质量标准，对汽车维修质量和汽车综合性能检测实行动态监控，为需求方提供更为透明的和可参照的服务标准体系。

（十三）提高驾驶员培训行业整体素质

为适应驾驶技能普及化的趋势，更好地适应学员个性化的要求，在强化培训质量考核的基础上，改革驾驶培训的方式。加强驾培学校准入管理，积极引导驾培学校优化资源配置，通过合作、兼并、重组等形式形成一批集约化、规模化经营的驾驶员培训基地。鼓励驾培学校加大投入，引进先进的教学设备和模拟驾驶设施，实行智能化培训。推广学时制培训方法，提升驾驶员培训服务的适应能力。严格对驾培学校及教练员的信誉考核管理，强化培训与考试的衔接，确保动态培训的质量。

（十四）优化城市物流配送服务

积极构建城市物流配送服务体系，将城市物流配送服务基地建设纳入各地城市总体规划。将城市物流配送站场建设列入交通部门客货站场建设计划，当地政府在征地及相关费用方面给予减免和优惠。力争到“十一五”期末，省辖市均能建成一个综合性城市物流配送基地，要注重应用新技术、新设备。对从事城市物流配送的车辆，进入城市服务的时间和停车等方面给予特殊政策。

（十五）适度发展汽车租赁业

制定促进汽车租赁业发展的管理规定，引导汽车租赁业健康有序发展，建立汽车租赁的市场规则，监控汽车租赁业经营行为。以提供异地租车、还车服务作为重点，鼓励企业扩大规模和异地设点，建立汽车租赁服务网络。通过网络化服务提高汽车租赁业的经营水平和服务能力，为客户提供价廉及时、机动灵活、服务周全的租赁服务。

（十六）规范货运市场交易行为

创新运输市场管理体制，规范运输市场交易行为，实行运输主体市场化和运输要素市场化，积极打造货运市场诚信交易平台。鼓励建立行业自律组织，发展合同运输、专项运输，规范运输经营行为，扩大货运配载市场的影响力。管理部门在推进信息化运输行业的过程中，要将货运配载市场信息化建设列入重要建设项目，为货主、运输企业、配载服务企业的服务交易提供公平、透明的交易平台。全省要在各市货运交易市场联网的基础上，建立省级交易信息网络。行业管理部门要积极引导货运市场整合市场资源，拓展服务功能，规范货运代理、配载业的经营行为。对有条件的货运交易市场可逐步发展成具有“第三方”物流功能的物流服务市场。

五、保障措施

（一）强化行业研究，注重科学规划

结合江苏交通“十一五”规划和2020年发展纲要，组织制定道路客、货运输、水路运输及相关子行业发展规划。各地要根据本地交通运输的实际，结合客流货流分布特点，经济产业布局结构，城市及社会发展趋势，合理确定符合实际的道路、水路运输服务业发展的空间布局和组织结构、运力结构、经营结构，做到与城市总体规划相衔接，引导资源有效配置和集约化利用。

（二）加大创新力度，实施品牌战略

在思想上、制度上和措施上力求创新，打破所有制分割和行业垄断，合理引导民资、外资参与企业的改组改制，通过兼并、联合、上市、重组等形式，发展一批以品牌为龙头、资本为纽带，跨地区、跨行业的运输服务集团。引导企业创新管理思路，创新经营方式，创新运行机制，降低商务成本，促进主辅分离，推进企业内置服务外包。在客运业、货运业推行安全、快速和品牌战略，在维修业、驾培业推行“信誉第一、质量第一”，形成一批优势企业、龙头企业、品牌企业，争取更多的社会服务资源，达到服务资源优化配置。

（三）进一步开放市场，增强企业竞争力

加强道路、水路运输服务业招商引资工作，采取有效措施，吸引跨国公司地区总部和研发、采购、营销中心等国际物流服务企业落户江苏。注重引进先进技术和新型业态，促进服务业经营理念、管理体制、企业机制、组织形式以及服务品种与国际接轨。打破区域封锁，进一步对内对外开放运输市场，鼓励联合联营，鼓励优势企业扩张规模，支持优势企业走出江苏，面向全国，拓展发展空间。

（四）加大科技投入，重视人才战略建设

建立健全人才评估体系和激励机制，采取有力措施吸引、留住、用好人才，努力创造让各类人才充分施展才干的良好环境。实施服务业人才建设工程，加快形成一批专业人才队伍。加强对运输经营管理人员、专业技术人员的进修培训，积极发展职业培训和岗位技能培训，提高服务业从业人员的业务水平。推进人才培训的国际交流合作，建立境外培训基地。

（五）调整完善政策，优化经营环境

按照“三个有利于”的标准，本着凡是兄弟省市能干的我省也能干，凡是国家没有明令禁止的都可以干，凡是过去规定不能干但现在已不合乎实际情况的也应当试着干的原则，用足用好国家给予的政策空间。结合江苏实际制定“若干政策”和“实施纲要”，提请省政府出台加快发展道路、水路运输服务业的若干意见。在准入领域、税费征缴、用地价格等方面给予公平待遇，降低进入门槛。对需要重点发展的项目，给予政策倾斜，对需要大力发展的运输服务业品牌产业，给予必要的政策扶持。支持重大运输服务业项目、重点服务企业和品牌的发展。注意研究运输服务业发展的边界政策，营造运输服务业发展的最佳环境。

（六）改进运输行政管理，加快行业协会建设

创新运输管理体制机制，加强运输管理执法队伍建设，全面提高运输行政执法人员的法律、业务、职业道德和文化知识的总体素质。健全并完善运输管理和行政执法工作制度，规范运输管理行为和行政执法行为，提高运输管理和依法行政水平。研究制定统一的运输管理机构编制标准，改革运输管理机构，强化运输管理的行政职能和服务职能。健全行政执法监督机制，加大执法检查力度，提高执法效能，严肃查处和纠正不当行政行为。

加强行业协会建设，规范行业协会行为，坚持“一市一行一会”的原则，整合现有的行业协会，发展新的行业协会。行业协会要组织、引导运输经营者自我管理，自我约束，实行行业自律，继续深入开展文明行业创建活动；要面向行业和企业，提供政策法规、业务技术、信息咨询、职业资格培训等服务；承办好政府委托的企业等级评定等各项工作，为道路、水路运输服务业的发展提供中介服务。

（七）加强组织领导，落实工作责任

加强道路、水路运输服务业发展的指导和协调，定期研究发展动态，统筹解决发展中的重大问题。省运管局牵头做好全省运输服务业发展协调工作，负责全省道路、水路运输服务业总体规划编制、方针政策的制定和子行业规划的衔接等项工作，搞好政策督查和年度考核。各市、县建立相应的协调机构，负责协调解决本地区道路、水路运输服务业发展的问题。

建立服务业发展绩效考核制度，加大考核奖惩力度，将工作目标和重点项目分解落实到地区、部门，确保责任、措施、人员“三到位”。加强对运输业的理论和实践研究，建立统计预警、预测和信息发布制度。

关于制定加快发展
江苏道路、水路运输服务业若干意见

道路、水路运输业是综合运输体系和现代服务业的重要组成部分，是国民经济和社会发展的重要支撑和保障。为贯彻省委、省政府关于加快发展现代服务业的重大战略决策，提升道路、水路运输业的综合竞争力和公共服务水平，又好又快地推进“两个率先”进程，实现“十一五”道路、水路运输服务业的发展目标，根据国家有关加快发展服务业的政策，结合我省实际，提出如下意见。

一、明确发展目标

1. 通过“十一五”时期的努力，基本形成快速、优质的运输服务、机动车维修、车辆租赁、信息咨询、应急救援指挥等网络，打造“江苏快客”、“江苏快货”和“江苏快修”三大服务品牌，建立运力充足、结构优化、运行高效、服务优质、安全环保的运输体系，运输公共服务趋于完善，运力调节灵活有效，货物流通高效通畅，市场秩序显著好转。到2010年全省运输经济总量、运输产业结构、客运班车密度、货运信息化程度、机动车维修能力、安全运输等指标处于全国领先水平；行政村客运通达率达到100%，城乡客运一体化率达到60%，运输行业集约经营程度达到国内领先水平；货运车辆厢式化、重型化、专业化综合指标位于全国前列；旅客运输及站务服务达到国内示范水平；运输企业责任死亡率争取实现零增长。

2. 道路、水路运输服务业发展的政策导向

发展道路、水路运输生产力，提高“三个服务”能力，提高重要时段、紧急情况下的运输保障能力。

加快道路、水路运输投资结构、经营结构、装备结构和组织结构调整，提高运输效率。

确保道路、水路运输安全，严格“三关一监督”监管职责，实施公路安全保障工程，建设和谐社会。

提高道路、水路运输服务质量，改善客货站场设施，推行质量信誉考核，体现“以人为本”。

重视农村公路和站点建设，发展农村客运，推广适合农村客运的客车，服务新农村建设。

重视道路、水路运输环保节能，降低燃油消耗，减轻环境污染，实现可持续发展。

鼓励道路、水路运输科技创新，实施“科教兴运”战略，增强自主创新能力，增强发展动力。

坚持对内对外开放，建设统一开放、竞争有序、便捷通畅、高效安全的道路、水路运输市场。

二、增强行业创新能力

3. 坚持“以人为本”和“全面协调可持续发展”的理念，扎实推进运输服务业发展。以理念创新为运输服务业发展的重要前提，以科技创新为运输生产力发展的主导力量，以体制机制创新为运输服务业发展的必要保障，以政策创新为促进运输服务业发展的有效手段，转变运输经济增长方式，提高运输业发展质量，增强运输服务能力，为社会提供又好又快的运输服务。

4. 积极推进科技进步，增强运输服务业可持续发展能力。鼓励应用全球定位系统、地理信息系统，开发电子数据交换系统，建立应急运输指挥系统、出行信息服务系统、车辆调度、行车线路信息系统和运输公共信息平台，鼓励和引导卫星定位系统信息资源的增值开发。按照建设资源节约型、环境友好型运输行业的要求，积极采用新技术、新材料、新工艺、新装备，推广使用清洁生产技术，使用节能、低耗、环保、高效的运输车船和降耗、减污的设备设施，鼓励发展以天然气、液化气等为燃料的环保型车船，倡导利用雨水和循环水清洁车辆，减轻环境污染。

5. 广泛运用现代运输组织方式，优化道路、水路运输产业结构。大力推广机械化、自动化装卸以及标准化运输、集装箱运输、厢式运输、甩挂运输等运输组织方式。高速客运和国道主干线客运以高级客车为主，城乡客运以中级客车为主；营运货车主要发展载重量 8 吨以上的重型柴油货车、厢式货车和各类特种车辆。内河运输大力推广标准化船型，海洋运输大力发展集装箱船、大型散货运输船和专用化学品船。

6. 加快运输站场体制机制改革，促进运输服务业健康发展。客运站是有限的公益性的公共资源，负有为运输经营者创造公平、公正的经营环境以及为旅客提供安全、优质服务的义务。鼓励社会资金参与运输站场建设，实行投资主体多元化。要按照市场公平竞争的要求，合理配置运输站场公共资源。新建一、二级客运站必须具备独立的法人资格，实行站运分离。对隶属于运输企业的不具备独立法人资格的客运站，应当实行站务经营与客运经营分离，并以独力法人资格经营客运站业务，更好地发挥客运站场的公共服务功能，为所有承运人提供公平高效服务。

7. 加强运输服务业人才培养，推进从业人员职业化进程。广泛开展运输企业经理培训和从业人员职业道德教育，组织开展各类岗位操作人员的技能培训。完善物流专业技术人员职业资格制度和汽车维修师认证制度，严格运输从业人员持证上岗制度，规范操作行为，形成具有现代管理素质的运输职业经理队伍和具有特殊服务技能的从业人员队伍。

三、优化市场资源配置

8. 加快运输企业经营机制创新，实现集约化规模化经营；引导道路、水路运输业进行资产重组和产权结构调整，推进企业实行股份制改造。完善国有资本有进有退，保值增值和合理流动的机制，积极引导企业发展混合所有制经济，实现运输服务业投资主体多元化。鼓励优势企业跨区域进行资产重组和并购，发挥规模经济效应。大力推进客运班线的公司化经营改造，规范经营秩序，提高服务质量和经济效益。2007 年底全省省内市际、县际班线公司化经营的车辆数达到车辆总数的 60%。2010 年适宜公司化经营的省内班线基本改造完毕，长三角区域内省际班线公司化经营的车辆数达到 50%，形成 5 ~ 8 家集约经营的一级道路客运企业。倡导以知名运输品牌为纽带实行连锁经营，促进运输市场资源向优势企业集中，实现运输服务业持续快速发展。

9. 加强道路、水路运输产业政策研究，适时调整和完善相关政策。重视研究道路、水路运输发展中宏观性、全局性、前瞻性的指导方针、产业政策和发展战略。研究建立运价和油价联动机制，实施燃油附加及各项扶持政策。建立和健全市场准入制度和退出机制，健全和完善行业标准和技术规范，为运输服务业发展提供政策和法律保障。

10. 优化运输网点布局，加强枢纽衔接和集疏运配套，加快客货运输站场建设。合理布局客运站,提高硬件水平,完善服务功能,最大限度满足旅客需要,方便各种运输方式换乘。各地客货运站场建设规划要服从全省统一规划。客货运站场建设规划要与城市规划相协调,与铁路、航空等其他运输方式相衔接。本着"满足需要、方便换乘"的原则,优化运输站场布局。原有客运站需要搬迁的,必须符合规划布局和"人便于行"的基本要求。调整原有客运站在不影响规划总体要求时,可以实行就地改造,不宜一律迁出市区。确需搬迁的客运站,搬迁前要组织专家充分论证和民意代表听证,做到"近城不进城"。对确需搬迁至城郊接合部或城市边缘的一、二级客运站,要做好市区到站点的快速公交衔接,必要的应设置专线。

四、扶持发展农村客运

11. 提高农村客运的通达率和覆盖率,改善广大农民的出行条件。要按照"多予、少取、放活"的要求,进一步改善农村客运发展环境,加快发展农村客运。符合通车条件的农村公路自符合之日起三个月内开通农村客运班车。鼓励运输业户选用适合农村客运市场需求的、安全性能较好的车型投入农村客运市场,鼓励运输业户联合经营或公司化经营。对县域内乡镇至行政村和行政村之间的班车,养路费、客票附加费实行两年免收,两年后减半征收,老班车和运行满两年的班车减半征收。

12. 加大政府对农村客运基础设施的投入,推进农村客运站点的建设。根据建设社会主义新农村的要求,编制实施农村客运发展规划。要按照"路、站、运一体化"的要求,做到同步规划、同步实施、同步验收、同步使用。推进农村客运网络化建设,"十一五"期间建设乡镇客运站400个,使全省50%的乡镇有等级客运站。三级及以下乡镇客运站用地由当地政府提供,纳税确有困难的,可经有权部门审批后,减征或免征土地使用税、土地用途变更费等相关费用,建设资金由交通部门会同财政部门在车购税和客票附加费中予以定额补贴。改造806个农村渡口,完成渡改桥220座,基本完成全省的农村公路渡口改造和渡改桥建设任务,为社会主义新农村建设创造更好的交通环境。

13. 加快发展农村公交客运,实现城乡客运统筹发展。各地要将农村公共客运作为社会主义新农村建设的重要内容,大力发展农村公交客运,推进城乡客运一体化。要本着需要与可能的原则,因地制宜适度发展,做到优化线路走向、优化站点布局、优化车辆配置,和城市公交对接,实现"零距离"换乘。争取农村公交客运实行与城市公交客运同等的待遇,鼓励客运企业发展农村公交客运,为农民出行和鲜活农副产品交易提供方便。农村公交客运由于目前票价偏低,可经有关部门审批后,暂免征车船使用税。

五、做强道路客运产业

14. 编制实施客运网络规划,建立安全、快速、经济、高效的客运网络。在省辖市之间,依托高速公路网,建设以高级客车为主体的城际快速客运网络;在市、县、区之间,依托干线公路,建设以中级客车为主体的城乡便捷客运网络;在县域范围内,依托县乡公路,建设以普通客车为主体的农村通达客运网络。重点建设三大客运体系,实现城市公交与农村客运相互衔接。省有关部门要加强客运网络规划研究,统筹考虑长途客运、轨道交通、地面公交、出租汽车、客运枢纽、静态交通等综合因素,科学制定客运网络规划。加快汽车客运站联网售票进程,实现区域内联网售票。省辖市一级客运站全省联网售票,开通网上订票和自助购票服务,实现三大网络的无缝衔接。推广结点运输,加强客运接驳站建设,充分发挥“门到门、点到点”的优势。

15. 打造“江苏快客”知名品牌,大力培育客运龙头企业,提高客运服务水平。制定“江苏快客”统一的服务质量标准,在道路客运行业中树立“江苏快客”品牌。把创建运输行业知名品牌与推进公司化经营有机结合,对规模以上客运企业公司化经营的班线和车辆,实施品牌战略,塑造安全、优质、便捷、舒适、诚信的“江苏快客”品牌形象。凡达到“江苏快客”质量标准的企业,可以使用“江苏快客”标志,其车辆、车站、驾乘人员都必须做到“统一车辆档次、统一形象标识、统一违诺责任、统一服务规范、统一保障措施”,为社会提供高质量、高水平、高满意度的服务。有关管理部门要建立考评制度,公开认定标准,严格认定程序,强化日常监管,接受社会监督。加大对“江苏快客”品牌企业的扶持力度,并对其班线及车辆在新增运力、班次变更、车辆更新等方面给予优先。由“江苏快客”品牌企业运营的线路,起讫端只有一个经营主体的,许可机关根据方便群众和普通服务的原则核定最低班次数后,起讫两端经营者可自行协调增加该线路的班次,并报许可机关备案。要通过推行品牌战略,提高公司化经营水平,把江苏客运规模做大、实力做强、品牌做响、形象做美、市场做广、效益做高。

16. 建设长三角区域旅游、商务客运网络,拓展汽车租赁经营业务,提升出租汽车行业服务形象。加快区域内跨省短途(100 公里以内)公交化运输组织方式的研究与实施,推出一批短距离、大运量、公交化的省际道路客运班车。加快区域内跨省中短途(300 公里以内)点到点商务客运专线的培育与实施,试点推出大型宾馆、重要公共设施、主要机场之间的小型化、个性化省际客运专线。加快推进开通沪宁、宁杭、苏嘉杭等省际高速公路路网间的不停车收费通道,提高客运车辆运营效率。建设长三角区域旅游客运网络,研究旅游客运市场统一政策,推出长三角独特的一体化旅游客运标志,共享区域内旅游资源。研究长三角旅游客运市场的市场规则和行规行约,建立长三角旅游客运一体化联动机制;引导建立长三角区域租赁客运网络,发展长三角区域汽车租赁业务网点,促进异地汽车租赁企业之间的联合,规范异地设点、异地还车。引导出租汽车行业合理投资、守法经营、正当竞争,提高服务质量,促进出租汽车行业健康发展。

六、构建快速货运网络

17. 依托高速公路和干线公路、长江和京杭运河,建设道路、水路快速货运网络系统。以枢纽城市为结点,以重点港站、商品集散地、大型厂矿为依托,以城乡货运市场和信息网点为载体,建立高效、便捷的区域快速运输网,强化水路重点物资快速运输保障能力,引导货运企业发展集装箱、冷藏保鲜、大型物件等专用运输,鼓励货运企业发展结点运输、多式联运,适应社会对货物运输批次多、批量小、价值高、随机性强、分散度高的运输需求。培育 5 ~ 7 个省内大中型运输企业,努力打造“江苏快货”品牌。

18. 建立“货源信息和货物运输公共信息网”,提高货运交易信息化程度。建设道路、水路运输货源信息平台,以货源信息平台为基础,提供货源集疏运指导信息;以货源信息交流为纽带,实行大宗货物招投标运输,提高货运组织化程度和降低货运交易成本。“货源信息和货物运输公共信息网”列入主枢纽重点建设项目,充分利用和拓展信息平台的功能,为政府提供调控和决策服务,为社会个性化的运输需求提供资讯服务,为供需双方提供高效公正的交易服务。

19.加强对货运企业发展现代物流的政策引导,鼓励货运企业向第三方物流转化。鼓励大型运输企业整合物流资源,探索传统运输企业向现代物流企业转型的方法和途径,培育适应现代物流发展的市场主体。以“供应链”和“流程再造”为理念,提供运输前加工和运输后服务,拓展货运企业仓储、包装、装卸、搬运、流通加工、配送、信息处理等多种功能。发挥货运站场在物流服务中的作用,交通主管部门在货物附加费中安排适当比例资金用于站场建设贷款贴息,重点解决现代物流业发展面临的基础设施能力不足等问题。引入信息技术改造传统货运企业,建立以货主为中心、以快速货运为手段、以主枢纽为基点、以货运市场为依托的点状辐射物流配送网络和物流服务企业,满足产业带和工业园区发展需要。制定城市物流配送绿色通道管理办法和措施,为城市配送车辆提供进出城区和停车的方便,使干线货物运输与城市物流配送有机结合,降低商品流通成本。

七、加快推进水运发展

20.全面推进内河船型标准化工程,提升水运发展质量。坚决淘汰落后船型,大力推广标准船型,切实改善船民生产生活条件,大幅度提高航道及通航设施利用率,降低水上交通事故和船舶水体、噪音污染,优化运力结构,提升水运经济效益。全面实现京杭运河船型标准化和现代化,到2010年京杭运河标准化船型比例达到80%,2020年达到100%。

21.充分发挥水运优势,推动水路货运新一轮发展。加快发展内河航运和沿海、远洋运输。积极构筑便捷通畅的大宗物资转运平台,加快建设江海直达、江海中转和长江中上游中转联运的三大水运体系。充分利用江苏水资源优势和“两头在外”的经济特点,提高水路运输在中长距离大宗散货和集装箱货物的承运比重,提高水运行业的核心竞争力。建立健全沿江省市的合作机制,构建长三角水路集装箱运输协作网,发展综合运输。加快水运企业转型升级,促进水运新一轮发展。

八、完善运输保障体系

22.贯彻落实道路、水路运输安全生产管理制度,建立健全道路、水路运输应急保障体系。严格实行运输安全生产责任奖惩制度和安全生产事故连带责任追究制度。严格实行车、船进出站(港)检查制度,充分发挥企业在安全生产管理中第一责任人的作用。强化对化学危险品运输的安全管理,严格执行“三关一监督”的管理制度。加强对化学危险品运输从业人员的技术培训,提高从业人员处理突发事故的处置能力,从源头上消除安全生产事故隐患。健全旅客运输应急保障制度和完善货物运输应急保障预案,确保突发性事件和“黄金周”旅客运输及重点物资运输任务的完成。采取综合措施继续治理超限超载运输,对运输企业、营运车辆、从业人员超限超载的违规行为实行登记、抄告、公示和惩戒制度。

23.引导机动车维修业推行维修专业化、经营多样化、服务网络化。鼓励机动车维修企业实行专业化经营和连锁经营,打造“江苏快修”品牌和联保机制,建立适应市场需求的新型维修服务体系。鼓励品牌维修企业加大维修、检测装备的投入;推广应用环保、节能、不解体检测和故障诊断技术;提供方便、快捷、个性化的品牌服务。加强对车辆技术状况和维修质量监督管理力度,严格查处使用假冒伪劣配件维修机动车。实行维修质量保证期制度、竣工出厂合格证制度、质量抽检制度和维修质量不合格“召回”制度。充分发挥汽车综合性能检测站的资源优势，建立机动车维修质量监督检测中心。积极组建类似“俱乐部”形式的维修救援网络。定期开展机动车维修专项整治，严厉打击无证经营，及时查处损害消费者合法权益和扰乱维修市场秩序的违法违规经营行为。加强营运车辆技术管理，保障运输安全。

24. 严格驾驶员培训机构准入条件，实行驾驶员培训资质认证制度。强化驾校准入管理，实行机动车驾驶员培训学时制，提升驾驶培训智能化和驾校管理服务水平。机动车驾驶员培训实行社会化，对获得资质认证的驾校实施标准化、智能化管理。对学员、教练员、教练车、教练场地设施实行一体化全过程监控，注重提高驾驶员培训质量。建立教练员职业资格评价制度，建立驾驶员培训机构质量信誉考核办法，定期向社会公布考核结果。强化信息通报制度，加强培训与考试的协调，完善学员凭《结业证书》和教练员审核签字的培训记录考试机制。

九、优化运输经营环境

25. 加大政策扶持力度，规范运输服务行为。严格执行国务院和省政府关于运输服务业行政事业性收费项目目录。凡未列入行政事业收费目标的项目一律取消收费，凡收费标准有幅度的原则上按下限收费。收费单位按规定做好收费公示，接受社会监督。对本省客货营运车辆，通行联网收费高速公路的，鼓励使用“苏通卡”刷卡付费，通行其他收费公路的，通行费实行月票制并给予适当优惠。加强和完善道路、水路运输服务业统计工作，建立运输服务业发展预警、预测和信息发布制度。积极推进运输服务业标准化工作，提高运输服务质量。建立运输服务业发展绩效考核制度，相关部门负责对三级及以上运输企业应用新技术发展新项目，使用新设备发展清洁生产提供经费资助，制定税费、价格、财政等方面的优惠政策，促进运输服务业集约化、规模化经营。

26. 倡导“诚实守信、质量第一”，实行诚信考核、信用监督和失信惩戒制度。定期公布运输企业质量信誉考核结果。开展以“服务人民、奉献社会”为宗旨，行业自律为内容的文明行业创建活动，树立交通运输是第一“窗口”的意识，积极打造道路、水路运输行业文明形象。

27. 创建“阳光货运”招投标机制，治理运输领域商业贿赂，整体联动整治外挂车船。从建设和谐社会的高度出发，宣传开展“阳光货运”招投标的意义、方式、方法。有关部门定期进行运输经济运行分析，发布运输经济信息，测算供需双方成本的价格水平，发布货运市场指导价。运用经济手段调控市场，建立治理货物运输商业贿赂举报投诉制度，对大宗货物运输招投标实行有效监管。各地政府相关部门组成联合整治外挂车船的工作班子，对挂外省籍牌证的车、船在我省经营的情况进行全面的调查取证。对认定长期在我省经营的外挂车船，实行纳轨管理。

十、改进运输行政管理

28. 加快政府管理职能转换，加快运输行业协会建设，充分发挥中介组织作用。切实履行以“经济调节、市场监督、社会管理和公共服务”为主的运输行政管理职责。交通主管部门和运输管理机构要整合市场信息资源，建设集出行服务系统、市场监管系统、应急运输指挥系统、投诉咨询系统为一体的行业行政办公业务信息网，提高政府服务效能和水平。培育和发展按市场化运作的功能齐全、行为规范、服务有效的道路、水路运输行业协会，做好政府管理职能转换后运输服务业发展的经济性、业务性、技术性和事务性等工作，协调经营者之间的利益，组织从业人员业务技术培训和企业等级评定，当好政府管理部门的参谋助手，为经营者提供政策法规、业务技术、信息咨询服务，引导会员单位制定行规行约，实行行业自律。

29. 改进道路客运班线配置方式，完善客运班线招投标制度和经营期限制。完善客运班线招投标管理办法，根据申请人数量，采用招投标形式作出行政许可；对于非招投标形式直接作出行政许可的，应建立许可前听取利害关系人意见制度，建立许可前听证或公示制度，确保行政许可的公正、透明。实行客运班线经营期限制，期限届满后需要延续经营许可的，重新提出申请；已实行公司化经营的客运班线且质量信誉优良的，可提出申请直接取得新一轮经营权。

30. 加强运输管理队伍建设，改革和完善现行的运输管理体制。按照“精干、效能”的原则，加强运输管理机构的编制管理，强化行政职能，优化服务职能。统一运输管理机构的名称和设置，理顺管理关系，明确事权分工。参照公务员管理规定，制定运管人员的基本条件和标准，公开招聘，择优录用。实行持证上岗制度，严格执法资格管理。实行政务公开，自觉接受社会和群众监督。提高执法水平和处置突发事件能力，切实保护公民、法人和其他组织的合法权益。加强行政执法监督，建立行政执法责任制，严肃查处运管人员滥用职权和徇私舞弊行为。

《利用苏南运河改造功能发展镇江地区集装箱和物流联运研究》对策与建议

当今世界经济的一个显著特点是经济全球化的进程日趋加快,而且已成为一种必然趋势,因为市场经济的发展,必然要求冲破地域,形成统一的国内市场走向全球大市场。随着世界经济全球化和跨国公司的迅速崛起,作为国际贸易中最先进的集装箱运输,它通过综合利用多种运输方式的多式联运和实现门到门的运输,真正为货主提供了快捷、准时、便捷、安全、优质、价廉的全方位服务,因而得到社会各界的广泛关注,也显示了它强大的生命力和广阔的发展前景。从 20 世纪中叶始,被誉为运输业的一次革命的集装箱运输,极大地提高了各种运输方式的效率和效益,有效地改善了运输的质量,也为实现运输业的不断创新及现代物流的发展创造了条件和基础。

改革开放以来,我国政府十分重视综合运输和集装箱运输的发展,在《国民经济和社会发展第十一个五年规划纲要》中又强调指出:“要做好各种运输方式的相互衔接,发挥组合效益和整体优势,建设便捷、通畅、高效、安全和综合运输体系,优化运输资源配置,强化枢纽衔接和集疏运配套,促进运输一体化……推广集装箱多式联运和快递服务。”由此可见,在我国已加入 WTO 并逐步履行承诺的今天,无论是从国家经济建设及更好地融入国际经济的发展进程需要来看,还是从推进世界经济全球化需要来看,加速发展现代物流和集装箱多式联运,都日显重要。

2006 年,作为物资流通和进出口贸易重要节点的我国沿海主要港口,其集装箱吞吐量已达 9361 万 TEU;公路运输完成的集装箱运量达 3517.8 万 TEU;内河集装箱运量达 782 万 TEU;我国铁路部门在运力紧张、线路繁忙的困难条件下,集装箱运量也完成了 316 万 TEU。2007 年年底,我国港口集装箱吞吐量已突破 1 亿 TEU,这是我国港口发展史上具有里程碑意义的重大成就。目前,我国由水运、公路、铁路、航空及各枢纽节点衔接的综合运输网正在逐步完善建设与形成之中。现代物流和集装箱多式联运作为企业生产经营的一种新的组织形式和管理技术,已被各国广泛应用。我国许多省市也制定了相应的发展规划和整套政策,特别是沿海沿江地区,现代物流和集装箱运输在转变经济增长方式,促进地方经济发展方面已发挥了重要的作用,成为企业降低成本、提高效益和竞争力的一个重要途径。在新形势下,为适应经济全球化和信息化的发展趋势,为充分发挥镇江的地缘优势和区位优势,把京杭运河大通道建设战略的基础设施功能,提升到服务和服从于苏南地区乃至长三角地区经济建设和对内对外开放战略的更高阶段,从而使这一地区的物流发展更具国际性、开放性和枢纽性特色,进而有力推动苏南运河集装箱与物流联运的快速发展,需要针对当前苏南运河镇江段发展集装箱与物流联运中存在的突出问题,采取相应的对策与建议。

一、加强对发展集装箱运输和现代物流工作的组织领导和协调

随着苏南运河产业带经济的快速发展,进出口贸易的不断增长,以及沿河城市产业结构的

进一步调整,附加值较高适合集装箱运输的货物比例必将大量提升。目前苏南地区公路集装箱运输是最主要的集疏运方式,但公路集装箱运输能力毕竟有限,已经呈现饱和的趋势,而且对城市环境的污染也日益严重。因此,积极推进并发展具有占地少、能耗小、成本低和运能大等优势的内河集装箱运输,是经济发展和节能减排客观形势的需要。发展苏南运河集装箱与物流联运,不仅对缓解苏南地区陆路交通运输压力,减少城市直接污染意义重大,对提高集装箱运输质量和效益,推动运河区域经济发展的作用日渐明显,而且通过内河集装箱与物流联运的合理组织,航线和港口的合理布局,与沿海枢纽港口快速发展联动,对上海国际航运中心的建设也是有力的支持。

为此,政府和行业主管部门要加强引导社会各方面进一步提高对发展内河集装箱与物流联运重要意义的认识,采取多种形式加大宣传力度,积极推介现代物流和集装箱多式联运业务知识,创新理念,确立"共赢"和"协同"的思维,实现一体化发展,明确现代物流和集装箱多式联运在区域经济发展中的地位和作用,把推进苏南运河集装箱与物流联运作为一项重要工作来抓。为了加强推动发展中的协调工作,根据其他地区开展此项工作的经验,镇江市政府应当专门成立苏南运河镇江段发展集装箱与物流联运推进小组,建立由政府和各行业管理部门参加的协调联席工作会议制度。统一研究、协调解决发展中的重大问题,统一制定、贯彻推动发展的有关政策、措施,共同协商、统一协调发展中涉及的各种利益关系。建立"运管、航道、海事"三合一的管理体制和运作机制,有组织、有序地推动苏南运河镇江地区集装箱与物流联运的健康快速发展。

二、创新政策体系,制定鼓励集装箱运输与物流发展的优惠扶持政策

镇江地区的现代物流和集装箱多式联运发展相对滞后,为有力地促进苏南运河集装箱与物流联运的稳步快速发展,必须构筑推动发展的政策框架,以进行必要的政策指导、法律保证,建立开放、畅通、自由、有序的物流市场,并支持和保障全市各专项规划的实现。

1. 有效地发挥政府调控作用

尽快建立发展镇江地区内河集装箱与物流联运的统一协调管理机构,规范市场准入,改进市场监督,加强行业管理,落实专项规划,严格审批项目。引导企业增强竞争意识,忧患意识,引入激励机制,实行优胜劣汰,按市场机制指导现代物流和集装箱运输业健康有序的发展,促进企业规范化运作。当前,应重点抓好明确部门职责、细化规划内容、控制推进建设项目,突出重点建设任务,强化任务完成时限等工作,针对突出问题,按照轻重缓急研究制定出台相关的规章办法。

2. 制定具体的产业发展政策

针对当前国家节能减排的法定性任务,将镇江市现代物流与集装箱多式联运业作为未来重要的产业加速发展,是调整第三产业结构比重、发展服务业实现节能降耗的有力措施和重要途径。为此,要依据国家产业政策,加速制订相关的配套政策和地方法规,规范全市的现代物流与集装箱运输业市场行为。要具体制订对物流园区、内河港口、枢纽站场、信息平台以及龙头和骨干企业等重点项目的鼓励扶持政策,制订减少限制的市场准入和退出条件。

3. 加大改革开放力度

多年来,苏南运河集装箱运输发展缓慢除了港口设施和集疏运系统硬件不配套以外,还有

理念上的差异、运输体制上的分割以及地区之间、各种运输方式之间发展不平衡等原因。对此,应该加大改革开放力度,加快研究解决行业分割、地方封锁等体制性问题;清理、修订有关不适应现代物流和集装箱运输发展要求的现行政策法规;加强公、铁、水、航空等部门的协调机制,促使传统仓储企业向现代物流专业企业转型;加大招商引资力度,引进国际资金、技术和人才;加强对外交流,鼓励并支持本市地方企业“走出去”,开展多种形式的业务合作,努力拓展市场,提高企业竞争力,推动内河集装箱与物流联运的发展。

4.给予用地政策支持

规划建设的苏南运河公用型港口设施及其腹地集疏运枢纽站场项目,根据公共产品理论,其构成要素中所包括的土地资源、水工建筑以及外部交通、能源、给排水、供电、通讯等配套设施和信息平台等,属于准公共物品,需要得到政策的支持和资助。对于进驻物流园区、枢纽站场以自愿有偿方式取得土地的企业,政府可在建设用地,土地使用权转让,土地使用年限等方面给投资者按其建设规模给予一定的优惠条件。对于企业以原开发的土地为条件引进资金和设备建设港站设施的,可按规定补交土地出让金后,将土地使用权作为法人资产作价出资,并可优先获得经营场地。对于购买土地所有权和使用权,一次性支付有困难的,允许采取分期付款方式。

5.积极提供财政、税费扶持,引导社会资金投入

政府应根据现代物流和内河集装箱运输发展的迫切需要和财力可能,建立专项发展引导基金,每年安排一定资金用于支持港站重点基础设施建设。对于率先经营企业,可在税收和规费等方面给予优惠倾斜;在不影响国家税收的基础上还可采取地方税返还等优惠政策。对内河港站基础设施建设贷款、船舶更新贷款、率先入驻企业的基本建设贷款,可积极运用财政贴息手段,引导信贷资金,增加发展建设投入;鼓励融资担保机构为物流和集装箱运输企业提供信贷担保,支持骨干企业特别是重点第三方物流企业股票上市或到境外资本市场直接融资;鼓励民间资本投向现代物流和内河集装箱运输业,并在财政税费、投融资、土地等政策方面给予同等待遇。

三、通过资源整合,加快交通与物流基础设施建设改造的步伐

在合理规划运河沿岸港口码头及其集疏运站场布局的前提下,充分发挥市场机制的作用,鼓励市内外不同所有制投资者,积极参与这些基础设施的建设和改造。可以采用“政府引导,企业主导”的建设模式,根据市场化原则,实现“谁投资、谁决策、谁受益、谁承担风险”,充分发挥企业的能动性及市场资源配置基础性作用,政府在规划、资金、政策等方面应给予必要的支持和引导。当前的重点是解决现有资源和经营主体散、乱、差的问题,对沿河各类码头、物流仓储设施、运输装卸工具等,可按照规划先进行整合,有些可划归政府委托的资产管理机构经营,对不符合规划要求的设施可通过土地置换方式强制性改变用途,给原来使用机构准予优先经营开发权或资金补偿。对于新规划的设施项目,可采取社会公开招标方式选择经营主体,吸引具有现代物流和集装箱运输运作经验的境内外专业企业落户开设经营机构。对新报批建设的专用性设施项目,凡与规划不相符合的应坚决不予审批,并要防止盲目重复建设。在设施建设中,要兼顾近期需要与远期发展,注重硬件设施建设与软件管理相结合,加强水路、公路企业与铁路部门的沟通和协作,加强物流实物资源与信息资源共享,形成优势互补、互利互惠的发展

格局。

四、结合企业改制，积极培育和发展物流企业和物流服务市场

以市场为导向，工商企业要转变传统观念，专心于自己的核心业务，避免继续走过去计划经济体制下大而全、小而全的路子，逐步将具体的物流业务如原材料采购、运输、仓储、代理、配送等有效分离出来，按现代物流管理模式进行调整和重组，或外协给专业物流公司承担。同时，交通运输、仓储配送、货运代理、多式联运等企业要从实际出发，根据自身的比较优势，紧紧围绕用户需求，加快企业转轨、转型、服务和管理创新的步伐，为用户提供优质高效的全程物流服务，通过精心策划设计，积极采用优化的集装箱运输方式和最佳运输路线。

在深化企业改革，转换经营机制，增强竞争实力和加速市场化进程中，要充分发挥国有骨干企业的主导和示范作用。可选择一些具有现代物流理念、业务规模较大、整合能力较强、信息系统基础较好、管理规范的龙头企业进行重点扶持，鼓励组建大型专业化第三方物流服务企业，支持其率先投入内河集装箱与物流联运业务，通过实施大集团带动战略，加快国有企业的转制转型。与此同时，还应认真落实和鼓励民营资本、民营企业进入现代物流和集装箱运输市场的政策。逐步形成国有、民营和外资企业三足鼎立、互相补充、互相竞争、共同发展的市场格局。

确立自主经营、自负盈亏、行为规范的现代物流和集装箱运输市场主体，需要通过建立健全法人治理结构来培育和提高其自身素质。政府要鼓励多种经济成分和企业进入市场并实行集约化经营，通过引进竞争和强化企业经营的责任制约，提高物流和集装箱运输企业的管理水平与运作效率，从而也增强全行业的竞争力。为了实现集装箱与物流联运服务的规模化，要鼓励物流与集装箱运输企业间加强联合，支持工商企业通过参股或与物流服务企业结成合作联盟的形式涉足物流服务领域；鼓励内河集装箱与物流联运企业与远洋船公司、货运代理、船舶代理企业合作，通过产权安排、战略联盟、业务合作等方式密切与支线船运公司、干线远洋公司之间的关系，从而有效地推动内河集装箱与物流联运业务的开展。

五、加强政府在信息系统建设中的主导作用，推进科技创新与标准化步伐

现代物流与先进的集装箱运输方式其显著的特征是以现代计算机技术、通信技术与网络技术为基础，采用EDI技术、条形码技术、跟踪定位技术及电子商务技术等，将物流和集装箱作业各环节、各部门的信息实现电子化，并以计算机网络化的方式进行各环节、各部门之间的信息传递，由此可以及时、准确地传递信息，加快信息的流动，实现信息流和资金流快捷、畅通，使物流和集装箱运输更加高效化、现代化，而且通过网络技术所形成的“虚拟”资源管理模式，可以进行统一管理与调配整个作业过程，大大拓展了物流和集装箱运输的空间范围，形成全新的现代物流和集装箱运输管理理念与管理方法。可见，信息系统是现代物流与集装箱运输系统的核心之一，由于物流和集装箱需求用户众多，而服务主体分散，如果企业间的信息标准和规程不统一，整个信息系统很难联网运行。因此，物流信息系统作为准公共物品就应该由政府主导建设，并由专门的与具体物流和集装箱操作业务独立的机构来经营和维护，这样一方面保证系统标准的统一性和技术的先进性，另一方面可避免由某一公司单独管理信息系统可能造成的物流与集装箱信息资源的垄断。但这种统一的信息系统经营管理机构只是按照标准规

程，负责网络通路和信息平台的技术业务，以及为社会公众提供公共物流与集装箱供需信息的咨询服务，对于供需双方的具体业务信息和企业内部的信息传输活动并不进行干预。

在推进现代物流与内河集装箱运输标准化建设中，除应以适度超前的原则加快高等级航道的建设进程外，还应注重实施绿色环保与生态工程，要采取激励措施优化内河运力结构，加速淘汰航速低、安全性能差、废气排放和噪声污染严重的老旧船型，鼓励企业努力研究并制造价格低廉、经济实用、性能良好的内河集装箱船舶，积极推进内河运输船舶的标准化。此外，还应开展物流与集装箱标准术语、计量和设施技术标准、数据传输标准、物流与集装箱运作模式和管理标准的普及工作。要积极推行托盘、集装箱、集装笼、标准集装箱、各种装卸设备以及通用性较强的各类技术设备的标准化，将企业标准化水平作为政策支持的重要选择条件，从而有力地促进并提高全市标准化作业水平和与国际接轨的能力。

在对苏南运河实施“四改三”升级改造规划的同时，建议对苏南运河全线尽快建立信息化系统，对船舶通航密度大的航段和谏壁船闸统一实施监控，并结合现场巡查，对航道的船流密度、船闸的船舶通过量以及水文和气象等信息资料统一进行采集、分析和传递，及时发布预警警报，以便相关部门尽快采取相应措施，及时消除船闸和航道堵档现象以及其他安全隐患的发生。

六、建立沿河区域协调机制，鼓励企业试点发展集装箱与物流联运

依照交通部和江苏省对长江三角洲高等级航道网布局规划的要求，上海、杭州、嘉兴、湖州、苏州、无锡及镇江各市，都对“十一五”期间内河港口和集装箱港区的发展作出了具体的规划。如上海市重点选择了12个点作为上海内河港区实施集约化布局的规划区域，使原来比较分散的码头布局相对集中；杭州港计划在“十一五”期间建成6座集装箱码头；嘉兴市将城郊港区的国际集装箱作业区发展成为嘉兴市重要的物流中心；无锡市将在下甸桥港和宜兴新港大力发展集装箱运输；常州市将逐步在常州东港和南渡港发展内河集装箱运输；镇江市对苏南运河段发展集装箱与物流联运问题也进行了初步研究规划。但从目前各市内河及港口发展规划的情况来看，各港在规划中对于区域内河集装箱运输发展层面上的相关问题尚缺少应有的重视，各市基本上都是从本市、本地区的局部利益出发，各自为政进行规划，而未能从发展内河集装箱运输的系统性、整体性角度进行统筹规划。对此，应建立高效、统一的管理和协调工作机制，建议苏南运河和长三角地区各市的相关部门可建立定期的联席会议机制，加强各部门之间的联系沟通和情况通报，及时研究解决内河集装箱与物流联运发展中面临的重大问题，协调航道建设时间和技术标准，共商集装箱运输船舶标准化等方面的衔接工作，通过协调一致，通力合作，变各自为政为区域间共同扶持推动，使内河港口码头的规划布局更加合理，并引导内河港口根据自身的优势进行科学功能定位，促进岸线和港口资源的优化配置与整合，推动内河集装箱与物流联运的有效合作和统筹发展。

在苏南运河流域建立跨地区的协作协同机制的同时，为促进内河集装箱与物流联运的起步和发展，政府应鼓励并选择具备一定条件的物流企业和航运企业开展内河集装箱运输试点。为此，应对这些试点企业在市场、技术和资金方面给予必要的支持，使他们能够由小到大滚动发展。对于一时尚不具备开展内河集装箱运输条件的企业，可鼓励他们从采用集装化运输工具开始，积极创造条件发展集装箱运输。

道路运输节能与清洁运输技术应用推广对策和建议

一、道路运输节能与清洁运输技术应用推广对策

1. 须大张旗鼓开展节能减排运动,大声疾呼发展"低碳经济"。人类从来没有停止过对大自然的直接和间接性破坏,"先污染后治理"的发展观念仍左右着人们的思想和行为,追求高速度、快发展,数年来如火如荼发展"高碳经济",排放大量的温室气体,使节能减排形势日趋严峻。洪水泛滥、冰雪灾害、干旱少雨,长期下去突如其来的"生态强震"将会埋葬一切,让人类再无立锥之地。道路运输高耗能、高污染,是开展节能减排的重要行业,必须增强节能减排的使命感和责任感,动员全行业开展节能减排运动,号召全员参与节能减排行动,变政府的战略思想为公众的行为。为能够可持续地开发和消耗大自然给我们留下的仅有的"库存",道路运输业大力发展"低碳经济",倡导"低碳生活",应用推广道路运输节能与清洁运输技术,节约汽、柴油消耗,减少二氧化碳排放不仅是必要的,而且是必须的。

2. 须雷厉风行实施"节能减排行动",千方百计实现节能减排约束性指标。鉴于温室气体排放的矛盾尖锐,官方的节能减排宏观目标还处于动员阶段,尚未在行动上落实。掠夺式开发和消耗资源仍然是经济发展的普遍模式,资源枯竭、价格上涨等等已经成为经济社会发展的"瓶颈"。道路运输行业是消耗能源的大户,必须建立健全道路运输行业节能减排监督管理体系,认真制定和实施道路运输行业节能减排规划,把实现节能减排的约束性目标作为规划的重要内容,实施"节能减排行动",强化道路运输单耗考核制度,严格执行能耗限额标准,强化约束性管理,建立节能减排长效管理机制。

3. 运用价格、收费、税收、财政、金融等经济杠杆,鼓励道路运输企业全面实施节能减排工程,对实施节能减排改造的道路运输企业实行税收优惠政策。对列为道路运输节能减排科技创新的项目给予一定数额的引导资金。

4. 在每年征收道路运输燃油税中设立道路运输节能减排工程专项资金。用于营运驾驶员节能减排教育培训,应用推广安全节油驾驶技巧;用于研发推广道路运输节能减排新技术、新产品和节能减排监控技术。

二、建议制定出台《关于促进道路运输节能与清洁运输技术应用推广的实施意见》

我国正处于全面建设小康社会的历史时期,经济社会快速发展,客货运输需求旺盛,道路运输对能源的需求快速增长,道路运输汽、柴油消耗量在我国石油能源消耗量中的比重逐年增加。据统计,全国营运车辆消耗成品油的总量占全社会石油消耗总量的24.5%以上,而我国道路运输车辆能源利用率与世界先进水平相比明显偏低,道路运输节能减排大有潜力可挖。为落实节约资源的基本国策,调动各方面力量进一步加强节能减排工作,特提出如下意见:

（一）指导思想和基本原则

1. 加强节能减排工作是道路运输行业一项重要而长期的战略任务。道路运输行业是综合运输体系和现代服务业的重要组成部分，是国民经济发展的重要支撑，是为国民经济和社会发展提供公共服务的基础性产业，也是我国能源消耗和污染排放大户。作为终端用能行业，面对石油资源短缺，道路运输行业要充分认识加强节能减排工作的重要性和紧迫性，增强优患意识和危机意识，把节能减排摆上更为突出的战略位置。号召全行业行动、全员参与、人人动手，主动积极投身节能减排运动。

2. 以科学发展观为统领，以提高能源利用效率和减少二氧化碳排放指标为核心，以应用推广道路运输节能和清洁运输技术为重点，通过运用安全节油驾驶技巧、优化运输组织化水平、调整营运车辆结构、应用节能减排新技术、新设备、改革计量和统计方法等手段，创新节能减排的理念。

3. 道路运输节能减排工作要坚持行业发展与节能减排并重，坚持节能减排优先，效率效益为本。坚持源头控制与过程挖潜相结合，减少和控制能源消耗和污染物的排放。加大管理与激励的力度，抓好重点带动一般，坚持建立监管有效、机制顺畅、考核严密的长效管理机制，从根本上改变道路运输行业粗放型经济增长方式，遏制道路运输行业高消耗、高污染发展的势头，为节能减排提供体制和机制的支撑和保障。

（二）重点工作和主要任务

1. 按照限制高耗能、高污染车辆进入道路运输市场的政策，加大调控力度，发展使用节能型绿色环保汽车。加快淘汰高耗能、高污染老旧车辆，加快发展柴油车、大吨位车和专用车，推广厢式货车，发展集装箱专用运输车辆，提高营运车辆新度系数（一级道路运输企业为0.7，二级道路运输企业为0.6）。

2. 按照扶优汰劣的原则，加快摒弃落后的道路运输经营组织方式，要采取有效措施调整道路运输经营结构，积极推进企业联合重组，加快道路运输企业集约化经营的进程，提高行业集中度和规模效益，实行公司化经营，有效改变道路运输企业依赖承包和挂靠车辆粗放松散经营的局面。

3. 建设一批客货运输综合枢纽和大、中、小配套的站场体系。建立以主枢纽为节点的道路运输信息服务系统，健全以“零距离”和“零换乘”为核心的综合运输网络。引导道路运输企业优化客运线路班次和货物运输径路，实行节点运输，发展第三方物流，推广甩挂运输。

4. 开展节能减排教育培训，使道路运输各类从业人员接受不同层次和不同内容的节能减排培训。增强全员的节能减排意识、业务水平和操作技能。对汽车驾驶员进行安全节油驾驶技巧培训，并列为营运驾驶员从业资格考核内容。要通过加强驾驶员基本功训练，严格节能减排考核，全面提高驾驶员技术素质和安全节油水平。

5. 积极推进道路运输节能减排技术进步，研发应用推广节能减排新技术、新产品。积极研究推广智能化运输管理技术和一体化运输技术，加大节能减排资金投入力度，建立政府引导、企业为主、社会参与的节能减排投入机制，全面实施道路运输节能减排科技创新工程。

6. 加强节能减排统计监督和计量监测，改进现行的统计和计量方法，健全完善统计和计量制度。充实加强统计和计量人员，建立节能减排水平、目标责任、评价考核制度的统计体系，确保统计数据真实可靠、准确及时;督促企业配备和使用先进计量器具,执行计量标准,确保节能减排计量科学统一规范。

7. 实行节能减排激励机制,建立节能减排目标责任制和评价考核体系。道路运输主管部门和企事业单位要将节能减排目标完成情况列为政绩考核和绩效考核的重要内容,实行节能减排问责制度和节能减排奖励制度,对节能减排成绩显著的集体和个人给予表彰和奖励,对浪费和污染严重的给予通报批评和处罚。

8. 强化道路运输约束性管理,严格执行《道路运输客运车辆和货运车辆能耗限值标准》,把车公里、人公里、吨公里能源消耗限值列为硬性考核指标,达不到限值的车辆要实行强制维护,达不到限值的驾驶员要实行重新培训,建立健全并实施道路运输行业节能减排准入条件和退出机制。

9. 优化道路运输资源配置,大力推进城乡运输一体化。根据经济社会发展的需求、客流和货流的特点和流量的变化规律,科学合理配置运力,实行高级车、中级车、普通车配置合理,大型车、中型车、小型车相互配套,提高实载率、利用率,降低空驶率。实载率低于70%的客运线路不得新增运力,空驶和装载低于限额或超载车辆限制通行。

10. 强化节能减排的法制建设和监督检查,建立和健全节能减排指标体系、监测体系、考核体系和预警机制。贯彻执行道路运输节能减排法律法规,完善节能减排的规章制度。加大道路运输节能减排执法力度,实行经常性监督检查,对使用超载超限车辆、私装乱改车辆、消耗超限排放超标车辆、已明令淘汰的车辆实行重罚,情节严重的,追究所有人的法律责任,做到有法必依、执法必严、违法必究。

(三)组织领导和保障措施

1. 统一思想,加强领导。节能减排是一项现实而又紧迫的工作,是一项长期而又艰巨的任务,实现节能减排的目标任务关键在领导,关键要把思想真正统一到节能减排上来,主要领导要亲自抓,领导思想要先行。要加强对节能减排工作的组织领导,真正把节能减排作为硬指标、硬任务,确保责任到位、措施到位、投入到位。

2. 建立健全节能减排管理体制和管理网路。道路运输主管部门要加强统筹协调和政策引导,切实把节能减排列为加强道路运输管理的重点工作,加强指导监督。要依靠全行业的努力,完善实施节能减排方案,雷厉风行狠抓落实。要发挥行业协会的作用,提供节能减排技术服务,共同做好节能减排工作。

3. 加强节能减排宣传工作。要采用多种方式,宣传我国能源资源的形势和节能减排的重要意义,宣传国家节能减排的方针、政策、法律、法规,增强全行业员工的节能减排意识和忧患意识,动员全行业全体员工积极投身建设资源节约型、环境友好型的行列,养成自觉节能减排、保护环境的良好风尚。

道路运输行业节能减排工作艰巨而复杂,是一项系统工程,是平稳较快发展道路运输的重要任务,是构建社会主义和谐社会的重要内容。道路运输的主管部门和企事业单位要充分认识节能减排工作的重要性、紧迫性和长期性,要通过艰苦努力、顽强拼搏,确保完成道路运输行业节能减排的目标任务。

江苏省《关于创新甩挂运输和多式联运发展的实施意见》

"十一五"以来,在"以人为本、优质服务、调整结构、加快发展、依法治运、规范市场、依靠科技、安全高效"方针的指引下,交通运输业发展规模、发展速度、发展质量都取得了骄人的成绩,对社会经济的发展发挥了重要作用。在国务院办公厅《关于进一步促进道路运输业健康稳定发展的通知》的促进和推动下,交通运输业以发展为主题,以结构调整为主线,以满足需求为目标,步入了持续、快速、健康的发展轨道。

交通运输业是国民经济的基础和先导产业。当前交通运输业已进入又好又快、稳中求进发展的新阶段,为了实现交通运输业科学发展的理想目标,倡导货物运输业发展甩挂运输和多式联运,是加快转变交通运输发展方式,调整和优化运输主体结构的重要举措。根据国务院《物流业调整和振兴规划纲要》和江苏省《物流业调整和振兴规划纲要》的总体要求,发展甩挂运输和多式联运将成为节能减排低碳运输的重要载体,是实现交通运输现代化的必然选择。

一、创新发展的思路

发展甩挂运输和多式联运要有新的理念,更要有新的思路。要以"提高物流增值服务水平,降低物流总成本,加大物流科技含量,提高物流效率,加强安全质量监管,实现节能环保"为目的,依托江苏省四通八达的交通运输网络,依托江苏省高新技术产业、先进制造业、现代农业和现代服务业发展的需求,实施"适应型发展战略"和"质量效益型发展战略",联合、连锁、兼并,把货物运输企业组织起来,扶持培育骨干货运企业,加快货物运输规模化、集约化、公司化经营的进程,做大做强货物运输业。

要通过创新甩挂运输和多式联运的组织方式,推动货物运输业"调结构、转方式",要积极创造有利于甩挂运输和多式联运发展的管理体制和运行机制,综合利用交通运输枢纽,拓展甩挂运输和多式联运的服务功能,要积极营造促进甩挂运输和多式联运发展的政策环境,加大资金投入和投资补助,完善和落实扶持甩挂运输和多式联运的优惠政策,加快甩挂运输和多式联运车辆设备和基础设施建设,加快甩挂运输和多式联运运行组织规模化、集约化、信息化、清洁化、网络化、一体化的建设,全面实现货物运输效率化,为江苏率先基本实现现代化提供更安全、更畅通、更便捷、更经济、更可靠、更和谐的交通运输服务。

二、创新发展的原则

1. 实行政府引导和企业主导相结合的原则。政府为发展甩挂运输和多式联运出台专门的指导意见,改革创新货物运输的管理体制和运行机制。货物企业要组织起来,实行联合、连锁、兼并和网络化经营,创新发展甩挂运输和多式联运的组织方式。

2. 实行"以点带面"和滚动发展相结合的原则。扶持规模较大的企业,培育骨干货运企业,先苏南后苏北,先东部后西部,点面结合,重点发展甩挂运输和多式联运。

3. 实行节能减排和科学发展相结合的原则。把发展甩挂运输和多式联运列为节能减排的重要手段,应用推广交通运输新设备、新工艺、新成果,不断促进甩挂运输和多式联运更新改造和科技创新。

4. 实行发展现代物流和发展综合运输相结合的原则。以发展现代物流为契机,充分发挥甩挂运输和多式联运以及各种运输方式的比较优势,应用推广现代物流技术,实现各种运输方式和运输工具的有效衔接,推动综合运输体系的建设,发挥综合运输整体效益。

三、创新发展的目标

江苏省发展甩挂运输和多式联运要通过调整产业结构和整合运输资源,以形成有江苏特色的以甩挂运输和多式联运为载体的四大货运服务体系。

1. 以沿海、沿江、沿河的港口设施和公路、铁路场站为依托,构建以多式联运和转运工程的货物运输服务体系,实现多种运输方式和运输工具"无缝衔接"和"零距离换装"。

2. 以高速公路和干线公路,长江和京杭运输为通道,以货运场站、物流园区、商品集散地为依托,构建甩挂运输和物流配送为主的货物运输服务体系,实现"门到门"运输。

3. 以行业和区域货物运输公共信息平台为依托,构建货物运输(物流)管理和公共信息平台互联互通信息共享的货物运输服务体系,实现甩挂运输和多式联运信息化运作、全程化监控。

4. 以资产重组的货运企业和一、二级货运企业为骨干,组织货运经营者实行联合、连锁、兼并和网络化经营为依托,构建甩挂运输协作网络和多式联运合作联盟,实现货运企业向发展第三方物流的转变。

四、创新发展的任务

1. 把发展甩挂运输和多式联运列入"十二五"期间社会经济发展的重要工作,由政府制定并出台促进甩挂运输和多式联运的发展政策,会同相关部门协同合作,科学调整运输管理的职能,建立和健全甩挂运输和多式联运的管理体制,加强交通运输法制建设,创新甩挂运输和多式联运的运行机制。贯彻落实发展甩挂运输和多式联运的各项配套措施,加大资金投入和投资补助,为甩挂运输和多式联运又好又快发展提供良好的体制机制保障。

2. 以国办《关于进一步促进道路运输行业健康稳定发展的通知》为指导,组织货运经营者转型升级,走创新驱动内生增长的发展道路,以甩挂运输试点企业为骨干,扩大甩挂运输和多式联运试点企业和覆盖面,"十二五"期间,全省再发展 50 家甩挂运输企业,新增牵引车(推荐车型)2500 辆,新增挂车 5000 辆,力争拖挂比达到 1:2.5,实行公车公营、公司化管理,组建甩挂运输合作联盟,形成甩挂运输专线和网络。

3. 加强甩挂运输和多式联运站场设施建设,将其纳入城市总体规划,保障建设用地,加大资金投入,把甩挂运输和多式联运站场枢纽纳入交通运输基础设施投资范围,给予较高比例的投资补助。全省要新建 10 个甩挂运输站场,建有适合挂车作业的货物装卸平台,有满足汽车列车摘挂和回转要求,可供甩挂车辆中转需要的作业场地及场区道路,有货物场站信息管理系统,有必要的装卸设备,标准化托盘和辅助设施(清洗、例保、加油等设施)和贯通式停车泊位。货运量较大,业务繁忙的场站要在装卸平台上加装固定式登车桥,设置起降式装卸泊位。

4. 建立健全甩挂运输和多式联运信息系统公共平台。应用信息技术推进甩挂运输和多式联运管理信息化，鼓励货运企业开展信息发布和信息系统外包等服务业务，建立健全甩挂运输和多式联运企业信息采集、处理和服务信息共享机制。建设为货物企业服务的甩挂运输和多式联运信息服务平台。建立健全全行业和管理甩挂运输和多式联运公共信息服务平台，以电子口岸、综合运输信息平台、货物商品交易平台和大宗物资交易平台为内容，搭建江苏省交通运输信息网络，鼓励城市间货运信息平台信息共享。

5. 依托江苏沿海、长江、京杭大运河的港口和高速公路、干线公路、京沪铁路沿线的货运场站枢纽，发展甩挂运输和多式联运相结合的货物服务网络。全省构建四大货运场站枢纽：以徐州为中心连接鲁豫皖和江苏北部的“北大门”货运枢纽，以南京为中心连接皖赣和江苏中部的“银三角”货运枢纽，以连云港为中心连接西陇海和淮海地区的“东陇海”货运枢纽，以苏州为中心连接沪浙和江苏南部的“金三角”货运枢纽。开辟八大货运通：长江中下游的货运通道，京杭大运河苏北货运通道，京杭大运河苏南货运通道，沪宁高速公路货运通道，宁通高速公路货运通道，宁连高速公路货运通道，京沪高速公路货运通道，对外开放港口进出口货运通道。重点发展长江和京杭大运河集装箱多式联运，应用推广江海直达和江河两用的集装箱运输船和甩挂运输实行衔接运输。应用“前港后厂（场）”、“前河后厂（场）”和“前站后厂（场）”的物流供应链技术，重点解决运输方式之间和运输过程之中，中转环节多，换装频繁的问题，实现港口和物流园区、港口和铁路运输、道路运输的“无缝衔接”或“零距离换乘”，形成江苏省以甩挂运输和多式联运为特色的货物运输体系。

五、创新发展的措施

1. 加强宣传引导，提高重视程度，切实维护运输市场的正常秩序

要充分宣传交通运输在保障经济和社会发展，满足城乡运输需求中的重要作用。交通运输业健康稳定发展，事关经济社会发展的全局。发展甩挂运输和多式联运是货物运输业“调结构、转方式”，实现创新驱动而采用的全新的运输组织方式，要采取切实有效措施，确保甩挂运输和多式联运的创新发展顺利进行，要注重调查研究，及时解决行业发展中存在的突出矛盾和问题，维护正常的运输市场秩序。

2. 加强组织领导，建立协调机制，明确部门职责，落实工作责任

由交通运输厅牵头会同相关部门成立协调机构，负责制定甩挂运输和多式联运的发展规划和发展政策，加强对甩挂运输和多式联运的行业管理，督促检查发展的进度和效果，定期召开协调机构工作会议，协调管理体制和运行机制中因责、权、利不对称而产生的矛盾，统筹解决发展中的重大问题。

3. 完善落实优惠政策，加快甩挂运输和多式联运货运场站设施的建设

要加强货运站场基础设施建设，将其纳入城市总体规划，保障建设用地，货运站场设施具有公益性和公用型的性质，要将货运站场基础设施纳入投资范围，给予较多的投资补助。要重点支持骨干货运企业新建或改造货运站场设施，按照企业自筹、省厅补贴、政府补助的办法解决资金问题。

货运站场要严格按甩挂运输和多式联运的运行组织和作业要求规划建设，新建或改造的装卸平台、装卸机械、作业场地和场区道路以及各种辅助设施，要按照交通运输部的行业标准

组织实施。凡享受政府投资补助的货运站场及辅助设施,都要向社会提供甩挂运输和多式联运作业服务,并接受行业主管部门的监督管理。

4. 应用现代信息和通信技术搭建公共货运综合信息平台

将甩挂运输和多式联运管理信息系统和信息技术装备列为重点建设项目,应用电子商务技术、射频识别技术、全球卫星定位系统、地理信息系统、电子数据传输技术,对甩挂运输和多式联运的货源和运力信息采集、货源整合查询、牵引车调度、挂车的位置、集装箱调运和期控、人员和车辆的管理、通关和报关业务等实行运输过程全方位全流程控制,提高甩挂运输和多式联运货运交易的信息化程度,提高甩挂运输和多式联运的运输密度和运输强度。

5. 建立健全货物运输价格和油价的联动机制,对甩挂运输和多式联运业务实行合同运输制度

发挥行业协会作用,调查、测算货物运输平均合理成本并定期向社会公布,作为承托双方进行议价的重要依据,促进货运价格的公平合理。

采取依法合理,符合市场规则的方式,将分散的货运经营者组织起来,发展甩挂运输和多式联运,倡导“诚实守信、质量第一”,实行诚信考核信用监督和失信惩戒制度,提高货运经营者信用度和参与议价的地位和能力,对货源批量较大且业务比较稳定的甩挂运输和多式联运客户实行合同运输制度,要规范使用货物运输合同文本,明确甩挂运输和多式联运承运方和托运方的责任义务、运费结算,要对货运合同履行情况进行监督检查,依法查处合同违约行为。

6. 加快货运企业经营机制创新,实现集约化规模化经营,引导货运企业进行产权结构调整

鼓励优势货运企业跨区域进行资产重组和并购,发挥规模经济效益,全省形成50家集约化经营的骨干货运企业,倡导知名运输品牌企业以甩挂运输和多式联运为纽带,整合运输资源,形成全省甩挂运输和多式联运循环运输网络,实行联合、连锁、联网经营。应用“供应链”和“流程再造”技术,为甩挂运输和多式联运提供运输前加工和运输后服务,拓展货运企业仓储、包装、装卸、搬运、流通加工、配送、信息处理等多种功能,发展第三方物流,为甩挂运输和多式联运提供稳定的客户和充足的货源。

7. 不断提升甩挂运输和多式联运的安全和应急保障能力

甩挂运输和多式联运不同于普通货物运输,货物运输企业抓运输安全生产不仅要认真贯彻落实运输安全生产管理制度,严格实行运输安全生产责任奖惩制度和安全生产事故连带责任追究制度,督促落实货运企业安全生产主体责任,充分发挥货运企业在安全生产管理中的第一责任人的作用,还要不断提高从业人员处理突发事故的处置能力,建立健全甩挂运输和多式联运应急保障预案,实行预案管理和应急指挥协调。货运企业要根据甩挂运输和多式联运的特点,配有“三品”安全检查仪和车辆安检门,建立远程联网监控系统和GPS监控中心,实行运输全程图像监控和动态监管,提高安全和应急保障处置能力,为甩挂运输和多式联运安全生产提供保障。

8. 加强甩挂运输和多式联运人才培养,推进从业人员职业化进程

要针对当前运输业人才匮乏,创新能力不强,人才队伍建设滞后的突出问题,组织实施运输行业科技人才创新工程,对甩挂运输和多式联运的急需紧缺的专门人才要实行专门的专业培养,培养货运业高级管理人才、货运业专业技术管理人才、货运业专业技能管理人才,建立“江苏省运输业专业人才库”,建立江苏省运输业科技人才专家群体。

组织各类岗位技术人员技能培训,实行从业人员持证上岗制度和驾驶员从业资格制度,建立具有甩挂运输和多式联运管理素质的货运企业职业经理人队伍和具有甩挂运输和多式联运服务技能的从业人员队伍。

9. 建立健全货运经济运行分析机制,客观反映甩挂运输和多式联运的发展动态

建立健全江苏省货运业统计调查制度、信息管理制度、统计调查方法和报表指标体系。加强货运统计核算和报表制度,加强货运统计队伍的建设,加强货运统计的管理工作,建立健全货运统计信息系统,实行货运统计信息共享机制。

行业协会要加强发展甩挂运输和多式联运的调查研究,密切跟踪掌握货运企业发展甩挂运输和多式联运中遇到的困难和问题,及时向政府有关部门反映企业的诉求,要通过掌握甩挂运输和多式联运的各种经济指标数字,对实载率、运输成本、运价、经营收益、货源组织、燃油消耗等,反映甩挂运输和多式联运的发展动态和经营绩效,定期对甩挂运输和多式联运经济运行分析,撰写调查报告,引导货运企业健康发展。

10. 发展甩挂运输和多式联运是一项系统工程,要实行政府引导和企业主导,组织试点示范

要充分调研、做好方案,对发展甩挂运输和多式联运要进行可行性研究并形成可行性研究报告。要学习和借鉴国外发展甩挂运输和多式联运的先进经验,宣传发展甩挂运输和多式联运对于货运企业"调结构、转方式"的重要性和必要性,要在组织试点示范并取得成效的基础上,调动货运企业的积极性、创造性,扩大甩挂运输和多式联运的经营范围和覆盖面,鼓励骨干货运企业发挥骨干带头作用实行联合、联营,奖励有成效的货运企业发挥滚动发展效应,实行连锁、兼并,促进甩挂运输和多式联运健康稳定发展。

历史经验篇

人便于行　货畅其流

改革开放前，江苏的客货运输业发展滞后，不仅设施落后，而且运行缓慢，严重影响了国民经济和社会的发展。改革开放后，公路、航道、港口等基础设施建设的突飞猛进，为交通运输业的发展提供了有利条件，江苏的交通运输业在改革开放的实践中积极探索，客货运输业得到了迅速发展，扭转了长期存在的“运输难”、“难运输”的落后局面。特别是进入“九五”以来，客货运输业在“以人为本、优质服务、调整结构、加快发展、依法治运、规范市场、依靠科技、安全高效”发展方针的引导下，加快了交通运输现代化的进程，逐步实现了“人便于行、货畅其流”的要求，在江苏现代化建设中发挥着越来越重要的作用。

改革创新　与时俱进

改革开放以来，交通运输业在不断探索、不断创新的进程中，经历了放宽政策、搞活市场的起步期；依法治运、整顿治理的改革期；规范管理、提高质量的成长期；三个服务、全面改善的上升期以后，进入了综合运输、一体发展的创新期，正迈开大步向全面实现交通运输现代化奋进。

一、放宽政策　搞活市场

1978年改革开放之初，江苏国民经济开始步入快速发展的时期，各行各业发展速度突飞猛进，对交通运输的需求越来越大，但落后的交通基础设施和较低水平的运输供给能力，导致全省客货运输业的规模偏小、功能单一、运力不足的状况日益突出。旅客出行难，货物转运堵港塞站，人货流动迟缓，严重影响了全省国民经济和社会发展。为了解决“乘车难、运输难”问题，江苏省计经委和交通厅（局）等有关部门联合成立了“江苏省港站运输指挥部”（后改名为“江苏省联合运输指挥部”），对重点港站和交通枢纽的港站疏运实行行政干预，在当地政府的支持下，组织车船疏运港站积压物资，争取港口车站少压船、少压车。经常堵港堵站的镇江港和镇江火车站是当时的重灾区，民间的顺口溜说：“镇江发电报，苏北就感冒；省里派人来，走了老一套。”形象地把“江苏省港站运输指挥部”比喻为疏通港站的“消防队”，就是说镇江港、镇江火车站一旦发生堵港堵站现象，镇江市人民政府就会向省政府发出求援电报，省政府将电报转发给苏北地区各市、县政府，并要求省计经委、省交通厅（局）派领导到镇江坐镇指挥疏港疏站。当地政府一边发牢骚，一边派车派船到镇江疏运，经过十天、二十天的疏运，港站不堵塞了，省里派来的领导走了，再过一两个月，港站又堵塞了，省里又派领导坐镇指挥疏港疏站。如此反复奔波，始终难以解决“运输难”的根本问题。

根据国务院国发〔1979〕179号文件重申的《关于厂矿企业办运输的几项规定》中有关运输分工的精神，1979年10月，江苏省革命委员会批转省交通局制定的《江苏省运输市场管理办法》，对我省所有从事物资流通过程运输或虽从事生产过程运输，但进行运费结算的车、船、劳力，实行“三统”管理，即统一受理货源、统一安排运力、统一计费标准。按月以例会的形式进行平衡，统一纳入交通运输部门管理，发给准运证。省、地（市）、县交通局设立相应的职能部门——“三统”管理办公室或民间运输管理科，具体负责运输市场的管理工作。凡属运输市场管理范围内的物资运输均需编制运输计划，实行省、地（市）二级审定平衡。省、地（市）、县（或企业）三级安排的制度。《办法》对运力的分工和安排，对非专业运力的组织管理做出明确规定，省、地区所属水、陆专业运输企业，以承担全省、全区的运输任务和跨省、跨区的干线运输任务为主；市、县所属水、陆专业运输企业，以承担市、县境内（包括疏港疏站）的短途运输任务为主；非专业运力优先承担本单位的运输任务，机关企事业自备车船可按行业或按区域组成运输公司或运输队，纳入计划运输管理。

1979年以后，江苏公路的客货运输业基本上是以江苏省汽车运输公司在各地设立的地区（市）分公司为主，各地（市）属汽车运输公司为辅，实行专业化经营。江苏的水路运输，基本是交通部门县以上136家航运企业专业化经营，共拥有船舶86.9万载重吨，船队3000余个。这样的运输能力远远不能满足当时社会客货运输的需求，成为制约经济发展的“瓶颈”。

20世纪80年代初，交通部先后提出“有河大家走船，有路大家走车”，“各部门和地区、各行业一起干，国营、集体、个体一起上”等一系列放宽搞活的政策措施，搞活了运输市场。中国南方和经济发达省份率先发展个体运输户，江苏客货运输的发展也开始步入了一个新时期。各行各业兴办运输的热情高涨，特别是个体运输户如“雨后春笋”迅速发展，运输市场出现了“农村包围城市”的态势，数以万计的个体运输户驾驶着手扶拖拉机、简易机动车、农用车、挂桨机、水泥船、自航船从农村走向城市，数以万计的社会车辆从工厂、矿山驶向港口、货场、车站、码头。集体运输户和个体运输户成为客货运输业中的一支新秀，成了专业运输的重要补充，为缓解“运输难”的紧张局面作出了很大贡献。但因为个体运输户的发展势头迅猛异常，运输市场一度出现混乱局面，曾有人形象地称个体运输户的拖拉机像“一大群麻雀，天亮飞出去觅食，天黑飞回来宿夜，到处乱飞、乱撞。”；称个体运输户的挂桨机船像“一大群泥鳅，哪里有食吃就往哪里钻”。个体运输户的繁荣发展，一方面发挥了市场经济的强大渗透力，使市场需求得到了满足，但同时也一定程度的给客货运输秩序造成了很大的冲击。

党的“十二大”以后，为了“放宽、搞活、理顺、管好”交通运输，1984年3月，江苏省人民政府印发省计经委、省交通厅制定的《江苏省改进公路运输管理实施办法》，同年江苏省交通厅颁布了《关于加强运输管理工作的通知》，把交通运输分为营业性运输和非营业性运输。鼓励多家经营，发展多种经济形式，实行联合经营。积极组建联运服务公司，扶持个体运输业，引导发展新型运输联合体。要求各级交通部门实行政企分开，从生产业务型转到行政管理型，真正发挥政府职能部门的作用。江苏的车站、码头开始向社会开放，允许社会运力参加营业性运输，放宽“三统”管理政策，逐步缩小指令性运输计划，扩大指导性计划，增加市场调节的份额。为提高疏港疏站的效果，重点港站实行了“零星到县，整批到点，以县为点，扎口运输”和“一次托运，一次受理，一票到底，全程负责”的铁公水联合运输模式。江苏的联合运输是全国的样板，联合运输成为江苏改革开放后出现的一种新的运输组织方式。

1981年省计经委和省交通厅在镇江联合开展全省联运工作的试点，成立了“以港站为依托，集铁公水集装运卸散为一体”的首个区域性的联运机构——镇江联运服务公司，组建了全省性具有行业管理职能的联运机构——江苏省联运公司。1984年8月，国家经委在江都县主持召开全国联运工作现场经验交流会，江苏省交通厅和江都县政府在会上介绍了开展联运工作的情况和经验。从此“人在家中坐，收发全国货”的“乡邮化”联运在全省大地上广泛开展，全省71个地市、县和428个乡镇，都相继成立了联运公司或联运站。

面对运输工具数量迅猛扩张和运输经营业户急剧增长的运输市场，省交通厅正式授权各市、县规划设置和调整、充实市、县、乡的运输管理机构，负责对运输市场监督检查。运输管理机构从条条管理转向块块管理，开始从管理运输企业转变为管理运输全行业客货运输，实现了运输管理改革开放的第一次提升。1984年，省交通厅、省财政厅印发《江苏省公路运输管理费征收、管理、使用办法》，明确营业性运输按汽车营运收入的1%，征收运输管理费，非机动车运输和搬运装卸业务，按照营业收入的1.5%，征收运输管理费。运输管理费的征收为各级运输管理机构改进运输管理，管好、搞活运输市场提供了经费来源。

1983年，江苏实行“市管县”的新体制后，省政府批复同意省交通厅《关于当前交通运输有关问题请示报告》,要求省汽车运输公司实行客货分开、干支分工,在省辖市设立客运分公司,实行以省为主,省市双重领导,对客运实行统一经营,按《江苏省公路客运营运线路审批暂行规定》实施营运线路审批制度,对公路汽车客运实行标志牌管理制度。货物运输以省辖市为依托,组建市汽车货运公司,实行以市为主,省市双重领导,省和地区驻各地的车队(班组),随“市管县”的体制变化,就地划归所在市管辖。

为全面准确地掌握运输市场情况,以加强对全社会交通运输的行业管理,省交通厅为贯彻省政府的要求,又发布了《关于制发江苏省非交通部门运输业机动车客货运输情况季报说明的通知》和《补充通知》,建立“七账一卡”(即运输业发证注册台账,运输工具增减台账,货物运输量统计台账,规费税金征收台账,票据发放台账,运输从业人员年末实有数台账,违章处罚登记台账,运输工具卡册)的统计制度,规定管理对象均应按期向交通运输管理部门报送客货运输情况季报。运输管理机构通过季报和台账,全面掌握了专业和非专业交通运输企业以及个体运输经营者客、货运输的经营情况。1986 年,省交通厅再次发出《关于加强非交通部门水、陆运输业运量统计工作的通知》,要求各市、县交通部门按照省交通厅的要求,建立健全了运输行业统计工作的内容、要求、制度、规范和报表,建立健全运输行业统计网络和各种运输管理台账,做好非交通客货运输业的运量统计工作。并针对面广量大、众多繁杂的运输经营业户实行“运输许可证”制度,要求各级运输管理机构会同工商、财政、公安等管理机关共同做好运输计划、统一行车路单、运输管理费和运输市场的管理工作。为运输管理机构管好全社会运输行业的工作提供依据,创造条件。

1987 年,根据交通部和国家经委联合发布的《公路运输管理暂行条例》、国务院颁发的《中华人民共和国水路运输管理条例》,省交通厅和省计经委联合发布了《江苏省公路运输管理暂行条例实施细则》,省交通厅又印发了《关于贯彻实施〈中华人民共和国水路运输管理条例〉及其实施细则的通知》,对从事水陆客货运输、搬运装卸、汽车维修、运输服务的运输经营业户纳入运输行业管理范围;对为社会提供劳务,以各种方式结算费用的运输经营业户从开业、停业、运输、票证、规费征收、资料统计,实行营业性运输管理;对为本单位生产、生活服务,不发生费用结算的实行非营业运输管理。同时还就水陆货物运输、旅客运输、省际运输、搬运装卸、运输服务、汽车维修等方面分别规定了专项管理要求。并以法规形式规范了运输管理机构的设置、名称和职责范围,委托运输管理机构对从事城乡客货运输、搬运装卸、汽车维修、运输服务的经营业户实施运输行业管理。省交通厅设“运输管理局”,市交通局设“运输管理处”,县交通局设“运输管理所”,乡(镇)设交通管理所。各级运输行政管理机构的主要任务是对运输经营业户的经营资格、经营行为和运输市场的运输价格、运输票据和运输证件等实行行业管理,对客运线路的审批权和审批范围实行特别管理。

运输管理机构成立后,按照“规划、协调、监督、服务”的管理原则和“八条运输管理职责”,以实现“人行其便、货畅其流”为目的,保护正当竞争、保护合法经营、保障货主和旅客的正当权益。为放宽、搞活、理顺和管好客货运输市场发挥了管理作用,为客货运输经营业户提供法规保障、制度保障和组织保障。截至 1987 年 6 月底,江苏全省已建成乡(镇)交管所 929 个,配备交管员 3843 人;县运管所 45 个,配备运管员 488 人。

1988 年 12 月,省交通厅正式行文撤销厅运输处的建制,成立“江苏省交通厅运输管理局”。厅运输管理局根据省交通厅颁布的《江苏省运输管理部门工作条例实施细则》,对各级运输管理机构的职责做出规范性规定，对运管工作人员、运管工作制度、工作准则、工作装备作出规范性要求。各级运输管理机构按照社会主义市场经济体制改革的要求，把原来实行计划经济配置运输资源转向利用市场的功能配置运输资源，把从单纯地管理运输计划转向管理运输市场，把管理和服务结合起来，“寓管理于服务之中”，逐步做到运输管理工作制度化、规范化、科学化，不仅完成了职能转换的重要任务，而且促进了客货运输业健康发展，实现了运输管理改革开放的第二次提升。为建设统一开放、竞争有序的运输市场发挥了重要作用，为全省经济社会的发展提供了有力的支撑。

这一阶段全省的运输市场在放宽、搞活政策措施的激励下，形成了多形式、多层次、多渠道、多元化的运输经济新格局，客货运输车船和客货运输量迅猛增长。至1988年，全社会完成营业性道路客运量4.63亿人，道路客运周转量196.78亿人公里，全社会完成营业性道路货运量2.145亿吨，道路货运周转量80.05亿吨公里，分别比1978年全社会营业性道路客运量1.87亿人、客运周转量49.93亿人公里，道路货运量0.4488亿吨，货运周转量11.2367亿吨公里，增长2.57倍、3.94倍、4.77倍和7.12倍。全社会完成营业性水路客运量0.26亿人，水路客运周转量8.12亿人公里，分别比1978年全社会营业性水路客运量0.4175亿人、客运周转量9.0066亿人公里下降0.1575亿人和0.886亿人公里。全社会完成水路货运量2.08亿吨，水路货运周转量269.43亿吨公里，分别比1978年全社会营业性水路货运量0.6557亿吨、货运周转量87.97亿吨公里，增长3.17倍和3.06倍。

这表明：由于实行了放宽搞活的政策，非交通运输业户和个体私营运输业户的数量扩张，为全社会运输提供了大量的运输能力，完成了大量的运输任务，使客货运输的经营结构发生了翻天覆地的变化，造就了江苏客货运输业的繁荣，大大改善了“乘车难，运输难”的紧张状况。

二、依法治运　整顿治理

江苏交通运输改革开放后，“摸着石头过河”，在实践中，不断探索、不断前进，从计划管理到放宽搞活，从垄断经营到多家经营，从单一经济形式到多种经济形式，呈现出前所未有的繁荣景象。但因宏观调控不力，客货运输业在发展中出现了一些新的问题。由于政出多门、管理多头，特别是缺乏有权威的法规，非法营运的问题比比皆是。开放的客货运输市场出现了“各自为政、各行其是、各霸一方、鱼龙混杂”的违法经营现象，打乱了原有的运输秩序，欺行霸市、强占货源、抢客争客、无证营运等不正当竞争的经营行为愈演愈烈。

党的十三届三中全会针对改革开放中出现的问题，及时提出了治理经济环境、整顿经济秩序、全面深化改革的要求。交通部发布了《关于整顿治理道路、水路运输市场的决定》，并在江苏省苏州市召开了贯彻全国全行业全系统整顿治理道路、水路运输市场决定的大会，向全国客货运输业发出整顿治理客货运输市场的动员令。1989年3月，江苏省人民政府批准转发了省交通厅《关于整顿治理运输市场的意见》，并要求公安、税务、工商行政管理、物价等各有关部门积极配合交通部门，运用行政和经济手段，全面开展对从事营业性客货运输的业户和个体运输户的清理整顿，对全省客货运输车船的投入实行宏观控制和综合治理。同年7月，省交通厅又下发了《关于认真做好客运市场的清理整顿工作的通知》，颁布了整顿治理旅客运输行业管理的各项规定。全省运输管理机构针对行业类别，采取不同的整治措施。对旅客运输以清理整顿客运线路、班次为重点，实行计划审批和择优安排；对货物运输以清理整顿承托双方货源交易为重点，实行合同运输和择优成交；对运输服务业和搬运装卸业以清理整顿价、票、证为重点，实行规范经营和网点管理；对汽车维修行业以清理整顿越级维修、修理质量和价格为重点，实行汽车维修工时定额、收费标准、结算办法管理；对水路运输以清理整顿运力调控和站点布局为重点，实行运输证件审验、运输票据使用、经营行为的例行检查；对客货运输市场以检查运价、票证、规费为重点，实行定期检查监督。各地交通部门全面开展本辖区客货运输市场的整顿治理。按照交通专业运输、非交通专业运输、乡镇集体运输、个体运输四大块进行分类整顿、分别治理，按不同部门、不同行业、不同层次、不同地区分类统计社会各界参与运输的基本情况，并结合当地实际，对运输市场开放以来出现的违法经营、非法营运等扰乱运输市场秩序的现象，视情节轻重，按有关规定实行教育、罚款、取消经营资格直至追究法律责任的处理。通过整顿治理，规定了全省各类客货运输业户的经营范围，规范了全省各类客货运输业户的经营行为，对重点物资、抢险救灾物资、涉及国计民生的物资运输，继续实行指令性计划运输，对省际旅客运输和超长途旅客运输等实行了必要的限制。

整顿治理中，各级运输管理机构本着“坚持改革开放，坚持整顿治理”的要求，实行“放管结合”的方针，做到“开放搞活，活而不乱，改革管理，管而不死”，即在改革中加强行业管理，根据运输市场的实际情况，重新界定行业管理的行为；在管理中扩大开放，根据运输市场的需求变化，适时增加开放的内容。实行“先进笼子，后扣绳子，扣好绳子，再拆笼子”的既管又放的管理办法，加强监督检查，规范经营行为，提高运输效能。把符合准入条件的客货运输业户“请进笼子”，规定各类客货运输业户的经营范围，按运输法规的规定给各类客货运输业户“系上绳子”，规范各类客货运输业户的经营行为；对重点物资、抢险救灾物资、涉及国计民生的客货运输，实行指令性运输管理；对省际旅客运输和超长途旅客运输、危险货物运输等，实行限制性运输管理。

为了巩固运输市场整顿治理的成效，省交通厅规定了运输经营许可证和营运证的年审以及客运班线审批办法，颁布了《旅客运输班车客运服务质量标准》，出台了《汽车维修业质量管理办法》、《工时定额收费标准》以及《技术工人等级培训和考核发证制度》，颁布了《汽车运输业车辆技术管理》、《汽车检测站管理》、《汽车危险货物运输规则》、《汽车客运运价和汽车货运站收费标准》等一系列规范性文件，为整顿治理客货运输市场提供了法律的依据。在全省范围开展了以整顿运输市场秩序，规范运输经营和运输管理行为，健全运输市场运行机制，加强监督检查和改善客货运输行业整体形象为主要内容的“运输市场管理年”活动，维护了运输市场的经营秩序，保护了承托双方的权益，改善了客货运输的服务态度，改善了客货运输的经营环境，改革开放的运输市场重新走上了健康有序的发展道路。

为积极推进“依法治运”的发展进程，巩固和扩大运输市场改革开放的成果，省交通厅不断加强运输管理的立法工作，不断规范运输管理的执法行为，出台了一系列关于运输行业管理的行政措施和规章制度。其中包括汽车维修质量和汽车检测站管理、苏南运河交通管理、水路货物运输质量管理、运输管理信息系统市级总体规划以及加强培育和发展运输市场的实施意见等几十个行政措施和规章制度。随着这一系列行政措施和规章制度的实行，全省各级运输管理机构，积极推进管理职能调整、管理机制转换、管理手段更新，实现政企分开、政事分开。在行业改革的实践中，创设了以“依法行政、科学管理、服务优质、监管有效”为内容的运输行业管理新模式；创设了以“政治坚定、业务精通、纪律严明、作风优良”为内容的运输管理队伍建设的新目标；创设了以“权力公开、执法公正、处理公平”为内容的行政执法公示制；创设了运政人员以“先敬礼、后讲理、再处理”为内容的现场执法“九字诀”。推出了为运输经营者提供“三个服务”和实行“四个引导”的新举措，即：为运输经营者提供政策法规服务，提供业务技术服务，提供信息咨询服务，引导运输经营者正当投资，引导运输经营者守法经营，引导运输经营者公平竞争，引导运输经营者提高服务质量；推出了“诚信是钱，质量是命，安全是命根子”的安全质量发展新战略。

运输行业管理通过依法治运，规范管理，加快了“两个根本性转变”的进程，使客货运输行业走上了结构创新、技术创新和管理创新的良性发展、持续发展、健康发展的道路。全省的客货运输市场通过整顿治理，改善了经营环境，规范了运输秩序，取得了阶段性的成效。根据“八五”期末，交通专业运输、非交通专业运输、城乡集体运输、个体运输四大块分类统计，在整顿治理中全社会客货运输量年增长速度仍然保持在10%以上。

三、规范管理　提高质量

党的十四大以后，江苏的改革开放进入了一个新阶段。客货运输业迈开了新步伐，做到在开放中加强行业管理，在管理中扩大改革开放，既坚持开放搞活，又坚持规范管理，进入了规范管理、提高质量的新时期。

1993年，省交通厅根据交通部《关于深化改革、扩大开放、加快交通发展的若干意见》，结合全省交通运输业整顿治理后的实际状况，针对存在的问题和薄弱环节，制发了水路货物运输质量管理办法、个体营运船舶挂靠水运企业的管理办法、省汽车维修企业（一、二、三类）开业技术条件和公路汽车客运营运标志牌管理规定，以及外商投资道路运输业立项审批等管理规定。为不断提高运输市场的组织化程度和客货运输的服务水平，1995年，省交通厅、省公安厅联合发布了《关于加强客运市场营运秩序管理的通知》、《关于加快培育和发展运输市场的实施意见》，对培育公平竞争、健康有序的客货运输市场发挥了重要作用。

为解决客货运输业在改革发展中存在的结构性的矛盾和问题，省交通厅为提高客货运输业的运行质量、服务水平和核心竞争力，根据交通部《关于印发〈道路运输业结构调整的若干意见〉的通知》的要求，综合运用法制手段、行政手段和经济手段，提高客货运输全行业集约化、规模化经营水平和客货运输组织化程度。着力解决运输市场的集中度低、经营主体多、企业规模小、运输组织松散、竞争能力和抗风险能力弱、经营行为不规范、运输市场秩序比较混乱、运输生产组织化程度低、运力结构和经营结构不合理、重客运轻货运、重干线轻支线等问题。

客货运输业结构调整工作是一项长期、艰巨、繁重的战略任务，全省客货运输行业认真贯彻实施“立足发展、坚持创新，立足市场、坚持服务，立足科技、坚持创优，立足竞争、坚持合作，立足引导、坚持监管”五项原则，重点对客货运输的经营模式，集装箱运输的组织形式，快件和零担货运的网络化组织，现代物流企业的转型升级和发展方式，城际快速客运和城乡班车客运以及旅游客运的“无缝衔接”、“零换乘”，汽车维修、运输服务、搬运装卸的机械化、智能化作业，客货运输场站的管理模式，运输信息网络的顶层设计等项内容进行专项改革、调整、补充、完善，使全省运输行业结构调整取得了阶段性成果。

经过这一阶段的努力，全省客货运输的生产能力、服务水平和安全运输质量显著提高，

“九五”期间，省交通系统投入资金6.9亿元，新建、改建和扩建客运站75个，增加客运站场面积38万平方米。全省已有等级客运站884个，其中一级站20个，二级站91个。一大批舒适性、可靠性、安全性好的高中级营运客车投入客运市场。在推进货物运输专业化、集约化、集装化经营的进程中，货运企业开始向第三方物流企业转变，货物运输以中心城市、运输枢纽和重点港站为依托，建设有形货运交易市场，提供运输信息业务代理，组织回空运输，实行货运配载，实行统一开票、统一结算，促进了货运市场的健康发展。

1996年，省交通厅颁布《江苏省宁沪高速公路旅客运输管理办法》，出台《机动车驾驶员培训管理规定》和《营业性道路运输机动车实行职业培训和准驾证管理规定》，1999年又出台了《江苏省搬运装卸业管理办法》等有关文件。随着这些文件的付诸实施，客货运输生产认真贯彻“安全重于泰山”和“安全第一、质量第一”的方针，客货运输企业紧密联系企业管理的实际情况制定并实行相应的规章制度，强化了安全保障能力，提高了运输效率和运输质量，使客货运输业的生产能力和整体服务水平得到很大提升。

在运输结构的调整中，后勤服务辅助行业应运而生、应需发展。汽车维修和驾驶员培训行业为适应客货运输发展的需求，服务质量不断提升，经营项目不断增多，发展速度不断加快，成为客货运输业发展的后勤保障。

搬运装卸行业经过转型改制，规范了搬运装卸业的经营行为。为确保苏北经济欠发达地区鲜活农产品运输，各地运管机构发放“绿色通行证”，对持证营运车辆给予免检查、优惠收取过路、过桥费的特殊待遇。水路运输也改革了原有的计划管理办法，除涉及国计民生物资和抗洪抢险物资，其余物资可由货主和航运企业承托双方通过协议，择优运输。同时规范了水路运输市场主体的经营行为，为江苏的水路集装箱运输和危险货物运输提供法律保障，并为保证电厂用煤开辟了“绿色通道”。

在规范管理的过程中，运输质量得到全面提高。全省运输行业运输结构趋于合理，配套服务趋向健全，运输经营行为更为规范，运输安全和运输服务能力均得到了大幅度提高。

截至2002年，全省营业性水路货运量增长到2.24亿吨，货运周转量增长到770.03亿吨公里，全省营业性道路客运量增长到6.34人次，客运周转量增加到449.38亿人公里。全省营业性道路货运量增加到5.25亿吨，货运周转量增长到311.08亿吨公里。

截至2004年底，全省有各类维修企业1.99万户，其中一类维修企业867户，二类维修企业3259户，三类维修企业1.60万户（含摩托车维修），从业人员达到15万余人，维修产值达到54亿元，年维修各类车辆约620万辆次，人均年产值约3.6万元。汽车维修企业从原来的封闭式自我服务型转变为对外开放式的社会化服务型。截至2005年底，全省有424家驾驶学校取得机动车驾驶培训许可证。其中一类驾校54家，二类驾校250家，三类驾校120家，年培训各类驾驶员56.54万人。

四、三个服务　全面改善

2003年，党的十六届三中全会提出以人为本、全面协调可持续发展的科学发展观。省交通厅以贯彻实施《江苏省道路运输市场管理条例》为契机，要求各市县交通主管部门从服务全省“两个率先”的实际出发，围绕“三个服务”（即交通发展要服务国民经济和社会发展全局、服务社会主义新农村建设、服务人民群众安全便捷出行），积极推进客货运输落实“三个转变”

(即由主要追求经济增长的速度目标向主要追求经济发展的质量效益目标转变;由经济发展主要依靠资金、物质要素投入向主要依靠科技进步和人力资本提升转变;由主要通过行政手段调整生产要素破解发展观难题向主要通过改革体制破解发展难题转变)。

全省客货运输业围绕提高运输保障能力、提升运输服务品质、转变运输经济发展方式和规范运输行政执法行为等项要求,实施了"六大工程":

1. 农村客运加快发展工程。在建设资金非常紧张的情况下,省交通厅下发补助资金7200万元,调整增加建设项目39个,使全省农村客运站建设项目达到161个。新增、调整、延伸农村客运线路130余条。全省拥有1877条农村客运线路,农民出行条件得到明显改善。

2. 运输结构加快调整工程。省内市际、县际班线客运企业公司化经营总数达到6303辆,公司化经营比例达到61%,全省共更新减少老旧车辆8000多辆,集装箱车、厢式车及其他专用货车达到9万辆、53万吨位。船舶标准化示范工程阶段目标全面完成。新建标准船舶4769艘。机动车维修企业以一、二类企业为骨干,快修服务为特色,三类专项为补充的维修体系基本形成。

3. 品牌建设稳步开展工程。在全行业旗帜鲜明地推进运输品牌创建工作,树立全省优质运输服务的榜样,制定"江苏快客"、"江苏快货"、"江苏快修"品牌认定管理办法,提高客货运输业核心竞争力。

4. 服务效能明显提升工程。全省5500条班线通达全国24个省(市)的汽车客票以及省内各市、县的汽车客票,实现"一网通"。

5. 客货运输规范监管工程。推行旅游客运运力服务质量招投标制度,建立健全危险货物运输市场进入和退出机制,制定实施客货运输质量信誉考核意见,严格履行"三关一监督"安全监管职责,加强机动车综合性能检测,规范运政处罚执法方式,建立长三角联动协查机制和违章查处通报制度。

6. 运管队伍素质建设工程。构建培训教育的长效管理体制,加大常规性培训教育力度,着力建设"政治坚定、业务精通、纪律严明、作风优良"的运输管理队伍。

2004年,历经19年酝酿的《中华人民共和国道路运输条例》正式出台,江苏省交通厅随即发布了《江苏省实施〈中华人民共和国道路运输条例〉指导意见》。运输管理从委托执法调整为授权执法,成为国家法规直接授权的管理机构,实现了运输管理改革开放的第三次提升。2006年,江苏省人大颁布《江苏省机动车维修管理条例》。同年12月,省政府办公厅转发了省交通厅、省财政厅、省物价局、省地税局、省工商局、省公安厅、省质监局联合发布的《关于加快道路运输业发展的若干意见》。新出台的运输法规为江苏客货运输业改革创新、又好又快发展提供了法律保障。相继出台的一系列规范性文件,是迄今为止较为齐全、比较配套的客货运输法规。不仅有客货运输及站场的管理规定,而且有汽车维修、驾驶员培训和从业人员持证上岗的要求。对维护客货运输市场秩序,保障客货运输安全,保护客货运输有关各方当事人合法权益,促进客货运输业健康发展,发挥了全面的保驾护航作用。使江苏的客货运输业走上了结构创新、技术创新和管理创新的良性发展、持续发展、健康发展的道路,并成为全国客货运输行业的一面旗帜。

全省运输行业以结构调整为主线,贯彻实施"资源节约型"和"环境友好型"的发展战略,积极转变运输经济的发展方式,发展多式联运和甩挂运输,发展综合运输和现代物流。积极实施适应型和质量效益型发展战略，强化客货运输科技创新、人才保障和信息化管理。千方百计为国民经济和社会生活的发展，提供“三个服务”，即：服务于经济和社会发展的全局，服务于社会主义新农村的建设，服务于人民群众安全便捷出行。

为满足旅客从“走得了”到“走得好”的需求，旅客运输确保“走得安全、走得便捷、走得便利、走得舒适”；为满足货主从“运得了”到“运得好”的需求，货物运输确保“运得快捷、运得安全、运得经济、运得高效”；为方便农民出行的需求，农村公交班车确保“村村通、站站停、开得长、留得住”。江苏的客货运输业在“三个服务”中，客货运输业的站场设施、运输装备、快速运输通道、运输行业管理、运输科技创新等运输市场要素得到全面改善；运输基础设施配置、城乡运输一体化的布局、运输管理的方法和手段、节能减排清洁运输等客货运输的服务水平等都得到了全面改进。

江苏的客货运输业在全面改善的进程中，以建立“能力充分、组织协调、运输高效、服务优质、安全环保”的客货运输系统为宗旨，以基础设施网络化、客运便捷化、货运物流化、运营与管理智能化、安全与服务最优化为目标，继续推进运输结构调整，加快转变经济增长方式，完善运输市场机制，加强运输市场监督，强化运输安全保障，加快运输信息化建设，打造“江苏快客、江苏快货、江苏快修”三大服务品牌，着力提高客货运输的安全质量和服务水平。

党的十七届三中全会以后，全省上下按照省委、省政府的战略部署，迈开建成更高水平小康社会的步伐。十一届全国人大一次会议通过了《国务院机构改革方案》，决定组建交通运输部，将原来建设部指导城市客运的职能划入交通运输部。2008 年 12 月，国务院国发〔2008〕37 号《关于实施成品油价格和税费改革的通知》发布后，全省各市、县运输管理机构真正开始了“寓管理于服务之中”的新征程，彻底改变了“重收费、轻管理”的思想。2009 年，国务院批准组建道路运输司，实行“费改税”和“大部制改革”，标志着我国交通运输业进入发展综合运输体系的新阶段，掀开了交通运输业发展的新一页，实现了运输管理改革开放的第四次提升。截至 2008 年，全省营业性水路货运量增长到 3.85 亿吨，货运周转量增长到 3063.27 亿吨；全省营业性道路客运量增长到 17.4 亿人次，客运周转量增加到 951.53 亿人公里；全省道路货运量增加到 9.56 亿吨，货运周转量增长到 885.09 亿吨公里。

五、综合运输　一体发展

“十二五”期间，是全省运输行业实现综合运输、一体化发展的黄金时期，全省运输行业认真贯彻《中共中央关于推进农村改革发展若干重大问题的决定》，根据江苏的省情和经济社会现代化发展的需要，以服务“两个率先”为导向，以提供文明优质、更均等的客货运输服务为目的，进一步推进运输结构调整，推动各种运输方式实现综合运输、一体化发展。围绕“四个方面”、“五个重点”和“五大工程”，推进江苏综合运输体系建设。

“四个方面”是：

1. 围绕综合运输体系建设，继续致力改革和改善运输生产关系，研究制定加快航运业发展的改革措施。重点扶持和促进国际远洋运输和内河运输加快发展，大力发展长江干线和京杭运河沿线内外贸集装箱运输。

2. 围绕推进综合运输枢纽建设，严格按标准对原有客运站进行改造，最大限度地加强与铁路、航空、城市轻轨、公交之间的互联互通，重点加强公、铁、水、空有机衔接的综合性货运枢纽建设。加快城乡与区域运输一体化发展步伐,推进客运一体化,由“部门行为、行业行为”转变为“政府行为、社会行为”。

3. 围绕深化运输结构调整,推进行业节能,巩固客运公司化经营机制。加快运力结构调整步伐,积极推进企业组织结构调整,走规模化、集约化、网络化发展道路,鼓励发展连锁化、专业化维修企业推广节能、环保技术,强化驾驶员节能操作培训。

4. 围绕发展贴近民生的运输事业,构建并完善农村客运网络,抓好农村客运站建设,培育面向农村的物流市场。提高运输安全保障和应急处置能力。推进实施联网售票和驾培智能化系统。不断加强行业诚信体系建设,实施品牌发展战略,加强信誉管理,建立运输管理综合信息服务平台。规范运输行政执法行为,提升执法效能和队伍形象,健全法规制度和行为规则等。

“五个重点”是:

1. 统筹发展,在推进城乡客运一体化上实现全国领先。加快道路运输基础设施建设,推进综合客运枢纽及场站建设,积极构建方便快捷的城乡客运换乘体系。加快推进公交优先发展战略实施,增强公共交通供给能力,提高公共交通分担率。规范出租汽车行业管理,完善服务质量考核机制。推进城乡客运线网融合,到“十二五”末半数乡镇实现村村通公交,基本实现城乡客运一体化。

2. 集约发展,在建立交通物流体系上实现全国领先。加快货运转型升级,推动传统运输服务向综合物流服务转变。推进交通物流园区和物流中心建设,建成全省三级交通物流基地体系。加快发展水运业,推行内河船型标准化,调整船舶运力结构,提升航运服务业竞争力。加快发展先进运输方式,实施多式联运、甩挂运输和城市配送工程,培育一批具有示范效应的货运物流企业。

3. 绿色发展,在打造低碳运输业上实现全国领先。紧紧抓住运输工具、运输组织方式、从业人员三个关键环节,落实节能措施,引导各地培育接驳运输和甩挂运输试点企业。加快道路运输行业天然气车辆推广应用,重点发展城际客运和定线货运天然气车辆。积极推广绿色维修和驾驶节能技术。

4. 创新发展,在推进智能运管上实现全国领先。加大科技投入,鼓励科技创新,推进运输行业管理信息平台升级改造建设,加强数据资源、网络资源、应用功能等方面的深层次整合。拓展全省道路客运联网售票系统,建设省域范围内的物流公共信息平台。建设出租汽车服务管理信息系统和城市公交运营监管系统,推广“一卡通”,统筹建设跨区域公交IC卡互联互通平台。

5. 安全发展,在创建平安运管上实现全国领先。履行好安全监管“三把关一监督”职责,督促企业落实安全生产主体责任,推进运输企业安全生产标准化建设。鼓励和支持加大安全设施和技术装备投入,规范营运车辆行驶记录装置和卫星定位系统安全使用工作,实现重点运输过程的动态监管。强化应急运输队伍、应急运输装备的建设和管理,提升应急运输保障能力。

“五大工程”是:

1. 实施运输结构调整工程。实行“三个鼓励”的政策:鼓励企业间以资质为纽带跨地区、跨行业进行重组、兼并和股份制合作,鼓励扶持集约化程度高、网络覆盖面大、组织方式紧密、服务效能高的运输企业率先发展,鼓励发展连锁化、专业化的维修企业。

2. 实施惠农便民工程。扎实推进农村客运班车通达工程，构筑中心城市到副中心城市、副中心城市到乡镇、乡镇到村的三级城乡客运公交化网络。大力推进城乡客运一体化的进程。

3. 实施科技创新工程。开发建成全省道路客运综合信息服务系统和客运联网售票系统，在全国率先实现全省 13 个省辖市的 19 个一级客运站联网售票，并相继开通了网上订票、短信订票、自助购票的功能。在建设省、市两级运输管理综合信息服务中心的同时，构建了集运管电子政务、运输市场监督、应急运输处理，运政执法监督和公众信息服务一体化的信息平台。

4. 实施制度完善工程。在加强运输市场法制化建设中，完善运输市场准入和退出机制，先后制定出台了《江苏省交通厅运输管理局应对突发事件预案》、《江苏省水路液货危险品运输管理工作规范》、《道路运输从业人员管理规定》、《进一步规范运政执法行为的实施意见》等文件，为规范运输市场秩序、规范运政执法行为和重大案件集体决定提供了制度保障。

5. 实施诚信体系工程。建立完善运输行业诚信档案，定期向社会发布全省驾校信誉等级、全省维修行业信誉等级，在全国率先实施"机动车维修记录、机动车维修合同示范文本、统一结算清单"等三项制度。并以省地方标准形式发布了《机动车维修服务质量规范》、《江苏省国内水路货运企业质量信誉考核办法》。以江苏省交通物流协会为载体开展"全省道路货运 50 佳质量信誉企业"和"水路货运 30 佳质量信誉企业"的评选活动。全省运输行业客运、货运、维修、驾培等子行业都建成了较完备的质量信誉考核体系，基本建成了全省运输行业的诚信体系。

这一阶段，全省交通运输以不断增加全省公众福利效能为出发点和落脚点，不断推进客运"零距离"换乘、货运"无缝衔接"。2012 年，江苏省道路客运量、旅客周转量分别达 25.54 亿人和 1418.36 亿人公里，分别比 1978 年增长 12.66 倍和 27.41 倍；道路货运量和货物周转量分别达 15.40 亿吨和 1452.45 亿吨公里，分别比 1978 年增长 34.22 倍和 128.22 倍。2012 年水路货运量和水路货运周转量分别达 5.9 亿吨和 6053 亿吨公里，分别比 1978 年增长 7.94 倍和 67.81 倍。道路、水路服务业完成增加值达到 1800 亿元，占全省服务业增加值的 8%。全省道路客运业户达到 665 户，户均车辆达到 62.7 辆，位居全国首位；道路货运业户 35.5 万户，户均车辆 1.9 辆，车辆平均吨位提升至 8.5 吨；全省地方水路运输，户均运力规模 2.8 万载重吨，船舶平均吨位 693 载重吨。交通运输部和省交通运输厅批准 30 家甩挂运输试点企业，其中四家龙头企业率先组建甩挂运输经营实体——"江苏甩挂运输联盟"，开创了甩挂运输联运联营的先河；全省厢式货车及专用货车比重达到 31.5%，位居全国前列；新增"江苏快客"品牌客车 276 辆，"江苏快货"品牌线路 225 条，"江苏快修"品牌企业 34 家，农村物流示范点 30 个；全省共更新新增 LNG 客车 500 余辆，LNG 货车 179 辆，新能源公交车 477 辆，"绿色维修"企业 11 家，燃气教练车或驾驶模拟器节能项目 10 个；建成京沪高铁徐州东站等综合客运枢纽和淮安城北等一批公路枢纽客运站；建成 21 个农村客运站和 1159 个客运候车厅；全省 11 个市实现农村客运班车通达率 100%，21 个县（市、区）实现镇村公交全覆盖。全省新辟优化调整公交线路 638 条，新增、更新公交车 3271 辆，开通毗邻地区公交线路 16 条；全省城市轨道交通运营线路总里程达到 160 公里，位居全国第四。

全省客货运输行业在综合运输、一体化发展的思想指导下，实现了统筹发展、集约发展、绿色发展、创新发展和安全发展，进入了发展速度快，发展质量好，发展效益优的又好又快的全面发展时期，全省的运输管理工作位居全国前列、全省的运输供给能力、保障能力和服务水平实现全国领先，为全省经济社会的发展提供了更安全、更普惠、更舒适、更便捷、更绿色的运输服务。

附 表

江苏省 1949 ~ 2013 年全社会营业性道路客、货运输量　　表 1

年 份	客运量（万人）	旅客周转量（万人公里）	货运量（万吨）	货物周转量（万吨公里）
1949 年	401	10285	189	1426
1955 年	1338	26186	1145	6583
1960 年	3386	109839	2630	29691
1965 年	4432	125342	2097	23907
1970 年	6218	181200	2235	33927
1978 年	18694	499313	4488	112367
1979 年	22347	577928	4487	111280
1980 年	26474	682830	4427	114503
1981 年	30745	775738	4137	120056
1982 年	34853	899340	4665	153027
1983 年	38237	1027703	4926	172898
1984 年	40995	1215810	4983	184823
1985 年	45652	1562520	15538	480613
1986 年	50784	1706434	18647	616715
1987 年	46793	1856924	20549	725417
1988 年	46308	1967784	21455	800506
1989 年	44438	2008924	20443	691310
1990 年	41849	1952400	19586	782676
1991 年	43746	2041100	20530	838324
1992 年	48748	2612800	41195	1799100
1993 年	53330	3555000	34698	2350009
1994 年	54930	3679800	24541	2176961
1995 年	49759	2895897	34876	2226108
1996 年	54104	3116489	42441	2392773
1997 年	55485	3149538	45380	2570267
1998 年	57698	3392012	47896	2729124
1999 年	57069	3745449	48403	2877473
2000 年	60690	4028834	42284	2952163
2001 年	59072	4171409	45969	2958451
2002 年	63363	4493813	52506	3110820
2003 年	68531	4695548	56140	3200081

续上表

年　份	客运量（万人）	旅客周转量（万人公里）	货运量（万吨）	货物周转量（万吨公里）
2004 年	71550	5362526	54288	3282386
2005 年	74896	5710482	70356	4254209
2006 年	82717	6388688	66941	4229528
2007 年	91988	7154146	86788	5738600
2008 年	174000	9515291	95625	8850946
2009 年	191001	10580053	104002	9711258
2010 年	215850	11965903	123500	11490560
2011 年	235673	13093241	140803	13152706
2012 年	255358	14183886	153696	14524495
2013 年	135555	8472817	103709	17904002

江苏省 1949 ~ 2013 年全社会营业性水路客、货运输量　　表 2

年　份	客运量（万人）	旅客周转量（万人公里）	货运量（万吨）	货物周转量（万吨公里）
1949 年	727	19688	284	19540
1955 年	1213	40219	1428	111729
1960 年	2921	118273	4602	350447
1965 年	2278	57663	3587	328537
1970 年	2973	72292	3872	408535
1978 年	4175	90066	6557	879733
1979 年	4042	93592	6423	897582
1980 年	4178	103126	6482	935595
1981 年	4024	104902	6715	1027839
1982 年	3912	102576	7351	1162437
1983 年	3544	96743	7675	1240054
1984 年	3151	94784	8008	1395640
1985 年	3362	99803	19742	2241298
1986 年	2887	90380	20847	2694261
1987 年	2652	82938	19758	2613743
1988 年	2556	81224	20847	2694261
1989 年	2214	70271	18665	2646806

续上表

年　份	客运量（万人）	旅客周转量（万人公里）	货运量（万吨）	货物周转量（万吨公里）
1990 年	1701	55620	15908	2336481
1991 年	1569	54275	16064	2697320
1992 年	1616	62809	25427	4907883
1993 年	1540	71881	27385	5494024
1994 年	613	32758	26250	5801973
1995 年	591	34289	26082	6394375
1996 年	488	25150	26576	6579223
1997 年	332	16407	23738	6651845
1998 年	426	11224	21140	6595361
1999 年	493	13262	21647	7087568
2000 年	389	11524	25078	7367529
2001 年	430	10615	22583	7575791
2002 年	284	7032	22411	7700285
2003 年	147	4970	23320	9953426
2004 年	91	2672	24812	15236325
2005 年	37	1094	29277	20569039
2006 年	27	1035	32862	25150934
2007 年	27	3294	37858	29300838
2008 年	625	7699	38511	30632760
2009 年	686	12860	42016	33720539
2010 年	590	15108	48702	40957000
2011 年	579	15303	54012	52369145
2012 年	594	13852	58639	60529537
2013 年	2454	39659	70909	77530249

2012年江苏省旅客运输量结构图

铁路 4.38%
航空 0.25%
水路 0.22%
公路95.15%
■ 公路 ■ 水路 □ 铁路 □ 航空

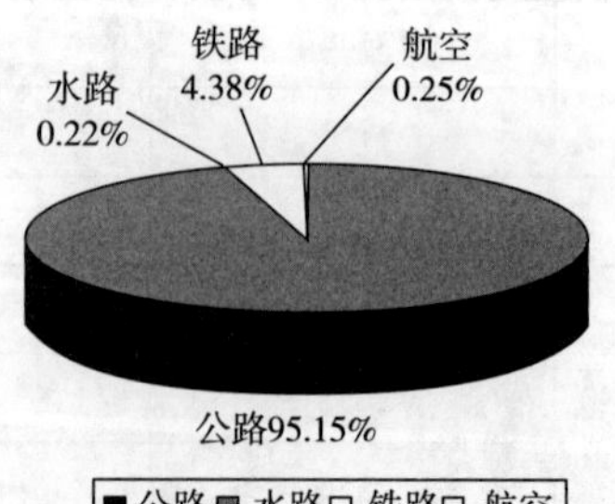

附图：2012 年江苏省客运量结构

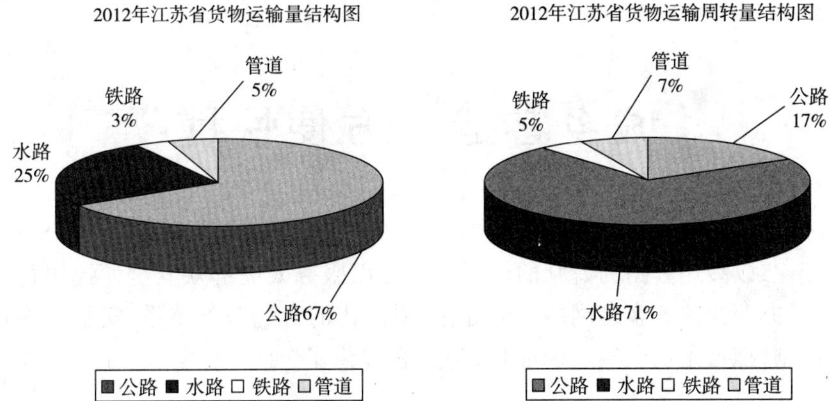

附图:2012 年江苏省货运量结构

城乡客运　方便快捷

改革开放以来，随着运输市场的放开搞活，全省旅客运输得到迅速发展，交通运输面貌发生了深刻的变化，以高速公路为龙脉的快客运输和以服务人民群众安全便捷出行为宗旨的城乡客运，形成了方便快捷的客运网络和标准化、规范化的客运服务体系，实行了客运企业安全生产主体责任制，推行了安全生产标准化，为旅客提供了“走得安全、走得便捷、走得舒适”的出行服务。

一、班线客运　集约经营

班线客运是实行定时定点发车，在规定起讫点线路内往返运行的运输组织方式。改革开放之初，江苏班线客运一直沿袭计划经济体制的管理模式，由江苏省汽车运输公司（当时是政企合一的管理公司）按交通部《关于全国汽车客运管理暂行办法》负责对全省班线客运实施行业管理，组织省内为主，省外为辅的班线客运。1983 年 7 月，省交通厅根据改革开放的需要，结合江苏社会和经济发展的实际，决定实行“客货分开，干支分工”和旅客运输“以省为主，省市双重领导”的改革措施，由各省辖市所在地的客运分公司负责统一经营省内、市内班线客运的相关业务。

随着改革开放的不断深入，省交通厅根据江苏省委、省政府关于“经济要发展、交通要先行”的重大决策，打破了单一所有制和包办公用客运的界限和局面，实行国营、集体、个体“三个一起上”的方针政策，允许非交通部门和个体运输业涉足经营旅客运输。班线客运不再是交通运输专业客运企业垄断经营的专利，运输经营结构发生了翻天覆地的变化。各行各业办运输的热情高涨，数以万计的营运客车涌入客运市场，非交通部门客运企业、乡镇集体办的客运企业和个体经营的客运业户汇合成庞大的旅客运输大军，提供了大量的旅客运输能力，承担了大量的旅客运输业务，成为旅客运输业的一支新军。面对众多的旅客运输业户，因为管理滞后，客运市场产生了不公平竞争乃至恶性竞争，打乱了原有的运输秩序。客运企业经营的班线客运，因为经营机制、利益分配、线路冷热等问题的存在，出现了“三私”行为（私自组客、私收票款、私拉乱运），并且愈演愈烈，一度成为扼杀班线客运的顽疾；以镇江地区的客运市场为例，承包和挂靠经营的营运客车以及各种各样个体经营的中巴车、农巴车、微型面包车，打着“招手即停、就近下车”的旗号，沿途争先恐后，抢客拉客，通往市区的道路成了站外经营、串线经营的大卖场，市中心大市口成了杂牌客车无证经营的停车场，一度成为破坏客运市场秩序的杀手。在省交通厅领导的亲自过问下，宁、镇、扬三市交通运输管理部门经过从上到下、从外到里的整顿治理，成立了镇江客运服务中心，按“车进站、人归点”和“站运分离”的要求，对开往南京、扬州、丹阳、句容、扬中等地的班线客运实行定线不定班、站内上客、流水发班的办法，使班线客运重新走上健康有序的发展道路。

江苏的班线客运由来已久，改革开放以后，班线客运应经济社会的需求迅猛发展。以省辖市为中心的市际班线客运覆盖全省所有县市，苏南五市的班线客运可以在 4 小时内直达；苏北地区开往外省的班线客运可以在12小时内直达上海、杭州、合肥、淮南、青岛、宁波、济南等邻近省份的大都市。以南京的班线客运为例:南京和镇江两市交通局为了拓展班线客运整顿治理的效果,方便南京和镇江两地旅客来往的需要,利用312国道,在南京汉府街车站和镇江南门车站之间开行“点到点”直达班线,开辟了市中心到市中心的“绿色通道”,真正实现了“新街口、大市口,一个小时握握手”的夙愿,为省辖市之间组织运行直达班线客运创造了新的经验。

沪宁高速公路建成通车前,省交通厅领导带领沿线各市交通局、运管处的负责人从南京到上海进行实地勘察研究开行沪宁高速公路班线客运的方案规划。1996年9月,由省宁沪高速公路股份公司和南京长途汽车客运总公司、镇江汽车运输总公司、常州公路运输总公司、无锡客运总公司、苏州汽车客运总公司7家国有企业联合组建的“江苏宁沪快速汽车客运有限责任公司”(2000年更名为“江苏快鹿汽车运输股份有限公司”),新购沃尔沃、凯斯鲍尔、大宇、依维柯等高中档客车,采用全新的客运组织方式,启动了全省首批快速班线客运线路。特别是1996年11月沪宁高速公路正式通车,南京到上海高速公路班线客运开通后,因为高速客运方便快捷,吸引了众多来往南京、上海的旅客,选择乘坐高速公路班线客运往返,迫使航空公司一度停飞了南京到上海的航班。随着多条高速公路的建成通车,班线客运的组织结构、车辆结构和运营模式都发生了新的变化。以江苏省各省辖市为起讫点的跨省、跨区快速班线客运的迅速发展,加强了江苏与华东地区各省市的经济联系,方便了江苏与华北、中南、两广及西南部分省市的人员来往。快速班线客运以高速公路为依托,建成全省快速班线客运网,在更大范围内,拓展了快速班线客运的营运服务方式。提供了以“快速直达、安全舒适、方便及时”为特色的全新的客运服务。1999年,在上海、江苏、安徽、湖北四省(市)联合召开的沪宜线高速公路快速客运协调会上,正式拟定发展省际快速班线客运的基本原则是“合理规划、总量控制、严审资质、规模经营”,并于2000年,由南京和武汉的11家汽车运输公司共同签订了“共创宁汉文明班线目标责任书”,在全国率先开通了省会城市间快速班线客运的“绿色通道”。

改革开放以后,江苏的旅客运输业经历了先分后合、先小后大、先弱后强的发展过程。以道路客运为例,截至2000年,全省共有班线客运9183条,线路里程达到227.31万公里。全省营业性道路旅客运输量达到5.45亿人次,客运周转量达到401.7亿人公里。在综合运输中的比重呈逐年上升的趋势并占据主导地位(铁路运输量占4.56%,水路运输量占0.418%,航空运输量占0.12%,道路运输量占94.84%)。全省基本建成各城市之间快捷方便的班线客运网络。

2000年,江苏启动道路运输客运企业资质评定工作后,原先从事省际、市际班线客运的小型客运企业开始退出客运市场。2002年,省、市运输管理机构会同大中型客运企业,启动班线客运集约化、规模化、公司化经营的线路改造。全省旅客运输业按照“政府引导、制度规范、突出重点、整体推进”的基本要求,以“资质评定、线路改造”为重点,全面推进班线客运升级改造。2002年末,全省客运业户平均拥有营运客车达到6.4辆/户,是全国平均水平的3.2倍。全省共有271户客运企业实行资产重组和联合经营,客运企业数减少134户,其中:有24户客运企业被评为二级资质的客运企业,有22户客运企业享受二级资质待遇企业,有73户客运企业通过三级资质客运企业的评审,有29户三级客运企业经重组后升级为二级资质客运企业和享受二级资质待遇企业,成为全国拥有二、三级资质客运企业最多的省份。2004年,省交通厅运管局和各市运管处,把经营省际和市际班线客运的1220辆车辆列入“公司化”改造计划,并规定在年内要完成经营改造任务,未完成"集约化、规模化、公司化"经营改造任务的不予更新,暂缓年审换证。通过客运企业股份制改造和实施赎买补偿的办法,江苏组建了若干个联合股份公司,减少了支线和短线的营运主体,解除了个体客运业户的承包或挂靠经营合同。全省共收购中巴车584辆,投入新型短途客运车辆598辆,新开辟城乡公交线路144条,完成364条客运班线、1260辆营运客车"公司化"经营的改造任务。

2006年,省交通厅召开全省班线客运"公司化"改造工作推动大会,颁发了《关于加快江苏道路客运行业调整的意见》,省交通厅运管局印发了《关于加快客运班线公司化改造进度的通知》,要求省内班线客运"公司化"经营的营运客车,2006年达到营运客车总数的40%,2007年底达到70%,2010年底完成全省道路旅客运输班线客运"集约化、规模化、公司化"经营改造的任务。根据各省辖市运管处的统计资料汇总,2008年全省道路班线客运完成"集约化、规模化、公司化"经营改造的营运客车有1445辆,累计完成改造任务的有7578辆,公司化经营比例达到75.1%。2012年全省665户道路客运企业,户均车辆达到62.7辆,增长了29.3%,位居全国首位。

通过"集约化、规模化、公司化"经营的改造,建立起"公车公营"的经营管理模式,客运企业之间减少了经营性的矛盾,提高了客运服务质量,减少了运力的投放,改善了车辆技术状况,提高了运输效率,降低了能源消耗和尾气污染的排放,增加了企业和社会的经济效益。班线客运"安全、优质、方便、绿色、及时、准点"的服务水平上了一个新台阶。苏汽集团根据"企业分级、线路分类、经营分工"的总体思路,坚持"平等互利、优势互补、合作共赢"的经营思想,先后与张家港、常熟、吴江、昆山、太仓等县市和吴中、相城两区的运输企业,以资产为纽带,实行联合经营,实现全苏州班线客运的控股经营。苏汽集团又成功收购吴中、相城、吴江、昆山、太仓、常熟和无锡等班线上的承包经营的中巴车,实施公司化改造并推进了"公车公营",2013年又荣登"中国道路运输百强诚信企业"榜首,并被评为"中国道路运输领袖品牌"。

2010年7月,铁道部开通运行沪宁城际动车后,道路旅客运输受到严重影响,客源下降,南京和沿线城市到上海的班次减少了一半。2011年6月底,京沪高速铁路相继开通,全省道路客运企业的班线客运受到巨大冲击,面临经营危机。为了寻求解决危机的办法和对策,全省道路客运企业自发组织研讨会,分析旅客运输发展的趋势,研究道路客运调整的措施,商讨新的运行模式和增长方式。苏汽集团未雨绸缪,在铁路开通城际动车之时,就已经谋划调整运输结构,转变发展方式,开展多种经营,拓展新的运行模式,向铁路不能到达或不方便到达的地区发展长途班线客运,实行限时驾驶、落地休息的"接驳运输"的制度,开行直达班车,发挥班线客运的比较优势。

二、旅游客运　迅猛发展

江苏的旅游客运是从包车客运中衍生出来的、专门为旅客旅游集散、为团体客运服务的新型的客运服务组织方式。包车客运一般是以整车形式为团体单位提供服务,其中以厂矿企业、大专院校迁入郊区后接送职工和师生上下班的定时定点定线的包车为多,一度成为班线客运的重要补充,也有不少单位以参观旅游的名义组织包车。随着人民生活水平的不断提高,旅游成为人民生活中兴起的新需求,旅游客运脱颖而出成为包车客运新的增长点。包车客运成为旅游客运的主要组织方式,旅游客运和包车客运业务上有分工、经营上有合作,互为补充、共享双赢。改革开放之初，江苏省第二汽车运输处改“团体包车”为“游览车”，从始发地到旅游景点往返运输团体计费，形成一种新的服务方式。开行了星期日南京至宜兴善卷洞、张公洞的旅游班车。又根据需要，相继开通了南京到镇江、扬州、安徽黄山的旅游班车。1980 年，南京汽车运输二处与安徽省芜湖汽车运输公司达成协议，从每年 4 月 15 日至 10 月 15 日，双方对开南京至黄山的季节性旅游班车。南京汽车运输二处与杭州汽车公司对开南京至杭州的旅游班车。苏州地区汽车运输公司也随后开行了无锡至黄山的旅游班车。

江苏是一个历史文化底蕴丰厚，山水园林风景秀美的省份，从 1982 年南京、苏州、扬州被国务院确定为第一批历史文化名城以后，旅游客运迅猛发展，从周边省份和全国各地来江苏观光旅游的人数不断增多。1986 年，镇江、常熟、徐州、淮安被国务院确定为第二批国家历史文化名城以后，从省内各地来江苏游山玩水、观赏风景、度假览胜的游客越来越多。旅游客运成为新兴的特殊的客运需求。为适应旅游市场的发展，全省各省辖市都因地制宜、因需制宜在班线客运中辟出专门线路，配备专门车辆，应对旅游客运的临时性、季节性、不定期、不定线的个性化需求。南京不定期开行南京至杭州五日游，南京至苏州、无锡四日游，南京至安徽滁州琅琊山和采石矶一日游。1995 年，国家实行双休日制度和带薪休假制度后，旅游客运成为旅客运输的热点和重点，各地运输管理机构和客运企业都根据旅游市场的需求重新洗牌。从零星分散地应付旅游市场需求，到批量集中地适应旅游市场的需要；从为班线客运拾遗补阙，到开辟旅游客运专线；从单纯地接送游客整车往返，到集吃、住、行、导、游、购为一体的综合性旅游客运服务。针对旅游市场的特点，为满足游客对历史文化名城的观赏，还在车站旅客集散中心发展以散客为主的一日游。苏州旅游集散中心以“后勤社会化、花钱买服务”为理念，成为集散客自助游、单位团队游、旅游信息咨询、旅客集散换乘、景点大型活动、客房预订、票务预订等多种功能的旅游公共服务平台。

随着旅游业的迅猛发展，旅游客运的服务内涵不断拓展，成为一个特殊的既以运输为主又不局限于运输的旅游客运专业服务方式。镇江成立了春秋旅游运输服务公司，宿迁成立了宿迁市前程省际旅游客运有限公司，无锡组建了无锡客运有限公司旅游客运分公司，泰州成立了飞鹿旅游客运有限公司等。各省辖市和部分县级市都围绕发展旅游客运调整了运输结构，重组了客运企业，改善了经营方式，推出了服务项目。无锡市推出“旅游直通车”的服务项目；泰州配置了桂林大宇、现代、沃尔沃等豪华车辆，配备了一批有丰富导游经验的驾乘人员；无锡市旅游局、市交通产业集团、市客运有限公司、市旅游集散中心为发展旅游客运，专门举办了以“合作共赢、探索发展”为主题的“长三角旅游城市 2008 旅游客运论坛”，在江苏全省就开行旅游直通车的定位、功能、发展，对策进行了理论联系实际的研讨，并且在无锡旅游集散中心西站的“旗舰店”举行了“快乐之旅、平安旅游”旅游直通车的启动仪式。这个研讨会和旅游直通车的启动仪式在全省引起共鸣，各地纷纷效仿无锡的做法，在各自的旅客集散中心开通了往返旅游风景名胜古迹和历史文化遗址为目的地的旅游直通车。无锡市还以无锡旅游集散中心和无锡客运有限公司旅游分公司为主搭建了“无锡旅游公共服务平台”和“无锡旅游网”，形成了集多家旅行社和景区旅游为主体的旅游客运服务体系。相继开通了木渎、千灯、周庄、海宁、临安、安吉、上海、扬州、镇江、南京等多个城市的 20 多条旅游客运直通车的专线。全省各地旅游客运企业也随之学习无锡的做法建立健全了旅游客运服务网络，并在互利互惠、合作共赢的原则上实行联网、异地办理旅游客运业务。旅游客运成为客运市场改革开放以来的一大亮点，为满足城乡居民旅游需求提供了良好的服务。

截至2008年底,全省已拥有营业性旅游客车5501辆,客座211193个。从事旅游客运的业户多达6338户(其中班线客运业户兼营旅游客运的868户,出租客运业户兼营旅游客运的5223户,专门从事旅游客运业户271户)。全省共有旅游客运从业人员205329人。其中持证上岗的驾驶员145243人,乘务员24907人。

伴随着旅游客运的蓬勃发展,出租汽车客运应需而兴,在成为部分特殊人群代步工具的同时,也为旅游客运提供了"门到门"接送服务。1984年,江苏省的几个较大城市南京、无锡、苏州先后出现出租汽车客运,省会南京市1999年已拥有出租汽车8597辆。现已成为南京客运企业主力的"中北汽车公司"就是从一个"的士"公司发展起来的大型旅客和公交运输企业。1979年改革开放之初,该公司仅有出租汽车51辆,1984年更名后,发展的速度不断加快,不但经营出租汽车客运还经营城市公交客运,被评为全国二级资质旅客运输企业。1996年,该公司成为旅客运输企业首家上市公司。截至2008年,该公司营运车辆已拥有1644辆,大都是高中档客车,其中有50%出租汽车,是南京市经营出租汽车客运和城市公交客运典型的复合型的客运企业。随着旅游客运的发展,出租汽车客运随之同步发展,全省各省辖市和较大县级市都有相当数量的出租汽车为市民提供短途客运服务。2002年,全省启动出租汽车服务质量信誉管理制度,在无锡市试点。并在无锡、连云港、常州、南通等地推行出租汽车行业"星级企业"、"星级服务车"的评选制度。2004年国务院办公厅下发《关于进一步规范出租汽车行业管理有关问题的通知》(国办发〔2004〕81号)后,所有城市一律不得新出台出租汽车经营权有偿出让政策,全省出租汽车经营模式发生重大转变。南京市率先对出租汽车实行"公司化"经营改造,全部实行"公司化"承包经营模式。截至2012年底,全省出租汽车企业有401家,个体经营者5278户,从业人员有10.86万人,出租汽车"公司化"经营比例达到47.6%。

为适应出租汽车市场的需求变化,电召服务方式成为时尚的服务方式。2012年9月,苏州先行试点投放300辆电调专用出租车,由5家公司经营,采用"电调+泊位"营运模式。全省运管机构积极推广电话、网络、服务站点、手机终端等多种电调服务方式。全省统一电话召车号码为"96520"。全省十个市建立出租汽车油(气)价、运价联动机制。出租汽车行业已经成为适应不同人群、不同时间、不同地点需要的客运行业,纳入了城市人民政府的管理。

三、城乡客运　畅通便民

改革开放后,全省各县市经济社会的需求发生很大变化,传统的运输格局被城乡经济的发展打破了,农民改变了原有的封闭落后的生产、生活方式,与社会的联系越来越广泛和频繁,对农村客运提出了新要求。农村公交班车开始进入客运市场,从乡镇开行的农村公交班车直接驶往城市中心。

1978年,全省64个县开通了农村公交班车,各县纷纷建立汽车公司,经营农村公交,全省运输企业经营的农村公交营运里程达到8000余公里。80年代初,农村公交的客运量占全省道路客运量的62%。特别是苏州地区大力兴建农村公路,在盛产蜜橘、杨梅、碧螺春的太湖之滨东山风景区自筹资金修建东山到杨湾的农村公路,使东山的新鲜水果、肥美鱼虾方便及时地运到苏州、上海等大城市。全省各县市开行农村公交班车坚持贯彻"区内为主、短途为辅"的营运方针,为农村旅客提供"早进城、晚归家"的服务。

随着农村客运市场的进一步开放,乡镇客运企业、个体运输业户应运而生,至八十年代末,全省2021个乡镇已通达农村公交班车的就有1991个,投放农村公交班车1.2万余辆,开行1200多条农村公交线路,日发1.3万多个班次,每天运送旅客80余万人。

为适应江苏农村客运市场的需要,座位适中、机动性强、车型尺寸适宜在农村公路上行驶的"农巴车"成为农村公交班车的主力车型。开始在农村公路上行驶的"农巴车"曾一度受到城乡百姓的欢迎。但因为个体运输户开行的"农村公交班车"经营行为不规范,争客源抢班次,不按核定线路行驶,不按核定的站点停靠,不按规定上下客,自创了"招手即停、就近下车"的运营方式,破坏了正常的运输秩序。为维护农村客运市场的正常秩序,保护经营者和农民的合法权益,交通运输管理部门不得不采取行政手段对农村公交客运进行整顿治理,并根据有关文件,结合当地的实际情况,对农村公交班车的经营行为、停靠站点、运价票据等作出相应的规定。对经营农村公交班车的线路走向、起讫点作出相应的限制。2000年后,随着农村公路相继建成通车,省交通厅对发展农村客运提出了新的要求,于2003年启动了农村客运班车通达工程,并计划到2007年,通公路的行政村农村客运班车通达率达到95%,"十一五"期末达到100%。省交通厅为明确农村客运班车通达工程的目标,发出《关于实施全省农村客运班车通达工程的通知》,对各项目标进行分析,对有关措施进行细化。提出了农村客运要以省交通厅和运管局提出的具体标准,对农村公交班车的经营业户进行重新整合和规范管理。要以所有通达农村公交班车的乡镇和行政村全部建成客运站亭和客运站牌为基本要求,全面实施农村公交客运"客运站标准化工程"、"农村客运班车通达工程"。2005年,全省全年新增667个行政村通达农村公交班车,"十五"期间全省实现农村公交班车村村通、站站停,基本形成市、县、乡三级农村公交客运网络。"十一五"规划付诸实施后,由于交通部门对发展农村客运的重视程度越来越高,实施"农村客运班车通达工程"的力度越来越大。2006年,全省持续推进"农村客运班车通达工程",对省委确定重点帮扶的1011个经济薄弱的行政村、1000个农民集中居住点,在符合通车条件的前提下,开通了农村公交班车,并在通行农村公交班车的乡镇和行政村,根据农民的需要和流动人数的多少,分别设置了客运候车亭和上下客招呼站牌。2007年,省交通厅出台建设农村客运站的设计规范和推荐方案,明确农村客运站建设项目的验收标准和验收程序,并组织召开全省农村客运站建设现场会,统一全省农村客运站站点布局规划、建设标准和资金补助标准,建立健全农村客运站管养机制,明确监管主体和养护责任,为基本形成农村客运网络和实现农村客运站点管养制度打下了坚实基础。2008年,省交通厅根据"基础设施向农村延伸,公共服务向农村覆盖"的要求,组织省交通厅运管局编制《江苏省农村汽车客运站建设发展规划》和《江苏省农村客运站运营管理办法》,为使农村客运站的建设保质保量,还组织有关部门对农村客运站建设项目,实行纪检监察巡查制。截至2008年底,全省农村客运站建成投入使用的有1834个,开通农村客运班线1400多条,投入营运的农村客运车辆10789辆。至2012年底,全省行政村公交班车通达率98.7%。

农村公交客运是实现城乡客运一体化的基础,构建城乡客运一体化是打破城市和农村客运二元结构,分割管理体制的重要举措。随着江苏城市化水平的不断提高,特别是农村经济发展迅猛的乡镇,对城乡客运一体化的需求愈加强烈。苏锡常都市圈、南京都市圈、徐州都市圈相继形成以市区公交和城镇公交对接的城乡公交客运的运输网络。苏北一些经济欠发达的地区也在发展经济的同时积极推进城乡客运一体化。全省各级交通主管部门和运输管理机构,按照“多予、少取、搞活”的要求，贯彻落实农村客运的优惠政策，减免征收农村客运经营者的规费，有力地支撑了城乡客运一体化的建设，基本形成全省城市公交客运和农村公交客运的站点对接、线路对接、车辆对接的城乡公交一体化的客运网络。

农村客运公交化，促进了农村经济参与整个社会经济的大循环。2010 年，省政府出台《关于加快推进我省城乡客运统筹发展的意见》，同年 12 月，省政府在常州溧阳召开“全省城乡客运一体化发展工作会议”。2011 年 9 月，交通运输部在溧阳召开“全国城乡客运一体化现场会”，并参观了镇江句容等地镇村公交。现场会决定以江苏的城乡客运一体化工作为示范，向全国推广江苏城乡客运一体化的经验。

江苏实施城乡客运一体化战略就是要实现城乡客运公交对接。据不完全统计，“十一五”期末，全省已拥有城市公交车 3.4 万辆，公交线路 2371 条，按城市人口计算，全省城市公交分担率达到 20.1%。全省城市公交客运管理职能全部划归交通运输部门后，省交通运输厅在深入开展城市客运发展现状调查的基础上，全面推进“十二五”江苏省城市客运发展规划的研究和“公交优先”发展的各项措施。积极推广常州、苏州等地城市公交发展和管理的经验，积极推进城乡客运一体化进程。2012 年，国务院《关于城市优先发展公共交通的指导意见》颁布后，盐城市继常州市开通 BRT，成为第二个开通 BRT 的城市，连云港市 BRT 快速公交 1 号线也随后投入运营。常州、无锡、泰州等为推进城乡客运一体化，将区县公交整合进城市公交，南京市被列入首批“国家公交都市示范工程”试点城市。全省使用新能源汽车迅速推广，各地公交线路优化调整，增加公交线路，延长服务时间，方便群众出行。实施老年人、残疾人等特殊群体的票价优惠政策。截至 2012 年底，全省共有城市公交车 3.2 万辆，折合为 3.7 万标座，城市每万人拥有公交车 15 标台，公交分担率达到 23%。全省日均公交客运量超过 1300 万人次。在农村公交客运形成网络的同时，城市公交和农村公交形成了站点对接、线路对接、车辆对接的城乡客运良性互动的新局面，基本上实现了城乡客运一体化和城乡公交对接惠农便民的夙愿。

四、快客运输　方便舒适

1996 年，联合组建的“江苏宁沪快速汽车客运有限公司”，利用全新的客运组织方式，以沪宁高速公路为依托，启动了江苏快速客运发展的新路。1997 年，开通的“扬宁快客”，每天有 16 个班次在南京和扬州往返运行。312 国道开通后，“镇宁”快客开辟“镇宁绿色通道”，每天有 64 个班次在南京和镇江往返运行。“绿色通道”从南京市中心汉府街发车到镇江市中心大市口南门快客站，开创了市中心到市中心直通班线客运的先河，为两地的人员流动、经济交往、文化交流提供了当天往返的方便。1998 年 9 月 15 日“沪宁快客”开通两周年时，已投入高中档客车 182 辆，全省有 200 条班线客运也相继更新为高中档客车。1999 年常州快速汽车运输有限公司挂牌营业，开通了南京、上海、苏州、镇江 6 条快速班线客运，日发客车 82 班。在全省 5415 条跨省市的班线客运中有 4737 条是交通专业运输企业经营的。截至 2000 年，江苏快客的客运量已占全社会道路客运总量的 70% 以上，有 50% 以上的营运客车从事快速客运。

为了提升快速客运的服务品质，扩大快速客运的服务范围，江苏的快速客运以交通专业客运企业为主，吸纳其他客运企业参加，实行规模经营、集中管理，并向上海、安徽、湖北等省市提出协调省际快速客运、发展高档客车的要求。确定快速客运发展原则是“合理规划、总量控制、严审资质、规模经营”，并率先在南京至武汉班线客运上开通了省际快速客运“绿色通道”。

快速客运通过配置豪华型车辆、实行密集型班次和快速型直达，实现了升级提档的要求，成为江苏快速客运发展的新特点。过去，长途客运车辆车况差，没有空调，四面漏风，长途车驾乘人员晴天一身灰、夏天一身汗、冬天晚上冻得嗷嗷叫。南京长客公司用的是自己打造的没有牌子的大客车，开起来跟拖拉机似的，开到时速60公里，车子就浑身颤抖，常在半路上抛锚。江苏快鹿公司筹建时，采取招标方式选择了高档舒适的沃尔沃豪华型客车，开通了城际豪华商务班车，不仅车辆的动力性强、安全性高，而且舒适性好，车上配有液晶电视和高档录像系统，彻底改变了过去客运车辆的破败形象，大大提升了快速客运的服务质量，改善了客运车辆的服务形象，成了高速公路一道令人耳目一新的风景线。以公司化经营模式经营的快速客运不断扩大服务的覆盖面。2007年8月，南京白鹭客运公司开通了南京至上海浦东机场和虹桥机场的快速直通班车，发车时间直接与上海浦东机场的航班对接。2008年，随着苏通大桥的建成通车，南通融入上海一小时经济圈。在全省陆续诞生的“南京白鹭”、“南通飞鹤”、“无锡白鸽”、“苏汽龙”、“镇江江天”等快速客运企业品牌的基础上，省厅运管局提出使用统一标识的高级客车，通过高等级公路，实行公司化经营，全程优质服务，创建了快速客运安全、舒适、快捷的新形象。

2008年，省交通厅正式提出创建“江苏快客”的要求，省厅运管局组织有关部门制定“江苏快客”的创建标准和品牌认定，实施快速客运质量信誉等级考核。对已经参与“江苏快客”品牌创建活动的班线客运，按制定的“江苏快客”品牌认定管理办法组织验收。全省有1015辆营运客车、259条班线客运基本达到了“江苏快客”品牌认定的标准。南通汽运集团飞鹤快客公司发往上海、杭州、宁波、苏州、昆山五条快速班线客运的375个班次，都在原来快速客运的基础上缩短了一个小时的营运时间，打造了“苏通明珠线”，成为江苏快速客运中的一朵奇葩。

2010年，省交通厅拨出专门资金，用于奖励运输品牌创建。对建成“江苏快客”品牌班车1570辆，奖励奖金1000万元。同年，江苏省发布《“江苏快客”班车服务规范》地方标准（DB32/T 1663—2010）。建成品牌班车1738辆，奖励资金1350万元。2012年，创建“江苏快客”品牌班车2069辆，“江苏快客”品牌百万公里安全驾驶员达1427人，占“江苏快客”品牌驾驶员总数的57%。安全行驶总里程达34983万公里。“江苏快客”的正班率和正点率分别达到99.99%和99.93%，旅客满意率达99.2%。旅客投诉意见处理率达100%。截至2013年，全省建成“江苏快客”品牌班车达到2275辆。

全省的旅客运输在打造“江苏快客”品牌的过程中，不断创新管理理念、改进管理模式，不断改革经营体制，完善运行机制，不断改善服务质量，提高“方便、快捷、安全、舒适、门到门”的运输服务水平，使“江苏快客”品牌成为江苏旅客运输的一面旗帜。成为江苏道路客运业的一道亮丽的风景线，2013年“江苏快客”被评为“中国道路运输领袖品牌”。

五、线路招标　公开公正

改革开放之前，旅客运输大都由交通专业运输企业承担，所有客运线路都由各省辖市汽车客运公司垄断经营。改革开放以后，特别是实行“国营、集体和个体三个一起上”的方针政策后，江苏省允许非交通专业旅客运输企业从事班线客运，营运线路审批成为班线客运中的热点和难点问题。经营者为了获取营运线路的经营权，特别是“热线”和高速公路营运线路经营权，为争得营运线路的份额，使足了力气、铆足了劲。因为有人“通路子、递条子”，有人说情，甚至“请客送礼”,使原本严肃的营运线路行政审批产生了很多负面影响。为了解决这个问题,1996 年,省交通厅颁布了《江苏省宁沪高速公路旅客运输管理办法》,首次对沪宁高速公路的营运线路经营权实行有偿使用并取得较好的效果。2000 年,省交通厅颁布《江苏省道路客运线路招标投标管理试行办法》后,全省对班线客运的经营权,要求通过招标等公开择优的方式无偿取得。班线客运的线路招投标,根据有关规定实行招投标管理,并结合班线客运的规定,对营运线路实行了经营期限制,对所有参加招标投标的营运线路,经营期限规定不少于三年,不超过五年,不得转让或变相转让,结束了营运线路终身制经营的习惯做法,建立了班线客运市场“进入”和“退出”新机制。为使班线客运招标投标工作规范化,省交通厅运管局对参与招标的企业实行报名资格预审制度,对企业的经营行为和服务质量的好与坏进行实地考察,对班线客运的线路招标、投标、开标、评标、中标,按《中华人民共和国招标投标法》进行规范管理。2002 年,《江苏省道路运输市场管理条例》出台后,全省的营运线路审批全部纳入招标投标管理,全面实施以旅客运输服务质量为主要内容的招投标制度,并与企业的年审、车辆年检、企业的资质认定相结合,综合评定考核结果,终止了行政审批营运线路的办法,以公开、公平、公正和诚实信用为原则,公开择优班线客运的经营权。2003 年 10 月,省交通厅正式出台《江苏省道路客运线路经营权招投标管理办法》,规定评分标准中,经营行为分值不低于评标总分的 50%,安全生产分值不得低于评标总分的 20%。同时规定投标人得分低于评标总分 50%或者在考核期内投标人违章率超 100% 的,不能推荐为投标人。为了推广公开招投标的做法和增强招投标的效果,2005 年,省交通厅同意经营行为分值降低到评标总分的 40%,新增“公司化经营”考评项目占评标总分的 20%。省交通厅运管局在班线客运招投标取得成功经验的基础上,把以服务质量为主要内容的招标投标管理办法从班线客运延伸到旅游客运、部分城市公交客运线路和快速客运等领域,成为全国营运线路审批制度改革的典范。

班线客运实施招标投标管理办法是运输市场改革开放实行市场化改革的成果,特别是规定营运线路经营权最长的有效期不超过五年,是行业管理改革创新的重要举措。首批完成招标投标的南京至上海、宿迁至上海、宿迁至天津等 16 条班线客运和第二批完成招标投标的 89 条省际班线客运和 43 条市际班线客运,以及随后陆续进行的大批班线客运招标投标,共计完成了 446 条班线客运的招标投标任务,其中省际班线客运 198 条,市际班线客运 248 条。虽然与已有的班线客运比较,招标投标的数量是个零头,但是通过旅客运输质量信誉的考核,对提高所有班线客运的管理水平和服务质量是跨越式的创新。通过班线客运经营权招投标,对道路客运行业改善服务质量,强化安全主体意识,实行“公司化经营”起到了引领作用。截至 2008 年底,全省开通班线客运线路 8269 条,其中高速公路班线客运 443 条,跨省班线客运 2570 条,省内市际班线客运 2916 条,市区跨县班线客运 1370 条,县内班线客运 1413 条,客运班车 2.4 万辆,客位 72.8 万个,旅游客车 4048 辆,客位 16 万个,均纳入了标准化和规范化管理范畴。

六、站场建设　联网服务

因为各种原因,江苏的客运站场建设长期处于落后的状态,改革开放后虽然有所发展,但发展速度仍然滞后,直到 1983 年,全省各县才陆续有了规模不大、设施不全的客运车站。1989 年,苏州汽车北站和南京长途汽车东站建成投入营运后,相继开工建设了 13 个新汽车站(盐城、昆山、建湖、丰县、南京大厂等)。1995 年,扬州汽车西站建成投入营运,扬宁线和扬镇线客运成为第一批进站经营的班线客运。1996 年,南京汉府街客运站和南京桥北汽车站投入营运。1997 年,南京汉中门长途汽车站、长途汽车东站、中华门长途汽车站也相继投入营运。1999 年,南京下关长途汽车站、泰州汽车客运总站、常州市清凉汽车站、无锡汽车客运总站等为班线客运提供服务,为旅客运输“车进站、人归点”提供了方便,为班线客运进站经营创造了条件。

随着旅客运输业的发展,原有的客运站点不仅设施陈旧,而且服务功能单一,不能适应经济社会发展对旅客运输的个性化需求。为了适应旅客运输业发展的需要,交通部制定了《汽车客运站级别划分和建设要求》,并分别对车站的设施配置、地理位置、年平均日旅客发送量等,对不同级别的客运站提出不同的要求。省厅在制订客运站规划布局的同时,制定了新建客运站的标准,客运站划分为五个等级站以及简易车站和招呼站。客运站建成后,一、二级客运站由省交通厅和省运管局组织验收,其他级别的客运站由所在地运管机构组织验收。省交通厅为贯彻落实交通部的有关客运站建设的“通知”要求,印发了《江苏省汽车客运站标准化建设体系》的通知,对客运站新建和改扩建中,涉及车站类别、主要功能、站址选择、设施设备的项目都提出具体要求,规定了客运站建设“形象标准化、环境人本化、管理智能化、服务规范化”的四项标准,并在南京和苏州市举办了两期汽车客运站标准化建设宣贯培训班。“十五”期间,省交通厅每年投资 6000 万元(约占客运站总投资的 23%),补助客运站的建设经费,全省新建 24 个标准化客运站,完成 25 个在用客运站的标准化改造,投资 12.74 亿元建成标准化乡镇客运站 474 个,农村候车亭 6724 个,逐步形成市、县、乡三级客运站网络。

“十一五”期间,客运站建设规划实施后,全省总投资和省交通厅投资补助强度分别为“十五”期间的 3.24 倍和 2.19 倍,是全省客运站建设步伐最快、力度最大的时期。全省共安排 163 个客运枢纽站建设项目,投资 33 亿元,以沪宁城铁和京沪高铁建设为契机,相继建成沪宁城际铁路常州、镇江、无锡、苏州综合客运枢纽站和京沪高铁南京南站综合客运枢纽站。

2006 年,全省建成 5 个标准化客运站,完成 10 个客运站的标准化改造。新建成的南通狼山汽车客运站、淮安楚州汽车客运站、常州城北汽车客运站、昆山客运站成为江苏客运站点网络的重要结点。无锡周山浜农村公交客运站建成使用后,与无锡其他客运站分工合作,形成北、西、南三个方向的客运网络。徐州汽车总站标准化改扩建后,实行分区候车、分区发车、分区剪票,使客流、车流分道行驶,确保了客运站站内站外安全运行。2007 年新建的扬州东站、苏州吴江汽车站、盐城五星汽车站与常州武进站以及各省辖市的一、二级客运站和苏州综合客运枢纽。2014 年建成的南京南站,完全实现了公路、铁路和城市公交实现“零换乘”的要求,大大方便了旅客。全省若干个多功能、多元化、多用途、多线路的客运站编织成能够为城乡居民出行和为各类班线客运提供全方位服务的全省客运站网络,成为江苏铁公水中转的重要枢纽。截至 2008 年,全省拥有道路客运站 2527 个,其中一级客运站 43 个,二级客运站 76 个,三级客运站 80 个,四级客运站 207 个,五级客运站 72 个,简易客运站亭和招呼站 2049 个。截至 2012 年,建成 21 个农村客运站和 1159 个城乡客运一体化候车亭。

为适应城市化发展和公路路网发展的需要,全省 13 个省辖市相继完成公路运输枢纽总体规划,对客运站的迁徙提出新的要求,在客运站规划布局中,力求做到“站运分离”、“近城不进城”。省交通厅根据调查的结果,针对城市人民政府在迁站过程中,出现的把客运站规划到远离城区，出现“空心站”的问题，提出在布局上要做到“零距离”中转，“零距离”换乘。在迁建新建客运站上要做到城市公交和农村公交衔接，铁公水中转便利，站址选择要方便旅客中转集散，使之成为各种运输工具衔接的结合部。在规划建设中，要按照新建客运站“出城不离城、近城不进城、零距离换乘”的基本要求，使客运站真正成为长途、中途、短途旅客运输的枢纽。

在抓好汽车客运站建设与管理的同时，以地方标准《汽车客运站服务规划》为内容，组织汽车客运站站长、售票员、检票员、乘务员业务培训和操作比赛。2007 年，全省共有 11 个客运站被评为“全国道路运输百强诚信站场”，2010 年全省有 9 位站长被评为“全国道路运输优秀站长”，涌现出“李瑞班组”、“雷锋车”等服务品牌。客运站的服务质量以“三优三化”（优质服务、优美环境、优良秩序；服务过程程序化、服务管理规范化、服务质量标准化）为标准工程，提高了客运站安全运行和服务质量的管理水平。

为适应快速客运的需要，2005 年，全省已有 44 个一级站、64 个二级站实现联网售票，100 多个三级站和部分农村客运站参与联网售票。南京市与滁州、马鞍山之间试行跨省联网售票，

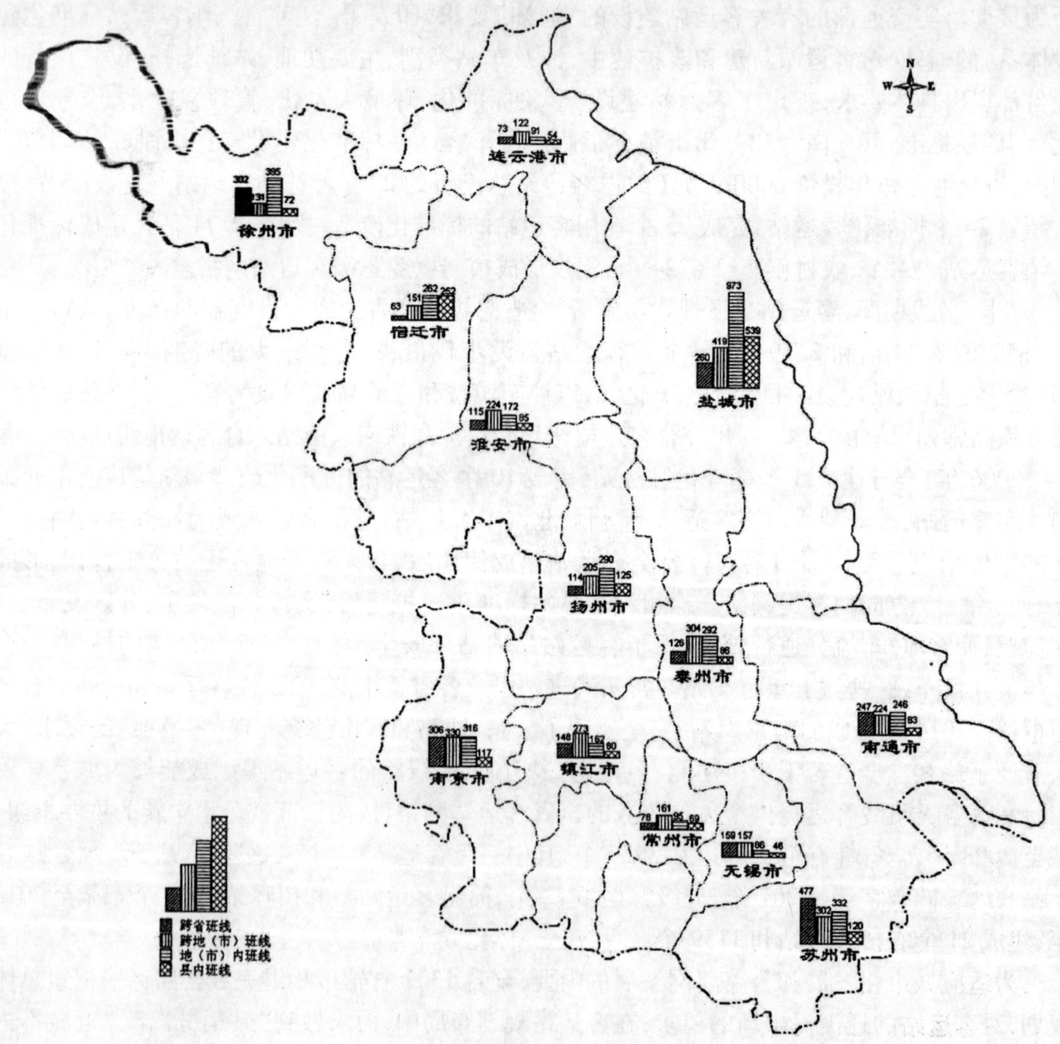

附图：江苏省道路客运线路分布状况图

南通、苏州和上海之间实行异地互相代售车票。在拓展联网售票系统功能的基础上,增加了网上订票、短信订票、118、114 电话订票、自助购票等功能,增设邮政银行代收客票网点 2000 多个,并于 2007 年 1 月,在全国率先实现全省 13 个省辖市 110 个一、二级客运站联网售票。“江苏省公路客运联网售票”科研项目通过科技成果鉴定,建立了覆盖全省的道路客运联网售票平台,实现了全省范围内异地售票,实现了与“运政在线”的信息互通共享。旅客的反映说:“过去汽车站人多车少,车票不好买。现在联网售票车票好买,硬纸票变成了电子票,在家点点鼠标也可买到票,坐汽车基本上随到随走,真是方便极了!”江苏旅客运输以快速客运为龙头,以联网售票为抓手,以“零换乘”为轴心,以优质服务为根本,创建了一条有江苏特色、知名品牌的发展新路。

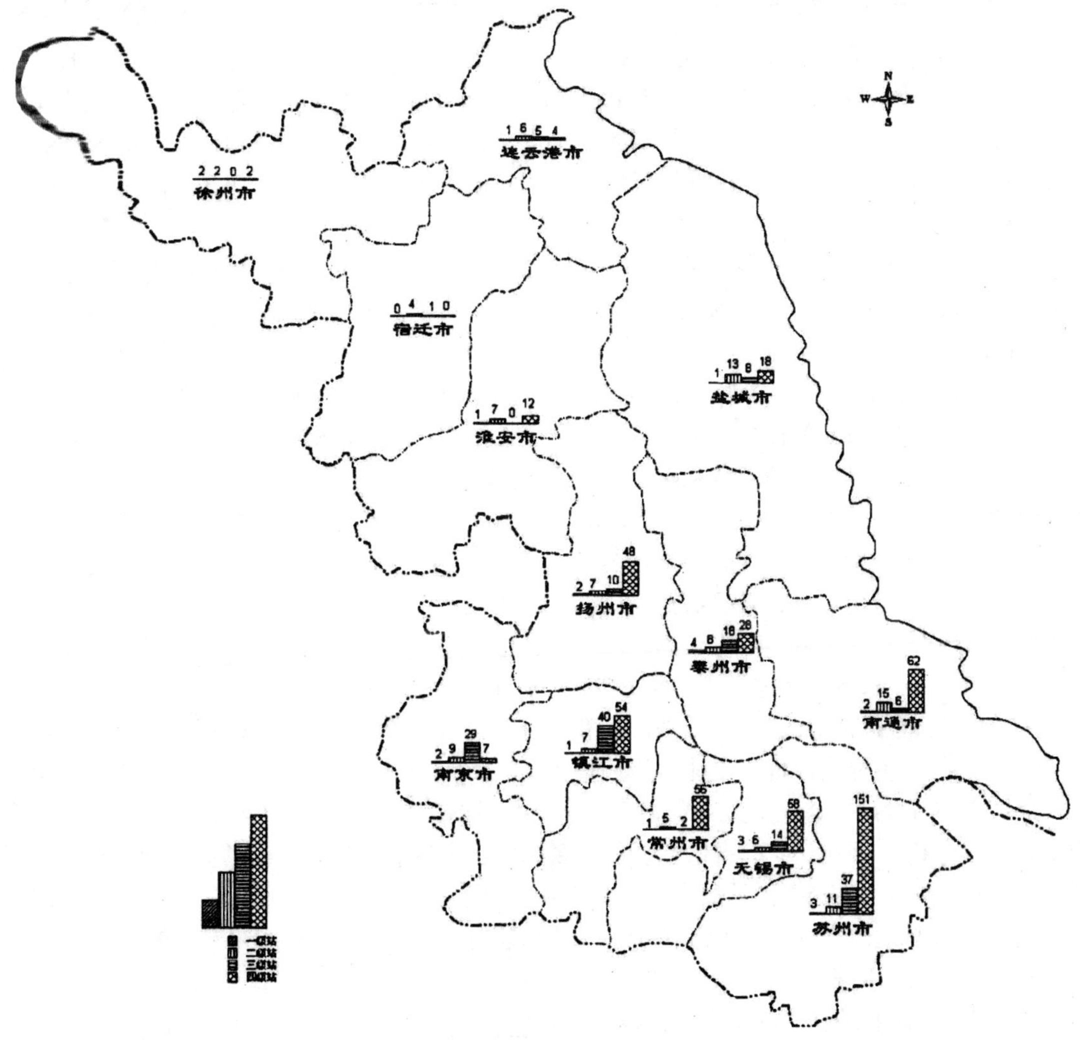

附图:江苏省道路客运站分布状况图

水陆货运　便利畅通

在客运市场放开搞活的同时，货运市场也突破了传统管理模式的束缚，形成了全社会办运输的新局面。运输业户不断增多，运输工具不断增加，运输能力不断增强，货运市场“运输难，难运输”的问题得到基本解决，出现了前所未有的繁荣景象。

一、放开经营　重组调整

在改革开放初期，全省的货物运输基本沿袭计划经济的管理模式，实行“三统”管理。交通专业货运企业以重点物资和涉及国计民生的物资运输为主，非交通专业货运企业以本单位物资运输和计划外物资运输为主，个体货运业户拾遗补阙以货运市场临时性运输需求为主。各省辖市运输管理机构为提高货运市场的组织化程度，组建货运配载中心，为社会车辆（车队）提供配载服务。

党的十四大确立建立社会主义市场经济体制的战略目标后，货物运输市场改革开放的力度不断加大，范围不断扩大，市场化程度不断提高。原有的交通专业货运企业面对市场经济的冲击，改统一经营为承包或挂靠经营，改统一运输经营组织为若干个分散的运输经营单元，这些名为国有（集体）实为个体的承包或挂靠的运输经营单元，与非交通专业货运企业和个体货运业户汇合成货运市场的社会运输力量（截至1985年，全省从事城乡道路运输的个体业户或联户已发展28万余户）。使货物运输业的经营结构、组织形式、管理方式、运力结构以及货运市场的供求关系、承托关系、交易方式、交易价格都发生了很大变化。货物运输业成为运输市场改革最为彻底，开放最为全面的子行业。但因为货运市场的运力投入增加过快，货运业户的规模又散又小，经营行为很不规范，在开放的货运市场中出现了“争抢货源、各霸一方、笼络货主、暗送回扣”的现象，影响了货运市场的正常运行。为解决放开搞活后产生的弊病，保证货运市场的健康运行，各级运输管理机构会同有关部门，开展了货运市场的清理整顿，对违法违规的经营行为，根据情节的轻重，分别进行教育、罚款，直至取消经营资格的处理，对情节特别严重的违法行为追究法律责任。通过清理整顿，货运市场走上了持续发展的快车道。以非交通专业货运企业为例：全省非交通专业运输企业发展迅速，截至1990年共有货运汽车4万多辆，年货运量4261万吨。其中省供销合作社系统的汽车运输是供销社商品流通和经营的必要条件，截至1989年底，全省供销社系统有汽车4771辆，完成货物运输量80万吨；省粮食部门为确保粮食运输，全省11个省辖市和50个县都建有粮食车队，在完成粮油运输任务的前提下，还承担系统外货物运输，截至1990年底，该系统有货运车辆1042辆，全年完成货运量221.62万吨；省商业系统的汽车运输自成体系，实行“不赔不赚、略有盈余”、“立足商业、面向社会”的经营方针，不但承担大宗成批商品运输，还承担零担、零星商品运输，为货主提供代包装、代加工、代修补、代购代运业务，截至1990年，该系统有货运车辆1855辆，全年完成货运量175万吨；外贸部门有比较完善的运输组织，为适应外贸运输距离较短、点多、面广、时间性强、运输质量高的要求，截至1990年，该系统建有10个汽车队，拥有货运汽车316辆，全年完成货运量43.15万吨。

货运市场在改革中,不断扩大开放,不断改变经营模式,货运业户不仅有个体或联户经营,还有挂靠和承包经营,更有集约化、规模化、公司化经营。货运市场以分散经营、独立经营、承包经营、挂靠经营、“公司化”经营等形式,组成了各展所长、互为补充的多元化经营模式,为全社会提供了大量运输能力,承担了社会经济发展中大量货物运输任务。

省属交通专业运输企业实行承包经营责任制后,全省各地汽车运输企业也陆续实行逐级承包经营。基本原则是“包死基数、确保上缴,超收多留、歉收自补”。用包、保、定、挂、联等方式,把企业的产量营收、利润、安全、质量、消耗、设备完好率、固定资产增值、职工的收益结合起来,改变职工吃企业“大锅饭”的状况。但是面对社会经济发展的新任务、新需求,实行承包经营后的货运市场经营主体偏多,企业规模偏小,运输组织松散,竞争能力薄弱的问题没有得到及时解决。一方面货物运输业很难组织集约化经营,无法形成规模化运输能力;另一方面运输工具落后和低端运输服务水平难以满足江苏经济“两头在外”发展的需要。省交通厅针对货运企业实行承包经营后出现的问题,及时采取应对措施,积极推进货物运输业的结构调整,积极推动货物运输业从粗放式经营向集约化经营转变。为解决货物运输业户“多、小、散、弱”的问题,交通厅会同有关部门,按国家有关政策,积极推进货运企业资产重组,实行联合兼并,鼓励实行股份制改造,鼓励多种经济成分投资货物运输业,发展混合所有制型的货运企业,鼓励货运企业跨地区、跨行业实行连锁合作经营。“十一五”期末,全省拥有营运货车55.17万辆,全省拥有100辆以上货车的货运企业达到365家,比“十五”期末增长60%;全省拥有水路运输船舶4.9万艘,3717.3万载重吨,拥有5万吨运力以上的水运企业达到119家,是“十五”期末的1.9倍。446户货运企业(集团)分布在全省各省辖市,成为当地的货运龙头企业,成为货物运输业带头实行“集约化、规模化、公司化”经营的佼佼者。

调整重组很快取得了明显效果,全省全社会货物运输量不断增长,特别是道路货物运输量占综合运输比重呈逐步上升趋势。2008年,全省完成道路货运量9.56亿吨,货运周转量885.09亿吨公里;完成水路货运量3.85亿吨,货运周转量3063.76亿吨公里。截至2013年,全省道路货运经营业户有37.22万家,拥有100辆以上的货车业户达到495家。全省境内航运经营人达到1212家。内河沿海运输企业1196家,运力规模5万载重吨以上的企业166家。2013年全省营业性货车72.47万辆574.83万吨。全省营运船舶47459艘4449万载重吨。全省有LNG货车304万辆,LNG清洁燃料船舶100艘。

二、物流运输　蓬勃兴起

江苏的联运发展历史悠久,20世纪50年代初,交通部决定成立国营华东联运公司(初名“新华联合公司”后更名为“华东联运公司”),在华东各省、区成立7个分公司、11个支公司、31个办事处、49个联运站,开通了18条联运线路,并与东北、中南、华北地区建立了业务关系。20世纪50年代末,交通部、铁道部在全国推广秦皇岛路港“一条龙”运输大协作、上海到大连的“三六九”百杂货联运路线和上海到天津的“三三线路”联运的经验,这些经验都是发展联运、开展“一条龙”大协作的产物。20世纪60年代,根据铁道部和交通部联合发布的《铁路和水路货物联运规则》,江苏省开始发展以疏港疏站运输为主的协作性联合运输。改革开放后,国家经委、铁道部、交通部和中国人民银行联合发出《关于进一步开展联合运输工作的通知》。

1981 年,国家经委以“经运 447 号”文件正式发布《联合运输工作条例》要求江苏省首先试行。1982 年,江苏省第一家区域性联运服务公司在镇江诞生。江苏省交通厅在国家经委召开的全国交通工作会议上,专题介绍了发展联合运输的经验。1984 年,国家经委、铁道部、交通部在江苏省江都县召开全国联运工作经验交流会,江都县关于“人在家中坐,收发全国货”的“乡邮化”联运工作经验成为全国学习的典范。江苏各地纷纷成立联运服务公司并形成区域性的联运服务网,为江苏特别是苏北地区的经济社会发展,提供了“分片包干、就地托运、就地起票、就地结算”和“集零为整、取货上门、送货到家、一票到底、全程负责”以及“集疏运一条龙”的联运服务。

1986 年,国家经委、国家计委、财政部、铁道部、交通部联合发布《关于发展联合运输若干问题的暂行规定》。1987 年江苏省交通厅和江苏省物价局联合颁布《江苏省联运业务收费规则》,对联运企业的准入条件、经营范围、扶持联运企业发展的政策作了明确规定。江苏的联运业务发展很快,辐射范围越来越大,与 27 个省、市、自治区的 85 个联运企业建立了铁公水联运业务往来,据不完全统计,1987 年,全省联运量达到 2000 多万吨。1991 年,江苏省联运公司改“行政性管理公司”为“经营性联运企业”。

随着货运市场的发展,货物运输的流量流向和业务联系发生很大变化。1996 年,省联运公司获准为一级国际货运代理公司,并与南京华美国际集装箱储运有限公司、大丰联运有限公司共同经营国际货运业务。但终因没有根据新的发展形势及时转轨变型,管理体制不顺,经营机制落后,经营理念与市场经济脱节,权责利益不清,缺乏生机和活力。1998 年因为业务减少、市场份额减少、收入锐减、成本增加、亏损加剧、导致公司陷入濒临倒闭的破产局面。有不少市、县联运企业也因此关门歇业。有少数市、县联运企业被正在兴起的货运配载或物流配送企业所取代,货运业务被货运配载或物流企业所继承。2001 年国家经贸委、铁道部、交通部、信息产业部、外经贸部、民航总局联合印发了《关于加快中国现代化物流发展的若干意见》。交通部随后又印发了《关于促进运输企业发展综合物流服务的若干意见》。省交通厅运管局又根据交通部意见印发《关于促进江苏运输行业发展综合物流服务工作意见》,对加强主枢纽建设,发展中转货运站和运输仓储设施;鼓励企业联合联营,发展多式联运和“门到门”服务;鼓励货运企业利用港站优势,发展仓储与物流服务;发展第三方物流等方面,提出了发展思路、指导原则、主要措施和近期任务。同年 11 月,全省有十个企业开始按照《江苏现代物流企业试点工作大纲》组织现代物流的试点。现代物流业的兴起,促进货物运输企业转型升级,将运输、仓储装卸、加工、整理、配送、信息等方面有机结合,利用铁、公、水、航运输的比较优势,提高综合运输竞争能力,为货主提供多功能、一体化的物流服务。

2004 年,南京王家湾物流中心、丁家庄物流中心、江苏金陵交运集团、上海佳吉南京分公司、龙潭物流基地、苏州工业园区物流中心、昆山白杨湾物流中心、无锡交运物流公司、无锡星网物流、镇江金山物流中心、大港物流基地等 32 个物流园区和物流中心,成为继江苏联运经历“四起四落”的发展阶段以后,涌现出来的所谓“新一代、新概念”的现代物流企业。

“十五”期间,无锡市成立了货运配载行业协会,无锡市大众物流有限公司正式开业;南京王家湾物流中心直通式海关监管点开通;无锡市金南运输有限公司等十家物流公司中标,与小天鹅集团签订了全国 33 条线路的物流运输合同;“南京物流网”“常州物流网站”相继开通,南京大件起重运输总公司等四家货运企业中标,与南京熊猫集团签订了物流运输合同。货运企业在发展第三方物流的实践中,创造了新经验、新思路、新理念、新模式。江苏省货运行业在转型升级中发展现代物流,政府对货运企业发展物流实行政策引导,鼓励货运企业向第三方物流转化,鼓励大型货运企业整合物流资源,向现代物流企业转型。省交通厅安排适当比例的资金,用于物流站场的建设,解决物流业发展面临的基础设施能力不足等问题。全省十家重点货运企业成为现代物流发展中成长起来的龙头企业,在引导企业做强做大,发挥龙头企业的资源整合等方面发挥了示范引领作用,带动了全省446户拥有100辆以上货运汽车的货运企业,在发展第三方物流和多式联运中实现了资源整合和优化。

2008年,江苏省第三批重点物流基地和企业评选出16家重点物流基地、35家重点物流企业,基本都是依托港站或产业基地,利用铁路、水路、公路等多种运输方式、运输工具发展多式联运。全省建立了100个处在最末端的农村物流示范点,主要用于解决农产品进城、农用物资下乡的难题。2012年,全省交通物流公共信息平台建设项目全面启动,省交通运输厅安排以奖代补资金6600万元,升级改造28个物流中心货运站。全省培育了质量信誉AAA级道路货运企业261家、年营收超过五亿元的省级交通物流龙头企业7家。物流中心的建设、农村物流示范点的建设,使得货运物流业务相对集中,为货运业(物流业)发挥集聚效应,货物中转配送和多式联运,提供了良好服务。南京交运物流集团有限公司、南京远方物流集团有限公司、江苏金陵交运集团有限公司、张家港市虹达运输有限公司被评为“中国物流百强企业”。

甩挂运输是提高交通物流发展质量、创新运输组织方式的重要举措。在部、省级甩挂运输试点企业的带动下,全省建立了甩挂运输试点企业管理机制,部省甩挂运输试点项目达到30家。全省有省级交通物流龙头企业9家,市级以上交通物流龙头企业43家。通过发展实体性甩挂运输联盟,实行信息共享、站场共用、线路共营、双重运输的试点,2013年,省交通运输厅在重点推进部(省)甩挂运输企业试点工作的同时,适当扩大试点规模,新增加30家市级甩挂运输试点企业。建成2142辆牵引车和3269辆挂车组成的专业甩挂车队,甩挂比达到1:1.86。

三、特种运输　应运而生

随着运输市场对运输个性化需求的不断增加,特种运输应运而生,成为货物运输中一支独立的运输大队。2005年,南京市集装箱运输业户达到13户,集装箱车辆604辆。淮安市、镇江市、连云港市、南通市,都根据当地货物运输的需要,增加了集装箱运输车、特种运输专用车、大件运输重型车的数量,开展了特种运输业务。至2007年底,全省已有集装箱运输业户472家,危险品运输业户741家,大件运输业户736家。全省拥有厢式货车、集装箱运输车、专用特种运输货车9.8万辆,占营运货车的26%。2008年全省拥有780家大件运输业户。

1986年10月16日,镇江市运输公司成功将1台36米长的龙门吊主件,从镇江运抵河南省焦作市第一轧钢厂,填补了中国跨省市大型超长笨重设备道路运输的空白。享誉盛名的南京大件起重运输集团有限公司有一支技术精湛、经验丰富的技术队伍,具有江苏省大件运输四级的资质,交通部总承包电力大件运输甲级资质,交通部货物道路运输二级资质。拥有400多辆6300多吨位货运车辆,有起重吊装相配套的20~80吨平板运输吊机、100~1000吨可组合拼装重型特种平板运输车、16~50吨系列汽车吊机、100~250吨系列履带吊机、300~800吨系列桅杆起重机等。1996年5月5日,该公司为扬子巴斯夫有限公司承运直径4.3米、重142吨、长65.65米的苯乙烯分离器,将两件超长、超高设备从南京化工机械厂运抵扬子乙烯工地,创造全省道路运输最长件的记录,并成为全省道路运输企业运输单件最长、最宽、最重和起重、吊装设备最重、最高纪录的保持者。1999 年 50 周年国庆前,南京大件起重运输公司起重公司接受省政府、省交通厅的委托,力克重重艰险,闯过道道难关,出色地完成了江苏大型彩车运往北京参加庆祝游行的任务,获得了省政府的表扬。无锡中宇物流有限公司是一家专业化大件运输公司,可独立承担长度在 60 米及以上,宽度在 6 米以上,高度在 5 米以上,重量在 300 吨以上的大件货物运输,在国内电力工程建设项目的成套大型设备运输业务上很有优势。

1984 年 8 月,北京、天津、济南、蚌埠、南京、上海等 6 家联运公司组建的“京沪线集装箱中转站联络中心”,全省集装箱运输业务开始发展。京沪线集装箱中转站以互通信息,代办业务方式开展集装箱运输,并逐步实行了统一联运票证、统一结算运费。1985 年 6 月,苏北联运集装箱综合公司在江都成立后,14 家运输企业合股经营、联合经营,从苏北各县市到南京西站中转发送到北方、天津、济南、徐州火车站的集装箱联运业务。其中泰兴口岸联运站每月到货主单位直装 150 多箱,淮阴、江都、盐城、南通、台州、大丰等 15 个县市先后办理铁路五吨箱和一箱多批联运业务,在全国设立 22 个网点和 100 多个代理点,每月中转运送铁路集装箱多达 700 只。1987 年,苏州开通到杭州的集装箱道路运输业务,办理定期和不定期集装箱货运班车业务,开辟了江苏道路集装箱运输跨省运输货运班车的线路。不仅提高货物周转速度,而且减轻铁路运输的压力,且减少货损货差,提高经济效益,受到车队、货主及驾驶人员的欢迎。跨省线路开通后,交通部又和江苏省汽车运输公司、上海长途汽车公司、杭州汽车运输分公司在南京成立“通沪杭集装箱汽车运输联合公司”,以南通到上海、上海到杭州、杭州到南通三条零担班线为基础,开辟了从南通经上海到杭州的中国首条集装箱汽车运输循环运输线,这条总长 600 公里的道路运输线路全部采用 20 英尺的国际通用标准集装箱、18 套平板车和 14 台牵引车,在三地循环运行,年运输量达到 1.8 万吨。随着国内集装箱联运和国际集装箱业务的拓展,全省的集装箱运输于 1990 年进入一个全新的发展时期,道路运输完成集装箱运输量 29.9 万吨,其中国际标准箱 7.9 万吨,国内标准箱 22 万吨。因为集装箱运输抗风险能力孱弱,加上外省市集装箱运输车辆大量涌入,集装箱运输价格曾一度下跌(2001 年只相当于 1996 年的一半),造成企业严重亏损。省交通厅运管局及时采取扶持政策,鼓励集装箱运输企业和新兴的物流业结合,以物流为新的运输经济增长点,发展集装箱运输业务,使全省的集装箱运输业务逐步恢复元气。从事集装箱运输的业户,从 2003 年的 189 家发展到 2005 年的 318 家,2008 年全省已拥有集装箱运输企业近 500 家。在推进厢式化货运的进程中,2012 年,全省拥有厢式货车及各类专用货车达到 18.9 万辆,133 万吨位,同比增长 15.1% 和 21.7%,厢式及专用货车比重达到 31.5%,总量位居全国前列。

危险货物运输是特种运输中的特殊运输,因为经济社会的快速发展,江苏的危险货物运输量不断增加。为规范和严格道路化学危险品运输的安全行为,2001 年交通部、公安部、国家经贸委等 10 个部、委、办、局联合下发《全国道路化学危险品货物运输专项整治实施方案》,正式把危险货物运输纳入交通运输部门管理。省公安厅和省交通厅联合发布《关于进一步加强公路客运和危险品运输安全管理的通告》,特别是 2005 年 3 月 29 日山东一辆槽罐车与另一辆货车相撞导致液氯泄露,造成 29 人死亡,436 名人员中毒,1500 多人留院诊治。大量畜禽和农作物死亡,造成直接经济损失 1700 多万元的事故后,省交通厅出台《道路危险货物运输企业公司化管理制度》,要求企业做到“车辆资质统一、劳动关系统一、经营制度统一、财务结算统一”,

强化企业对车辆、人员的管理，落实企业安全主体责任。以加强剧毒、放射性及易燃易爆化学危险货物的运输为重点，对危险品运输实行严管严控，不仅要严格审核经营业户经营资质、经营行为，还要对从事危险品运输的车辆技术条件、驾驶员、押运员、装卸管理人员的从业资格进行专项审验，实行化学危险货物准运证制度。禁止个体运输业户和车辆经营危险品运输，全省清退了不符合危险品运输规定的业户，清理了不符合危险品运输的车辆。符合经营道路危险品运输条件货运业务的企业，从2666户减少到250户，从事危险品运输的货运车辆，从6071辆减少到3589辆，运输业户拥有危险品运输专用车，从原来户均2.3辆上升到户均14.4辆，大大提高了道路危险品运输的运输效率和安全保障能力。

江苏省交通厅和运管局在对危险品运输实行严管严控的过程中，不断推进道路危险品运输企业实行公司化经营，实行承运人责任险和安全评估制度。所有车辆安装使用GPS卫星定位系统，携带安全卡、张贴危险品运输专用标志。截至2008年，全省经安全评估，标准化验收合格的道路危险品运输企业780户，危险品运输车辆1.85万辆和18.51万吨位，持证上岗的危险品运输驾驶员25960人，有从业资格的危险品运输押运员31319人，装卸管理员1445人，基本形成了一整套危险品运输的安全生产制度和企业管理制度，使危险品运输走上了规范经营的轨道。

冷藏保鲜运输始于20世纪50年代的肉食品外贸运输，直到1982年国家颁布《食品卫生法(试行)》对易腐食品提出更高的保鲜运输要求后，冷藏保鲜运输开始了长足发展。随着食品加工行业的迅速崛起，冷藏保鲜运输逐渐向冷链物流发展。截至2005年底，苏州有18家企业36辆车，连云港有43家企业59辆车从事冷藏保鲜运输。全省冷藏保鲜运输不断发展，已经和现代物流融为一体，形成冷链物流，成为特种运输和现代物流的结合部。

罐式容器运输的货物品种主要是液体货物、粉状货物和部分危险品。2005年，苏州有1086辆槽罐车，主要运送水泥、混凝土、油品和液体化工产品。连云港有237辆槽罐车，主要运送燃料油品、液体化工、散装水泥等产品。其中有99辆是混凝土搅拌车。近几年来，罐式容器运输又有新的发展，出现了大量罐式集装箱运输企业。

集装箱运输是货物运输领域中的一场革命。特种运输是水陆货物运输精细化发展过程中的产物。大件运输、危险品运输、集装箱运输、槽罐容器运输都是特种货物运输中迸发出的一个个新的亮点。

四、水上货运　优势再现

江苏河网密布、水系发达。水运发展具有得天独厚的优势。省域内有2.42万公里内河航道，390个万吨级泊位，7个亿吨大港均居全国第一，为水运发展提供有利条件。江苏是水运大省，长久以来，全省有一半以上的货运量通过水上运输。水路货运不仅承担了大部分重点物资的运输任务、防洪抢险物资运输和紧急军事任务外，还担负着确保铁路、海运、长江大动脉的畅通，及上海、张家港、南通、南京等对外开放港口的疏港运输任务。水路货运是江苏国民经济发展的重要保证。

改革开放以来，省委省政府十分重视发挥江苏水运的优势，投入了巨大的人力和财力，加快发展航道建设，大大地改善了水上运输条件，促进了水运事业发展。同时，又对水上货运实行了改革开放的政策，使水上货运焕发了青春和活力。1983年，省政府发出《关于个人购买机动车船经营运输的暂行规定》,允许农民个体或联户购买机动车船,经营货物运输。省交通厅发布了《关于加强运输管理工作的通知》,改革运输计划管理办法,压缩指令性计划,扩大市场调节范围。明确规定除涉及国计民生的重点物资外,其余物资运输由承托双方通过协议择优运输;明确水路货物运输,运价实行国家定价、国家指导价和市场调节价三种价格形式;除抢险、救灾、化肥、农药粮食、电煤等物资运输实行国家定价外,其余物资运输如有特殊要求的鲜活、贵重货物、特殊专用船舶运输的货物,挂桨机船和非机动船舶运输的货物,机动船拖带及竹木排运输等实行市场调节价,承托双方协商定价或经营者自行定价。2001 年,国家计委和交通部联合印发《关于全面放开水运价格的有关问题的通知》,水运价格全面实行市场调节价,水运企业按国家规定实行明码标价。江苏省水路运输的价格全面放开后,水路运输市场更加活跃,水路运输能力发展更快。全省县以上航运企业 148 个,拥有船舶 118.93 万载重吨(4.78 万客位)4.29 万千瓦拖轮。由于对集体航运企业实行了扶持政策,加快了船舶技术改造的速度,乡镇集体、个体水运专业户得到蓬勃发展,货运船舶很快发展到 142.27 万载重吨,成为水路运输市场货物运输的重要力量。水运专业户已达到 9.9 万户,承运的货运量已达到 1791.86万吨。水路货运为江苏工农业生产和加工工业的发展发挥了重要作用。

在水路运输发展的过程中,政府出台许多优惠政策促进了水路运输的发展。例如:1983 年到 1986 年水运企业实行利改税的政策;1987 年到 1991 年期间实行以承包责任制为中心的体制改革;1992 年,按建立现代企业制度的要求,实行企业联合、重组;2000 年后,按照产权转让和职工身份置换的政策,使原来的国有和集体航运企业改制成民营企业、股份制有限公司。改制后的水运企业在市场经济的大潮中,走上独立经营的发展之路。水路货运企业从生产型转向经营型,重视运输市场信息,加强货源调查,从偏重大宗货物运输转向适应"批量小、质量好、周转快"的小批量百杂货运输,从粗放式经营转向集约式经营,加强路、港、航的协作,密切货、船、车、站、闸的配合,积极发展铁公水联运。2008 年,全省水路货物运输量已达到 38511 万吨,占全省货运量总量的 25.73%;货运周转量已达到 3063.76 亿吨公里,占全省货运周转量的 67.54%。

在水运企业改制重组的同时,京杭运河船型标准化的示范工程也拉开了序幕。2003 年,交通部发布《关于公布京杭运河标准化船型的公告》和《京杭运河运输船舶标准化船型主尺度等系列的公告》。江苏、河南、山东、浙江、安徽、上海"五省一市"联合行动,部署实施京杭运河船型标准化示范工程行动方案。江苏省交通厅明确规定从 2004 年 7 月 1 日起,禁止水泥船进入京杭运河和苏申外港线、苏申内港线、长湖中线江苏段航道。从 2006 年 1 月 1 日起,禁止挂桨机船进入京杭运河苏南段和苏申外港线、苏申内港线江苏段航道。从 2007 年 1 月 1 日起,禁止挂桨机船进入京杭运河苏北段航道。对水泥船一律实行拆解报废,对钢质挂桨机船视情况实行拆解报废或落地改造成常规机动船或驳船。船型改造按国家有关标准给予补贴,中央和地方各分担 50%,实行船型标准化改造以来,江苏省共拆解报废水泥船 1479 艘,发放补贴 231.74 万,拆改钢质挂机船 2.29 万艘,发放补贴 6.88 亿元。

江苏省交通厅根据部颁标准,结合江苏内河航道的情况和水域环境,由江苏省船舶设计研究所设计,经省交通厅审定,继交通部公告的 25 种船舶外,又补充公布《江苏省京杭运河标准船型系列》,共 11 种。经过各地的努力和水运企业的支持,船型改造工作进展顺利。截至 2007 年底,江苏省已根据京杭运河标准船型系列,新建内河运输船舶 4769 艘/75.79 万总吨

(约 130 万载重吨),已有 30% 左右行驶在京杭运河上的船舶达到京杭运河标准船型主尺度系列标准。"十一五"期末,累计拆改钢质挂桨机 2.3 万艘,拆改量占京杭运河沿线省市总量的 66%。我省的船型标准化工程的成功实施,取得了良好的绩效,主要体现在"三个明显提高",即:船舶吨位明显提高,通航设施利用率明显提高、船舶营运效率明显提高。"三个明显降低",即:水上交通事故明显降低、船舶污染和能耗明显降低、船舶噪音和空气污染明显个降低。

据 2012 年船舶年审统计资料:全省共拥有沿海及远洋运输船舶 537 艘/214.57 万载重吨,各类特种船舶 4536 艘/230.49 万载重吨。全省 13 个省辖市中,运输船舶拥有量达到 200 万载重吨的有盐城、泰州、南京、徐州 4 市。"十一五"期末,水路运输能力快速增长,运输保障能力显著增长,在重点物资和生产生活物资运输中发挥了水路运输的比较优势。在省政府《关于加快长江等内河水运发展的实施意见》的推动下,全省水运事业发展拓展了新的空间,发展步伐持续加快,逐步实现由水运大省向水运强省的跨越,水路运输为江苏经济社会的发展做出了重要贡献。

五、海洋运输　快速发展

1980 年,中国远洋运输总公司和江苏省交通厅签订《关于组织合营轮船公司的协议书》,成立中国远洋运输总公司江苏省公司,开创了江苏省和交通部合营办远洋运输的先河。第一艘 3000 吨级远洋货轮"雨花"号满载江南水泥厂出口水泥,从南京港起锚首航香港,拉开了江苏省从事远洋运输的序幕。同年又挂牌成立"江苏省海运公司",从事国内沿海货物运输。海洋运输的快速发展为"两头在外"(生产原料从外地运进,生产产品从内地运出)的江苏加工工业提供了保障。1995 年,全省已有 13 家海运企业,拥有国际海运和国内沿海运输船舶 59 艘/37.09 万载重吨。2000 年,全省海运企业发展到 45 家,拥有海船 388 艘/107.1 万载重吨,年度完成货运量 1458 万吨,货运周转量 240.5 亿吨公里。

进入 21 世纪后,随着改革开放的不断深入,运输经济体制和经营机制的改革步伐不断加快,江苏远洋和海运企业实行资产重组和股份制改造,逐步建立起产权明晰的股份制企业或民营企业,在经营机制转变的过程中,海洋运输得到进一步发展壮大。到 2004 年,全省注册的海运企业达到 66 家,主要以南京、南通、镇江、连云港、无锡、扬州、盐城 7 个城市为基地发展经营海运业务。江苏的海运企业多为中小企业,江苏远洋、江苏远东、南京远洋、江苏炜纶、南通华利五家较大的海运企业,拥有海船 81.26 万载重吨,占全省海运船舶总吨位的 52.3%,其他 61 家海运企业拥有海船 74.19 万吨,平均每家为 1.21 万载重吨,有 21 家海运企业,平均每家船舶不足 0.5 万吨。

进入"十一五"以后,由于江苏外向型经济的迅猛发展,加上国际经济复苏,海运货运量迅速增长。江苏的海运市场需求两旺,运价走高,海运企业在服务外贸中获得了可喜的利润,得到了迅速发展。2006 年,全省注册经营的海运企业增加到 87 家,拥有海运船舶 449 艘/351.28万载重吨/12878TEU 箱位,其中:国际航线的船舶 59 艘/113.32 万载重吨/4200TEU 箱位。年货运量为 708 万吨,货运周转量 1931.16 亿吨公里。2008 年,全省海运企业又增加到 139 家,拥有海船 854 艘/350.77 万载重吨/14924TEU 箱位,其中:航行于国际航线的船舶 94 艘/151.36 万吨位。全年完成货运量 1135.7 万吨,货运周转量 2464.98 亿吨公里。由于省政府果断实施水陆并举的发展战略，江苏的海洋运输得到快速发展。2005 年，苏州港三个港区港口吞吐量突破 1 亿吨，成为我省第一个亿吨大港；2005 年，南京港港口吞吐量达到 1.04 亿吨；2006 年，南通港港口吞吐量达到 1.0026 亿吨；2008 年，连云港港口吞吐量突破 1 亿吨，集装箱运量突破了 300 万标箱；2009 年，江阴港完成吞吐量超过亿吨；2010 年，镇江港港口吞吐量达到 1.04 亿吨；2011 年，泰州港吞吐量突破亿吨。7 个亿吨级大港和 390 个万吨级以上泊位成为海洋运输的重要基点。江苏的海洋运输通江达海，溢彩流金，为江苏的对内贸易和对外贸易发展发挥了重要作用。

六、"江苏快货"　创建品牌

创建"江苏快货"服务品牌，是 2007 年 3 月在镇江召开的研讨会上正式提出的。发展快速货运是在高速公路建设形成一定规模，路网相对完善发达，快速客运发展成线成网的基础上，从研究发展快件运输办法，延伸到研究依托高速公路发展快速货运的政策，从拓展客车带货和零担货物运输的服务功能到着力建设快速货运干线的发展思路。召开专门会议研讨发展"快速货运"的对策和措施，已经开展快速货运试点的八家货运企业在会上作了经验介绍和交流发言。扬州、苏州、镇江、常州、无锡、淮安、南通等市结合货运交易市场的建设，因市制宜、因货制宜发展快速专线货运，并取得实际成效，货运快速干线的新型经营模式迅速在全省推开。

2006 年底，省政府办公厅转发省交通厅等部门《关于加快道路运输业务发展若干意见》的通知（苏政办发〔2006〕153 号）后，全省货运企业正式拉开"江苏快货"服务品牌建设的序幕。2008 年 1 月，省交通厅正式发布《"江苏快货"品牌认定管理办法》，"江苏快货"服务品牌包括"江苏快货"线路品牌和"江苏快货"企业品牌，对"江苏快货"服务品牌的申报认定、运营模式、组织机构、设施设备、服务质量和企业形象提出了相应的要求。省交通厅运管局委托江苏省交通物流协会，负责对"江苏快货"服务品牌的规划、认定和管理工作，成立"江苏快货"服务品牌评审委员会。规划结合江苏东部、中部和西部不同情况和发展的需求以及江苏南部和北部经济发展的差异，制订了近期、中期和远期的发展目标和任务。对"江苏快货"服务品牌创建的认定办法进行逐项分解，从"江苏快货"服务品牌的数量、质量和形象标准，定性和定量的具体要求考核，认定的手续程序和认定的权属机构，认定的公开公示，认定结果的使用等方面，制定了操作性和实用性较强的实施细则。为了检验"江苏快货"服务品牌认定办法的可行性，对全省申报"江苏快货"企业和"江苏快货"线路做了尝试性的认定。2008 年 4 月，在全省推广"江苏快货"服务品牌线路现场会上，针对全省专业化货运车辆比重低、道路货运市场大中型企业少，道路货运信息化程度不高等三个重点问题，研讨了解决"江苏快货"发展的思路和对策。在加快道路运输结构调整，转变道路运输经济发展方式，实行"规模化、集约化、公司化"经营，强化运输服务品牌建设的改革创新中，"江苏快货"的发展速度直线上升，交通运输部门设计并申请注册了"江苏快货"的商标，"江苏快货"成为全省道路货运业新的经济增长点，成为货主和消费者信得过的行业品牌。2008 年常州政成物流公司开辟常州至广州首条特快货运专线。南京天鹅快运有限公司的南京至扬州、常州、常熟、宜兴、盐城等 5 条货运线路被认定为"江苏快货"品牌线路。南京天鹅快运有限公司成为全省近 20 万家道路货运企业中唯一一家被认定为"江苏快货"品牌的货运企业。同年 12 月，江苏省交通物流协会公布了南通飞鹤物流有限公司和南京天鹅快运有限公司被认定为"江苏快货"品牌企业，"南京—无锡"等

169 条货运线路被认定为"江苏快货"品牌线路。这些品牌企业、品牌路线成为日后"江苏快货"品牌创建的排头兵。

"江苏快货"品牌创建之初,随着江苏产业结构的调整优化,经济增长方式的转型,全社会对运输需求不断调整升级,应运而生的以现代信息技术、组织管理技术以及物流装备为核心的甩挂运输,在"江苏快货"品牌的创建中,成为江苏沿海地区经济开发、促进全省新型工业化、城乡一体化、经济全球化发展的重要支撑。发展甩挂运输成为发展"江苏快货"的亮点,"江苏快货"的发展引领甩挂运输的发展,并成为道路运输业调整运输结构,转变发展方式的重要载体,甩挂运输已经成为落实国家节能减排战略的重要举措。发展甩挂运输围绕站场基础设施、运输装备、企业管理、信息技术应用等关键要素,促进了货运企业集约化、规模化、公司化经营。江苏的甩挂运输始于 1987 年,在南京、苏州、南通三角地带的循环甩挂运输线路上,以金陵汽车运输公司、苏州货运公司和南通汽车分公司为试点,采用波兰的品牌 C200 牵引车和营口拉车厂生产的半挂车,安装 S20 - 863 集装箱,组成汽车列车试运行。这种货运组织方式取得成效,受到用户欢迎。但因为保险费用、车辆审验检测费用、挂车通行费等制约因素的影响,甩挂运输发展受阻,加之货物运输市场开放后,货运业户多、小、散、弱的问题未能得到彻底解决,甩挂运输难以为继。"江苏快货"品牌战略实施后,货运业户开始向规模化、集约化、公司化经营发展,为发展甩挂运输提供了可供发展的载体。

2009 年,交通运输部、国家发改委等五部委发布《关于促进甩挂运输发展的通知》后,江苏的甩挂运输在发展"江苏快货"和发展江苏现代物流的过程中,成为"十一五"期间江苏道路运输业新的经济增长点。

经过几年的整合重组,在改革开放三十年之际,江苏的货运龙头企业以金陵交运集团等三个部级甩挂运输试点项目和江苏飞力达物流有限公司等七个省级甩挂运输试点项目为载体,在全省开展创新"江苏快货"品牌线路和"江苏快货"品牌企业的活动。金陵交运集团是具有国家道路运输货运一级经营资质的百强诚信企业,该集团把发展"江苏快货"品牌企业作为转型发展的新引擎;南通交运集团是具有国家道路货物运输一级经营资质的综合服务型 4A 级物流企业,全国百强物流企业,该集团把发展"江苏快货"品牌线路作为向规模化发展的新举措;苏汽物流集团是交通运输部重点联系企业,国家 4A 级综合物流企业,该集团把发展"江苏快货"品牌线路和品牌企业的双重模式赢得双重效益,作为转变发展方式的新模式;无锡金南物流科技股份有限公司是江苏省重点物流企业,也是江苏省著名商标企业,该公司利用构建的甩挂运输智能调度系统,应用物联网技术发展甩挂运输,把发展"江苏快货"作为提高服务质量、经济效益、社会效益等方面的新途径。

"江苏快货"的品牌建设,在促进货运企业"集约化、规模化、公司化"经营的过程中发挥了核心作用。在推动江苏货运企业"调结构、转方式"的进程中,甩挂运输发挥了引领作用。特别是对货运站场的建设发挥了前所未有的重要作用。2008 年开始加快货运站场建设以来,全省已拥有道路货运站 249 个,其中一级站 8 个,二级站 9 个,三级站 27 个,四级站 205 个。这些站场虽然数量少、等级低,不能适应需要,但相对于改革开放初期的规模,已经是一个飞跃。加强和加快货运站场建设已经成为政府、企业、社会的共识,列入了发展货运"集约化、规模化、公司化"经营的重要议事日程。2012 年,省交通厅对"江苏快货"品牌企业购置的 92 辆货车给予 260 万元奖励资金,截至 2013 年底,全省累计创建"江苏快货"品牌企业 12 家,"江苏快货”品牌线路 815 条。快货线路总里程 30 万公里,服务网络覆盖 200 多个城市。评选出全省 50 佳道路货运、20 佳水路货运质量信誉企业。被交通运输部和省交通运输厅列为甩挂运输试点的企业 9 家,被省交通运输厅列为甩挂运输试点的企业 21 家。在发展综合交通运输体系中,未来的“江苏快货”和甩挂运输实行衔接优化,一体化发展,优势将日益显现。

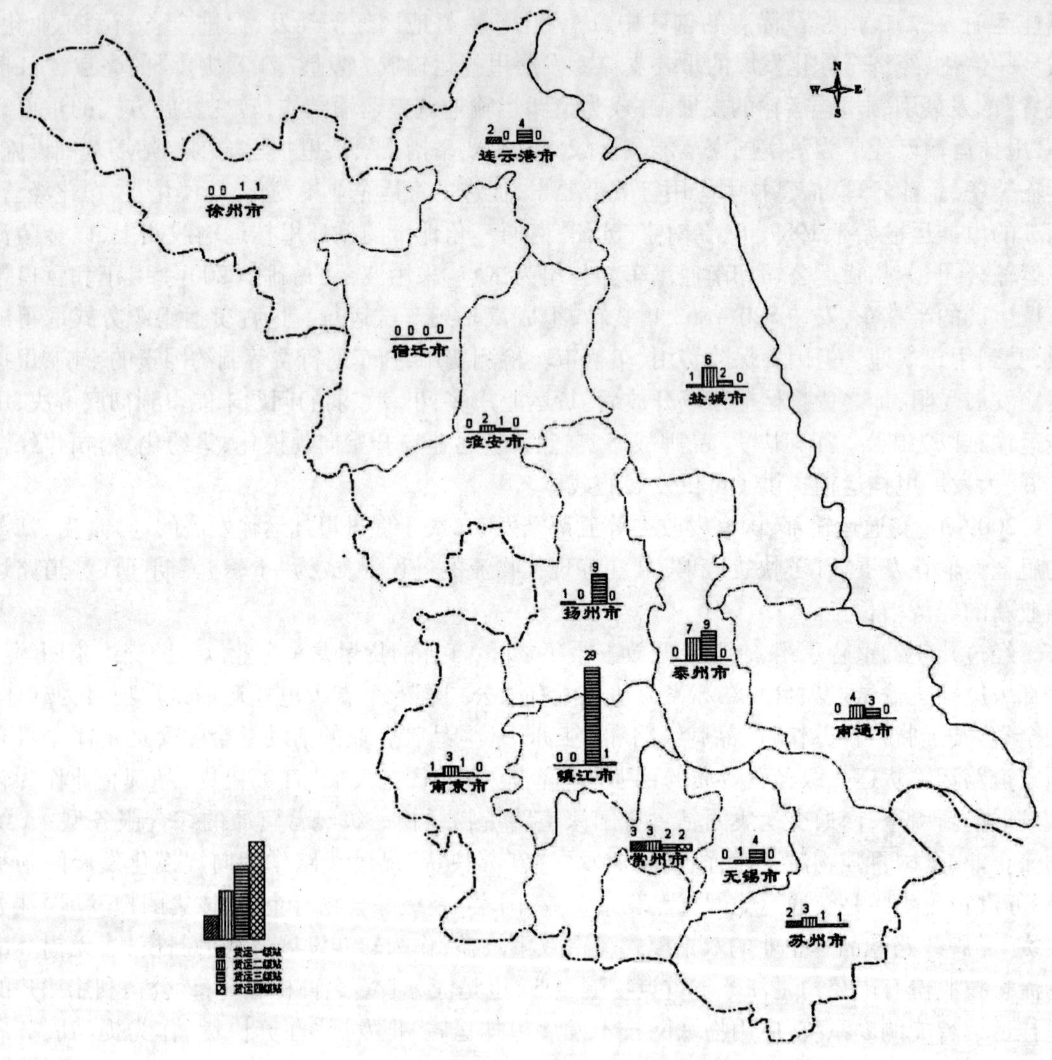

附图:江苏省道路货运站分布状况图

平安运输　优质服务

改革开放后，江苏交通运输行业迅猛发展，为汽车运输服务的车辆维修和检测、驾驶员培训等辅助行业也应运而生，为保证平安运输提供了安全优质的后勤保障。

一、车辆维修　应需而兴

道路运输市场开放以后，江苏的汽车保有量快速增加，汽车维修业务也不断增多，各种经济成分的汽车修理厂和机动车维修经营业户应需而兴、迅猛发展，汽车维修市场蓬勃兴起。随着道路运输业的发展，伴随着汽车数量的不断增多，为了加强对汽车维修市场的行业管理，1987年，江苏省交通厅、省计经委、省工商行政管理局联合颁布《江苏省汽车维修行业管理暂行办法》，1988年，汽车维修行业管理职能从省交通厅科技处转移至省交通厅运管局。省交通厅运管局设立汽车维修行业管理科，各地也成立相应机构负责汽车维修行业管理。随着道路运输市场的持续开放和不断扩大，汽车保有量迅速增长，机动车维修需求急剧增多，机动车维修行业发展迅猛，国营、集体、个体、中外合资汽车维修业户自由建厂，自主择厂的市场化趋势日益明显，经营业态不断丰富。为加强汽车维修行业的维修价格和维修质量问题管理，省交通厅和省物价局联合发布《关于颁布〈江苏省汽车维修行业工时定额、收费标准和结算办法〉的通知》。1988年12月，江苏省交通厅在南通市召开“全省汽车维修行业管理工作会议”，重点研究加快汽车维修行业管理机构建设和加强汽车维修行业管理的对策措施。在整顿治理汽车维修市场的基础上，1990年，省交通厅修改并颁发了《江苏省汽车维修质量管理实施办法》，对汽车维修质量的管理机构、维修质量的标准和维修质量的监督提出了具体的实施要求。为规范汽车维修行业管理行为，提高汽车维修质量，省交通厅和省物价局，又根据新的要求联合颁布《江苏省汽车维修行业工时定额和收费标准（修订本）》。在全省汽车维修行业开展了“质量信得过”、“价格信得过”活动，对汽车维修经营企业和维修经营业户重点考核维修质量的合格率和维修价格的执行率。在活动中，全省的汽车维修市场持续健康发展，以省辖市骨干汽车维修企业为龙头的汽车维修业户，以行业自律的形式，以“质量信得过和价格信得过”为主要内容，制订了汽车维修行业行规行约，并开始实行突发故障的汽车应急救援制度。

1990年，省交通厅又制定了《江苏省汽车维修许可证年度审验办法》，对已经拥有汽车维修经营资格的企业，按开业条件和现行改革的规定实行年度审验，重新认定经营资格。1991年5月，省交通厅、省劳动局为了提高维修技术工人的技术素质和维修技能，联合制定了《江苏省汽车维修行业技术工人等级培训和考核发证的若干规定》。1991年，省交通厅印发《关于发放“车辆维修卡”的通知》。1992年，为规范维修经营行为，省交通厅制定印发《江苏省汽车维修合同文本》。汽车维修企业按规定经营范围承接汽车维修业务，与车主签订维修合同，明确承托修双方的权利、义务和责任。1993年，省交通厅又根据社会各界的反映和维修市场质量和价格的实际状况，在调研的基础上，重新制发《江苏省汽车维修企业（一、二、三类）开业技术条件》。1994年，省交通厅与省物价局结合汽车维修企业工时单价出现的问题，联合下发

《关于汽车维修企业工时单价等有关问题的通知》。

为加强对汽车维修企业经营行为的定量考核,1996 年,省交通厅、省物价局联合颁布九六版《江苏省汽车维修行业工时定额和收费标准》。1997 年,省交通厅正式发布《江苏省汽车维修业 2010 年发展规划》。1998 年,省交通厅为规范汽车维修行业行政管理程序和管理行为,制定并发布《江苏省汽车维修行业审批管理规定》。为进一步提高汽车维修企业和维修经营业户的经营资质、技术资质和管理水平,2001 年,省交通厅出台《江苏省汽车维修企业及汽车综合性能检测站记分考核管理办法》。同年,省厅运管局下发《江苏省营运车辆二级维护标贴使用和管理规定》。2000 年,江苏车辆数达到每 10 人 1 辆,全省共有机动车维修企业 2.5 万多家。其中一类企业 521 户,二类企业 2624 户,三类企业 8561 户。全年汽车维修完成大修 10.9 万辆次,二级维护 63.8 万辆次,专项修理 20.026 万辆次。2003 年,省交通厅运管局在对汽车维修市场的现状进行专题调研后,为巩固汽车维修市场依法治修的成果,针对尚存在的质量、配件和价格问题,专门下发《关于开展汽车维修市场专项整治工作的实施意见》,并结合价格管理中的问题,省物价局和省交通厅又下发《关于颁布〈江苏省机动车维修服务价格行为规则〉的通知》。同年,省交通厅运管局制定了《江苏省机动车维修企业质量信誉考核办法的实施意见》,对机动车维修企业的从业人员、安全生产、维修质量、服务质量、环境保护、遵章守纪和企业管理等方面采取实地核查的办法进行综合评价,并建立质量信誉档案。江苏在全国率先实施信誉质量管理,为汽车维修市场的健康发展提供了保证。

改革开放之初,社会上初露头角的汽车维修业户,只能是“拆拆装装、洗洗清爽,装得不对、掉个方向”,从事一般性的汽车维修养护。汽车维修业户是从交通专业运输企业内部的修理厂(站)逐步派生出来,在单打独斗中逐步成为独立经营的汽车维修企业。这些刚刚开始独立经营的汽车维修业户,因为底子薄、基础差、规模小、功能单一,也只能满足于车辆的小修小保,加上技术设施简陋、管理思想落后,一直沿袭传统的维修经营模式。二十多年来,随着持续开放和扩大开放,汽车维修市场经过多次专项整治,经营模式不断创新,经营业务不断丰富,行业素质不断提高。2005 年,交通部颁布《机动车维修管理规定》后,江苏的汽车维修行业从经营许可、维修经营、质量管理、监督检查、法律责任等方面,由省、市道路运输管理机构依照交通部《机动车维修管理规定》,将机动车维修市场纳入了规范化的行业管理。2006 年,江苏省第十届人大常委会第 20 次会议审议通过了《江苏省机动车维修管理条例》,这是全国首部省级人大审议通过的地方性法律文件。在部、省法律法规的贯彻实施中,全省机动车维修的行业结构,经过规范的调整更趋合理,一、二、三类维修企业的结构比例调整为 1:3.3:12.8。一批专业化、个性化维修和连锁联盟快修等新型维修业态初步形成。2007 年 1 月,率先推行“三项制度”,即机动车维修记录制度、机动车维修合同制度、机动车维修费用结算清单制度。为保护车主的合法权益,打造透明修车消费环境,营造了良好的市场氛围。中央电视台、江苏电视台、扬子晚报、江苏交通广播网、《汽车维护与修理》杂志等多家媒体都作了深度报道,受到社会各界的赞誉。

2008 年 1 月,省交通厅以地方标准形式,出台了《机动车维修服务质量规范》。2008 年底,共建成机动车维修质量信誉企业 1132 家,其中 AAA 级企业 132 家,AA 级企业 316 家,A 级企业 684 家。2009 年开展“维修服务质量达标规范年”活动,全省 A 级以上信誉企业基本完成达标工作。2013 年共建成机动车维修质量信誉企业 1517 家,其中 AAA 级企业 316 家,AA

级企业476家，A级企业725家。经过精心打造，机动车维修行业基本实现了服务规范化、作业标准化、管理制度化、监管动态化。不仅规范了机动车维修市场秩序，而且提升了机动车维修行业管理服务水平。

全省机动车维修行业以规范维修市场秩序、保证维修质量、维护消费者合法权益为目标，开展了以六项内容为核心的"江苏快修"品牌创建活动，即：实施信誉考核，建设诚信体系；推行"三项制度"（机动车维修记录制度、机动车维修合同制度、机动车维修费用结算清单制度）；建立救援网络、满足应急需求；扶持快修连锁，优化市场结构；研究服务规范，开展规范达标；开展技能竞赛、提高人员素质。在打造"江苏快修"品牌，推进维修产业不断升级的过程中，积极推进长三角区域连锁快修一体化。截至2012年，共发布十批"江苏快修"品牌企业285家，共争取财政专项补助资金390万元，涌现出"苏友快修"、"新奇特"、"名骏百盛"、"天驰汽车保姆"等一批长三角四个连锁品牌和"港城车大夫"、"鹿城车大夫"等一批"车大夫"式公益性服务网点。与此同时，在汽车维修行业中实施了动态记分考核，对从业人员素质、安全生产、维修质量、服务质量、环境保护、遵章守纪和企业管理等方面进行实地核查，组织综合评价。

为不断提高汽车维修企业的人员素质和服务水平，2007年，省交通厅举办了全国"奔腾杯"汽车维修钣金、涂漆技能竞赛江苏赛区决赛和全省汽车维修行业钣喷职业技能竞赛活动，全省1849家一、二类企业，6000多名维修技术人员参加选拔，选出4名优秀选手代表，参加全国总决赛。20人获得"江苏省交通行业技术能手"称号，40人获得"江苏省汽车维修师"证书，1600人获得相应工种从业资格证，16家企业获全省汽车维修业钣喷职业技能竞赛优胜单位称号。2008年11月，在北京举办的全国"奔腾杯"汽车维修行业钣喷职业技能竞赛总决赛中，江苏代表队获得团体总分第一名，江苏省交通厅被授予"最佳组织奖"的光荣称号，4名参赛选手被授予"全国交通技术能手"的光荣称号。

全省汽车维修行业还结合江苏的实际，建立了具有江苏特色的全省机动车维修救援网络。全省13个省辖市的城区机动车维修救援网络全部开通，构建了96520服务热线，电信114/118114号码百事通，救援网点24小时救援服务，电信三级响应的救援服务体系，全省机动车救援入网企业432家，救援服务车辆1032辆，专用施救车辆695辆，满足了不同车辆、不同时段、不同地区救援服务需要。共受理救援8.29万辆次，成功施救7.21万辆次，成功施救率达到87%。

截至2008年，全省汽车维修行业在改革中发展，在开放中壮大，已拥有汽车维修企业1.89万家，其中一类维修企业1181家，二类维修企业3413家、三类维修企业3751家。全年完成2166万辆次维修任务，实现维修总产值115亿元。2011年省交通运输厅出台《关于开展"绿色汽修"的创建工作的意见》，全省启动以倡导节约资源、保护环境为主题的"绿色汽修"创建活动。同年有8家企业获得补助资金296万。2012年有11家企业获得补助资金832万，无锡商业大厦集团东方汽车有限公司"绿色汽修"项目被交通运输部列为第五批节能减排示范项目。2013年全省共有机动车维修企业2.3万家，其中一类维修企业1553家，二类维修企业4363家，三类维修企业14138家。建成覆盖各种品牌、车型的4S、3S和特约服务站2064家。一类、二类、三类企业的比例达到1:2.8:9.1，优化了行业结构，基本形成一、二类企业为骨干，快修企业为特色，三类专项为补充的机动车维修市场服务体系。成为江苏道路运输辅助行业中，业务技术性强、智能化手段高的子行业。成为道路运输业客货运输正常运行的可靠保障，成为全社会有车族正常出行“少不了、离不开”的得力助手。

二、汽车检测 保障安全

道路运输改革开放进入质量提高阶段以后，营运车辆的技术管理被列入道路运输行业管理的重要内容。为保持运输车辆技术状态良好，保证道路运输安全生产，充分发挥运输车辆的效能和降低车辆运行油耗，交通部颁布了《汽车运输业车辆技术管理办法》。汽车的技术管理坚持“预防为主”和“技术与经济相结合”的原则，对运输车辆实行择优选配、正确使用、定期检测、强制维护、视情维修、合理改造、适时更新和报废的全过程综合性管理。依靠检测诊断技术和计算机技术对营运车辆实行定期与不定期检测，对汽车维修企业维护的车辆进行质量检测，对车辆更新报废和有关新工艺、新技术、新产品实行检测鉴定。

1987 年，交通部颁布了《公路运输汽车综合性能检测站管理暂行办法》，省交通厅发布了《江苏省汽车检测站管理办法》和《江苏省汽车检测站建设技术考核条件》，南京市率先建立汽车检测站，各省辖市也相应作出建站的安排。在准备建检测站的同时，购置了汽车检测车，开展汽车检测业务。江苏省的汽车综合性能检测站大都依附于当地的道路运输机构建立，基本上属于事业单位性质，汽车综合性能检测站在当地道路运输管理机构的管理下，履行汽车综合性能检测职能，对汽车的动力性、经济性、安全性和排放状态等进行检测。1992 年 1 月，省交通厅印发《江苏省汽车运输业车辆技术管理实施细则》，明确省交通厅是汽车检测站的主管部门，负责全省检测站的规划、管理和监督。取得检测许可证的汽车综合性能检测站，可以按规定和标准对车辆进行检测，受检车辆经测定合格，由检测站发给相应的“检测结果证明”，作为当地运输管理机构发放和吊扣营运证的依据，作为汽车维修企业维修质量的凭证。截至 2000 年底，全省已拥有汽车综合性能检测站 75 家，其中 A 级综合性能检测站 21 家，B 级综合性能检测站 52 家。全年完成汽车检测量 65.88 万辆。汽车综合性能检测站实行企业化管理、市场化经营，基本形成布局比较合理和功能比较齐全的汽车综合性能检测网络。在省厅运管局的监督下，全省的汽车综合性能检测站基本做到事企分离。

实施汽车综合性能检测制度，贯彻落实《汽车运输业车辆综合性能检测管理办法》，规定全省各地新建汽车检测站，必须由省交通厅组织专家认定，合格的统一发放《汽车检测许可证》。检测员必须经省交通厅组织专门的考试，合格的统一发给《汽车检测员证》，实行持证上岗制度。1993 年，南通市汽车综合性能检测中心经过交通部验收和国家技术监督局计量考核合格，成为全国第一家省级汽车检测中心站。1998 年，交通部印发《道路运输车辆维护管理规定》，明确道路运输车辆在完成二级维护后，由汽车综合性能检测站进行二级维护竣工检测，对二级维护及其附加项目的作业质量进行检测评定。省交通厅运管局从 2003 年起开始实施《整顿和规范汽车综合性能检测站工作意见》，进一步加强汽车检测站的管理，规范汽车检测站的检测报告，规范汽车检测站的经营行为，理顺了省、市运输管理机构和汽车综合性能检测站的关系，提高了汽车综合性能检测站的形象。2007 年，针对全省大部分地区出现检测能力明显过剩，但仍有部分地区投资建站，省交通厅运管局又颁布了《关于进一步加强机动车综合性能检测站监督管理工作的通知》，再次强调严把资质关，规范检测和收费行为，组织汽车检测站升级改造。为提高汽车综合性能检测结果的科学性、公正性和权威性，全省的检测站在升级改造中做到以高科技和现代化计算机网络为支撑，提高联网系统和智能化系统的功能，采用全自动联网检测系统，实现汽车检测信号采集、数据分析处理、检测结果判定和技术等级评定全部由计算机自动完成，并生成《检测评定报告》，升级改造后的检测站保证了汽车综合性能检测自动生成的数据和检测评定结果准确真实，提高了检测结果的准确性、真实性。汽车性能检测站自觉增强服务观念，规范经营行为，公开汽车检测程序、检测项目、收费标准、举报电话、主动接受社会各界和车主的监督，做到让用户省心、放心。

全省的汽车综合性能检测站按照《江苏省汽车维修企业及汽车综合性能检测站记分考核管理办法》，对检测站进行综合评分考核，特别是对违章经营行为，通过违章记分与检测站年审考核挂钩，加强了对检测站的监督管理。2008 年，实施《江苏省机动车综合性能检测机构信誉管理办法》后，对检测站的从业人员、检测质量、服务质量、经营行为、安全生产和企业管理，实行以诚实守信、依法经营、优质服务为内容的全面考核信誉管理，综合评价机动车综合性能检测机构。全省 86 家汽车综合性能检测站，全年完成汽车检测 106.3 万辆次。南通市汽车综合性能检测中心等 21 家检测站被评为 A 级信誉等级。2011 年，制定《机动车综合性能检测技术能力认定工作规范》，2013 年在推进综合性能检测站信誉管理的进程中，南京市机动车综合性能检测中心有限责任公司等五家检测站被评为 AAA 级检测站，苏州狮山机动车综合性能检测有限公司等 10 家检测站被评为 AA 级检测站，南京江宁汽车综合性能检测站等 16 家检测站被评为 A 级检测站。在实施营运车辆燃料消耗量准入制度的过程中，检查车辆 23 万辆，其中有 2700 多辆不合格车辆未予进入运输市场。我省的汽车综合性能检测站利用先进的实用技术，定期对汽车综合性能进行检测，对车辆技术等级进行评定，掌握运输车辆的安全和经济状态，保证营运车辆的技术状况，为运输管理机构贯彻落实“三关一监督”的行政措施，提供了监管的手段和技术支持。汽车检测像保健医生一样，对汽车进行经济性、动力性、舒适性和安全性全面体检，使安全事故防患于未然，对道路运输的安全质量管理发挥了重要保障作用。

三、驾驶培训　智能管理

在道路运输业改革开放进入质量提高的过程中，1994 年，国务院印发《关于研究道路交通管理分工和地方交通公安机构干警评授警衔问题的会议纪要》，省政府颁布《关于道路交通管理分工有关问题的通知》。根据文件规定，驾驶员培训管理职能从公安回归交通部门，驾校实行社会化，公安、交通部门按照政企分工的原则，与驾校和驾驶员培训工作的经济利益彻底脱钩。交通部门负责对驾校和驾驶员培训工作进行宏观方面的行业管理，严格制定管理规章、技术标准、教学大纲，负责规划布局和实施监督检查。公安部门负责考试发证。文件贯彻后，交通主管部门和运输管理机构开始对驾驶员培训实施行业管理。1996 年，交通部正式颁布《中华人民共和国机动车驾驶员培训规定》（第 11 号部长令），为交通主管部门和道路运输管理机构对驾驶员培训行业实施行业管理提供了法规支撑。全省运输管理机构按照部和省的文件规定，制定行业管理办法、行业发展规划和行业培训标准，对驾驶员培训单位实行开、停业审批，核发驾驶员培训许可证、学员证、教练车员证、教练车标志牌、学员结业证。

2004 年，交通部修订并重新发布《机动车驾驶培训机构资格条件》后，全省的驾驶员培训机构对照资格条件的标准，改原来的一、二、三类为综合类和专项类驾驶员培训机构。《中华人民共和国道路交通安全法》和《中华人民共和国道路运输条例》以及公安部、交通部、农业部《关于机动车驾驶员队伍整顿工作实施方案》发布后，省交通厅运管局和省公安厅交巡警总队颁布了《关于切实加强机动车驾驶人培训与考核管理工作的意见》,进一步明确了交通运管机构和公安交巡警机构在机动车驾驶员培训和考试方面的职责,解决了长期职能交叉的遗留问题,基本上理顺了培训和考核的管理关系。2005 年,省厅运管局组织对全省驾驶员培训教练员参加理论考试和能力考核,对重新考试考核合格的教练员,统一颁发新版《机动车驾驶员培训教练员证》,并按江苏省机动车驾驶培训教练员管理办法,把教练员分为三级,即:初级教练员、中级教练员和高级教练员。为不断提高教练员的教练水平,定期考核教练员的培训能力,江苏省交通厅在南京交通职业技术学院江宁校区成立"江苏省机动车驾驶培训教练员考核中心",负责全省驾驶培训教练员上岗资格考核和职业资格评定。为推广应用驾驶培训智能化管理系统,全省有 424 家驾校实行智能化培训管理。截至 2005 年底,全省拥有一级驾校 543 家、二级驾校 250 家、三级驾校 120 家。教练员 1.47 万人,教练车 1.38 万辆、年培训驾驶员 56.73 万人。同年 6 月,省交通厅实施《江苏省机动车驾驶培训学校培训质量信誉管理办法》,2007 年,评出 AAA 级驾校 5 家,AA 级驾校 43 家,A 级驾校 77 家。

为了严把营业性驾驶员从业资格关,早在 1997 年,交通部就提出实行营运车辆驾驶员上岗证制度,并制发了上岗证管理办法。全省运输管理机构根据交通部的规定和省交通厅《江苏省营业性道路驾驶员从业资格证管理实施细则》,启动了营业性驾驶员从业资格的培训工作。规定营运驾驶员从业资格考试分为营业性道路旅客运输驾驶员、营业性道路货物运输驾驶员和营业性道路危险货物运输驾驶员三类,考试科目分为理论和实际操作两门。为帮助营业性驾驶员做好考前培训,省厅运管局组织编写了《江苏省营运驾驶员职业培训考试题集》,并配发了相应的考试软件,对参加营业性驾驶员从业资格考核的考核人员进行先期培训。为对驾驶员从业资格考试实行规范测评,省交通厅先期组织 150 名考核员,参加无锡举办的考核员培训班,统一参加学习和测评,经考核合格后的考核员统一发放《从业资格操作考核员证》。江苏在全国率先实施营运驾驶员从业资格考试督导制度,对驾驶员从业资格培训和考试提供了制度保障。

2007 年,省交通厅印发《关于推进全省机动车驾驶员培训智能化管理的意见》,在南通召开应用推广大会,开始使用全省统一的驾培智能化信息系统进行计时培训。2008 年,启用江苏省驾驶培训教材《安全与节油驾驶》,全面使用驾培职能模拟驾驶仪教学新方法。2012 年开始应用江苏交通学习网组织驾驶理论培训和从业人员培训,建立从业人员报名、考试发证信息化系统,建立驾培规范化管理体系,与公安部门联合建立"三项合作机制"(工作协调机制、培考衔接机制、联合监管机制),加强驾培信息化管理、开通网上学习平台,开发驾培智能化系统,应用驾培及从业人员管理业务系统,加强从业人员资质管理,发放从业资格证 IC 卡。截至 2013 年,全省共有驾校 764 家。其中一级普通机动车驾驶员培训业户 86 家,二级普通机动车驾驶培训业户 361 家,三级普通机动车驾驶培训业户 315 家。教练员 42918 人,教练车 32160 辆,驾驶培训合格人数 192 万人。评出 AAA 级驾校 4 家,AA 级驾校 19 家,A 级驾校 86 家。全省共有 91.92 万名营业性驾驶员取得《从业资格证》。

四、运价税费 放管结合

改革开放初期,全省客货运输价格是由省交通厅负责管理并组织实施的。1980 年以后,由省物价局和省交通厅联合制定客货运价标准。1986 年,省交通厅将部分运价管理权由省管下放到市、县、企业管理，随着运输市场不断开放，运输价格逐步实行统一领导、分级管理。1992 年，省物价局和省交通厅颁布《江苏省客运、货运运价实施细则》；2002 年，颁布《江苏省汽车运价行为规则》，对客货运输的价格管理实行“放管结合”。客运价格指令性运输价格管理转为按不同客运种类、不同客车类型、不同客运方式、不同道路条件、实行差异运价。货运价格从指导性运输价格管理转为按货物运输计费重量、计费里程、分长途、短途、零担、普通货物、特别货物、特殊车辆，实行差别运价。为减轻成品油价格调整对道路客运企业成本增加的影响，2006 年，省物价局、交通厅、财政厅、地税局、国税局、公安厅、工商局等十个部门联合发布《关于对公路客运开征燃油附加费及实施有关扶持措施的通知》，规定在道路客运票价外，加收燃油附加每人公里 0.01 元，并随成品油价格调整实行浮动。客运车辆按照核定行驶的线路，通过江苏境内的普通公路收费站可办理通行月票。2008 年，为了减少成品油价税费改革对道路客运行业的影响，省物价局和省交通厅联合发出《关于完善公路客运运价与油价联动方案的通知》，选择 0 号柴油为代表品，国家公布的当地 0 号柴油价格为基数价格，油价每升上调 0.5 元，道路客运票价外，加收每人公里 0.005 元燃油附加，反之则同幅下降，进一步规范了运输价格管理，切实维护了旅客、货主和道路运输经营者的合法权益。

改革开放后的运输市场，成为多种经济成分共同经营客货运输的交易场所，为适应改革开放对交通运输基础设施建设和培育运输市场的需要，1984 年 5 月，国家经委、交通部和省交通厅颁发文件，要求从事道路运输经营、汽车维修经营和驾培经营业户按营收 1% 缴纳公路运输管理费，所收运输管理费实行分级管理，专款专用。1986 年，省政府批转省计经委、财政厅、交通厅的文件同意征收汽车客票附加费，规定在江苏境内从事客车营运的按标准征收，1 ~ 5 公里免征；6 ~ 20 公里，每人每票征收 0.05 元；21 ~ 50 公里，每人每票征收 0.1 元；51 ~ 100 公里，每人每票征收 0.15 元；101 ~ 150 公里，每人每票征收 0.2 元；151 公里以上，每人每票征收 0.25元；出租、旅游、包车按车辆核定座位，每次每座征收 0.25 元。汽车客票附加费实行省级统收统支，列为省级规费管理。1988 年，为尽快改善交通运输基础设施的落后面貌，加快货运交通基础设施建设，省交通厅和省计经委同意开征货物附加费，由交通厅负责统一安排专款专用。规定水陆运输（不视长短途）货物，按营业收入的 5% 计征。后改为定额计征，按车每吨每月 25 元计征，水路运输货物无法按量计费的，向车船单位定额包干计征船舶每吨每月 25 元。

1985 年，国务院为解决国家公路发展基金，颁布《车辆购置附加费征收办法》，交通部、财政部、中国工商银行联合颁布《车辆购置附加费征收办法实施细则》，规定所有购置车辆的单位和个人，在车辆投入使用前都必须缴纳车辆购置附加费。国产车按实际销售价 10% 计征，进口车按计算增值税后的计费组合价格的 15% 计征。1986 年，国务院发布《车船使用税暂行条例》，规定在中华人民共和国境内拥有并使用车船的单位和个人都要依法交纳车船使用税。明确载客汽车按座位数缴纳，10 座以下客车缴 140 元/辆，11 ~ 20 座客车缴纳 160 元/辆，21 ~ 30 座客车缴纳 180 元/辆，31 座以上客车缴纳 200 元/辆。载货汽车，按净吨位缴纳 40 元/吨。

1986 年开征运输管理费以后，1993 年省交通厅颁布《江苏省运输管理费征收和使用办法》，1994 年省交通厅颁布《关于运输管理费征收办法有关问题的通知》，1997 年国家发布《关于取消第一批行政事业性收费项目的通知》，停止征收汽车维修行业管理费。省交通厅与省财政厅联合发布《关于开征机动车驾驶员培训行业管理费有关规定的通知》，征收比例为收费的 5%（1999 年根据省政府要求，停止征收机动车驾驶员培训行业管理费）。1998 年发布了

《关于降低运输管理费、内河航管费、船舶检验费标准的通知》,2004 年发布了《关于对三轮汽车免收有关收费等问题的通知》和 2005 年发布了《关于对营业性大型货车载质量 20 吨以上部分减收运输管理费的通知》。经过多次调整后,运输管理费实施定额计征。

车辆购置附加费开征以后,税务部门和交通部门 1991 年发布了《关于非贸易渠道进口车辆改由进境地交通部门征收车辆购置附加费的通知》,1993 年发布了《关于改变车辆购置附加费征收环节,统一征费标准问题的补充规定》,1994 年发布了《车辆购置附加费征收业务规定》,1996 年发布了《关于车辆购置附加费暂不缴纳营业税及教育费附加等税费问题的复函》和 2000 年国务院发布了第 294 号令《车辆购置税暂行条例》,经过多次调整后,车辆购置附加费正式改为车辆购置税。自 2005 年 1 月起江苏车辆购置税转为国税局征收,部分征收人员划归国税局。

汽车客票附加费开征以后,1991 年发布了《汽车客票附加费由定额征收改为按人公里征收的实施办法》,1993 年发布了《关于调整汽车客票附加费征收标准的通知》,1994 年发布了《关于汽车客票附加费统一按定额征收的通知》,1998 年发布了《关于调整汽车客票附加费征收标准的通知》,2002 年发布了《关于实施农村客运规费优惠政策有关问题的通知》。经多次调整后,汽车客票附加费征收标准从 0.02 元/人公里调高到 0.03 元/人公里,从客运经营者向旅客收取,改由各级运输管理机构向客运经营者征收,征收标准从每车每座每月 48 元、60 元、72 元调高到每车每座每月 72 元、90 元、108 元,实行收支两条线管理,增收资金全额用于公路建设。对县城内乡镇(不含县市区人民政府所在镇)至行政村和行政村之间经营的农村客运班车,实行规费优惠政策。新开班线和车辆两年内免征客票附加费,两年后减半征收。

货物运输附加费开征以后,1989 年发布了《江苏省水陆运输货物附加费使用管理暂行办法》,1994 年发布了《关于运输货物附加费改按定额计征的通知》,2002 年发布了《关于重申货物附加费征收范围等问题的通知》,2005 年发布了《关于对 17 家货运公司要求扶持规模货运企业取消货物附加费降低交通规费的答复意见》。经多次调整后,运输货物附加费实施定额计征,每月每车每吨位计征 25 元,(20 吨以上大型平板车超过部分减半征收)外省汽车在江苏起运的货物,按每次 2 元每吨每万公里计征。

车船使用税开征以后,2000 年国务院发布了《关于交通和车辆税费改革实施方案的通知》,2006 年国务院第 482 号令发布了《车船税暂行条例》,2007 年发布了《车船税暂行条例实施细则》和《江苏省〈中华人民共和国车船税暂行条例〉实施办法》。经多次调整后,规定每年车船使用税的征收定额为:大型客车 600 元/辆,中型客车 480 元/辆,小型客车 360 元/辆,微型客车 180 元/辆,载货汽车按自重 60 元/吨计征。

燃油补贴自 2006 年实行以来,全省各市县在江苏登记在册的农村道路客运车辆,按确认载客数每位 54 元补贴,补贴资金通过各级财政拨付。2006 年,江苏省印发苏财建(2006)38 号文件,调高燃油补贴标准,按审核确认的载客数,每位给予 90 元补贴。2007 年,补贴标准按审核确认的载客数,每位给予 187 元补贴,水路客运补贴标准,按审核确认的机动车,每千瓦给予 195 元补贴。根据财政部建明(2008)4 号、6 号文件规定,2008 年,农村道路客运补贴标准按审核确认的载客数,每位给予 609.55 元补贴,岛际水路客运按核定主机功率,每千瓦给予 479.89 元补贴。为便于燃油补贴发放,按"谁承担燃油成本,谁享受补贴"的原则,对城市出租车实行的临时补贴,按中央和地方比例负担的规定执行。

水陆客货运输的运价税费随着经济社会发展不断改革，随着运输市场的改革开放不断调整，在开放和管理中，实行了不同的运价管理办法和税费征收标准，促进了水陆运输业的健康发展。

五、信息联网　管理创新

计算机和信息网络技术在全省水陆运输业的发展中发挥了重要的作用。“十五”以来，在省交通厅“运政在线”信息资源平台的基础上，经过加工、整合、完善、拓展建成了集客运联网售票系统、货运网上交易系统、运政管理信息系统、道路客运综合信息服务系统、机动车驾驶员培训智能化管理系统于一体的“江苏省客运综合信息服务网”、“省交通厅公众出行交通信息服务网”，实现了客货运输信息化，改造了客货运输管理传统模式，营造了公开、公正、公平竞争的客货运输市场环境，提高了服务质量、办事效率和管理水平。

1995 年，省厅运管局以镇江市运管处为骨干力量组织编写了《运输管理信息系统市级总体规划》，该规划分货运、客运、维修、搬运装卸、运输服务五大管理职能，细分 15 个子系统和货运、客运、财务、维修、规费征收、微机室 6 个工作站。投入使用后，基本满足了市级运输管理机构的业务技术管理需要。

1996 年，省厅运管局和河海大学共同研发了“江苏省运输管理信息系统”，该系统分为客运、货运、稽查、搬运装卸、运输服务、汽车维修、规费票据、运价成本、运输调查、客运统计、运管部门综合查询等子系统，基本满足信息收集、统计、存储、查询输出的需要。1998 年，省厅运管局研发的多媒体咨询服务系统在苏州市运管处试用，该系统由咨询服务系统和维护系统两部分组成。在省厅运管局的带动下，各市运输管理处和大中型客货运输企业也根据业务管理需要，研制研发了相应软件。镇江市道路运输协会和有关单位研发了“汽车综合性能与车辆技术监测系统”（获 2000 年市级科技进步二等奖）、“恒顺醋业现代物流‘一流三网’同步管理系统”（获 2006 年市科技进步三等奖）、《利用苏南运河改造功能发展镇江地区集装箱与物流联运研究》、《道路运输节能与清洁运输技术创新及应用研究》（获市级科技进步三等奖）、《应用推广安全节油驾驶技巧》（获交通运输部示范项目）。南京长途汽车客运总公司研发了“汽车运输企业管理信息系统—检票结算系统”和 C/S 结构计算机售票系统，在全国率先实现了自动售票、检票和结算功能。2000 年，南京市汽车运输总公司研发了“道路货运信息系统”，该系统成为车主、货主和中介机构网上交易、信息交流综合服务的平台。2002 年，江苏快鹿公司研发了“宁沪快速客运车载 GPS 指挥调度系统”，该系统能及时上报下发信息数十万条，GPS 系统超速提醒功能抑制了车辆超速的次数，据超速记录显示，从开始启用超速提醒功能之初，每月有 200 多次超速记录，陆续减少到每月 0 次超速记录，大大降低了因超速行驶引发交通事故的可能性。

省厅运输管理局在引导和鼓励客货运输企业配备推广使用 GPS 系统、自动行车记录仪，对运输全过程实行跟踪管理。建立“江苏省交通客货运输信息”网站，为客运联网售票和货运网上交易提供服务。

2004 年，省厅运管局完成“江苏运政在线”的运政信息管理系统的硬件建设，完成全省道路运输经营业户营业性运输车辆资料库的建设，完成全省网上审批办证、发证、网上征费、客运业务网上公示、网上在线稽查信息系统的建设。2005 年，又在“江苏运政在线”网站新增“执法公示”模块,为各级交通运输部门、客货运输企业和为社会公众提供“在线服务”,提供营运车辆违章处罚信息查询。

2006 年,省厅运管局在“江苏运政信息资源平台”的基础上,又成功研发了全省“道路客运综合信息服务系统”。2007 年,江苏省承担了交通部“区域性道路客运综合信息服务系统”示范工程的建设任务;完成了“江苏省机动车驾驶员培训智能化管理系统”的研制和推广任务;实现了“江苏省公路客运联网售票”项目与“运政在线”信息的互通与共享;开通了“公众出行交通信息服务网站”,整合了公路、水路、铁路、民航和旅游各类交通服务信息资源,提供出行向导,图行江苏。交通实况等方面的信息服务,给社会各界民众出行带来许多便利。

2007 年,江苏省在建立省、市、县三级“道路运政管理信息系统”基础上,参加交通部组织开展的部省道路运输信息系统联网试点。省厅运管局在需求分析、资源整合、数据融合的基础上,在“江苏省运政信息资源平台”的基础上整合、完善、拓展、延伸“道路客运联网售票系统”,“运政管理信息系统”和“道路客运综合信息服务系统”,建成“江苏省道路客运综合信息服务网”,即:一个平台(江苏省运政信息管理平台);三个系统(道路客运联网售票系统、运政管理信息系统、道路客运综合信息服务系统);一个网站(江苏省道路客运综合信息服务网)。为管理者决策、为客货运输企业经营、为方便公众出行提供信息支持。2008 年,江苏建成有省交通厅及各市交通局、厅运管局及各市运管处的江苏运政在线政府网站、江苏省运输信息网、江苏省道路客运综合信息服务网、交通服务热线等网站,为信息公开、服务群众、方便办事、提高工作效率等,提供了一个联网互动服务旅客、货主,服务运输企业,服务社会的信息平台,大大提高了交通运输现代化的服务水平。

2009 年,根据交通运输部印发《关于交通行业全面贯彻落实〈国务院关于加强节能工作的决定〉的指导意见》,全省交通运输行业开展驾驶员安全节油节能减排实践活动。同年,镇江市道路运输协会和镇江江天汽运集团研制的《道路运输安全节油驾驶技巧》被列为交通运输部示范项目,交通运输部高宏峰副部长在镇江主持了全国交通节能减排示范项目启动仪式。项目组编写的《道路运输安全节油驾驶技巧》成为全省营运驾驶员从业资格培训的教材之一。以镇江江天汽运集团 700 余辆营运客车为例,在应用推广《道路运输安全节油驾驶技巧》后,截至 2012 年,总计节约油料 300 余万升,减少直接运输成本 2000 余万元,减少二氧化碳排放约 8100 吨。应用推广安全节油驾驶技巧是管理创新的需要,是提高营运驾驶员节能意识,加强安全驾驶基本功训练,克服“人的不节约行为”的重要举措,是为探索安全节油的方法和途径做出的努力和贡献。

文明创建　百花盛开

交通运输业是直接为广大人民群众服务的行业,文明服务是交通运输现代化的一个重要方面。改革开放以来,省交通厅一直坚持"两手抓两手都要硬"的方针,一方面抓好交通工程建设,另一方面抓好行业文明建设,不断提高文明服务水平,先进典型不断涌现,树立了交通运输业在全社会服务行业中的良好形象。

一、"三学一创"　建功立业

1996 年 12 月,交通部在南京召开全国交通运输系统创建文明行业大会,号召全国交通系统开展"三学一创"活动(学青岛港、华铜海轮、包起帆,创建文明行业),提出用 10 ~ 15 年时间把全国交通运输系统各个行业创建成文明行业。省交通厅积极响应交通部号召全面开展以"服务人民、奉献社会"为宗旨,以"筑桥铺路为人民、优质运输创一流"为主题的"三学一创"文明行业创建活动。省交通厅运管局制定了全系统创建活动规划,确定了 9 大类 37 个具体创建目标,印发了文明运管处、所的 5 大类 25 条评比考核标准。1997 年,徐州港务局、邵伯船闸管理所被确定为江苏交通系统"三学一创"先进典型,苏州汽车北站等单位被省委宣传部、省文明办、省交通厅确定为全省创建文明行业示范点。全省交通运输系统开展了向全国十大杰出工人杨小虎、新浦汽车总站长途服务组、南京市大件起重运输总公司等先进典型的学习活动。

1997 年,全省交通运输行业开展了以"遵纪守法、安全形势、运营秩序、车容车貌、规范服务、文明礼貌"为主要内容的文明服务竞赛活动,推进了客运行业文明创建活动的深入开展。

1998 年,省交通厅颁布了《江苏省交通系统创建文明行业实施办法》。为了扎实推进文明行业创建的深入开展,省交通厅专门聘请了 40 位省人大代表、政协委员为行风监督员,并在全系统建立了总数超 5000 人的三级行风监督员网络,对创建工作进行检查监督。1999 年,南京市长途汽车站和连云港新浦汽车总站荣获全国精神文明建设先进单位称号。邵伯船闸被交通部命名为"三学一创"标兵,1999 年被中央文明委表彰为"全国精神文明建设先进单位"。南京市大件起重运输总公司在交通部召开的全国交通运输系统创建文明行业经验交流会上作了典型发言,该公司经理徐金钰帮助职工排忧解难的事迹在中央电视台播出。

2000 年,在全省交通运输系统开展"啄木鸟行动",邀请部分关心交通运输发展、熟悉文明创建工作的老同志,组织了 18 个暗访小组,不打招呼,不要接待,以普通旅客身份暗访基层"窗口"单位文明创建情况,抽查了全省 13 个市、64 个县 311 个交通运输基层单位,提出改进创建工作的建议,发掘了一批创建先进典型,发现了文明创建中一些存在的问题,通报改进,推动了文明创建更扎实、深入地开展,提升了文明创建水平。

2001 年,省交通厅下发《全省交通运输行业深化创建文明行业工作实施意见》,要求全省交通运输行业在"十五"末创建成江苏省文明行业。同年,南京长途汽车客运站李瑞班、镇江南门快客站王龙芳服务组、无锡客运总公司无锡汽车客运站快客服务组、淮安汽车总站快客检票组、扬州汽运总公司74分公司杨苏快客班被交通部、中国公路学会运输分会表彰为全国汽车客运系统优秀班组,李瑞等五位同志被表彰为全国汽车客运系统服务标兵。同年9月,苏州汽车北站、镇江市运输管理处、南京长途汽车站被交通部命名为“全国交通系统文明示范窗口单位”。同年10月,镇江市运输管理处被人事部、交通部联合表彰为全国交通系统先进集体。

在文明行业创建过程中,全省交通运输系统还涌现出了一批见义勇为的先进集体和个人。其中:抢救遇险船舶和船民被誉为“船民的救护神”的洪泽县港监所;为保护国家救灾物资而被江匪砍伤致残的南京江海船运集团轮机长王常;为保护旅客财产而被劫匪刺死的连云港汽运公司乘务员董志好等。

2001年10月,交通部在南京召开了全国交通运输系统创建文明行业工作会议,总结了“三学一创”活动情况,听取了八家单位创建活动的多媒体介绍,实地参观了南京长江第二大桥、苏南运河镇江段、镇江运输管理处、镇江江天汽运集团南门快客站。明确了“十五”期间创建工作以建交通基础设施优质廉政工程,建交通行政执法素质形象工程,以建交通运输通道文明畅通工程,建交通运输企业安全效益工程为主要任务,创建文明行业。

全省运管系统进一步按照三个服务(服务国民经济和社会发展、服务社会主义新农村建设、服务群众安全便捷出行)的要求,不断深化文明行业的创建活动。省运管局获得2001~2002年度和2003~2004年度江苏省文明单位称号,各级运管机构获得省部级表彰20多项,市(厅)级表彰800多项。先后推出“雷锋车”、“爱心始发站”、“十佳运政机构”、“百名优秀运政管理人员”等先进典型。2002年,省交通厅按照与时俱进的理念,对全省文明行业5大系列38门类实行的千分制考核标准,进行全面的修订和完善。2003年12月,全省交通运输系统被省文明委命名为“江苏省文明行业”,提前实现全省交通运输文明行业的创建目标。

2007年11月,省交通厅制发《江苏省交通运输行业文明创建管理办法》,对文明行业创建的工作体系、基本原则、标准条件、工作机制作出新的规定。2008年,江苏省交通运输系统建成全国文明行业。2010年省厅运管局被省文明委授予“江苏省文明单位”,2012年南通市运管处运政服务中心被授予“全国交通建设系统‘工人先锋号’”称号,赣榆县客运总公司“爱心车队、志愿护送”项目被评为全省“百优志愿服务项目”,南通汽车运集团司机殷红彬被评为“最美中国人”,2013年厅运管局局长汪学君被评为“全国道路运输风范人物”。一大批先进人物成为新时期江苏运输行业的先进典型代表。

二、爱心天使　服务明星

在全省运输行业以“学、树、创”为主题的实践活动和全省文明交通“点—线—网”体系创建活动中,创建了一批优秀的服务品牌,涌现了一批先进典型。南京中央门长途汽车站服务员李瑞在老模范、“微笑站长”王凤英的影响下,在平凡的岗位上,视旅客为亲人,真心、热心、贴心地为他们排忧解难,不断更新服务观念,提高服务艺术,传播精神文明的新风,被人们誉为“爱心天使”,获得江苏省“五一劳动奖章”,并评为全国劳动模范,受到了胡锦涛总书记的接见。在她的影响下,全班18位姐妹钻研业务技能,创新服务手段,规范服务方式,不断为爱心服务添加新的内容,创造了“一问、二听、三看、四帮、五到位、六勤、七心”的“李瑞工作法”,设立了“爱心账号”、“爱心基金”为特殊困难旅客排忧解困。她们自学英语、哑语、心理学、服务语言学、公共关系学等课程,全部获得了“星级服务员”称号,打造了“爱心始发站”集体服务品牌，被省、市交通部门命名为“李瑞班”。2005 年 12 月，被命名为江苏省交通行业十大服务品牌，被中华全国总工会授予全国“五一劳动奖状”。并先后荣获“全国交通系统先进基层班组”、“全国模范职工小家”、“全国青年文明号”、“巾帼文明示范岗”等多个荣誉称号，被中央文明办列为“迎、讲、树”活动全国重点先进典型，新华社、中央电视台等十多家中央媒体，专程赴宁进行现场采访并作集中报道。“李瑞班”的先进事迹，连续在中央电视台《新闻联播》、《道德楷模》栏目和人民日报等主要媒体刊播，在全国引起强烈反响。

省交通厅在全省交通行业开展了向“李瑞班”学习活动，举办了“先行者风采”先进事迹报告会，推广“李瑞班”等六个先进典型。“一花引来百花开”，在“李瑞班”的带动和影响下，全省运输行业涌现出一大批文明行业创建的先进典型。无锡市客运有限公司创建的“快乐之行”服务品牌，获得无锡市首批优质服务品牌二等奖、全国交通运输行业先进单位、江苏省先进单位、江苏省文明单位、江苏省质量管理优秀企业等荣誉称号。苏州市公共交通有限公司驾驶员顾玉琴，把自己驾驶的公交车打造成“平安车、和谐车、诚信车、舒适车”，苏州市公共交通有限公司成立了“顾玉琴工作室”，并在网上设有交流平台，在公交车和百姓之间形成和谐良性的互动。顾玉琴被评为全国劳动模范，并荣获全国“五一劳动奖章”。南通市农村客运班线驾驶员袁秀祥，在南通市区开往通州刘桥农公班线上，以其文明、热情的服务，营造了“安全、方便、快捷、舒适”的乘车环境，受到沿线农民群众的普遍欢迎，袁秀祥所在班组的 26 名驾驶员，继承发扬劳模“一路春风一路情，通刘专线暖人心”的优良传统，自觉做到“在外地旅客面前，做文明形象的宣传员；在困难旅客面前，做无微不至的救助员；在普通旅客面前，做热情周到的服务员；在疾病旅客面前，做救死扶伤的医务员”。袁秀祥被评为“全国劳动模范”，并荣获“全国‘五一’劳动奖章”。1995 年，苏州汽车客运公司和杭州长运公司共同携手打造的“苏杭天堂文明线”，开展“两地携手、共创文明”为主题的“苏杭共创天堂文明线”的活动，1996 年被交通部命名为“文明示范线”。南京至武汉、无锡至武汉也都创建了文明班线。文明创建跨越了省界，架起了一条条“文明走廊”。扬州市汽车运输公司快客分公司张彤驾驶班从 2004 年成立，常年服务在扬州到上海火车南站的客运班线上，他们以“打造品牌班线、提升服务理念、诚信服务千万旅客”为宗旨，在客运服务中，车辆正班率、发车正点率、旅客正运率、旅客满意率等质量指标，全部达到交通部颁布的标准。张彤驾驶班总结的“四段式工作法”（出车前要尽心，检查车况美环境；迎客时要热心，扶老携幼语文明；旅途中要专心，按章行车眼耳灵；到达时要细心，答问指路多提醒），被扬州市总工会命名为“十佳工作法”。张彤被先后评为“江苏省用户满意服务明星”、“江苏省十佳客运司机之星”、“江苏省劳动模范”。盐城汽车站服务员郭立菊为旅客排忧解难 3000 余次，收到全国各地表扬信 1000 余封，被评为“全国先进职工”。全省客运系统在文明创建中呈现出万紫千红、群星灿烂的局面。

三、雷锋车组　文明旗帜

1963 年，毛主席“向雷锋同志学习”的号召，激发了连云港市新浦汽车总站长途服务组姐妹们学雷锋、做雷锋的热情，姐妹们跨越岗位的区域，超出工时的界限，为下火车到汽车站换乘的旅客免费接送行李。从一根小扁担起步，到一辆木板车，再到后来的三轮车和现在的电动车，一拉就是 50 年。50 年如一日，为数以万计的旅客接送行李，旅客们亲切地称这辆车为“雷锋车”。连云港新浦汽车总站的长途服务组被誉为“雷锋车组”。1997 年，省交通厅决定在全省交通运输行业开展向新浦汽车总站长途服务组学习的活动。1998年2月5日《人民日报》发表了《“雷锋车”,文明的旗帜》的文章,中央电视台播出了专题节目,热情讴歌了连云港新浦汽车总站长途服务组的姐妹们几十年如一日为旅客做好事、做实事的雷锋精神。省委宣传部、省文明办、省交通厅等七个部门联合决定在全省广泛开展向连云港新浦汽车总站长途服务组学习的活动,在南京召开了连云港新浦汽车总站长途服务组“雷锋车”先进事迹报告会。“雷锋车组”还被全省各地、中宣部、中央文明委等邀请作报告。1999年,连云港新浦汽车总站荣获“全国精神文明建设先进单位”称号。

2001年,省交通厅在全行业组织开展“新世纪江苏交通运输人新形象”大讨论活动,讴歌了新世纪江苏交通运输人的六种精神,即:“雷锋车”精神、“爱心”服务精神、“水上卫士”精神、“航标灯”精神、“铺路石”精神、“铁军”精神,集中展示了江苏交通运输人勇于拼搏、勇争一流的精神。2005年10月,由省文明办举办的江苏省首届十大优质服务品牌评选活动中,连云港市新浦汽车总站“雷锋车”、无锡市志愿者总会“爱心车队”、南京长途汽车站“爱心始发站”等三个交通优质服务品牌喜获殊荣。2007年,“雷锋车组”、“爱心始发站”等交通运输服务品牌发出了“文明礼仪伴我行”倡议,推动文明交通“点—线—网”体系创建工作向纵深发展。2008年元月4日,以连云港新浦汽车总站长途服务组先进事迹为内容的“文明的旗帜——连云港雷锋车事迹图片展”,在中国人民革命军事博物馆正式开展,中宣部副部长孙志军、交通部副部长黄先耀等领导同志出席开幕式。“雷锋车组”先后获得全国“五一劳动奖状”、全国“三八红旗集体”、全国“巾帼文明示范点”、中国“集体雷锋标兵”、“全国模范职工小家”等荣誉,连云港市政府投资475万元在市中心广场建造了“雷锋车”雕塑。“雷锋车组”成为全国交通运输系统、全省运输行业、连云港精神文明建设的一面旗帜,在全国运输行业带出了两百多个“雷锋车”群体。江苏客运系统衍生了一大批“巾帼服务车”、“党员先锋车”、“优质标兵车”、“文明示范车”。镇江江天汽运集团“雷锋车”服务班在学习“雷锋车”组活动中成效显著,获得全国“五一劳动奖状”。常州汽车站快客班、徐州徐苏客运站检票二组、南通汽车站“2816”服务组、镇江南门快客站“王龙芳服务组”等成为全省运输行业学习雷锋的排头兵。“雷锋车”的辐射效应形成了江苏运输行业“奉献社会、服务人民”的一道亮丽的风景线。

四、执法公示　管理公开

省交通厅在文明创建活动中积极改进行政管理行为,对全省交通行政执法人员进行全员脱产培训,提高执法水平,做到公正执法、廉洁自律,为运输业户和广大人民群众提供了良好的服务。

镇江市运输管理处在全国交通系统首创“行政执法公示制”,对行政执法实行“阳光操作”,全过程公开,该处以“多媒体信息咨询服务系统”为手段,为客货运输经营者提供“政策法规服务、业务技术服务、信息咨询服务”,做到办事程序化、规范化,清爽明了,不走弯路、不踢皮球,提高了办事效率。该处把执法公示制比喻为一座“金字塔”,把“以法治运”的几十项规章制度比喻为“金字塔塔基”。在行政执法主体的公示中,不仅公示了行政执法的权利和职责,而且公示了内设部门和各个岗位的职责,公示了行政执法人员的姓名、照片和执法证号。在行政执法结果的公示中,不仅公示行政执法的案件内容,而且公示案件行政处罚的结果,还公示举报投诉违章查处的情况。在行政执法监督公示中,不仅公示了行政执法的监督内容和监督制度,而且公示了行政执法监督的方法和监督的途径,还公示了行政执法的监督电话,设置了网上监督信箱,并邀请人大代表、政协委员和经营者代表参加听证会、论证会,共同为解决运输管理中社会关注的热点和难点问题出谋划策。该处在行政执法中还做到"淡化收费、强化管理、权力公开、执法公正、处理公平",引导经营者"合理投资、守法经营、公平竞争,提高服务质量"。缩短了执法部门与运输经营者的距离,赢得了社会各界的赞誉,不仅提高了办事效率,而且消除了滋生腐败的土壤。运输业户普遍反映,执法公示后办事明白方便、公平公正、清爽服气。《人民日报》和《中国交通报》先后以"到这里办事清爽、服气"为主题作了专题报道。

1999 年 12 月,省交通厅在镇江召开"全省依法治交通工作会议暨交通行政执法公示制现场会",在全省推广镇江市运管处的"行政执法公示制"。2000 年,交通部副部长翁孟勇、省交通厅厅长杨卫泽等亲临镇江市运管处察看了行政执法公示"多媒体信息咨询服务系统"。2001 年 10 月,交通部在南京召开全国交通运输系统创建文明行业工作会议期间,来自全国各地的交通厅、局长,实地参观考察了镇江市运输管理处行政执法公示的现场。同年 10 月,交通部在安徽合肥市召开的全国交通行政执法队伍建设工作会议上,镇江市运输管理处作了典型介绍。

1997 年 9 月,该处被交通部授予"运政管理文明单位",2001 年 10 月被人事部、交通部联合表彰全国交通运输系统先进集体,被江苏省交通厅授予"运政管理文明单位"称号。

榜样的力量是无穷的。镇江市运管处研制成功的"道路运政业务技术管理系统"(荣获镇江市科技进步一等奖)和"多媒体运政管理信息咨询服务系统"(荣获镇江市科技进步二等奖)在全省运管系统得到广泛应用和推广。有的结合本市的实际对"系统"进行了拓展和补充,提高了统计数据生成的精度和台账报表制作的速度;有的结合汽车综合性能和驾驶培训考核实现数据远程传输;有的结合行政处罚实行"先教育后处罚"的原则,在现场稽查中推行"先敬礼、后讲理、再处理"的行政执法行为规范,专门建立违章行为教育培训室,配备专门的电视教学培训教材,建立专门的违章行为计算机考试题库,运用电视教学、电脑考试的方法,对违章人员不是一罚了之,而是进行法律法规教育,让他们在接受教育后做到守法经营,提高了经营者的素质,减少了重复违章的现象。"执法公示制"的全面推行,树立了交通运输行政执法队伍依法行政、为民服务、取信于民、文明礼貌的良好形象。

五、抗灾保通　奉献社会

在"服务人民、奉献社会"精神的鼓舞下,全省客运行业年年都圆满完成春节运输、假日运输和新老兵运输的组织保障工作。全省 107 个一、二级客运站以及 50 个三、四级客运站为团体、个人送票上门、送车上门,开通联网售票,使旅客出行更加便捷、客运服务更加贴近百姓生活。1999 年国庆前,南京大件运输公司克服重重困难,出色地完成了江苏赴京参加国庆五十周年游行的大型彩车运输任务,受到了省政府的表扬奖励。2007 年春运期间,常州至阜阳等线路率先启动应急预案,成功应对突发客流高峰,受到交通部李盛霖部长亲笔批示的表扬。

2008 年春节运输,面对 50 年未遇的冰雹灾害,特别是南京等车站出现大量旅客滞留积压,省运管局直接从连云港、盐城、淮安、宿迁、泰州、镇江六市调度营运客车 116 辆,支援南京等地组织抢运,还根据需要两次组织"江苏省抗灾爱民特别车队"参加抢运,将恶劣天气带来的影响降到最低程度,实现了抗灾保通的春运目标。

2008年5月12日,四川汶川发生八级强烈地震,省交通厅迅速组建抗灾保通、抗震救灾物资运输保障队伍,根据抗震救灾物资分布的情况和运输的需要,分别由南京、苏州、无锡、常州、镇江、泰州、南通、徐州、扬州、连云港、盐城等市,组建八个直属当地交通局调度的运输分队,并成立直属省交通厅调度的江苏金陵交运集团长途运输分队、南通交运物流集团长途运输分队和省交通厅驻绵竹地区短途驳运分队,参与抗灾保通运输。从江苏运送物资到四川绵竹,公路里程2300公里,运行时间要40多个小时,来回一趟要行驶五个昼夜。为保证抗震救灾物资的正常运输和每辆车每个行程及时、安全,省交通厅还为参加抗灾保通运输的人员,每个大型车队配备了视频指挥系统、对讲机、发电机、帐篷干粮、手电筒等用品。各应急运输分队为每个长途驾驶员配备了五天的干粮。在汶川抗灾保通、抗震救灾的34天,全省运输行业组织169家企业、2500名驾驶和管理人员,调动车辆3398辆次,参加抗灾保通,累计完成长途运输434辆次,省内短驳1463辆次,驻绵竹短驳1501辆次;运输帐篷3.78万顶、活动板房2.6万套、大型工程机械45台套。江苏金陵交运集团、南通交运物流集团出动车辆289辆,占整个救灾保通运输车辆总数的67%。为援助和完成四川汶川抗震救灾物资的抗灾保通运输保障任务作出了巨大贡献。江苏金陵交运集团抗震救灾运输突击队被中华全国总工会授予全国抗震救灾重建家园"工人先锋号"称号,省交通厅运输管理局抗震救灾运输保障组被江苏省总工会授予江苏省"工人先锋号"称号,江苏省交通厅运输管理局被交通运输部授予"全国交通行业抗震保通先进集体"的光荣称号,江苏省交通厅被交通运输部授予"全国交通行业抗震保通先进集体"和"全国交通运输行业抗震救灾先进集体"的光荣称号。

2008年,为贯彻落实省交通厅关于确保奥运安全保卫的措施,全省运输行业不仅加强对客运和危险品运输等安全生产隐患排查治理,组织汽车站开展反恐演练以及奥运火炬传递的运输保障,还派出66辆客车赴北京参加奥运运输保障服务。因为投入的车辆多,组织工作扎实细致、运输保障及时准确,江苏的奥运运输保障工作受到交通运输部、北京市政府和北京奥组委的表彰。

在抗灾保通工作中,全省交通运输系统发扬了"特别能吃苦、特别能战斗、特别能奉献"的精神,顾全大局、奋勇当先、无私奉献,被人民群众赞誉为"文明之师"。先后被国家防总、人事部、省委、省政府授予抗洪抢险先进集体称号。全省运输行业受省部级命名表彰的有32个文明单位、31个文明稽查队、22个文明汽车客运站、2个文明轮船客运站、6艘文明客船。近1400余人被评为有功人员或先进个人,树立了良好的文明形象。

总结经验　科学发展

改革开放30多年,江苏的经济社会环境发生了巨大的变化,江苏经济社会环境的变迁与现代化运输的持续发展关系密切,江苏的现代化运输成为江苏率先建成全面小康社会的有力支撑和引领。回顾改革开放的实践,其改革的寓意非常深刻,其开放的内涵十分丰富,其创立的新理念、新思维令人回味无穷,启迪万千。

一、改革开放、"放管结合"、创新体制、完善机制是江苏现代化运输业发展的"牛鼻子"

江苏已经进入工业化转型、城市化加速、市场化完善、国际化提升的新时期,面对人口密度全国最高,矿产性资源全国最少,人均环境质量全国最小的特定省情,江苏省委、省政府发出实现"两个率先"的伟大号召,交通运输业是全省经济社会发展的"先行官",必须以科学发展观为指导,以改革开放为动力,发挥各种运输方式的比较优势,促进各种运输方式紧密衔接、有机协作,以最小的能源、资源消耗和可以承受的经济代价提供更优质、更均等、更高运输效率、更低运输成本的客货运输服务。

改革开放30多年的辉煌业绩告诉人们,要继续保持并加快现代化运输业的发展,必须进一步深化对现代化运输发展规律的认识,要把科学发展观的认识成果转化为促进现代化运输发展的科学思路。以追上或赶上全省经济社会发展的速度,科学谋划现代化运输业的发展战略和技术路径。主动把江苏现代化运输业的发展纳入长三角地区改革开放和经济社会发展以及促进江苏沿海地区综合运输发展的大框架内,统筹区域运输基础设施建设,提升运输设施的共享共建和互联互通业务水平,形成分工合作、功能互补的区域运输一体化的体系,充分发挥区域运输设施的协调效益和综合效益,促进苏南、苏中、苏北共同发展。加强长三角区域信息一体化建设,实现运输和公众出行信息通道共享,发展智能运输,有效引导和集疏客货源,提升基本公共服务能力,实现公共客运普惠性。全面建成与江苏地理条件和经济特征相适应"规模适度、能力充分、布局合理、结构均衡、衔接顺畅、管理科学、节能环保"的全国领先的江苏经济社会现代化的现代综合运输体系,促进全省现代化运输业又好又快发展。

二、"人便于行、货畅其流",惠农便民、绿色环保是江苏现代化运输业发展的"方向标"

坚持把发展现代化运输业和"以人为本"、"民生优先"紧密结合起来,不断放大现代化运输业增加公众福利的效能。要在各种运输方式社会化运输范围内的运输过程中,按照各自的技术经济特点组成分工协作、有机结合、连接贯通、布局合理的客货运输网络。要发挥道路运输通达度高、覆盖面广以及机动灵活、组织多样、功能齐全的比较优势,承担连接其他运输方式,促进良性互动发展的重要功能,实现客运"零距离"换乘、货运"无缝衔接",做到"人便于行、货畅其流"。坚持把节能减排作为全省经济社会发展和爱护地球、保护环境运输业应当担当的重要责任，千方百计减少能源消耗，千方百计减少污染排放，构建低碳交通运输体系。要研究低碳运输的合理模式，改善用能结构，优化用能结构。通过技术性减碳、结构性减碳、制度性减碳，严格燃料消耗量限值管理。实施驾驶员的低碳运输的继续教育，发展绿色运输，提高环保强度，降低二氧化碳排放比。

要强化城乡运输一体化的理念，实现城乡公交客运一体化，统筹规划、合理布局、消除分割、构建资源共享、相互衔接、布局合理、方便快捷、畅通有序、统一协调的区域客货运输网络和城乡客货运输网络。

要强化用公共基本出行服务的理念，维护城乡公交的公益性。突破城市公共交通的"双瓶颈"（法律法规和体制机制）的制约和"双滞后"（供给总量和服务总量）的问题，按照"政府主导、规划先行、差价补偿、服务民生"的基本原则，全面贯彻落实公交优先发展的战略。

要强化农村客运公交化的发展理念，突破城乡二元结构的种种限制和诸多政策障碍。把客货运输业为"三农"服务的最直接和最有效的举措列为实现城乡基本公共服务均等化的重要任务。

用强化现代物流发展的理念，突破传统货物运输业和现代物流业功能定位的障碍，用现代物流的理念来改造传统货物运输业。要通过发展物流业，融合运输业、仓储业、货代业和信息业，使之成为复合型物流服务产业。提升物流管理信息化水平，提高货物（物流）运输的组织化程度和网络化程度。

三、创新驱动、人才保障、政府主导、部门联动是江苏现代化运输业发展"助推器"

科技创新是解决现代化运输业一体化和衔接优化难题的重要途径，要着力创新运输信息的管理手段，遵循"以人为本"的原则，以信息化手段改造运输业的传统管理模式。重点开发综合运输信息平台和信息资源共享技术、现代物流技术、城市交通管理系统。要以增强运输业为公众服务的能力为宗旨，利用信息技术、通信技术、计算机技术、电子技术、自动控制技术、运筹学、人工智能技术等构建高水平、高效率、高速度的现代化运输业的公共服务平台。

要积极推动现代化运输业的发展由部门主导向政府主导转变。现代化运输业的发展是政府的重要职责，运输对经济社会发展的支撑和拉动作用日益凸显，政府对发展现代化运输业越来越重视，交通运输部门要积极争取政府的指导和支持，更好地履行交通运输主管部门行业监管的职能。

要强化科技是生产力，人才是第一生产力的理念，贯彻落实现代化运输业的发展必须要依靠科学技术，实施"科技兴运、人才兴运"的战略，要适应现代化运输业发展的需要，大力开发人才资源，加强运输科技人才和管理人才的培养，吸纳高科技人才投身现代化运输业的建设，推进运输从业人员职业化进程，强化对运输企业经理人的培养，形成具有现代管理素质的运输职业经理人队伍，形成具有特殊服务技能的职业技术队伍。营造鼓励理念创新、科技创新、技术创新、管理创新、制度创新、自主创新的政策环境，增强现代化运输业科技创新能力和人才保障力度，实现运输行业可持续发展。要以服务江苏"两个率先"为先导，以"惠农便民、民生优先"为宗旨，以"人便于行、货畅其流"为目的，让更安全、更通畅、更便捷、更经济、更可靠、更和谐的现代化运输业为全省经济社会的现代化服务。

注：本篇为江苏省党史研究《新时期江苏的交通建设》中所撰写的《人便于行、货畅其流》史料。

科技成果篇

1998 年《联合运输知识》成果简介

联合运输事业方兴未艾,联合运输理论亟待探讨。发展联合运输不仅是商品流通体制改革的重要组成部分,而且是交通运输行业改革的重要一环。根据多年来江苏开展联合运输的实践,结合有关部门研究和总结的联合运输的理论和管理经验,结合有关交通运输的规定和制度编写的《联合运输知识》,于 1987 年由人民交通出版社出版。为培训联运干部,提高联运服务企业的素质,提供了边学习边实践的便利。《联合运输知识》一书内容比较全面,概念比较系统,资料比较充实,比较好地做到理论和实践相结合。1987 年,原中国交通协会副会长、国家经委副主任岳志坚为本书作序,说:“这本书是本好书。”该成果荣获镇江市人民政府哲学社会科学二等奖。

1992 年《国际联运概要》成果简介

世界经济的发展需要中国,中国经济腾飞要走向世界。世界经济向国际化、集团化、一体化的方向发展,中国要跻身发达国家的行业,要参与国际分工、国际竞争。中国要大力推进市场经济,要以世界市场为舞台,以世界经济为导向,大力发展国际贸易,国际贸易的发展带动了国际联运的发展,国际联运随着国际贸易的扩大而扩大,发展而发展,国际联运特别是多式联运已经成为联结国际贸易的纽带和沟通国际贸易的桥梁。为系统地学习和研究国际联运的理论和实践,掌握和熟悉国际联运的实务,编写《国际联运概要》一书,旨在为研究及国际联运理论和管理的志士仁人提供参考。1992 年 12 月,原中共中央顾问委员会委员、中国交通运输协会会长、国家经委副主任郭洪涛为本书题词"加快国际联运,促进国际间的往来。"原江苏省交通协会会长、江苏省交通厅厅长周赤民为本书题词"为国际联运事业发展架桥铺路。"本书于 1992 年由人民交通出版社出版,列为学习联运和多式联运管理的培训教材。

1999 年“江苏省市级运输管理信息系统”成果简介

该系统采用现代技术手段建立全省运输行业管理综合数据库,实现该行业省、市、县三级计算机联网。由公路运输管理信息系统、水路运输管理信息系统、内河港航监督管理、办公自动化、行业统计报表管理五个子系统构成。系统以省级运管部门为数据交换中心,建立覆盖全省的运输信息管理系统,包括近程的网络互联(城域网)和远程的网络互联(广域网),能够适应 C/S(客户机/服务器),远程数据同步以及数据信息共享等多种要求的内部网,该网络具有较高的可靠性和较强的网络信息管理能力,具备良好的网络扩充性,系统为领导决策分析,业务人员的日常工作提供科学有效的管理功能。该项成果获镇江市科技进步二等奖。

1999年“道路运政业务技术管理系统”成果简介

该系统由道路客运管理、道路货运管理、客运班线管理、货物运单管理、搬运装卸管理、运输服务管理、汽车维修管理、驾驶员培训管理、交通行政执法管理、三资企业业户管理等十个管理子系统组成,系统囊括了道路运政业务管理中客运、货运、运输服务、搬运装卸、汽车维修、驾驶员培训等六大行业管理职能,能够满足道路运政业务部门管理工作的需要。该项研究成果获镇江市科技进步一等奖、江苏省科技进步三等奖。

2000 年"多媒体运政管理信息咨询服务系统"成果简介

该系统由政策法规服务、办事程序咨询、价格费收信息、行政执法咨询、社会服务信息、行业科技信息、预测决策信息、内部管理信息八个管理模块构成。经营者可以通过大屏幕投影、多媒体触摸屏、因特网查询所需的信息。内部通过局域网工作站和大屏幕显示器了解内部管理信息。系统内的静态信息资料实现了动态加工管理。系统加强了依法行政的规范性,提高了办事的公开性和执法的透明度,提高了内部管理的科学性和民主性,实现了行业管理的制度化和行政执法的程序化。涵盖了支撑运政业务和技术管理的市场准入,市场主体运行,运输技术保障等方面的规范,囊括了服务运输市场客运、货运、汽车维修、搬运装卸、运输服务、驾驶员培训行业的信息,行政事业单位人财物管理、干部聘用、队伍建设、学习培训、宣传教育、财务核算、经费预控、重点工作目标管理等十个方面的资料。系统提供了运输市场信息、市场调查报告、市场预测决策数据,大大加强了行业管理的服务功能,具有明显的社会效益。该项研究成果获镇江市科技进步二等奖。

2003 年“汽车综合性能与车辆技术监测系统”成果简介

该系统依据原交通部《关于进一步加强道路运输车辆管理的若干意见》等文件规定和GB18565、GB/T18276、JT/T478 等项标准，由检测管理、车辆技术管理与信息服务三个子系统组成，具有数据登录、结账、引车调度、检测管理、检测数据判别、车辆技术管理、信息服务等功能。系统实现了检测设备的自动控制和自动监测，自动化程度高，检测数据真实，能够满足汽车综合性能检测和车辆技术监督管理的需要。系统采用了集散控制方式，使用智能控制单元对数据采集进行归一化处理，运用增强的 UDP 协议实现可靠传输，网络的设计安全、高效。软件采用分布式、事件驱动编程，综合应用了大屏幕、LED 显示和图形等技术进行信息输出，实用性强，实现了车辆综合性能检测和车辆技术管理的一体化。该项研究成果获镇江市科技进步二等奖。

2005年"恒顺醋业现代物流'一流三网'同步管理系统"成果简介

该系统运用精益物流理论,在对江苏恒顺醋业集团的物流体系进行科学分析的基础上,创设现代物流"一流三网"同步管理系统的新模式,形成了一套适合制造业物流管理的模式和实施方案。系统采用"水坝功能"和"伞状同步联动功能"有机结合的物流模式和运作方式,为企业物流的组织结构调整、管理体制创新、业务技术流程再造,为企业从原始物流、传统物流拓展为现代物流提供了发展途径。系统由信息流、全国供应网、全国配送网、计算机管理网组成,具有调整企业组织结构、创新企业管理手段、合理整合优化资源、再造物流业务流程、规范物流活动行为和提供经营战略决策等功能。系统以计算机网络作为物流信息处理平台,以订单处理为导向,以供应和配送网的同步联动为中心,实现"一流三网"的"伞状"同步行动、同步程序、同步送达。系统的自动化程度高,一体化能力强,所有信息的传输、分析、处理,流程再造、资源配置能满足企业物流实际运作的需要。该项研究成果获江苏省软科学成果三等奖、镇江市科技进步三等奖。

2007年《加快交通运输服务业发展的思路和对策研究》成果简介

该成果在广泛调研并掌握大量资料的基础上,对加快江苏交通运输服务业发展的思路和对策进行了全面、深入的研究,形成了《关于加快发展道路、水路运输服务业的若干意见(建议稿)》和《加快发展道路、水路运输服务业的实施纲要(建议稿)》,创造性地提出了科学性、前瞻性好的,针对性、操作性强的加快运输服务业发展的定性、定量思路和对策,对推动全省交通运输服务业做优做强,全面推进现代交通运输服务业的发展,促进全省经济社会全面、协调、可持续发展具有重要意义。2006年12月,省政府办公厅根据《关于加快发展道路、水路运输服务业的若干意见(建议稿)》的主要内容颁布了《关于加快道路运输业发展的若干意见》(苏政办发[2006]153号),对全省道路运输业的发展提出了明确的方向、目标和规划。课题研究成果直接被省级政府发布,在我省来说尚属首次,标志着该项研究成果得到了政府管理部门的充分肯定,能够满足全省道路运输行业发展的需要,对全省道路运输业的发展从粗放型开始向集约型转变,解决运输组织结构"多、小、弱、散"的问题具有重要的指导意义。该项研究成果获镇江市科技进步二等奖。

2007 年“营运客车信息采集器”成果简介

营运客车信息采集器是综合利用传感器技术、超声波技术、网络技术、数据库技术，对营运车辆旅客运输量、旅客运输周转量、平均运距、燃料消耗、实载率、重车公里、空车公里等各项信息指标进行实时采集，及时地、准确地反映有关旅客运输过程中动态信息，并根据采集的信息进行自动分析处理，逐车逐天集馈道路旅客运输的流量、流向、流时、流距和人员结构的变动情况。不但采集车辆行驶的行驶速度、行驶时间、行驶里程等技术指标数据，而且记录车辆营运中旅客在各个站点上下的数据以及运行指标变化的数据，采集班车线路行驶中的营运状况的信息，对客运车辆营运和运行的状况进行综合统计。并通过 GBS 处理分析系统对多个营运客车信息采集器的累计汇总资料进行处理分析，从而反映出线路运行情况乃至企业的营运状况。企业推广应用营运客车信息采集器有利于提高客运线路的班次利用率和实载率，不仅节约油料消耗，而且可以减少尾气排放；不仅促进节能减排指标的实现，而且提升了客运企业的社会经济效益和社会形象。该项研究成果通过省交通厅科技成果鉴定，成功申报国家发明专利。

2008年《利用苏南运河改造功能发展镇江地区集装箱与物流联运研究》成果简介

该研究成果主要应用于镇江地区内河集装箱与物流联运、综合运输组织和管理、港口“集装运卸散”的组织、航线船舶的配置和运行、船闸通过能力的扩大和调控、服务区布局和功能的配置、运输市场的监督和管理等领域。其技术原理是通过对社会经济需求和运输市场发展态势的调研,在集馈大量资料数据的基础上,运用多种数学方法,对苏南运河镇江段发展集装箱与物流联运进行需求预测分析、船型选择研究、物流技术应用以及对策措施制定等问题进行系统研究,对多种方案进行筛选,对多种模式进行比对,在创新发展理念,改革运输管理体制和机制的前提下,形成理论和实践紧密结合,操作性强、前瞻性远的发展镇江地区集装箱与物流联运的对策措施和行动方案。该项研究成果获镇江市科技进步三等奖。

2009 年《道路运输安全节油驾驶技巧》成果简介

该成果以解决“人的不节约行为”为切入点，开展“驾驶技能技巧研究”，通过对从业驾驶员驾驶操作技能对车辆能耗的影响进行研究；对不同车型的使用特点、最佳经济行驶速度、不同行驶线路等对车辆能耗的影响进行研究；对相同运行环境下（道路、载重、距离、气候等）使用不同的操作方式对车辆能耗的影响进行研究，总结出不同车型、不同道路、不同驾驶方式之间对节能减排的影响。《安全驾驶技能和节能减排技巧》实用性、科学性、操作性强，推广应用后可以从整体上提高从业驾驶员的节能减排意识和驾驶操作技能技巧。该成果由中国旅游出版社出版发行，列为道路运输驾驶员培训教材。

2010 年“道路运输节能与清洁运输技术应用推广”成果简介

该项研究成果通过应用推广道路运输节能与清洁运输新设备、新技术，减少车辆尾气排放。通过应用推广安全节油驾驶技巧，消除“人的不节约行为”，从整体上提高道路运输驾驶员安全驾驶技能水平，增强节能减排驾驶技巧；通过应用推广车辆结构调整与节能环保车型，克服“物的不节约状态”；通过优化运输组织方式，提高运输效率，优化线路班次和运输径路；通过应用推广运输企业节能减排能耗计量与统计方法，完善道路运输企业节能减排指标体系、监测体系和考核体系，建立管理节能、技术节能、制度节能的激励机制。最终建立健全行业节能减排责任制，加强推进节能减排发展清洁运输的组织领导，为做好节能减排的应用推广工作提供了理论支持和技术保障。该项研究成果被交通运输部列为全国交通运输行业第三批节能减排示范项目，获镇江市科技进步三等奖。

2011 年《道路运输经济运行分析机制及预决策技术》成果简介

该项成果围绕运输业的发展现状和发展趋势,研究建立健全运输经济运行分析机制的途径和方法,阐述了运输经济运行分析机制的内涵,体现了研究的战略性、先导性和创新性,有重要的借鉴和参考价值。成果设计并构建了运输经济运行分析的指标体系,创新了与指标体系相当的运行分析数据采集、信息加工和成果应用发布机制,涵盖城乡公交、道路客运、道路货运、节能减排、安全质量、交通服务等方面,对又好又快发展运输业具有较强的导向作用。提交的《长三角(镇江地区)运输经济运行分析报告》,客观地反映了镇江市客货运输的现状。提交的《关于加强运输经济运行分析机制的对策和措施》,具有较强的前瞻性、可行性和实用性。该项研究成果通过镇江市科技局鉴定,研究水平处于国内领先水平。

2012年《发展甩挂运输和多式联运对策研究》成果简介

该项成果以创新驱动为核心,以调整运输结构、转变运输业发展方式为主线,以发展绿色运输节能减排为目标,重点研究发展甩挂运输和多式联运理论创新、科技创新、体制机制创新、政策创新的方法和途径,拟定了加强政策引导,加快站场设施建设,加快信息系统建设,创新经营管理模式,通过提高运输资源要素的利用效率,提高运输经济发展内在质量,构筑甩挂运输和多式联运服务体系的发展战略和系统目标,是理论联系实际的研究成果,对发展甩挂运输和多式联运有很强的指导性和实用性。成果立足我国实际,借鉴国外先进经验,以市场驱动为运输资源要素配置的基本方式,以政府驱动为创新导向和综合保障,以双轮驱动为创新发展的驱动力,研究发展中国特色和江苏特色甩挂运输和多式联运的运行组织和经营模式,提出了促进发展甩挂运输和多式联运前瞻性和可行性强的对策建议。成果作为制定江苏省《关于创新甩挂运输和多式联运发展的实施意见》建议稿,为政府决策引导提供有益的参考。经交通运输部联合专家组评定,项目研究思想前卫、观点鲜明、思路新颖、方法科学,研究成果在甩挂运输和多式联运研究领域中独创新意、独成新篇,处于同行业领先水平。该项研究成果获镇江市科技进步三等奖。

人大建议篇

关于在谏壁船闸建设“母亲河历史展览馆”的建议

谏壁船闸是苏南运河唯一通江的船闸,素有“江南第一闸”的美称

一线船闸年通过量2100万吨,二线船闸投入运行后,2002年船舶通过量达到5958万吨,货物通过量达到3852万吨,创造了历史最高纪录。

谏壁船闸是嵌在世界著称“黄金十字”上的一颗璀璨宝石,因为她的存在而使“黄金十字”熠熠生辉。镇江人把长江和京杭大运河比作是“母亲河”,母亲河孕育了镇江这个天之骄子,镇江给“母亲河”无上光荣和自豪。为了让镇江人更多地了解“母亲河”的过去,为了让世人更多地了解镇江的今天,建议在谏壁船闸的东南角建筑一座“母亲河”历史展览馆,把“话说长江”镇江篇的精美图案,把“话说运河”镇江篇的精美画卷,装帧到展览馆内供人欣赏,把长江和大运河的自然风貌和历史变迁的实景实物陈列在展览馆里供人们回味,让参观展览的人对长江和大运河的历史有个全面的了解,从而激发人们保护水资源,保护环境,保护“母亲河”的意识,加深人们对长江和大运河的感情,使所有参观展览的人受到一次教育。

谏壁船闸占地300多亩,另有水域200多亩,谏壁是镇江的工业重镇,有人口3.8万人,如果利用谏壁船闸的场所建造一座“母亲河公园”,为谏壁人增添一个休闲歇息游览的去处,也为镇江的园林增添一个新的景点。可以运用市场化运作的办法解决建馆和建筑公园的资金,当然也需要有关部门给予一定的资助,这是一举两得的好事。

关于保护名山名刹，加快山体滑坡治理的建议

2003年7月3日至7月5日，我市连遭暴雨袭击。金山江天禅寺、焦山定慧寺等风景名胜旅游区出现了严重滑坡，既影响旅游观瞻，又给园林、宗教、文化等相关单位造成财产损失，特别是金山江天禅寺慈寿塔东侧千古雄关壁及周围围墙滑落，严重影响到宝塔的安全。焦山定慧寺13处滑坡，万佛塔周围险情丛生，别峰庵大雄宝殿被砸坏，藏经阁两侧的房子被冲毁，碑林围墙遭毁坏，严重的自然灾害给两山带来了不可弥补的损失。

灾情发生后，市委、市人大、市政府高度重视，市领导多次现场视察、慰问，并要求两山采取紧急措施，抗灾抢险，金山寺已在法海洞前及江天一览亭旁设护栏，用彩布铺好地面，防止再次下滑，焦山定慧寺亦采取同样的办法，禁止游人进入危险区。

由于我市山体泥石相混，一旦下雨，滑坡难免。1991年的滑坡两山损失惨重，时隔十年再次滑坡。有鉴于此，我们建议市政府要从“两个率先，两步走，争当苏南后起之秀”的高度，重视对名山名刹的山体滑坡进行综合治理，将名山名刹山体滑坡的治理摆到重要的位置上，请有关专家勘查研究，制定科学的治理方案，采取有效措施，立足长远，根治滑坡。要结合名山名刹景区建设发展的规划，对山体排水系统进行梳理，有利于保护山林绿地，做到保护沿山建筑，解决后患之忧，为打造优美景区，确保景区安全，促进旅游发展提供良好的自然环境。

关于在南京都市圈发展宁、镇、扬市际无终点循环客运班车线路的建议

根据南京都市圈的规划，宁、镇、扬三市将要更加密切经济联系和技术合作，为之迫切需要发展三市之间的快速客运线路。

目前镇江和南京之间已建成客运绿色通道，每十分钟发一班车，达到了“新街口、大市口一个小时握握手”的预期目标，极大地方便了出行需要。镇江和扬州之间亦有班车开通，但终因经营体制不顺和站点设置不合理，加之汽渡费时，秩序比较混乱。南京和扬州之间也有班车开行，也因上述诸多问题存在，旅客反映强烈，投诉较多，影响了投资环境的改善，妨碍了人们的正常出行。

为了解决三市之间客运不畅的难点问题，为了充分利用南京大桥、南京二桥、润扬大桥“天堑变通途”的捷便，建议在镇江—南京—扬州—镇江之间开行无终点市际循环客运班车，运行方式可采用顺时针方向和逆时针方向双向循环运行模式；可根据市场的需要和旅客流量的需要，沿途设置若干个站点开行普客运输线，亦可在三市的最佳站点之间开行快客运输线。让三市之间的客运班车按公交化方式运作，最大程度地方便三市人员的出行，最大程度节省运输成本，最大程度地减少旅客在途时间，最大程度地发挥车辆的运输效率，最大程度地提高运输经济效益。

可以预料开行市际无终点循环客运班车的前景是非常好的，无论是运输企业，还是旅客游客；无论是企业经济效益，还是宏观的社会效益，“双赢”是必定无疑的。但勇者为先，谁先捷足先登，硕果肯定是累累的。

观音洞、观音山的问题，是打造新镇江亟需解决的重要问题

镇江城市规划已明确“以强化沿江，突出生态，打造新城”为主线，以“主城生态环廊”建设为龙头，全面推进新镇江的城市建设。这对提高城市可持续发展能力，强化城市发展战略的可持续发展有着至关重要的作用。

据规划部门介绍，打造新镇江有“三个新”，即新城市形态，新发展空间，新城市形象。北依长江，南山居中，山水成林，融为一体，建设新城，繁荣老城，弘扬城市个性，凸现城市魅力，把镇江建成融历史文化，现代文明和自然生态为一体的长三角最具特色的现代滨江生态城市。

面对推进新一轮城市建设的重要时刻，出现了诸多如观音洞、观音山等处违背城市规划的焦点问题，应当引起政府和有关部门的高度重视，否则任其下去，将可能成为打造新镇江的败笔，也可能成为打造南徐新城和重建西津古渡古街上的一个疮疤。

建议委派专人负责，限期处理，解决问题，使之与城市规划相协调，相一致。希望不要再给镇江人留下“三国城”和“臭蛋”的遗憾，希望打造中的新镇江，成为镇江人的骄傲。

疏通“口袋”口，打开“口袋”底，为长江路风光带增添光彩

镇江老港被大量的泥沙侵蚀了，不再有往日的生机和活力了，威武雄壮的风貌一去不复返了。

为了让镇江老港焕发新的生机，十多年前实施了“中口袋”整治方案，但时过境迁，老港被淤积了，水质越来越差了，长江客轮消失了。但为镇江焦化厂运送煤炭的船舶，仍在艰难地航行着。为了改善老港港池的现状，建议疏浚“口袋”口，打开“口袋”底，让长江之水能从“中口袋”进来后流往焦南航道汇入长江，一来让流水速度加快，可能改善淤积的情况；二来让港池内长期滞留的积水被冲向下游，可能会使水质有明显的改善。引航道疏浚后，可以改善通航条件，焦南大坝炸开后，可以改变水流方向，给老港带来一线生机，给长江路风光带增添光彩。

建议在风光带边缘的岸壁上建造几座游船码头，专供游轮使用；利用退役的海轮，在临江的水面上建设一座“水上世界”，增加风光带的休闲性、娱乐性、观赏性。

为了解决疏浚的经费，建议将扬中夹江江面上，从事黄砂过驳作业的 80 多艘浮吊船分流一半到引航道北礁附近的水面上进行过驳作业，一来可减轻扬中夹江江面上安全航行隐患，二来可以方便老港周边城市用砂，解决迂回运输问题，同时还可以为老港的疏浚维护筹集一笔可观的资金。

以铁、公、水、港为依托，发展国际多式联运

长江和京杭大运河在镇江十字交汇，形成众人瞩目的“黄金十字”，是大自然和先人留下的无价之宝，是镇江人取之不完、用之不尽的天然资源。镇江港是在长江下游四个拥有万吨级码头的港口中率先实现水水中转，水陆中转，铁、公、水衔接功能的港口，镇江港应该成为港口群中的佼佼者。

镇江港因周边环境和经营条件不尽如人意，本来应该腾飞的港口，却没有人们所想象的那么璀璨夺目。今年市委提出“与时俱进，奋力开拓，努力实现镇江发展的新跨越”的要求，这是镇江港面临的一次难得的发展机遇。应该重新给镇江港定位，选择新的切入点和突破口，从“人无我有，人有我优”，“铁公水港配套成龙”“江河直达，出海通洋”“安全优质，经济便捷”等方面，重新确定新的战略支点，形成新的发展载体，适时调整镇江港为之集散的辐射半径，扩大镇江港为之服务的经济腹地。利用苏北运河吸引苏北、皖北的船舶到港作业；利用长江水系组织上游船舶到港中转换装。利用沪宁高速公路，京沪高速公路吸引中西部地区外贸物流到港进出口；利用镇大铁路线连通京沪线、陇海线和皖赣线，吸引内陆地区乃至欧亚地区的集装箱到镇江港换装万吨海轮等。如有可能在大港对面的高桥镇建设几座挖入式港池，建设一个功能齐全的国际集装箱中转站，改造“高虹公路”与宁通、宁连高速公路连通，专门为北方集装箱运输车辆中转，集散提供现代化服务，发展和拓展国际多式联运。充分发挥集、装、运、卸、散和联合辐射的功能，把镇江港建成连接西部欧亚大港桥的长江下游的桥头堡和综合运输枢纽。

应用现代物流技术，实行业务流程再造，发展“恒顺物流”和“赛博物流”

物流是一种观念，是将传统企业改造成现代企业的一种手段，现代物流就是把工业企业非核心竞争力的物流部分从中分离出来交给第三方。

物流是一场变革。现代物流与传统产业的区别是没有管理者，所有的人、所有的企业和部门都为物流服务。

物流是一场革命。现代物流对政府提出了从管理者转为服务者的新要求。

物流是一次机会。现代物流扩展了传统运输业的发展空间。

一个现代企业如果没有现代物流，就意味着无物可流，没有现代物流就不可能有订单和采购。没有订单的采购就意味着采购库存，没有订单的制造就等于天天生产库存，没有订单的销售就等于被动地处理库存。

物流是企业管理的革命，是最快地满足消费者个性化需求，搞现代化物流就是要搞流程再造，这就是革企业自己的命。把原来的组织结构——直线职能式的金字塔结构改革为扁平化的组织结构，这对于企业是非常痛苦的革命。

根据市科技局下达的高新技术改造传统产业“物流技术应用”的课题项目，对镇江可以发展现代化物流的“恒顺集团”和“赛博集团”进行了重点调查，这两个集团应用物流技术，实行流程再造已是迫在眉睫。但能不能建成现代物流，关键在企业集团的最高决策层，关键在政府的重视程度，在当前市委市政府号召“打好物流牌”的强劲东风下，实行“政府管、企业办、市场看”的办法可能是一条捷径，政府出面进行必要的行政干预，协调各职能部门的关系，企业通过自己的努力，现代物流的前景肯定是好的。

在西校区建设中应保留和发展蚕桑研究特色

蚕桑是镇江人的情结。有中国数一数二的蚕桑研究所,有鼎鼎有名的蚕种场,有历史久远的蚕桑职业学校,还有那名噪一时的蚕桑工区,镇江人种蚕桑是根深蒂固的。

随着社会进步,产业的升级,市场的开放,经济的发展,种桑养蚕渐渐衰落下来。本来蚕桑是大户,现在却成了零头。那些引以骄傲的蚕桑基地已经名不符实了。仅有的中国农业科学院蚕桑研究所也成了船舶学院的附属,原有的设施已经没有了当日的辉煌,养蚕育种的蚕房已经破旧不堪……

建议从长计议,保留和发展镇江的产业之一——种桑养蚕,保留和发展中国的唯一——中国农科院蚕桑研究所,把种桑养蚕和培育蚕桑专业人才结合起来,使之成为镇江的特色。

镇江商场楼拆除后建议将地域划给镇江客运中心站作站场使用

镇江客运中心站建成投入使用后,因其地处市区中心地带,紧邻铁路镇江站,密切了公路和铁路中转换乘的链接,方便了旅客的出行,改善了运输市场秩序,提高了运输经济效益,提升了城市的形象,应该说是政府为民办的一件好事,一件事实。

但是镇江客运中心站场地面积太小,设施不够配套,停车场地拥挤,发车位少,进出口道路狭窄不畅,站前秩序混乱而产生不少负面影响。为此建议将原镇江商场楼拆除后的地域划给镇江客运中心站作为站场使用,改善停发车的条件,增发多发客运班车;增加中心站的服务功能;增强公路客运站和铁路镇江站的有机连接;增强镇江公路、铁路站对苏北乃至全国各地旅客的吸引力;改善中心站进出站车辆的通行条件,增加大型、高级客车的发车比例,增强中心站吸纳外地客车服务能力。

如果有关部门想在此地建筑新的楼宇,建议利用中心站的大楼为基础加建楼层(该楼已按实际预先浇筑了大楼基础),满足有关方面的需要,满足镇江客运站正常运行的需要。

整合旅游资源，把镇江建成自然景观和人文景观相互交融的江南名城

镇江是个好地方。好就好在三面环山，一面临江，山清水秀，气候宜人，风光旖旎，鱼米之乡。

镇江是美丽的城市山林。美就美在城市在山中，山在城里，京口三山，山裹着寺，寺裹着山。

镇江是古老的历史文化名城。古就古在京口文化，春秋朱方，铁瓮京城，南徐北府，吴头楚尾。

镇江是独特的水陆交通枢纽。独就独在黄金水道，十字交汇，铁公水港，水陆衔接，四通八达。

镇江是优秀的旅游城市。优就优在真山真水，真事真景，江左形胜，古迹荟萃，雄伟峻秀。

气吞山河的万里长江展示了镇江人的博大胸怀；雄奇险要的“第一江山”抒发了镇江人的凌云壮志；甘洌醇厚的“第一泉”水滋养了镇江人的精明刚直；四季分明的春夏秋冬抚育了一代又一代镇江儿女；人杰地灵的物华天宝造就了一个又一个镇江英豪。

为把镇江打造成自然景观和人文景观相互交融的江南名城，建议依托镇江的“城市山林”，利用镇江的“京口三山”，能不能拟造神奇变幻的“水漫金山”的景观，让法海和尚，白娘子和许仙的形象展现在游客眼前，还海内外旅客游览金山寺的心愿；能不能使北固山成为真正的“三国城”，重现当年甘露寺刘备招亲的场面，让脍炙人口的京剧《龙凤呈祥》和《大回荆州》折子戏，给众多游客留下美妙的印象；能不能把北固山东西两侧的船厂，工程公司的场地改造成“东吴水师”演练的大教场和与三国城相配套的游乐场，就更能让游客流连忘返了；能不能在塑造焦山雄伟峻秀景象的同时考虑开发焦东12.5公里的芦苇滩，参照松花江上“太阳岛”的模样，建造一个自然生态优美，返璞归真的度假村；能不能以“五十三坡”西津渡为起点，把镇江的大西路改造成类似苏州的观前街，给游客穿行于“京口三山”的旅途中，营造一个美食维扬菜肴，购买名优土特产，饮茶品茗歇息，品尝“镇江三怪”的步行街。

总结交通系统民族工作经验，成立全市性民族团结联谊会

“民族工作无小事”，“在我国的民族大家庭里，各个民族的关系是平等、团结、互助的社会主义新型民族关系，汉族离不开少数民族，少数民族离不开汉族，少数民族之间也相互离不开”，党委和政府已经把民族工作摆上了重要位置，这都说明了党和政府对少数民族的关心和爱护，我作为生活在大家庭里的一名少数民族干部，非常感激党和政府的深情厚谊。

镇江市交通系统是一个少数民族相对较多的条口，为了做好少数民族工作，20 世纪 80 年代末就成立了“交通系统民族联谊会”。十多年来，在局党委领导下，从加强爱党、爱国、爱社会主义教育入手，提高少数民族的政治素质；从依法维护少数民族权益入手，帮助少数民族维护正当权益；从培养少数民族人才和干部入手，增强少数民族的主人公意识和责任感、使命感；从坚持组织参观考察和联谊活动入手，增添了民族团结的乐趣，融洽了汉族和少数民族之间的感情；从为少数民族办好事、办实事入手，解决了少数民族，特别是回族同胞在工作和生活中遇到的困难。民族联谊会成为联系少数民族的桥梁和纽带，交通局被省政府和国务院授予民族团结先进单位的光荣称号。

为了在更大范围内做好民族团结工作，让全市 42 个民族 16256 名少数民族同胞，能在市委市政府的领导下，为实现四个现代化，为繁荣镇江的经济文化，为加强东部和西部地区的民族联系作出应有的贡献，建议成立全市性的民族团结联谊会，让联谊会发挥民间社会团体的作用，宣传党的方针政策，及时反映少数民族同胞的合理化建议，主动帮助党和政府做好少数民族的思想政治工作，解决生活和工作中的困难，积极参与少数民族扶贫开发工作，调动少数民族的积极性，钝化民族矛盾，消除负面影响，齐心协力为实现镇江发展的新跨越作出新贡献。

关于经济利用长江岸线和提高岸线利用率的建议

长江干流南京以下长400余公里,长江江苏段主要江岸线长达808公里,截至2004年1月南岸线已利用125.5公里,北岸线已利用99.7公里,利用率分别为32.7%和27.5%。在已经利用的岸线中,交通部门所占岸线仅仅是已经利用岸线总长的14%~17%,但岸线利用率高,各类码头岸线长是其所占岸线的38%~65%。而物资部门和工业部门所占岸线是已利用岸线总长的50%~56%,但岸线利用率低,各类码头岸线仅仅是其所占岸线的14%~37%

长江镇江段岸线总长116.5公里,其中南岸线101.5公里,北岸线15公里。已经利用的岸线13.7公里,其中南岸岸线13.6公里,北岸岸线0.1公里。根据长江流域岸线规划可建港口的岸线有52.85公里,其中南岸岸线42.5公里(深水岸线36.9公里),北岸岸线10.35公里(深水岸线7公里)。从有关资料推算,交通部门的港口码头及辅助设施仅占已利用岸线的13.7%,约1.88公里;而临江工业厂房、专用码头、开发区及其港口码头,城市生活、旅游,大桥、汽渡、过江电缆、水厂等公用设施以及水源保护区占已利用岸线的71.3%,约9.76公里;物资部门的码头和仓储区占已利用岸线的15.2%,约2.08公里。这些数字说明长江港口岸线在开发利用中存在着严重的不合理现象,交通部门的码头往往成片连续开发,利用率较高,而物资和临江工业部门存在着布点分散,厂区、码头占用岸线过长,岸线占用得多,利用得少,深水岸线占用长,利用率低,造成岸线资源浪费。

长江镇江段南岸可建港口的深水岸线多达36.9公里,是一个不可多得的自然资源,为此建议在新一轮沿江开发中,要充分发挥长江镇江段岸线的优势,要充分利用深水岸线的效能,使镇江的深水岸线发挥出黄金效益。要在完善长江岸线使用规划中调整港口建设的总体规划,按照经济利用的原则,严格占用岸线和港口建设的审批,从提高岸线的利用率出发,多建一些公用型港口码头设施,使镇江港在长三角经济开发彰显地位,发挥镇江港在铁公水和多式联运中的基础性作用。

关于提高失地农民补偿费用的建议

“三农”问题是经济和社会发展中的重要问题。党中央国务院总是把解决“三农”问题列为重中之重。党的十六届三中全会把“三农”问题写进“决定”，再次说明了“三农”问题的重要性。在改革和完善土地制度中强调要按照保障农民权益，控制征地规模，改革征地制度，完善征地程序，及时给予农民合理补偿。

江苏省政府发出保护被征地农民的合法权益和基本生活保障的紧急通知，调整提高征地补偿标准。

党中央的决议为解决农民的土地在征收中的补偿和基本生活保障指明了方向，省政府为解决补偿和安置问题作出严格的规定，使农民看到了希望。但要把党的方针政策贯彻落实到具体征地的过程中去并非易事，需要一个较长时间的努力。

近年来，我市在城乡一体化的进程中，大量的土地被征收了，大批的农民失去了赖以生产、生活的土地，基本生活和择地就业成了一大难题。镇江市在经营城市理念的推动下，实现了三年大变样。但京口、润州、丹徒三区的失地农民大量增加，失地农民的生产和生活成了令人关注的社会问题。

为了让失地农民在失去土地以后能有生产的场所，就业的机会，生活的保障，建议适当提高被征土地的补偿费用，提高失地农民的安置费用，能否在土地交易中，将土地拍卖升值的部分，按大、中、小比例进行再分配。土地是国家的，理应拿大头，用于发展城市经济和社会事业；征用单位拿中头，用于建设项目补助费用；失地农民拿小头，用于失地农民再就业，社会保险，养老保险费用，切实保障失地农民的权益，切实帮助失地解决生产和生活问题，真正做到失地农民不流离失所。

关于消除大市口烂尾工程隐患的建议

从衡阳火灾事故的跟踪报道中,可以了解到违章建筑,豆腐渣工程在其中有不可推卸的重要责任,开发商和有关部门的领导为此将要受到法律的惩处。这不是人们要看到的事实,但这是一个不争的事实,这个惨痛的教训,应当使人们清醒。

由此及彼,我们也看到在我们镇江也有类似的隐患存在,如果不及早采取措施,一旦隐患酿成灾害,后果也是不堪设想的。尤其是地处大市口黄金地段,城市客厅北侧的烂尾楼和烂尾工程就是一个典型案例。虽然在2003年,在人大代表的呼吁下,有关部门对烂尾楼作出了处理意见,但这仅仅是表面问题:大市口2号地块上的建筑物从整体上看,至今仍是半拉子工程,该拆的没有拆完,该建的没有完全建,建成的没有竣工,竣工的没有验收,水、电等设施全是临时用水、用电,几年来无人问津,是大市口广场的一块伤疤。大多数拆迁户已搬入未验收竣工的住房,商品房在没有任何合法手续证件的情况下已交付使用,已经缴过商品房费用的购房户是竹篮打水一场空。

大市口2号地块的建筑是违章建筑,开发商擅自增加楼层,扩大建筑面积,改变房屋用途,但至今没有人管,有关部门也没有作出处理意见。在京口区检察院楼下是一个臭水塘(原是地下车库),沿街的房屋都成了小百货和小商品的面房,底层住房都成火锅店和饭店,楼后是杂物大堆场,违章搭建临时房。所有这些都影响了城市客厅的形象,影响市中心的秩序,影响周围居民的生活,尤其是安全隐患令人担心。

建议市政府和有关部门立即采取措施组织整改,排除隐患,还居民一个公道,确保镇江平安。

关于严格建设用地审批和规范货币拆迁的建议

土地是农民的命根子,土地是人类赖以生存的家园。但在现实生活中,人们对土地视同儿戏,呼风唤雨,指点江山。只有等到沙尘暴来了,大江大河没水了,才感到土地是何等的重要,土地是多么的脆弱。虐待土地等于虐待自己,毁灭土地等于毁灭人类,长此下去留给子孙后代的只能是苦果。幸好在这关键的时候,党的十六届三中全会作出关于"完善社会主义市场经济体制若干问题的决定",对完善农村土地制度作了明确规定,要求保障农民的权益,控制征地的规模,改革征地的制度,完善征地的程序,严格界定公益性和经营性建设用地,征地时必须符合土地利用总体规划和用途管制,及时给予农民合理补偿。这无疑是人类的福音,是农民的希望。

近日,国土资源部部长孙文盛明令全国各地对群众征地补偿安置和拆迁不到位的一律暂停报批城市建设用地。这是国土资源部贯彻"三个代表"重要思想的体现,期望能成为事实。

结合我市的土地征用交易情况,提几点建议:

一、征用土地必须符合土地利用总体规划,如果没有规划,应先制定规划后审批用地。对所征土地的性质要明确,严格区分公益性用地和经营性用地,没有明确的要补充明确,公益性用地改为经营性用地的要立即纠正,实行严格的用途管制。

二、在土地交易中,不能损害农民利益盲目圈地,不能为了筹集资金吸引项目,赠送土地或变相赠送土地。土地市场应规范,不规范的行为要清理整顿,对转手倒卖、弄虚作假、骗买骗卖、炒作哄抬等违法行为应追究民事、刑事责任。

三、货币拆迁应该公开规范,拆迁机构应该公正廉洁,拆迁费用应该明码标价。当前出现的拆迁矛盾纠纷,货币拆迁的暗箱操作是重要原因,对在其中浑水摸鱼,制造混乱,损害国家和人民利益的应该绳之以法。采取切实措施制止突击征地,盲目圈地,遏制土地交易的过度炒作,引发房地产开发的泡沫和货币拆迁费用不断攀升的势头。

关于严肃查处“乱检查、乱收费、乱罚款”的建议

依法治国是推进经济法制建设的基本方略，加强执法力度，提高行政执法能力和水平，维护法制的统一和尊严，加强监督，实行监督执法者制度和行政执法责任制，做到严格执法、公正执法、文明执法，是党的十六届三中全会对依法治国的具体要求。

为了推进我市的行政执法工作，在执法调研中，有不少单位和群众反映，有些行政执法部门和接受委托行政执法的单位，不同程度地存在着“乱检查、乱收费、乱罚款”的问题，更有少数单位违法行政、违章执法的问题引起了群众的强烈不满，影响了投资环境，影响了经济建设，为此建议：

一、严肃查处行政执法单位凭借手中权力与民争利和权力寻租行为。少数执法单位追求罚款数额，把罚款与人员经费挂钩，与奖金挂钩，更有甚者还实行多罚多奖、少罚少奖。据反映有一个单位年终考核罚款奖金，少的近万元，多的 2 万 ~3 万元，在群众中造成了恶劣影响。应当追究单位领导的责任，严重的应当终止执法权利，收回执法证件，没收违法所得。

二、实行查处分开的制度，检查人员不参与处理，处理人员不干预检查。要实行执法公示，将处罚案件、处罚结果公布于众，接受社会和政府法制部门的监督。

三、定期对执法主体和执法人员进行抽查，对处理案件的文书、卷宗进行抽查，推广“先敬礼、后讲理、再处理”的文明执法“九字诀”，开展文明执法竞赛。

四、遵循“教育与处罚相结，以教育为主”的原则，研究一般性违章，未造成后果或已主动积极消除后果的违章行为，从轻或减轻处罚的意见。为减少检查次数，减少罚款数额，减轻企业或经营者负担，改善投资环境提供良好的法制环境。

关于在企业改制改组中保障职工劳动权利的建议

古代圣人说:“三十岁而立,四十岁而不惑,五十岁方知天命,六十岁不在花甲,七十岁古来稀。”而当今刚刚进入不惑之年的女职工和刚刚知道天命的男职工,就在惑与不惑和知与不知天命的当口离岗了,下岗了。这些离岗和下岗的男女职工,过去很辛苦,企业、家庭两头忙,而现在孩子长大了,家务事少了,精力集中了,经验丰富了,思想成熟了,但企业却让他们离岗了,下岗了,他们茫然失措,像失魂落魄的弃儿在寻找自己的归宿。

联合国卫生组织根据现代生理及心理结构上的变化,将人类的年龄做了新的划分:44岁以下为青年,45~59岁为中年,60~70岁为年轻的老年,71~89岁为老年。应该说人的社会年龄与人的经验,知识和才能的积累是成正比的,45岁的女职工和50岁的男职工大都是头脑灵活,工作效率较高,自我感觉成熟,社会实践认可,客观地讲这些职工正处于“而立之年”,对这些“而立之年”的中年人,特别是有技术专长、管理经验和特殊才能的中年人,应当让他们继续为社会经济的发展发挥聪明才智。抛弃这些人是社会人才资源的浪费,不仅加重经济负担而且增加社会成本,为此建议:

一、在企业改制改组中,对有专门技术,专业技能,有学历有职称的中年人适当推迟离岗和下岗的年龄,延长他们为企业服务的时间,让他们发挥一技之长。

二、公开招聘因政策改制而下岗的职工。规定几条硬性标准,组织公开考核测评,为民营企业输送管理骨干,如会计师、经济师、工程师、技师、高级技师,为民营企业输送生产骨干,如熟练工、操作工、技工、高级技工。为下岗职工提供劳动的机会,择业的机会,为下岗职工提供二次创业的权利。

关于制定促进现代物流业发展政策的建议

随着经济全球化和信息技术的发展,现代物流业已经发展成为新的经济增长热点,许多地方都已把发展现代物流业列为支柱产业,摆上重要议事日程。应该说随着社会和经济的持续快速健康发展,现代物流业的发展前景和市场潜力十分广阔,其发展水平已成为衡量一个国家和地区综合经济实力的重要标志。

但传统的物流是将采购、生产、销售、运输、保管、装卸、流通加工、信息处理诸多环节断开,分散、独立运作,与现代物流的要求差距甚远。现代物流的特征是物流系统化、成本最小化、物流信息化、物流手段现代化、物流服务社会化、物流管理专门化、物流快速反应化、物流网络化、物流柔性化。这是现代物流理念的体现,是以人为本思想的体现,促进人类生活水平和社会福利的提高是发展物流的终极目标。

镇江具备发展现代物流的基础条件,在"长三角"开发中,镇江应该把启动现代物流发展战略作为提升城市竞争力的重要手段。但在镇江实施物流发展时,首先要对镇江物流的发展方向进行准确定位。在现状调查基础上,按现代物流的九大要求,对物流的布局和资源的配置重新整合。发展物流关键在组织,需求在市场,机制在价格,活力在网点,生命在网络,效率在信息,服务在诚信,效益在流程再造。因为现代物流涉及生产领域、流通领域、消费及后消费领域,几乎涵盖了全部社会产品在社会与企业的流动过程,是一个非常庞杂的而且复杂的系统工程。不仅要有现代物流发展规划,而且要有现代物流发展政策,还要有与之相配套的产业政策。

因为当前计划经济体制向市场经济转型还没有完全完成,市场经济发育还不完善,尤其是对于物流这样一个新兴产业,政府应当在其中扮演主角,起主导作用。为此建议市政府制定促进现代物流发展的政策措施,由政府出面协调众多行业、众多部门的权责利,严格控制多头重复建设,规范市场行为,严格资质认可,加快人才培训,培植物流需求,在土地置地,用地规划控制等方面给予必要的支持。

镇江发展现代物流要更新观念,创新理念,明确概念,要从体制和机制上解决发展物流业的障碍,才能建成区域性的物流中心,才能构筑成现代物流业的高地。

关于重视解决少数民族特殊问题的建议

镇江市是江苏省民族工作的重点城市，全市有42个民族族别，共计16250多名少数民族同胞。党和政府历来都把民族工作放在十分重要的位置。多年来，市委、市政府在民族工作中倾注了大量的心血，为少数民族办了许多好事、实事。进入新世纪后，随着对外交往和改革开放以及经济和社会的发展，少数民族工作较之以往，增加了许多新内容，新任务，新要求。为了维护民族平等、民族团结，维护社会安定，应当把民族工作纳入法制工作的轨道，落实党的民族政策，依法保障少数民族的合法权益，重视解决少数民族特殊群体的特殊问题。为此提出如下建议：

一、采取有效措施，切实帮助少数民族贫困户解决基本生活保障问题。据调查，镇江市有779户少数民族家庭已列入贫困户，其中有300户少数民族家庭属特困户。建议在脱贫之前，民政部门能否给特困户每月定补100元，给贫困户每月定补60元。教育部门能否给贫困学生减免学杂费。有关部门能否与特困户结对扶贫。

二、采取优惠政策，切实帮助回族解决清真网点问题。建好清真网点不仅利于本市少数民族而且为对外交往中有清真饮食习惯的民族提供方便。建议在市区新建1~2家有一定规模和有民族特色的清真饭店，新建1家清真超市，改造1~2家清真牛羊肉店和食品店。

三、采取帮扶办法，切实帮助回族同胞解决回族亡人殡葬问题。实行土葬是回民特有的风俗习惯，建议财政部门增加对回民殡葬工作的投入，帮助修建通往墓区的道路，添置回民亡人殡葬用车。市区政府帮助协调殡葬中的用地矛盾，划清墓区地界，加强墓区管理，搞好殡葬服务。

关于重视培养人才和更要重视使用人才的建议

当今世界，高素质的优秀人才是一个国家和地区竞争力强弱的重要体现，人才的多少，素质的高低，对发展水平的高低会产生重要影响。在“长三角”竞相发展的较量中，镇江能否赢得优势，关键在能否赢得人才的优势。

人才是富民强市和加快经济快速稳定发展的原动力。应当抓紧实施人才强市的战略，把尊重知识，尊重人才，尊重劳动，尊重创造作为人才工作的出发点。鼓励人才干事业，支持人才干成事业，帮助人才干好事业，营造人才辈出的好环境。

人才不是天上掉下来的，造就人才是要重视培养的，发现和使用人才是要“伯乐”的。在人才问题上要进一步解放思想，打破框框，破除各种陈腐观念，破除论资排辈的思想障碍，从对党、对人民、对历史负责的高度，抓好人才培养，抓紧人才使用，特别是要重用紧缺人才和重点人才。要以“两个率先”的要求，率先培养人才，率先培养出高层次人才，率先造就人才队伍，率先培养好青年人才、妇女人才、少数民族人才、技能型实用人才。要以“两个率先”的要求，率先使用人才，率先任人唯贤，唯才是举，率先形成凝聚人才的环境和激励人才的机制，率先吸引高水平的专业人才，技术人才，管理人才。率先开创人才辈出，人尽其才的新局面。为此建议：

一、建立健全人才机制，充分发挥现有人才的作用，高度重视人才的选拔和使用，认真贯彻实施《镇江市技术要素参与收益分配的暂行办法》。镇江市现有11万多名专业技术人员，在全省名列第五，是一支潜力很大的主力军。应当进行一次摸底排队和使用情况的专项调整，对没有使用的人才抓紧使用，对应该重用的人才马上重用，对应该补助的经费迅速补助，对应该兑现的条件和薪酬立即兑现。

二、建立健全人才激励机制，对现有的三类人才进行考核测试，要以业绩为重点，结合知识、能力进行综合评价。按“三个公认”的要求，检查党政人才的“群众公认”程度，检查企业管理人才的“市场公认”程度，检查专业技术人才的“学术公认”程度。对公认程度低的，不能滥竽充数，劝其退出使用行列；对公认程度一般的，应当及时戒勉和警示，限时补课补训，达不到标准的降格使用；对公认程度高的优秀人才，要重奖重用，鼓励进入高层次人才行列。

三、扩大公开招聘人才的数量，提高公开招聘人才的质量，改革选拔人才的思路和方法。要实行群众选党政人才，市场选企业管理人才，学术选专业技术人才。彻底改变少数人选少数人，少数人选身边人，先定人后选人的局面。要让所有勤于学习，勇于创业的人才获得发挥聪明才智的机会。要通过公开招聘，形成激励机制，选拔优秀人才充实紧缺人才和重点人才队伍，做好人才的储备。

对因政策性等原因“一刀切”的离岗或下岗人才进行二次开发，为民营企业、股份制企业、科研院所、中介服务组织、社会公益事业输送实用人才，为正处年富力强、经营丰富的离岗或下岗人才，提供为社会服务的机会，节约社会管理的总成本，以最大限度地使用好人力资源。

关于资助民族实验学校办学经费的建议

镇江市五条街小学创建于1906年,始称“求己学堂”,该校位于少数民族群居的原“爸爸巷”附近。该校有20%以上的在校师生是少数民族,区政府于2001年12月批准增挂“镇江市民族学校”的校牌,最近又被批准为省级民族实验学校。

镇江是江苏省民族工作的重点城市,应当在制定经济和社会发展规模的同时,充分考虑少数民族的特点和需要,帮助少数民族子女接受义务教育。作为镇江市民族教育工作的一个载体,镇江市五条街小学从幼儿园开始营造民族团结的氛围,创造民族教育的特色,让“五十六个民族,五十六枝花,五十六个民族是一家”在全校师生中留下深刻的印象。使全校师生通过了五十六个民族的文化底蕴,吸收五十六个民族文化的精髓,激发师生爱党、爱国、爱人民的情感。在几次人大代表视察中,在民族团结工作的检查中,可以看到该校民族教育已经形成特色,已经成为镇江市乃至江苏省不可多得的民族教育基地。

为了把民族学校办成民族特色的民族实验学校,社会各界应当支持兴办民族教育事业,政府应当在民族教育办学经费上加大投入,教育主管部门应当对民族教育工作加强领导,改善教学条件,提高教学水平,扩建教育设施,增强教学力量,使民族学校真正成为镇江的民族教育基地,真正成为促进东西部地区民族教育和民族文化交流的载体,真正成为镇江市对外开放和国际交往中的民族教育窗口。为此建议参照镇江中学扩建改造模式,增加改扩建经费,发展现代化的民族教育事业。

关于拆除焦南大坝，改善老港水环境的建议

老港整治已经十多年了，整治后没有实现预期的效果。本来采用“中口袋”方案整治老港就有不少问题不能解决，加之在后期采用了少数人在焦南构筑挡水大坝的建议，使本来想解决的淤积问题更加严重了。企图让长江之水从引航道进入老港，在焦南大坝前形成涡轮旋力把泥沙带出引航道，美好的愿望成了泡影，时过境迁，老港的淤塞越来越严重，引航道淤塞，老港水质恶化，长江客轮消失，长江货轮难以进入老港，在焦山风景区周围形成片片黑水。焦化厂在搬迁前，炼焦制气是关系到全市人民生活的大事，但煤船难以进港是个实际问题，好在天助焦化厂，在长江主航道水流的作用下，焦南大坝冲开了近百年来的缺口，使原来阻断的焦南航道与老港连通，千吨级煤驳从焦南航道经过“缺口”进入焦化厂煤码头，给焦化厂炼焦制气帮了大忙。

根据在现场勘察的情况，与其让“大坝”慢慢地被冲垮，不如用人工机械把“大坝”拆除，让老港与焦南航道实现起码的通航能力，让老港的水经过焦南航道冲向下流，使老港的水质得到改善，使老港的水环境得到改善。

为此建议市政府及其相关部门派员到现场察看，请专家到现场调研，请科研部门做水流模拟试验，为拆除焦南大坝还是保留焦南大坝做出科学决策。

关于大力发展农村客运,改善农民出行条件的建议

改善广大农民出行条件,是体现科学发展观的具体措施,是政府工作的重点。要认真贯彻党中央,国务院关于"三农"问题的政策,继续大力加快农村公路建设,加大政府对农村客运基础设施的投资力度,在规划建设农村公路时,同步配套建设农村客运站。农村公路和客运基础设施投资建设要注意向经济欠发达地区的倾斜,农村公路通达三个月内应开通乡村客运班车,加快农村客运班车的覆盖面提高通达率。

对农村客运实行优惠政策,市政府和有关部门要给予减免税费的支持,使辖区内的农村客运享受与城市公交同等的优惠政策,适当减免交通规费。要鼓励客运企业"车头向下",开拓农村客运市场,对新开通的农村客运班线在一定时期内给予专营权。鼓励运输经营者实行联合联营、公车公营,实行公司化自律性的经营。

要对农村客运市场进行治理整顿,强化运输安全监督,杜绝拖拉机、农用车、货车从事客运。要选择适合农村客运市场需求的安全性较好的车型、车辆投放农村客运市场。

要搞好农村客运网络化,城乡一体化的试点,在总结发展农村客运的经验基础上,继续对农村客运网络化进行指导,推广农村客运通达行政村,以及村村通客车的做法,切实解决农民出行难的问题,推动农村客运快速、健康、协调发展。

关于对罚没款实行严格管理定期审计的建议

为了推进我市的行政执法工作,不少行政执法部门都把提高行政执法水平和能力,实行行政执法责任制作为依法治市的具体要求,做到严格执法、公正执法、文明执法,为发展经济和维护社会安定发挥了积极作用。

但是有些行政执法部门存在违法行政、违章执法的问题。特别是把罚没款作为执法任务,把经济利益与罚没款挂钩引发的“三乱”现象,引起了社会各界和人民群众的强烈不满。

罚没款应当纳入财政管理,应当实行“收支两条线”的制度。在利益推动的机制下,不少执法部门的罚款数额越来越多,如果一个执法部门的全年罚没款1000万元,全市所有行政执法部门的罚没款就有几个亿。权威人士说这在“执法经济”中含金量是最高的,因为罚没款的数额不断增加,执法人员的非工资性收入也在不断增加。特别是那些不归市财政管,省财政又无力管的行政执法部门,执法人员的各种非工资性收入是应发工资的倍数,这些非工作性收入来源于罚没款,罚得越多得的越多。罚没款扭曲了行政执法人员的形象,给社会带来很多负面影响。为此建议:

1. 严格罚没款的管理制度,所有罚没款都要纳入财政管理。改革现行的管理方法。

2. 按“收支两条线”的制度,足额拨给行政执法部门执法经费。改革罚没款按比例分成的办法。

3. 加强对罚没款票据的管理,使用微机票据,实行电脑联网。财政部门定期公布罚没款票据的使用情况,杜绝人工填写罚没款票据。

4. 纪检部门加强对罚没款的督查,对“三乱”行为绳之以纪,对继续实行挂钩的部门领导严肃处理。

5. 审计部门要加强对罚没款的审计,在普查的同时进行特别审计,审计情况在政务公开中公布,发现问题要严肃处理,限时纠正。

关于规划和建设市区清真饮食网点的建议

我市是江苏省民族工作的重点城市，全市共有42个少数民族，16000多人。20世纪50年代，全市只有回族人口4000多人，但清真饮食网点都有100多处。到20世纪80年代，清真饮食网点愈来愈少，条件越来越差，全市万余名有清真饮食习惯的少数民族群众面临吃清真餐的困难。进入21世纪以来，随着对外开放，各国穆斯林来往增加，来我市流动经商的新疆、宁夏、甘肃、安徽、河南等地回族、维吾尔族等民族的穆斯林越来越多，清真饮食网点偏少、偏小已经成为民族工作的突出问题。

近几年来，南京、苏州、无锡、常州、盐城、徐州、扬州等城市人民政府在贯彻实施国务院《城市民族工作条例》的基础上，加大了对清真网点建设的扶持力度。有的城市建立清真网点建设资金，有的城市颁布了清真网点的行政措施，有的城市在拆迁清真网点时同时规划建设新的清真网点。而我市的清真网点几乎等于零，仅有的新九如既没有规模又不上档次，与城市形象极不适应。这个问题不是哪个部门能解决，必须要有政府做出决策，为此建议：

1. 对我市清真网点的实际情况组织一次全面的调查。

2. 根据国务院和省人大、省政府的有关规定，制定镇江市清真网点建设和清真食品管理办法。

3. 结合我市实际帮助扶持重点建设2~3处清真饭店，在少数民族人口比较多的街巷，流动量比较大的车站和闹市区，帮助扶持建设一些清真网点。

4. 对现有的清真食品生产的企业加强管理，不得随意变更清真食品的生产经营范围，保证清真食品的供应。因为拆迁需要搬迁的清真网点要按规定，在不低于原使用面积的前提下，就近安排建设新的清真网点。

关于加快少数民族人才培养和使用的建议

市委、市政府一贯重视少数民族人才培养和使用工作。在我市少数民族人口中,县处级干部29人(已经退离休的18人,占62%),副高级以上职称的知识分子141人(已经退离休的88人,占62.41%),这些干部从改革开放以来,为我市的经济发展,社会安定,民族团结发挥了积极的作用,做出了重要贡献。

但从我市少数民族干部的结构看,数量少、年龄大、专业结构不尽合理是亟待解决的问题。为了继续做好少数民族人才的培养、使用工作,为了解决少数民族干部后继有人的问题,建议市委、市政府采取有效措施,建设一支高素质的少数民族干部队伍。

1. 认真贯彻中共中央关于大力培养和放手使用少数民族干部的方针,提高对培养、选拔和使用少数民族干部重要性和长期性的认识。各级党委和政府应当把培养、选拔、使用少数民族干部列入重要议事日程。有组织有目的地做好少数民族干部的培养和使用工作。

2. 制订少数民族人才规划,优化少数民族人才结构。按照培养、选拔和使用干部的"四化"方针,做好选拔使用工作。对符合条件的少数民族人才要优先使用;对与民族工作关联度大的部门,要确保有少数民族干部参加管理;要加强对少数民族人口比较集中的社区、村组的领导,配备各少数民族人才担任相应的职务。

3. 统筹使用、大胆使用。对有培养前途的少数民族人才要优先安排培养;对经过考察合格的少数民族人才要大胆使用,放到第一线接受锻炼;要统筹安排,保持少数民族干部的连续性。

关于加强环境保护,提高空气质量的建议

影响我市空气质量的主要污染物是可吸入颗粒物。空气质量指标最差时为五级。空气质量的好坏不仅影响我市居民的生活质量和身体健康,而且直接关系到投资环境和经济发展。

我市污染空气的可吸入颗粒物主要来自于公共污染,粉尘排放,施工扬尘,汽车排放等。上铁水泥厂、镇江水泥厂、韦岗镇周边厂矿、谏壁镇周边厂矿等都是我市空气质量的污染源。我市市区的天空颜色总是灰蒙蒙的,说明我市空气中可吸入颗粒物浓度太高。为了提高空气质量,建议:

1. 提高对空气质量重要性的认识,要像重视传染病"非典"那样重视提高空气质量。实行依法治理,对保护和提高空气质量实行最严格的保护制度。

2. 对我市影响空气质量的污染源进行一次普查,弄清可吸入颗粒物的来源和数量,定期对这些污染源进行监测和评价。

3. 加强对污染源的治理,所有污染源的厂矿企业都要制定整改计划,在一定时期消除对空气的污染。对严重污染空气质量的源头要坚决采取法制手段,责令其停产停业。

4. 关系到提高空气质量的有关部门要通力合作形成合力,确保治理措施落实到位。

关于加强回民殡葬管理，改善回民殡葬服务的建议

回民亡人殡葬工作，既是民政部门殡葬管理工作的组成部分，又是民族宗教部门工作的重要任务，也是政府民族工作的重要内容。切实做好回民亡人殡葬工作，也是尊重回族等10个少数民族殡葬习俗，体现党的民族平等、民族团结的重要方面。

我市的回民殡葬工作因组织机构尚未落实，规划尚未确定，管理尚无规定，不能适应回民亡人殡葬的需要，为此建议有关部门帮助解决现存问题：

1. 要求市民族宗教事务局和市民政局加强对回民殡葬工作的领导，建立回民殡葬服务所，健全回民殡葬的有关规定，依法管理回民殡葬工作。

2. 参照上海、南京、扬州、常州等城市的做法，加大对回民殡葬工作的财政投入，请求市民政局在改善殡葬设施上给予经费支持，帮助特殊群体，弱势群体解决殡葬设施的特殊困难。

3. 要求市民族宗教事务局迅速组建回民殡葬服务所，组织一支专业化的殡葬服务队伍，对回民殡葬实行打坑、接、送、洗、葬“一条龙”服务，以期早日解决广大回民同胞的后顾之忧。

4. 加强回民公墓的管理，帮助修缮上山道路。请国土部门继续帮助回民公墓的用地，请公墓所在地的乡镇给公墓的建设提供方便和支持。

关于加强民族教育基地建设,提高民族学校办学水平的建议

教育是立国之本,民族教育是国家教育的重要组成部分。我市是民族工作的重点城市之一。民族教育关系到少数民族素质的提高,关系到民族经济的振兴,关系到少数民族同胞的小康生活。

我市京口区的五条街小学、润州区的穆源小学都是省市命名的"民族学校"。穆源小学是一所百年老校,是国内最早创办的新式回民学堂,侨居海外的丁法仁卿女士早年就读于穆源学堂,临终前嘱其子丁存林先生捐款30万元帮助学校办学。在1997年11月25日穆源学堂被日本帝国主义飞机轰炸60周年纪念日时,时任国务院副总理的李岚清曾写信要求进行一次爱国主义教育。五条街小学也是一所百年老校,始称"求己学堂",学校位于剪子巷,清真寺巷回族等少数民族集中居住的地区,是全省唯一的一所省级民族实验学校,省民委和辖市区领导多次参加该校举办的"56个民族56朵花"联谊会,该校与新疆农17师47团中学开展"手拉手"活动,双方互派教师参加教学,增进了与西部地区的民族感情。

但两所学校都因为领导的重视程度不尽如人意,办学教育经费匮缺,场地狭小设施简陋等问题一直未能妥善解决,为此建议:

1. 要求市区教育行政部门把民族教育的发展列入议事日程,充分考虑少数民族的特殊性,加强对民族教育工作的领导,切实帮助解决办学中的困难。

2. 要求市区在每年的教育附加费中安排一定数额的资金,帮助解决民族教育基础设施的建设经费。特别是请市政府和京口区政府帮助落实该校新建民族文化民族武术场馆的建设资金。

3. 加强民族教育的师资力量的培养力度,给从事民族教育的教师进行精神和物质鼓励。

关于建立和健全违法建设责任追究制的建议

违法建设是困扰城市管理的一大顽疾。违法建设不仅破坏了城市的环境，影响了人民正常的生活，而且造成许多安全和不安定的隐患，扰乱了安定团结的社会秩序，给社会经济的发展带来许多负面影响。

违法建设为什么会越来越多？除了搞违法建设的人法制意识淡薄，谋取私利而外，管理制度不健全，管理工作不到位也是造成违法建设增加到几万平方米的重要原因。

违法建设应该受到严厉的惩罚。但事实却不是这样，搞违章建筑的不但捞到好处而且发了横财，带动和影响了一些不想搞违法建设的人也参与其中跟着搞违法建设，认为不搞白不搞，不捞白不捞。

许多热爱镇江的选民反映，违法建设是管理部门弄出来的。管理部门知道违法建设就是不查处违法建设，接到群众举报到现场拍张照片就完了，不但不保护举报人的权利，反而把举报人告知给被举报人，引起居民邻里纷争，造成社会新的不安定因素。

违法建设应当消灭在萌芽状态，不能依靠突击治理。市政府下决心掀起“百日拆违”的活动，但终因有关部门相互推诿，回避责任，形不成合力，效果欠佳。“前事不忘，后事之师”，“亡羊补牢，为时不晚”。看看周边城市为什么对违法建设整治有效，关键是一个“早”字和“狠”字，关键是有违法建设责任追究制。为此建议市政府制定“违法建设责任追究制”，明确执法主体，理顺管理体制，赋予管理责任。谁负责的地区，谁分管的范围出现违法建设就要追究谁的责任，要像安全生产责任追究制那样，动真格讲实效。

关于严格长江岸线管理，规范使用长江岸线的建议

长江岸线是不可多得，不能再生的稀缺资源。长江镇江段岸线长达116.5公里，其中南岸岸线长101.5公里，北岸岸线长15.7公里。根据长江流域规划岸线的资料，可建设港口的岸线只有52.85公里，其中南岸可建设港口的岸线42.5公里，深水岸线有36.9公里；北岸可建设港口岸线10.35公里，深水岸线只有7公里。

在已经使用的长江岸线中，用于公共码头建设的岸线不足2公里；用于专用码头，开发区及其码头、城市生活、旅游、大桥、汽渡、过江电缆、水厂等设施的岸线已近10公里；物资部门的码头，企业单位的码头岸线已超过2公里。在已经利用的14公里长江岸线中，非公共码头港口占已利用岸线的86.5%，这是不合理开发利用长江岸线的例证，造成长江岸线资源的极大浪费。

为了规范合理使用尚存的30多公里可以建设港口的长江岸线，建议政府采取有效措施，让长江岸线的使用发挥更大的经济效益和社会效益。

1. 严格长江岸线的管理，把好审批关，制订使用的具体规定，具体标准和程序规范。

2. 修改完善长江岸线的使用规划，科学使用长江岸线。组织专门队伍，对长江岸线的使用情况做一次调查，对拟将使用的长江岸线的项目进行一次复查，发现不当使用的要立即纠正。

3. 控制和预留一部分长江岸线给子孙后代使用，让长江岸线在可持续发展中做出更为科学的安排。

关于要求采取有力措施帮助农村少数民族脱贫致富的建议

2005 年是帮助我市少数民族贫困户特困户摆脱贫困的重要一年。据 2003 年有关资料统计,我市尚有 592 户,1321 人属于农村少数民族贫困户的统计对象。其中人均收入在 1900 元的贫困户 406 户,981 人;人均收入在 1100 元的特困户 186 户,340 人。经过 2004 年的努力,在各级党委和政府的帮助下,又有一部分贫困户摆脱了贫困,又有一部分特困户告别了特困。但面对上级的要求,脱贫致富的任务相当艰巨,这不仅是一个社会问题,更是一个政治问题。在贫困户和特困户中有相当一部分是来自云、贵、川,西部地区婚迁进入我市农村的少数民族人群,为了维护安定团结,促进各民族共同建设小康社会,希望市委、市政府高度重视农村少数民族的脱贫致富工作,为此建议如下:

1. 将农村少数民族脱贫工作列入重要议事日程。在全面调查弄清情况的基础上,组织有关部门进行攻关,落实帮扶措施,定期研究解决脱贫工作的难点问题。

2. 采取结对帮扶的方法。对有条件通过生产自救的少数民族贫困户,帮助解决部分生产自救资金;对有意愿通过开发农业项目脱贫的少数民族贫困户,提供技术援助,技术培训,提高收入;对部分无劳动力,因病因残无生活来源的少数民族特困户,在提供低保的同时,定期给予生活补助。

3. 切实贯彻市政府镇财发(2003)173 号文件,对农村少数民族特困户就医时免收挂号费,减免 30% 治疗费、手续费、检查费、化验费、住院费,帮助农村少数民族贫困户解决医保问题。

4. 设立农村少数民族贫困户子女教育专项经费(能否在教育附加税中酌情安排),在九年义务教育阶段减免学杂费。高中阶段和录取高校后的学杂费给予助学金,让贫困户的子女不再成为贫困对象。

关于重视家教问题,加强家教管理的建议

有多少教师从事家教?有多少学生接受家教?没有哪个权威机构发布过统计数字。但家教问题已经成为社会问题,在学生家长中和社会生活中引起强烈震动!

翻开报纸各类家教广告目不暇接,漫步在街头巷尾各种家教摊位比比皆是。还有那看不见的家教市场炙手火爆,私下里小范围的家教数不胜数。无人过问无人管理这是一个不争的事实。

家教如此兴旺,说明学校教育有问题,学校不关注教师教学,放松课堂教育,教师上课没劲头,讲完课讲义一夹走人。学生上课听不好依赖家教补课,表面上看下午四点多钟就开始放"鸭子"了,但学生在家教中花费的时间更多了,减轻学生负担成为一句空话。

家教使学生很累,来不及做完作业就赶往家教,连晚饭也顾不上吃,等到做完作业已经夜深人静。家教家长花钱多,效果差,不停地换家教,浪费了许多宝贵的时间。

有的专家认为:家教的效果不大,家教加学校教育充其量只能算是一个低级的应试教育。教师在学校从事"素质教育",回家搞应试教育,家教承担了学校教育的内容,以低水平的家教获取高数额的收入。一张桌子,七八张椅子,便是家教的课堂,两个小时一堂课就收几十元,仅以周六、周日两天计算,家教的收入就有千余元。教师在学校上一堂课,学生只花几毛钱,而家教就要花几十元,家教收入大大高于学校收入,家教肯定是越搞越红火。

建议政府重视解决家教这个带普遍性的社会问题。建议教育行政管理部门发挥教师的主观能动性,提高学校教育的质量,采取有效措施让教师在课堂上施展才能,让学生在课堂上得到素质教育,加强对家教的管理。

关于构建和谐社会应当重视的三个问题

构建和谐社会要从人民群众最关心、最直接、最现实的利益问题入手，消除或缓解不和谐的矛盾。当前人民群众迫切希望解决的三大问题，既是难点问题又是热点问题，更是构建和谐社会不得不解决的问题。

一、着力解决分配不公的问题。由于身份不同，所在部门和单位不同，做相同的工作而享受的待遇有很大的差别，高收入和低收入相差几倍之多。例如城镇居民是农民人均年支配收入的五倍；行业之间平均劳动报酬最高和最低之间相差4.25倍。差距扩大及引发社会成员心理失衡和利益冲突，给社会造成不稳定因素，应当解决分配不公的问题，缓解贫富之间的利益之争。

二、着力解决教育不公的问题。高考移民、择校风、乱收费是当前教育事业发展中出现的不公平现象，教育资源的不合理配置。上学难、花费多、压力大已经成为教育工作的热点问题，城乡之间获得高等教育的机会差别很大，城乡之间生均教育经费差别很大，有不少学校的教育用房简陋陈旧，甚至是危房。因为教育不公，恶化了社会利益格局，埋下了人际关系紧张的隐患，应当在提高教育附加费征收后，解决发展不均衡的问题，缓解教育和受教育的利益冲突。

三、着力解决就业不公的问题。劳动力供大于求，社会保障缺口多的问题是特别要缓解的实际问题。今后几年是劳动年龄人口增长的高峰期，又是下岗失业人员的增长期，加之社会保障覆盖面很窄，基本医疗保险和失业保险的能力相对单薄。农村社保体系还刚刚启动，就业问题、社保问题、是构建和谐社会中非常突出的问题，应当实施积极的就业政策，扩大就业面，特别要关注弱势群体的就业问题。应当贯彻执行就业的公平性和公正性，反对歧视、反对特权，维护社会的公平和机会均等，建立健全相应的社保体系，协调社会的利益，缓解就业和失业形成的利益矛盾。

关于低收入者看病应由政府负担的建议

因为城镇居民和农民的医疗保障问题尚未完全解决,不少市民看病吃药都要自费,这对于低收入群体是一个沉重的负担。从有关资料获悉,城市最低收入群体,人均卫生支出占收入的10%,农村最低收入人群,人均卫生支出占收入的26%,医疗费用的增长幅度,已经大大超过了居民收入的增长水平。政府虽然多次对药品采取降价措施,但实际收效甚微,过半百姓看病完全"自掏腰包",部分药品价格没有降到位,部分药品定价偏高,药价虚高现象非常严重。

因为卫生总费用存在着明显的结构不合理,随着经济和社会的发展,政府的预算卫生支出和社会卫生支出所占的比重没有相应增加,反而呈现下降的趋势。城乡居民私人支出医药费用的比例不断扩大,更加加重了低收入群体的看病负担,成为广大群众反映强烈的社会问题,成为影响安定团结的一大羁绊。

医疗卫生必须坚持为人民健康服务的宗旨和公益性质,不能把医疗卫生机构变成追求经济利益的场所。医疗卫生机构要坚持低收费,不以营利为目的,特别是低收入者的医疗费用应该由政府提供,这是政府的责任。建议从"十一五"规划开始所有低收入者的医疗费用由政府负担。推行医疗保险的作用就是让低收入者能有钱去买这个基本的服务,这是政府义不容辞的责任。

关于采取措施,制止违法建设死灰复燃的建议

镇江市民对违法建设深恶痛绝,镇江市政府顺应民意组织“百日拆违”,经宣传教育动员,不少有良心的市民拆除了所建的违法建筑,也有不少持有特殊身份的人顶风而上,不仅没有拆除而且与“百日拆违”相对抗,造成了急坏的社会影响。

违法建筑不仅破坏了市容市貌,干扰了城市规划的总体部署,而且影响了人民群众的正常生活,造成了许多不安全和不安定的隐患。违法建设是困扰城市管理的一大顽症,城市的管理者应该理直气壮地采取强有力的行政措施和法律手段,对违法建设严厉查处施以重罚。为什么违法建设会愈演愈烈,死灰复燃,这就说明违法建设有它存在的“市场”。究其原委除了搞违法建设的人法治意识淡薄,谋取私利而外,更主要的是管理法规不健全,无法可依,有法不依,违法不究的问题,没有从根本得到解决。从而使搞违法建设的不但捞到好处而且发了横财,在市民中造成了极坏的影响。“百日拆违”以后许多市民强烈要求市政府继续对违法建设采取强硬措施,抑制和强压违法建设“发展”态势,还镇江一个清静,还市民一个公正,还社会一个公道。

建议市政府像整治“三小车”那样,组织强有力的工作班子,各个部门紧密配合,市、区、街道齐抓齐管,把违法建设的热点问题解决好一点,把违法建设的难点问题解决得实一点。

关于不能再新建产能过剩项目的建议

“十一五”规划期间，客观经济面临的主要矛盾是生产过剩和有效需求不足并存，总供给持续大于总需求，通货紧缩再次出现。这是因为投资增长的体制性的冲动过强，技术和资金供给充足，使总供给持续过快增长，最终需求相对偏慢……“十一五”规划前期可能因为“十五”期间的高投资形成的产能最集中释放而产生的矛盾比较突出。对日益显现的供给过剩问题应当采取调控的政策，避免出现严重过剩和需求不足。从目前的趋势来看，抓紧解决部分行业产能过剩的问题是当务之急，如果任其发展下去，资源环境约束的矛盾会加剧，结构不协调的矛盾会突出，企业倒闭和职工失业会增加，银行呆账、坏账会扩大。因为部分行业的产能过剩，不仅会对经济社会的发展产生许多负面影响，而且会使产品价格回落，企业效益下降，库存产品增加。

从目前已经广为人知的钢铁行业产能大于市场需求 1.2 亿吨，电解铝行业闲置能力 260 万吨，铁合金行业开工率 40%，电石行业放空能力 800 万吨，焦炭行业产能超出需求 1 亿吨，汽车行业产能过剩 200 万辆等等，已经界定产能过剩非常突出的行业；还有水泥行业、电力行业、煤炭行业、纺织行业等等潜在产能过剩行业；更有那些尚未凸现即将凸显的产能过剩行业，都已经对经济和社会的健康发展形成巨大的压力。

镇江的经济和社会发展需要有完善的行业发展规划和产业政策；要依据法律法规淘汰落后产能；要严格市场准入，不能再新建产能过剩的项目；要继续清理整顿在建和拟建项目，推进技术改造，加快兼并重组，要加快现代服务业的发展，形成镇江的特色经济。

关于把贯彻“多予、少取、放活”方针落实到实处的建议

建设社会主义新农村,“农业、农村、农民”的问题是重中之重。农业用地连年减少,农民收入徘徊不前,城乡差距不断扩大,是解决“三农”问题面临的严峻的形势。增加农民收入已经成为解决“三农”困境的关键问题,尽管中央相继出台了一系列惠农政策,但农民的收入仍然偏低,城乡居民收入差距仍在扩大。农民和城镇居民人均年支配收入的比率从 1985 年的 1:2.57到 2004 年的 1:3.23,如果加上各种转移支付和补贴,实际收入的差距有五倍之多。如果不采取措施遏制城乡收入差距继续拉大的趋势,全面实现小康的目标就难以达到。今年的中央经济工作会议虽然作出部署,要继续推进农业结构调整,发展农业产业化经营,壮大县城经济,充分挖掘农村内部增收潜力,积极促进农民增收,但是如何把“多予、少取、放活”的方针落实到实处,实现真正意义上的农民增收,仍然是悬念多多,关键是看政府有没有具体措施,切实帮助农民增收。建议:

一、要坚持以发展农村经济为中心,促进农村生产力的解放和发展。要加大对“三农”的投入力度,加快农村道路、饮水、电网、通信等基础设施的建设;增加农村客运,农村教育,农村社保,农村文化,农村卫生等方面的投入;加快农村劳动力转移,发展农产品加工业,服务业等劳动密集型产业,拓宽农民增收渠道。

二、要坚持稳定并完善以家庭承包经营为基础,统分结合的双层经营体制,进一步明确土地承包经营权的法律性质,全面落实二轮土地承包政策,依法确权确地到户,稳定土地承包关系,应当在自愿有偿的基础上建立土地使用权依法流转的机制。

三、要巩固农村税费改革的成果,“皇粮国税”取消以后,要完善并强化各项支农政策,要强势推进新型农村合作医疗制度,切实帮助农民解决“看病难、看病贵”的问题,要想方设法免除农村学生的学杂费,实现真正意义上的义务教育。

关于转变经济增长方式的一点建议

党的十六届五中全会在《关于制定国民经济和社会发展第十一个五年规划的建议》中的重大命题之一,就是加快经济增长方式的转变。经济增长方式的转变是第九个五年计划提出来的,直到制定第十一个五年规划再次正式提出,说明经济增长方式在过去的十年中没有真正实现转变。以高投入、高消耗、高污染、低效率为特征的粗放式增长方式,造成的产业发展不协调,超过了资源和环境的承载能力,使经济发展难循环,资源产出效率大大低于世界平均水平。仅以煤炭为例,我国消耗一吨煤炭产出的 GDP 仅为世界平均水平的 30%,也就是说还有 70% 应当实现而未能实现的 GDP,是因为粗放式经济增长方式造成的。我市也是一个煤炭消耗的大户,每年消耗煤炭 1200 万吨,如果按 70% 应当实现而未能实现的 GDP 来推算,转变经济增长方式后,GDP 就可以增加 × × ×亿元。

"十一五"规划建设要求建设资源节约型、环境友好型的社会,发展循环经济,走新型工业化道路,走发展生活宽裕,生态良好的文明发展道路,实现节约发展、清洁发展、全面发展和可持续发展。为此建议自我革命,转变观念,切实做到创新体制机制,转变政府职能。

旧体制遗留下的一些不良东西,包括政府保持着对重要资源比如土地、信贷的支配权力,把 GDP 增长作为考核政绩的主要标志。在现行政绩标准和财税压力下,以及扭曲的要素价格支持下,政府把结构调整,理解为大量投入土地,信贷等资源营造形象工程、政绩工程,造成大规模投资和产业结构"重型化"的热潮,造成很严重的后果。结果只能是扬短避长的泡沫,不仅降低了经济总体效率且增长质量非常差。

任何一种经济增长方式总是建立在特定的体制基础上并与之共生共长。在当今的条件下,传统增长模式与行政计划体制相联系,关键在于政府要自我革命,根本转变干部政绩考核办法和经济绩效考核方法,引导求真务实、扎实工作、艰苦奋斗、勤俭建国、转变发展观念,更新发展思路,实现真正意义上的职能转变,才能实现经济增长方式的真正转变。

自主创新是转变经济增长方式的中心环节,我市的科技创新能力较弱,科技创新技术含量不高,技术创新指标低水平徘徊。WTO 的后过渡期,新技术革命给经济增长方式的转变带来极大压力,要提高核心竞争力就必须转变经济增长方式,这其中重要的内容就是规范政府财政预算外收入。建立能反映资源稀缺程度的价格机制,把企业投资生产行为和政府行为"逼入"科学发展的轨道。

关于再次提请政府解决城市公共厕所的建议

城市公共厕所问题是一个粗俗的话题,但也是生活必需和非常重要的问题。虽然多次建议重视和解决,但时至今日仍然是纸上谈兵,没有多大的动作。城市公共厕所是不可缺少的基础性设施,它关系到城市的形象,经济和社会的发展,公共卫生和人民群众的生活质量。城市的公共厕所问题解决得好与不好,能够体现一座城市管理者的水平,能够折射城市市民的素质。联合国教科文组织把每年11月19日定为“世界厕所日”,这就说明了城市公共厕所的重要性,公共厕所已经成为人们关注的焦点。据有关资料表明,镇江市区有公共厕所200多座,每万人拥有公共厕所仅3.37座,低于全省平均水平每万人拥有公共厕所4.82座。不仅布点不合理且是为附近居民服务的街巷厕所,不仅公共厕所的等级低且数量严重不足,5公里长的中山路仅有公共厕所5座,只达到标准的50%,很多路段全线无公共厕所,很多广场未设置公共厕所……所有这些都给市民、游客和经商流动人员带来极大不便,有损镇江历史名城的形象。

公共厕所问题未能引起城市管理者的重视,是因为在城市规划和城市建设中,公共厕所成为被遗忘的角落,公共厕所被忽视也是因为公共厕所没有什么经济效益可言。公共厕所的数量不仅没有增加,反而在老城区的改造中减少。为了使镇江成为人们心目中的文明城市,提升城市形象,展示城市魅力,建议政府重视公共厕所问题,把公共厕所的布局和建设纳入城市总体规划,建公共厕所和建设道路,建造广场,建筑高楼,建设绿地,建造花园同时验收。

建议不要用市场化的手段,不要用商业化思路去经营公共厕所,政府应该加大对公共厕所的投入,让公共厕所发挥公共产品的属性和公共服务的功能。

建议有关部门在条件允许的情况下,在繁华的闹市区和人口流动密集的街区设置一些流动的公共厕所,以解决市民行人游客的燃眉之急。

希望这次的建议能够被政府采纳并付诸实施。

关于严格限制养狗的建议

改革开放以来，经济和社会都得到迅速的发展，人民生活的许多方面也随之发生很多变化。饲养宠物作为一种时尚，已经走进许多家庭的各种宠物，受到不少人的青睐，俨然享受了家庭成员的待遇。因为狗的数量激增，宠物美容美发店、宠物医院如雨后春笋、兴旺发达，宠物狗已经成为一条靓丽的风景线。但是因为狗，邻里之间关系恶化，引发了许多矛盾并有愈演愈烈之势。因为狗，环境卫生状况令人担忧，狗屎狗尿玷污了大街小巷和街心花园，严重影响了市容市貌和公共卫生。狗让少数人喜欢多数人讨厌，养狗已经成了不得不关注的社会问题，狗的密度不断上升，滋生各种疾病的可能性越来越大。以我市为例，狗的密度已经从 1998 年的每百户中有 3 户养狗，增加到 2005 年的每百户中有 12 户养狗，狗满为患严重影响了和谐社会的建设。因为被狗咬伤，到市疾病预防控制中心注射狂犬疫苗的人数已经多达 2500 人。狂犬病毒在自然界和一些动物身上广泛存在，消灭狂犬病毒不大可能，只有减少对人的传播才能得到有效的抑制。为此建议：

一、对养狗采取严厉的控制措施，出台严格限制养狗的规定，严格控制养狗的数量，降低狗的密度（据统计中国已有 2 亿只狗）。

二、管理部门要动真格出硬招严格监管，对没有“养狗许可证”“狗类免疫证”的狗坚决绳之以法，狗对环境造成破坏，对他人造成影响的，对养狗者处以重罚。

三、加大宣传力度强调文明养狗，做到疏导和市民自律相结合。

关于提请政府重视老龄工作的建议

人口老龄化是指一个国家或地区老龄人口增长的趋势。江苏是全国较早进入老龄化的省份之一，镇江从1986年率先进入老龄化城市的行列，比全国提早14年。2004年老年系数15.5%，高出全省平均水平2个百分点，老年人口40.95万，其中80岁以上老年人，占老年人总数的13%，老年“空巢”家庭率为54%，市区就有4.3万“空巢”老人。

目前我市人口老龄化已经步入快速增长期，预计2010年全市老年人口将超过51万，约占总人口的18%。人口老龄化，老年人高龄化，家庭小型化，老年家庭“空巢”化，已经成为我市重要的社会特征，给经济和社会发展带来一系列深刻影响。有关部门预测2030年左右，人口老龄化将进入高峰期，老年系数将上升到30%左右。根据有关资料表明，发达国家进入老年型社会时，人均GDP一般在5000~10000美元。江苏进入老年型社会时人均GDP才不到600美元，“未富先老”的问题比较突出，镇江也不例外，特别是农村老年人的比重不断增高，农村老年人口占老年人口总数的比例已超过70%，令人忧虑的是由于农村青年大批进城，失地农民重新择业，农村人口老龄化程度更加严重，为此建议：

一、尽快制定贯彻中央《关于加强老龄工作决定》的实施意见。加强老龄工作办事机构的建设，提升老龄委办公室为副处级建制，加大老龄社会保障，老年福利和服务，老年教育设施建设的投入，确保老龄工作“有人办事、有钱办事、有权办事。”

二、健全老年人最低生活保障和特困救助制度。给享受低保标准的老年人都上浮15%，适当提高农村“五保”和城市“三无”老人的生活水平，对“居家善老”的老年人提供生活照料和医疗保健服务。

三、认真解决老年人“看病难、看病贵”的问题。建议将市第二人民医院改为“老年康复医院”，专门为老年人提供医疗、防治、护理服务，政府给“老年康复医院”实行医药补贴，免收在“老年康复医院”就诊挂号费，减收医疗费和药品费。

四、建立老年事业发展基金。从财政收入的增长中，从彩票收益划拨的比例中，从提高征收的教育附加中，安排一定数额的资金作为老年事业发展基金，条件允许时建议征收老年附加，增强为老年事业发展的财力保障。

每个老人都关联着一个或几个家庭，关联着周围一批人群，老年人的精神状态和生存状态直接关系到经济和社会的发展，直接关系到子孙后代，直接关系到构建和谐社会，高度重视老龄工作，切实保障老年人的权益，利在当代功在千秋。老龄工作不仅涵盖当代的老年人，也包括未来的老年人。人总是要老的，关爱老人，就是关爱自己，保护老人就是保护自己，“我为老人，等于为己”，老年人要有夕阳红，老龄事业应当成为朝阳事业。

关于提请政府高度重视水污染问题的建议

为推进生态市的建设,加强环境保护工作,在贯彻执行《环境保护法》的同时,实施了地方环境保护法规,使生态环境、自然环境被污染、被破坏的势头开始有所遏制。但是对环境保护的成效不能估计过高,整个生态状况仍然处于“局部好转,整体恶化”的局面,特别是水生态环境方面的问题较多,地面水被污染,地下水下降严重,城市内河,农村河道有相当部分达不到基本功能的水质要求,出现了严重的水质性缺水。镇江市区居民饮用水主要取自于长江,比其他城市算是好的饮用水,但是因为长江有 25 条支流相通,符合三类水标准的只有 11 条,仅占支流数的 38%,部分支流水质属于五类,基本失去水体功能,这对于我市的饮用水是一个严重的威胁。特别应当引起重视的是贯穿我市大运河的水源污染日趋严重,污染负荷居前的项目有五日生化需氧量、高锰酸盐指数、挥发酚和溶解氧超标严重等等。大运河被污染,主要是工业污染,农业污染和生活污染三大源头,大大小小的企业排放污水、废气、粉尘,多家企业的气、水、粉尘造成的叠加污染,严重影响了整体环境,仅丹化集团、丹阳钢铁厂等 12 家污染重点企业排放的污水就有 930 万吨。生活污水未经处理排入运河,13 个乡镇几十万人没有集中的污水处理厂。占废水排放量 55% 的农业、农药、化肥流水恶化水质,再加上运河沿岸乱占、乱用、乱垦、乱挖河岸,弱化了水环境自净功能,大运河的水质和水环境已经到非治理不可的地步。

水污染的原因是多方面的,但是因为饮用水水质不达标而引发的癌症,新生儿畸形,肝功能等多种疾病,严重损害了人民群众的身体健康,严重影响了社会的安定团结。建议政府在重视环境保护中,要特别关注水污染的问题,把抓好抓实环境保护工作,切实治理水污染,作为“以人为本”的出发点。把抓好抓实环境保护工作,重点抓好水污染治理,作为构建和谐社会的落脚点。把发展清洁生产作为环境保护水污染治理的第一道关口,把发展循环经济作为环境保护治理水污染的出路。

建议市政府要下大力气抓好农村的环境保护工作,不能再容忍把农药、化肥、规模养殖畜群,生活污水等直接排入江河,不能把大江大河变成工业污水,农业污水,生活污水的下水道。

水污染治理任重道远,希望通过治理和处理,饮用水质会一天天好起来。

关于适度开禁烟花爆竹的建议

燃放烟花爆竹是中国人庆贺节日的习惯，不可能一禁了之。禁止燃放烟花爆竹主要是为了防止城市环境污染，减少噪声、火灾和人身伤亡事故，如果划出一个固定的区域，做好安全防范，改完全禁放为有限制的燃放，不仅可以让已经有千年历史的民族风俗得到延续，还可以让燃放烟花爆竹烘托传统节日的氛围，为此建议：

一、改全面禁放为有条件的限制燃放，在城区划出禁放区。如政府机关、商厦门口、易燃易爆物品存放处等坚决禁止燃放。在每个街道指定一个较为安全的空旷区实行限制燃放。

二、规定限制燃放的时间和地点。建议农历除夕到正月十五日元宵节为限制燃放时间。

三、统一制定生产烟花爆竹的品种、规格、质量规范和技术标准，特别是要降低烟花爆竹的爆炸能量，禁止生产危害人类身体健康，危及人身安全，污染环境的烟花爆竹。

四、工商、城管、公安、消防，卫生等相关部门要制定安全防范措施，要严格加强监管，对违反规定的要施以重罚，造成严重后果的要绳之以法，追究刑事责任。

关于请求政府继续关心少数民族脱贫工作的建议

2005年，省委书记李源潮在全省民族工作会议上强调，帮助少数民族跟上全省全面小康和现代化的步伐，是民族团结进步最具说服力和显示度的工作。据调查我市尚有回、蒙古、满、土家等21个少数民族238户约792人仍生活在脱贫和返贫的边缘，年人均收入在1900元左右。为了在新的一年，为了使少数民族贫困户真正走上脱贫致富奔小康的道路，建议：

一、认真贯彻省委李源潮书记在全省民族工作会议上的重要讲话，树立亲密团结的共同进步民族发展观，制订少数民族扶贫开发计划，采取切实措施，为少数民族贫困户脱贫致富奔小康办实事、办好事，解决少数民族贫困户的生产和生活问题，把少数民族脱贫致富工作列入政府议事日程。

二、城市少数民族的社会保障和医疗保障问题应当引起高度重视，生活在京口区和润州区的10831名少数民族同胞，占全市少数民族人口的67%，其中不少还生活在贫困之中，下岗待业人员比例还比较大，应当在认真贯彻市政府办发〔2003〕173号文件和随后继续下发的文件的同时，给予特别的照顾，提供就业的机会，解决子女的受教育问题。

三、建议采取对口帮扶的办法，帮助少数民族发展生产，走开发扶贫的路子。采取特殊政策扶持少数民族经营服务业，落实税收优惠费用减免政策，支持少数民族脱贫致富。对部分因病因残无生活来源无生活保障的贫困家庭，请求对口帮扶单位，给予定期的生活补助和医疗补助。

关于禁止虚假和违法医药医疗广告的建议

媒体登载和播报广告，在当今市场经济的社会里本来是无可非议的。但令人感到遗憾的是媒体经常为虚假和违法的医药和医疗做广告，给社会的发展带来了严重的危害，给人民群众的生活造成严重的阴影。什么“专治疑难杂症”、“药到病除”、“攻克世界难题”等等夸张的说法不绝于耳，每年都有成千上万的患者深受其害。我市也不例外，虚假和违法医药和医疗广告已经成为卫生的公害，不仅直接损害了群众的切身利益，而且破坏了广告市场的秩序，还严重损害了党和政府的形象。尽管国家有关部门三令五申严禁医药和医疗广告夸大其词，贻害百姓，但实际上此类广告的虚假率和违法率以及低俗率仍然居高不下。究其原因是因为利益驱动，广告商、媒体、医药公司、医院及相关人员形成的利益链；因为管理部门监管不力，对虚假和违法医药和医疗广告给人民的身体健康造成的危害认识不足；因为群众对媒体的信任、盲从对媒体登载和播报医药和医疗广告的真实性毋庸置疑；因为受利益驱动的影响，部门领导抵制不积极，不坚决等等原因，使虚假和违法的医药和医疗广告充塞于电视、广播和报纸。

为了保障人民的身体健康，必须根治虚假和违法医药和医疗广告，政府应当明文禁止，自行其是顶风违禁者，应当严肃查处，罚处重金，因为虚假和违法医药和医疗广告造成严重后果者，应当追究刑事责任，还社会一个公平，还人民一个公道，还政府一个清廉。

关于建立贯彻落实科学发展观保障机制的建议

科学发展观是总结了20多年来我国改革开放和现代化建设的成功经验，吸取了世界上其他国家在发展进程中的经验教训，揭示了经济和社会发展的客观规律，反映了党对发展问题的新认识，它具有丰富、深刻、系统的内涵，它是全面建设小康社会的思想保障，行动指南，只有全面贯彻落实科学发展观，才能保证"两率先，两步走"的目标全面实现。为了使镇江的经济和社会发展，坚持走科学发展观的道路，建议：

一、从思想上建立科学发展观保障机制。要把全面系统准确地把握科学发展观的精神实质，主要内涵和基本要求作为党员干部的必修课，提高党员干部贯彻落实科学发展观的自觉性和坚定性。从思想上做到不以牺牲长远发展为代价而急功近利，过分追求当前的发展。从思想上筑牢保护生态环境，就是保护生产、保护可持续发展能力的防线。

二、从组织上建立科学发展观保障机制。要用全面的、实践的、群众的观点看待干部的政绩观，看待干部的政绩。既要看增长速度，又要看人文和社会指标；既要看城市面貌改变多少，又要看农村的面貌改变多少；既要看"蛋糕"是否做大，又要看群众是否得到实惠。要把正确的政绩观作为正确用人导向，使符合科学发展观的人和事得到褒奖，使违背科学发展观的人和事受到惩罚。

三、从作风上建立科学发展观保障机制。要把求真务实作为立论，想问题、作决策的根本出发点和落脚点。既要有积极进取的精神，又要有量力而行的态度，不追求脱离实际的高指标，不盲目攀比一哄而上，不为私心杂念唯心唯上不唯实。要弘扬为群众办实事、办好事、办成事的作风，把"假大空"的党员干部排除出"四化"干部行列。

希望通过建立贯彻落实科学发展观的保障机制，确保科学发展观贯彻到底落实到位，让科学发展观在镇江的经济和社会发展中结出丰硕成果。

关于加强少数民族干部队伍建设的建议

胡锦涛总书记在全国民族工作会议上的重要讲话,强调要大力培养少数民族干部和各类人才,这是做好民族工作的关键性因素,是管根本、管长远的大事。要制定周密规划,完善政策机制,加大培养力度,拓宽培养渠道,不断壮大少数民族干部队伍。

据不完全统计,全市在职的少数民族正科级、中级职称以上的干部和各类人才175人,其中有高级职称的38人,县处级干部15人;年龄在55岁以上的17人,年龄在45岁以上的46人,年龄在40岁以下的35人,县处级干部中退居二线的有4人,年龄最小的已经43岁。因为对少数民族干部和各类人才未列入专门培养序列,从总体上看数量偏少、年龄偏大、专业偏杂,大部分在企业工作,很少在党群部和经济管理部门工作。为做好培养、选拔、使用少数民族干部和各类人才的工作,建议如下:

一、把培养、选拔、使用少数民族干部和各类人才列入市委、市政府人才工作的专门序列,制定少数民族干部和各类人才的发展计划,建立和健全少数民族人才管理工作机制。

二、镇江是全省民族工作的重点城市之一,为了做好民族团结进步工作,要建设一支政治坚定,业务精通,善于引领改革开放和经济建设且又深受各族群众拥护的少数民族干部队伍。

三、加大对少数民族干部和人才的培训力度,加大对少数民族教育的投入,着力提高少数民族干部和人才的素质,列入“169”和“333”人才培养工程。

四、要求市委组织部把少数民族干部的选拔和使用列入妇女干部、非党员干部同时研究规划部署,要求人事局把少数民族各类人才列为专项人才工作。

关于把发展农村公交纳入公共财政体系的建议

城市居民出行难、行路难的问题已经引起国家有关部门和社会各界的高度重视，近来许多媒体连篇累牍地直击城市公共交通的五大“软肋”，把公交车比自行车慢的问题归咎于政府投入严重不足，交通拥堵阻塞……而农民出行难、行路难的问题却没有引起重视，虽然苏南各市为方便农民出行在农村公路通达后硬着头皮开通了农村客运班车，比较发达的乡镇为实现城乡客运一体化，在此基础上又冒风险陆续开行了农村公交班车。实现城乡居民零距离换乘，为农民“早进城晚归家”提供方便。我市的农村客运在市政府的重视下，通达率已达90%，但是“步履维艰”，开开停停。农村公交除丹阳在奋力拼搏外，其他辖区基本还是空白，这是一个必须面对的实际问题。农村公交亟需要解决“政府投入不足、规划先天不足、企业经营艰难”的问题。根据国务院关于“三农”问题“多予、少取、搞活”的方针，应当把“国民待遇”惠及农民，城市居民享受的，农民也应当享受，起码也要享受一半。为确保农村公交班车“开得通、养得活、留得住”，在呼吁解决城市公共交通问题的同时，应当关注、重视、解决好农村公共交通中应当解决的问题。为此建议政府：

1. 将农村公交纳入公共财政体系，统筹发展城市与郊区农村、乡镇、行政村的交通；
2. 选择适合农村公交的车辆，添置必要的设施装备，并给予资金和政策的支持；
3. 给予与城市公交同等的燃油补贴，实行低票价政策；
4. 免费提供农村公交站点的用地，并为其建设公交站场；
5. 免缴或减免各种规税费，享受城市公交50%的补贴。

关于彻底解决大市口二号地块烂尾工程的建议

地处大市口黄金地段是城市规划中的二号地块,因种种原因,二号地块改变了原来的规划用途,建成了现今的城市客厅,为城市的容貌增色许多。但是在城市客厅的北侧的烂尾工程仍然矗立在马路的旁边,水泥柱子上长短不一的钢筋伸向天空,与城市客厅形成强烈对比。

二号地块是长江房屋开放公司开发的项目,因为规划问题、施工问题、费用问题,……至今还是一个“黑洞”,该拆的没有拆走,该建的没有完工,建成的没有竣工,竣工的没有验收,十年过去了,在市中心这个问题都没有解决,恐怕其他问题就更难解决了,为了树立起诚信政府的形象,建议政府。

一、委派有权部门限期解决二号地块烂尾工程问题,消除地下车库臭水塘的隐患。实在建不起来的,拆除残墙断壁,拆除沿解放路违章门面房和建筑,也不能因为这个烂尾工程影响市容市貌。

二、委派有关部门清算长江房屋开发公司的遗留问题。封存该公司的账户,追究公司负责人和有关人员的责任。

三、委派房管部门为拆迁户和商品房购买户办理产权证件,给已经入住的居民户提供水、电、气、化粪池、公共部分维修等项物业管理。

四、委派建筑质量监督部门对已竣工未验收的房屋进行验收,发现质量问题立即组织加固维修。

关于对罚没款实行集中管理的建议

为了推进我市的行政执法工作，不少行政执法部门都把提高行政执法水平和能力，实行行政执法责任制作为依法治市的具体要求，做到严格执法、公正执法、文明执法，为发展经济和维护社会安定发挥了积极作用。

但是有些行政执法部门存在违法行政、违章执法的问题。特别是把罚没款作为执法任务，把经济利益与罚没款挂钩引发的"三乱"现象，引起了社会各界和人民群众的强烈不满。

罚没款属于非税收入，应当实行集中管理。在利益驱动的机制下，不少执法部门的罚款数额越来越多，如果一个执法部门全年罚没款1000万元，全市所有行政执法部门的罚没款就有若干亿。权威人士说这在"执法经济"中含金量是最高的。因为罚没款的数额不断增加，执法人员的非工资性收入也在不断增加。特别是那些不归市财政管、省财政又无力管的行政执法部门，执法人员的各种非工资性收入是应发工资的数倍，这些非工资性收入来源于罚没款，罚得越多得的越多。罚没款扭曲了行政执法人员的形象，给社会带来很多负面影响。为此建议：

1. 对罚没款实行集中管理，所有罚没款都要进入财政国库。改革现行的管理方法，不再实行比例分成，实行真正的脱钩。

2. 按"收支两条线"的制度，按标准拨给行政执法部门执法经费，按规定支付人员工资和办公经费，特殊情况可以申请追办，上年结余可留转下年使用。

3. 加强对罚没款票据的管理，使用微机票据，实行电脑联网。财政部门定期公布罚没款票据的使用情况，杜绝人工填写罚没款票据。

4. 审计部门要加强对罚没款的审计。在普查的同时，进行特别审计，审计情况在政务公开中公布，发现问题要严肃处理，限时纠正。

关于发展宁、镇、扬市际无终点循环客运班车线路的建议

根据长三角发展的规划,为更加密切宁、镇、扬三市的经济联系和技术合作,迫切需要发展三市之间的快速客运线路。

目前镇江和南京之间已建成客运绿色通道,每十分钟发一班车,达到了“紫金城、铁瓮城,一个小时就进城”的预期目标,极大地方便了出行需要。镇江和扬州之间在润扬大桥通车后开通了镇扬市际公交客车。从镇江焦山公园到扬州瘦西湖公园每20分钟发一班车,对来往镇江和扬州之间的旅客、游客提供了极大的方便,已经成为周末和长假到镇江、扬州旅游观光的最快捷、方便的运输线路。

为了连通三市之间旅游客运,为了充分利用南京大桥、南京二桥、润扬大桥“天堑变通途”的捷便,建议在镇江—南京—扬州—镇江之间开行无终点市际循环客运班车,运行方式可采用顺时针方向和逆时针方向双向循环运行模式;可根据市场的需要和旅客流量,流时的需要,沿途设置若干个站点开行普客运输线,亦可在三市的最佳站点之间开行快客运输线。让三市之间的客运班车按公交化方式运作,最大程度地方便三市人员的出行,最大程度节省运输成本,最大程度地减少旅客在途时间,最大程度地发挥车辆的运输效率,最大程度地提高运输经济效益。

可以预料开行宁镇扬三市市际无终点循环客运班车的前景是非常好的,无论是运输企业,还是旅客游客,无论是企业经济效益,还是宏观的社会效益,“双赢”是必定无疑的。建议镇江市牵头和南京市、扬州市联手合作,共同做好这件便民、利民的实事。

关于加快发展老龄事业的建议

我市从 1986 年已进入老龄化城市行列，比全国老龄化社会提前 14 年。40 多万老年人中有 13% 的老年人已超过 80 岁，有 54% 的家庭是老年“空巢”家庭。从现在开始，我市的人口老龄化步入了快速增长期，预计“十一五”期末老年人口将超过 51 万，约占总人口的 18%。人口老龄化、老年人高龄化、家庭小型化、老年家庭“空巢化”已经成为我市社会生活发展的特征，给经济和社会发展带来一系列影响，“未富先老”将成为全社会比较突出的问题。为了应对 2030 年老龄人口占人口总数的比例上升到 30% 的压力，确保社会的和谐稳定，建议：

一、编制全市老龄事业发展规划和实施意见，研究面对老龄化挑战的战略研究，制定相应的发展思路和对策。

二、建立健全全市老龄事业办事机构，建立健全老龄法规政策，加强老龄法制建设。

三、切实做好老年人养老、医疗、服务等各方面的制度安排，实行最低生活保障和特困救助制度。

四、大力发展老龄产业，建立老年事业发展基金，从财政收入增长中，从彩票收益中，从提高征收的教育附加中，安排一定数额的资金为老龄事业发展提供财力保障。

关于减少汽车尾气排放，提高空气质量的建议

影响我市空气质量的主要污染物是可吸入颗粒物。空气质量指标最差时为五级。空气质量的好坏不仅影响我市居民的生活和身体健康，而且直接关系到投资环境和经济发展。

我市污染空气的可吸入颗粒物主要来自于公共污染、粉尘排放、施工扬尘、汽车排放等。除韦岗镇周边厂矿，谏壁镇周边厂矿是我市空气质量的污染源外，40 多万辆机动车辆的尾气排放也是空气质量的主要污染源。为了提高空气质量，建议市政府和有关部门：

1. 提高对空气质量重要性的认识，要像重视传染病非典那样重视提高空气质量，对汽车尾气排放实行依法治理，对保护和提高空气质量实行最严格的保护制度；

2. 对影响我市空气质量的污染源进行一次普查，特别是对汽车的尾气排放实行定期监测，发布警示信息；

3. 加强对汽车尾气排放的治理，按照国家标准改装、安装尾气排放净化装置，不达国家标准的汽车不得上路行驶；

4. 对摩托车实行严格的控制，不得再新增摩托车总量。禁止摩托车进入城区，已经进入的要限期退出。

关于将清真饮食网点建设列入城市规划的建议

镇江市是少数民族的散杂居地区，又是江苏省民族工作的重点城市之一。据2000年11月第五次人口普查及近年的调查，全市共有42个少数民族、16000多人，少数民族人口占全市人口的比例居全省第二位，仅次于南京市。20世纪50年代，全市有回族人口4000多人，清真饭店、茶食店、牛羊肉店、茶坊、熟菜店、糕点商店等清真网点却有100多处，遍布市区的大街小巷，基本上保证各族穆斯林群众吃清真餐的需要。进入20世纪80年代后，全市的清真行业逐步萎缩，清真网点愈来愈少，条件愈来愈差，我市有清真饮食习惯的回、维吾尔、撒拉、塔塔尔、塔吉克、东乡等民族的人口却占全市少数民族人口总数的61.3%，再加上在我市学习、工作的各国穆斯林以及过往镇江的中外穆斯林，在我市流动经商的新疆、河南、山东、安徽、宁夏、青海、甘肃等省区穆斯林群众吃清真餐难的问题已成为我市改革开放、少数民族等项工作中不可忽视的突出问题。

镇江60%以上的少数民族有清真饮食习惯，加上外来穆斯林，建设清真网点是迫切需要解决的实际问题。但是城市规划中遗漏了清真网点的规划，这是应当在修编时补充的内容。清真网点建设是城市规划不可缺少的组成部分，不仅关系到上万穆斯林群众的切身利益，又关系到历史文化名城的形象及城市的品牌效应等问题。为此，建议市人民政府：

1. 根据《江苏省清真食品监督保护条例》规定，将清真食品生产、经营网点的建设纳入城乡建设规划，合理布局。市区规划建设2~3家有规模、上档次的清真饭店，辖市区规划建设一座中等水平的清真饭店，作为镇江的城市品牌和对外开放的重要窗口。

2. 对全市现存的清真网点的实际情况作一次全面的调查。调查吃清真餐饮的少数民族群众的需要，调查清真网点经营的状况。为规划建设清真网点提供参考。

3. 依据国务院《城市民族工作条例》和《江苏省少数民族权益保障条例》、江苏省人民政府《关于加强清真网点建设》的精神，把清真网点建设费用列入城市商业网点建设的计划项目组织实施。

关于利用长江岸线确保环保优先和经济合理的建议

江苏地处长江黄金水道的“龙颈”区段,江苏省委、省政府提出“沿江开发、响应浦东、东西联动、南北互补”的发展思路,全面加快了沿江经济带建设速度。镇江地处长江的黄金地段,对发展沿江经济带有着举足轻重的作用。

长江镇江段岸线总长116.5公里,其中南岸岸线101.5公里,北岸岸线15公里。已经利用的岸线13.7公里,其中南岸岸线13.6公里,北岸岸线0.1公里。根据长江流域岸线规划可建港口的岸线有52.85公里,其中南岸岸线42.5公里,(深水岸线36.9公里),北岸岸线10.35公里(深水岸线7公里),从有关资料推算,交通部门的港口码头及辅助设施仅占已利用岸线的13.7%,约1.88公里;而临江工业厂房、专用码头、开发区及其港口码头、城市生活、旅游、大桥、汽渡、过江电缆、水厂等公用设施以及水资源保护区占已利用岸线的71.3%,约9.76公里;物资部门的码头和仓储区占已利用岸线的15.2%,约2.08公里。这些数字说明长江港口岸线在开发利用中存在着严重的不合理现象,交通部门的码头往往成片连续开发,利用率较高,而物资和临江工业部门存在着布点分散、厂区、码头占用岸线过长,岸线占用得多,利用得少,深水岸线占用长,利用率低,造成岸线资源的浪费。

由于岸线利用没有严格执行环境影响评价制度,据有关资料统计,每年流入长江的污水多达30G亿吨,粗略计算6300公里长江平均每公里接纳污水500万吨。由此推断,镇江长江岸线116.5公里就要接纳污水5亿吨,加之中、上游的连带污染,下游的污染远远大于预期,对打造“绿色长江”、“生态长江”构成严重威胁。

长江镇江段南岸规划可建港口的深水岸线多达36.9公里,是一个不可多得的自然资源,在打造“绿色长江”、“生态长江”中,要提升镇江黄金岸线的“含金量”,要充分发挥长江镇江段岸线的优势,充分利用深水岸线的效能,使镇江的深水岸线出黄金效益和环境效益。为此建议市政府:

1. 严格执行环境影响评价制度,从源头上把好关,强制淘汰长江岸线污染严重的企业和项目,按照确保“绿色长江”、“生态长江”和“经济利用”的原则,严格占用岸线和港口建设的审批。

2. 严格长江岸线的管理,提高岸线的利用率,制定使用的具体规定、具体标准和程序规范,优先建设公用型港口码头设施。

3. 组织专门队伍,对长江岸线的使用情况做一次调查,对拟将使用的长江岸线的项目进行一次复查,发现影响长江环境质量和不当使用的要立即纠正。

4. 以打造“绿色、生态”长江为前提,修改完善长江岸线的使用规划,控制和预留一部分长江岸线给子孙后代使用,让长江岸线在可持续发展中做出更为科学的安排。

关于请求政府
给老弱病残和贫困少数民族家庭发放
困难补贴的建议

少数民族是一个弱势群体,脱贫致富是少数民族奔小康的一大难题。我市少数民族贫困户在各级党委和政府的关心帮助下,有一部分贫困户告别了贫困,开始走上脱贫致富奔小康的新路。但有一部分贫困户至今没有脱贫,生活相当艰难,还有一部分脱贫后又返贫的少数民族家庭,他们都在期盼援助。特别是其中一些老弱病残的少数民族贫困户和来自云南、贵州、四川等地区婚迁进入我市贫困户,特别需要政府关注和社会帮助。为了维护民族团结,带领少数民族同胞建设小康社会,为此建议:

1. 对少数民族贫困情况组织一次复查。对 2003 年统计的 592 户贫困户脱贫返贫的情况进行全面核查,对城市少数民族贫困户进行一次排查,对来自云、贵、川地区的少数民族贫困户进行一次普查(因为其中有些人户籍没有迁入),在弄清情况的基础上,组织有关部门具体研究,落实帮扶措施。

2. 实行开发式扶贫的方法,对有条件通过生产自救的少数民族贫困户,帮助解决部分生产自救资金。对有意愿通过家庭农副业生产脱贫致富的少数民族,帮助解决生产场所和提供销售渠道,提供小额贷款、技术培训。

3. 采取结对帮扶的办法,对我市句容的芦塘村、丹徒的卫星村、润州的庆丰圩村等三个民族村组确定帮扶单位,具体帮助解决民族村组生产生活困难,帮助脱贫致富奔小康。

4. 请求市政府对经调查认定的老弱病残贫困户和外来少数民族贫困户采取特殊政策,每月给予生活困难补助。

关于请求政府资助专项经费，帮助回族等10个少数民族改善殡葬设施和服务的建议

帮助回族等10个少数民族改善殡葬工作，是政府民族团结工作的重要内容，是尊重回族等10个少数民族殡葬习俗，体现党的民族平等、民族团结的重要方面。根据国务院《城市民族工作条例》和《江苏省少数民族权益保障条例》关于"地方人民政府应当按照国家有关规定对具有特殊丧葬习惯的少数民族妥善安排墓地并且采取措施，加强少数民族的殡葬管理和服务"的要求，建议政府：

一、资助专项经费，用于帮助回族等10个少数民族改善殡葬环境场所，添置必要的殡葬设施，购置一辆殡葬专用车，彻底改变"人抬板车拉"的落后面貌。

二、对回民公墓的现状进行一次调查，改善回民公墓的规划和绿化，适当增加殡葬用地，特别是帮助改造进出公墓的道路。

三、健全回民殡葬服务所的机构，实行专人管理。建议在新建成的古润礼拜寺安排100平方米作为殡葬服务场所，改变从大西路穿城而过对市容市貌的影响。

关于提请市政府领导督查“上海来信”整改情况的建议

2006年11月11日上海市的一位镇江籍老人给镇江日报寄来一封长篇来信，信中讲述了这位古稀老人怀着对家乡的深情厚谊，国庆期间带领至爱亲朋到家乡游览，遭遇到一系列不愉快和遗憾的经历。看了来信后，让我们这些镇江人感到非常汗颜。一位离开家乡五十年的老镇江人姑且还有对家乡山山水水的许多眷恋，对家乡发展变化的许多感慨，对家乡美中不足的许多遗憾！为什么我们这些道道地地的镇江人能够听而不闻、视而不见、置若罔闻呢？为什么我们不敢或者没有像这位老人那样敢于仗义执言和表示遗憾呢？这是一个值得我们深思的问题！

根据市委、市政府“全面达小康，建设新镇江”的要求，我们不能熟视无睹，我们不能装聋作哑，除了我们自己要身体力行率先垂范，市政府领导应当亲自督查整改情况，不能走过场，不能草草了事。检查、道歉这仅仅是开始，要逐项排查、逐项整改、逐项建立责任追究制，逐项向社会公示整改效果。金山、焦山、北固山、南山、茅山、宝华山、出租车、公交车、旅游车、宴春酒楼、国际饭店、香逸渔港……还有问题多多的宝塔山。

为此建议：

1. 以这封来信为引子，在全市范围内组织一次大讨论，希望通过大讨论能找出存在这些问题的根源，找出问题的症结，提出整顿改进的意见。

2. 各有关部门对自己管辖的事务进行一次自查，自纠，将检查到的问题公布于众，限期整改。

3. 组织人大代表、政协委员进行督查，督查到问题，经核实确有其事的，要严肃处理。

关于提请政府安排经费新建城市公共厕所的建议

城市公共厕所问题是一个粗俗的话题，但也是生活必需和非常重要的问题。城市公共厕所是不可缺少的基础性设施，它关系到城市的形象、经济和社会的发展、公共卫生和人民群众的生活质量。联合国教科文组织把每年11月19日定为“世界厕所日”，这就说明了城市公共厕所的重要性，公共厕所已经成为人们关注的焦点。据有关资料表明，镇江市区有公共厕所200多座，每万人拥有公共厕所仅3.37座，低于全省平均水平每万人拥有公共厕所4.82座。不仅布点不合理且是为附近居民服务的街巷厕所；不仅公共厕所的等级低且数量严重不足。五公里长的中山路仅有公共厕所五座，只达到标准的50%，很多路段全线无公共厕所，很多广场未设置公共厕所……所有这些都给市民、游客和经商流动人员带来极大不便，有损镇江历史文化名城的形象。

公共厕所问题未能引起城市管理者政府的重视，是因为在城市规划和城市建设中公共厕所成为被遗忘的角落。公共厕所的数量不仅没有增加，反而在老城区的改造中减少。为了使镇江成为人们心目中的文明城市，提升城市形象，展示城市魅力，建议市政府把公共厕所的布局和建设纳入城市总体规划，拨出专款新建公共厕所。

建议有关部门不要单纯用市场化的手段，不要单纯用商业化思路去经营公共厕所，应该加大管理公共厕所的经费，让公共厕所发挥公共产品的属性和公共服务的功能。

建议有关部门在条件可能的情况下，在繁华的闹市区和人口流动密集的街区设置一些流动的公共厕所，以解决市民行人游客的燃眉之急。

关于提请政府切实解决水污染的建议

“环境保护法”实施后，环境保护工作成了建设生态镇江的生命线。经过全市上下共同努力，生态环境、自然环境被污染、被破坏的势头开始有所遏制。但是对环境保护的成效不能估计过高，整个生态状况仍然处于“局部好转、整体恶化”的局面，特别是生态环境方面的问题较多，地面水被污染，地下水下降严重，城市内河、农村河道有相当部分达不到基本功能的水质要求，出现了严重的水质性缺水。因为长江和25条支流相通，符合三类水标准的只有11条，仅占支流数的38%，部分支流水质劣于五类，基本失去水体功能，这对我市的饮用水是一个严重的威胁。特别应当引起重视的是贯穿我市的大运河，水源污染日趋严重，污染负荷居前的项目有氨氮、五日生化需氧量、高锰酸盐指数、挥发酚和溶解氧超标严重等等，大运河被污染，主要是工业污染、农业污染和生活污染三大源头，大大小小的企业排放污水、废气、粉尘，多家企业的气、水、粉尘造成的叠加污染，严重影响了整体环境，仅丹化集团、丹阳钢铁厂等12家污染重点企业排放的污水就有930万吨；生活污水未经处理排入运河，13个乡镇几十万人没有集中的污水处理厂；占废水排放量55%的农业、农药、化肥、流水恶化水质，再加上运河沿岸乱占、乱用、乱垦、乱挖河岸，弱化了水环境自净功能，大运河的水质和水环境已经到非治理不可的地步。

水污染的原因是多方面的，但是因为饮用水水质不达标而引发的癌症、新生儿畸形、肝功能等多种疾病，严重损害了人民群众的身体健康，严重影响了社会的安定团结，建议政府采取有力措施解决水污染的问题，特别是解决丹阳人民的饮用水问题，要把抓好水污染治理作为构建和谐社会的落脚点；把发展清洁生产作为环境保护水污染治理的第一道关口；把发展循环经济作为环境保护治理水污染的出路，为全市人民身体健康造福，为子孙后代造福。

为此建议：

1. 淘汰污染严重的企业和项目，关停并转污染严重的沿江、沿河企业；
2. 加强对饮用水取水口的特别监护，定期公布水质的指标；
3. 加快污水处理厂的建设，对污水处理实行责任追究制：
4. 全面实施清洁生产促进法，加大过程治理污染的力度。

关于提请政府重视发展和管理行业协会的建议

行业协会是市场经济发展的必然产物,是社会化大生产的重要标志。公共行政职能理论表明,在任何实行市场经济的国家,市场机制和政府管理都是影响经济发展的两个基本要素。要充分发挥市场对经济资源配置的基础性作用,就必须使市场经济条件下的政府是一个有限政府、责任政府、法治政府和服务政府。社会主义市场经济体制的建立必然要求以全新的政府管理理念来构造政府职能与市场机制、政府管理与企业自主经营、政府管理与社会自主管理的关系和定位。作为市场经济发展的必然产物,行业协会是市场经济主体为了表达自身的愿望和要求,维护共同的经济利益和社会利益而组成的行业性和非赢利性的经济类社团法人。它具有协调主体利益,沟通联系政府,实现行业自我管理的功能,是市场经济体系的一个重要组成部分。党的十六大提出的"进一步转变政府职能,改进管理方式,推进电子政务,提高行政效率,降低行政成本,逐步形成行为规范、运转协调、公正透明、廉洁高效的行政体制",为行政管理体制改革指明了目标。综上所述,发展行业协会实现政府职能转变的根本要求,发挥行业协会的作用是政府管理创新的重要基点。

为了完善社会主义市场经济体制,必须加快行业协会的发展和规范行业协会管理。但实际情况是滞后于行业协会发展的需要,有的行业协会有其名无其实,一块招牌一个人;有的行业协会"政事不分、政企不分",是管理部门的代言人。为此建议:

一、要进一步统一思想,提高认识,把行业协会工作纳入政府议事日程,列入全市国民经济和社会事业的发展规划。出台规范行业协会管理的办法,按照"一市一行一会"的原则对现有行业协会重组。

二、要进一步转变政府职能,充分发挥行业协会作用。把规范行业质量、制定服务标准、考核技能资质、发布市场信息以及行业自律等社会公共管理职能转移给行业协会行使。支持行业协会开展行业统计、行业调查、人员培训和市场准入、行业资格资质核查等项工作。

三、要进一步增强行业协会实力,提高服务水平。政府要求行业协会提供服务,可以通过"购买"服务方式进行。有关部门委托行业协会承担有关行业管理职责应给予相应经费支持。行业协会要紧抓经济和社会发展的需要,切实履行服务、自律、代表、协调职能。

关于严肃查处虚假和违法医药医疗广告的建议

媒体登载和播报广告,在当今市场经济的社会里本来是无可非议的。但令人感到遗憾的是媒体经常为虚假和违法的医药和医疗做广告,给社会的发展带来了严重的危害,给人民群众的生活造成严重的阴影。我市也不例外,虚假和违法医药和医疗广告已经成为社会的公害,不仅直接损害了群众的切身利益,而且破坏了广告市场的秩序,还严重损害了党和政府的形象。全国四次人代会后,国家有关部门对发布播放医药和医疗广告做出规定,但实际上此类广告仍然继续发布播放,对国家的规定置若罔闻,无动于衷。究其原委是因为有些人为了个人或部门利益顶风而上,每天打开电视都能看到,打开收音机都能听到虚假和违法医疗和医药广告的踪影,时间之长,让人难以忍耐。因为管理部门监管不力,对虚假和违法医药和医疗广告给人民的身体健康造成的危害认识不足;因为群众对媒体的信任、盲从,对媒体登载和播报医药和医疗广告的真实性毋庸置疑;因为受利益驱动的影响,部门领导抵制不积极、不坚决等等原因,使虚假和违法的医药和医疗广告充塞于电视、广播和报纸,对党和政府信誉造成了极大的负面效应。

为了保障人民的身体健康,必须根治虚假和违法医药和医疗广告,建议政府严肃查处,对自行其是顶风违禁者应当绳之以法,对因为虚假和违法医药和医疗广告造成严重后果者应当追究刑事责任,还社会一个公平,还人民一个公道,还政府一个清廉。

励志心得篇

老马识途志在千里

人生的支点在哪里？这是每一个人都必须面对又必须回答的问题。

正常的人生支点应该建立在物质和精神两者之一。从生存或生活的需要出发求得应有的物质是文明的所在,从生存生活的质量出发去追求思想的精神是文明的体现。

共产党员的人生支点则应该是在追求物质文明和精神文明的基础上加大智慧和知识的含量,让人生的支点撑起共产党员应有的自在形象和实在分量。

面向新世纪,面对新时期,在新形势下,如何使共产党员的人生支点保持旺盛的生命力?这是时代赋予每一个共产党员的新课题,必须严肃对待认真回答。新世纪是一个充满希望和挑战的新时代,目标更宏伟,任务更艰巨。共产党员要把握时代的要求,培养战略思维能力;要加强理论学习,掌握马克思主义的立场观点和方法;要提高思想政治素质,树立正确的世界观、人生观和价值观;最根本的是要加强党性修养,坚持全心全意为人民服务的宗旨,为运输经济发展服务,为运输生产力发展服务,为人民利益和经营者正当权益服务。做一个合格的共产党员,争取做一个先进的模范的共产党员。

实现共产党员的价值取向和既定目标,要有内在的思想和不朽的精神,又要有忘我的行动和惊人的壮举,这就是旺盛生命力的所在,要保持旺盛的生命力,要发挥强大的战斗力,要在更加严峻、更加深刻、课题更多、内容更繁杂的考验中取得良好的成绩,就要把江泽民总书记在总结历史经验的基础上,作出关于"三个代表"的重要论述,视为立党之本、执政之基、力量之源,认真学习"三个代表"的重要讲话,深刻领会和把握"三个代表"重要讲话的精神实质,在具体实践"三个代表"中发挥先进模范作用。

因为党是中国先进生产力发展要求的代表,解放和发展生产力就是共产党员的根本任务,要始终坚持以经济建设为中心,促进运输生产力的发展,致力增强运输行业的竞争能力。因为党是中国先进文化前进方向的代表,坚持马克思主义,继承和发挥中华民族的优良传统,建设有中国特色的社会主义文化,推动行业文明和社会进步,致力提高运输行业的文明程度。因为党是最广大人民根本利益的代表,全心全意为人民服务是共产党员的根本宗旨,实现好,发展好,维护好人民的根本利益是共产党员应尽的职责和义务,实践"人民群众高兴不高兴,人民群众答应不答应,人民群众拥护不拥护,人民群众满意不满意"作为根本落脚点和出发点的承诺,致力提高人民生活水平和生活质量。

落实"三个代表"的要求,关键是要落实从严治党。作为一个党员干部要严格按党章办事,按党的制度和规定办事;在党内生活中讲党性讲原则,要敢于开展积极的思想斗争,弘扬正气,反对歪风;要对自己严格要求,自觉自律,"讲学习,讲政治,讲正气",做到"自重、自省、自警、自励";要依靠国家给予的工资收入生活,做到吃苦在先,享乐在后;要学习"先天下之忧而忧,后天下之乐而乐"的精神,淡泊名利,以"赤条条来去无牵挂"为信条,不为蝇头小利而蝇营狗苟地生活;要以"修身齐家,治国平天下"的古训为教诲,堂堂正正做人,勤勤恳恳工作,在金钱的诱惑下要安得下心,守得住身;要保持清醒的头脑,坚持正确的政治立场,经得起各种风险和困难的考验,维护党的政治纪律的严肃性,解放思想,勇于创新,以建设社会主义现代化的大局为己任,振奋精神,创造一流的业绩,做出更大的贡献。

古代哲人孟子说:"一个人身处宝贵温柔之乡,不能丧失志向;身处贫贱困苦之地,不能改变人格;身处强暴威胁之时,不能丢掉气节;这才是真正的大丈夫。"《钢铁是怎样炼成的》书中主人翁保尔说:"人最宝贵的东西是生命,而生命属于人只有一次而已。人的一生是应当这样度过的,当他回首往事的时候,他不因虚度年华而悔恨,也不因碌碌无为而羞愧,在他临死的时候,他能这样说,我的整个生命和全部精力都献给了世界上最壮丽的事业,为人类的解放而斗争!"老马识途,志在千里。我将以此为座右铭,活到老,学到老,改造到老,不畏艰辛,创造人类的幸福,创造美好的未来。

2000 年 10 月

变样中的思考,提升中的忧虑

从2001年起到2003年止,镇江的城市建设工作,按照市委、市政府确定的“提升城市形象,改善投资环境,提高人居生活质量,促进经济跨越发展”的总体要求,突出显现“城市山林”和“大江风貌”的独特个性,奏响了一曲“显山、露水、透绿、现蓝”的城市建设的新乐章。三年来,市委、市政府在谱写山水文章的谋略中,倾注了大量的心血,在指点江山的大手笔中,蕴含了海纳百川的气魄,展示了只争朝夕的精神,给人们带来了一种“清新秀丽”的感觉。

从新建大市口城市客厅、长江路二期、春江潮广场、珍珠项链、“引资大道”到解放路、中山东路整治出新;从长江路三期、金山景区整治改造以及“十二路”整治出新到全长5.1公里的南徐生态大道;从12项重点工程所包括的环城路、东吴路西段拓宽改造,铁城路建设,和平路北延,正东路、桃花坞路、东吴路北段、朱方路、丁卯桥路的整治出新到花山湾、东吴路、润州绿地广场的建设,表现出前所未有的气势和力度,浓墨重彩挥就了一幅美丽的画卷,打印了“江南名城”的崭新一页。古老的镇江焕发出勃勃生机,一个以沿江、城东、城西为发展主轴,以丹徒新区和镇江新区为副轴的城市格局初步形成,实现了“三年大变样”的奋斗目标。生活在镇江的市民目睹了昨天和今天发生的翻天覆地的变化。他们说:镇江的马路宽了,街巷平了,道路长了;镇江的绿岛美了,健身角多了,灯光亮了;镇江的住房大了,设施全了,出行快了;镇江的老年人乐了,小朋友笑了,青年人酷了……概括起来说,就是城市形象美了,人居环境好了。

过去的三年,在历史的长河中只是一瞬间。回顾三年的历程,主要得益于观念的更新和理念的创新。“经营城市”的理念,赢得了城市建设的时间和空间,镇江人在“不求最大,但求特色,力求精致”的思想指导下,把打造“清新秀丽,充满灵气和活力的江南名城”作为城市发展的目标,始终坚持“经营城市”的理念,创造了一个又一个辉煌,镇江荣获了江苏省文明城市的称号,荣获了江苏省园林城市的称号,荣获了国家环保模范城市的称号,荣获了国家卫生城市的殊荣。

“三年大变样”为“两率先、两步走”奠定了一个跨越式发展的平台,构筑了一个全面实现小康的物质基础,应当认真总结“三年大变样”的宝贵经验,为今后的“四年新提升”的目标和思路提供借鉴。

城市建设“四年新提升”,市委、市政府已经勾画出宏伟蓝图。“四年新提升”要以建设富有丰厚文化底蕴和现代气息的生态型滨江城市为目标定位,全面提升城市的规划、建设、管理水平,倾力打造“山水镇江、生态镇江、人文镇江、园林镇江”的城市品牌,真正把镇江建成“长三角”地区有地位、有特色、有品位的江南名城。到2007年,三环交通网络全面贯通,建城区面积达到120平方公里;城市规划人口超过115万;建成城市区域现代化中心;建成10平方公里的现代化新区;建成500万平方米配套设施完善,人居环境优良的现代化中高档居住房;人均绿化面积每年增绿0.5平方米,出门500米见绿地;人均居住面积超过30平方米,市区山体,河流全面整治,突显山水镇江,生态镇江,园林镇江的特色。根据有关方面估算,2004年城市建设的经费将达到130亿元。

“四年新提升”是一项十分繁重而又艰巨的建设任务。从 2004 年城市道路的建设规划中，就可以感觉到路在脚下延伸的流畅。建设黄山北路，从中山西路、黄山菜场路口通往长江路，连通长江路风光带到南徐新城，实现“南山北水一线牵”；建设中山北路，从牌湾口到长江路，直通金山寺；新建宝安新街，从宝塔路经过山巷路，连着宝盖路牵起长江路；新建商业一条街，连通中山东路和东吴路；新建“江鲜一条街”，连通长江路和征润州；城市框架继续拉开，建设 312 国道、沿江公路、横山路、戴家门路组成的“生态环”，建设谷阳新城西南环，成为东西区发展的“快速通道”，建设南徐西路，从朱方路连通戴家门路，延伸“生态大道”；建设南徐新城，构筑城内“三横两纵”五条主次干道。

从打造生态城市的规划中，可以体会到打造百年精品的神韵。西从世业洲，南连谷阳新城，东到江心洲，构筑了一个 25 公里的城市绿色环廊；彻底整治临江水系，开发金山湖，拦沙清淤，调蓄水位，搬迁 7 家污染企业，截断污染源，做足水文章；整治五座山体，突出“城市山林”，建设七处绿地，提升城市的生态环境。

面对“四年新提升”的宏伟目标，要有拼搏的精神，要有创一流的精品意识，要有只争朝夕的干劲，要有求真务实的作风，要有团结协作的氛围，共同打造新镇江，合力开创新局面。如果这些规划都能如期实现，镇江的城市不仅变大、变美，而且可以成为区位、交通、港口、环境、产业优势综合发挥的“长三角”中最适合人居和创业的城市之一。

作为一名镇江的市民，应当积极响应市委、市政府的号召，支持城市建设，关心城市建设，增强作为镇江人为城市建设出谋划策的责任感和紧迫感，为打造新镇江尽义务，作贡献。

在为“三年大变样”骄傲和为“四年新提升”振奋之余，总有一些题外的问题需要提及，这就是“城市建设的钱从哪里来？城市建设后人往哪里去？”，但愿这是杞人忧天。“三年大变样”相对于过去的镇江是一个长足的进步，但只是城市面貌的改变，经济总量、财政收入虽有量的进步，但还没有质的改变。在“四年新提升”中，能否在城市建设改善环境的同时，产生出环境效益，让城市建设投入的巨额资金得到回报？能否在城市建设投资项目的同时，形成新的产业，让城市建设成为新的经济增长点，成为镇江经济和社会发展的加速器；能否在城市建设中，为市民提供更多的就业机会，吸引高层次人才，海外人才到镇江来投资兴业？能否在城市建设中，注重增加人均可支配收入，让人居环境的改善的同时，让市民的生活质量有明显的提高？在城市建设强化硬件建设的同时，能否注重软环境的改善，城市管理水平的提高，让城区、新区、乡镇的面貌协调发展，推动城乡一体化的进程？能否在城市建设统一规划的前提下，城市建设超前发展、跨越发展的同时，为后人留下一点发展的空间？

要谱写好“四个新提升”这篇文章，需要调动各个方面的积极性，需要凝心聚力，顽强拼搏，需要做到“五个统筹”、“五个坚持”。期望在不远的将来，镇江的财政收入超过百亿元，居民人均可支配的收入全面实现小康，让镇江的明天更美好。

2004 年 1 月 8 日

心手相连　情深意笃

——记 2008 年 5.12 四川汶川特大地震

（一）

地震！地震！
一场山崩地裂、撕心裂肺的地震！
震塌了映秀，
震摇了四川，
震撼了中国，
震动了世界！
这是地球的怒吼，魔鬼的嚎叫！
这是人类的浩劫，人间的悲剧！
看，山在坍塌地在跳，
听，汶川大地在咆哮。
无情的地震，夺走了数以万计的生命！
残酷的地震，毁坏了数以万顷的家园！
千万幢楼房化为废墟，
千万处山体满目疮痍，
千万户家人流离失所，
千万个学生无家可归，
……
电断了，水脏了，路堵了！
电讯不通了，亲人失散了，什么都没了！
一分一秒都在冥冥之中煎熬，
一切一切都在震动之中抖索。
难愈苦，志弥坚，
地震把 2008 年送往血与火的风口浪尖。

（二）

抗震！抗震！
一场心手相连、万众一心的抗震！
抗却了心灵深处的胆怯，

抗出了临危不惧的士气,
抗奋了穷且益坚的人心,
抗强了不屈不挠的斗志,
这是中国人民的情结,战无不胜的顽强,
这是华夏儿女的命脉,民族团结的力量。
看,总理的身影总是出现在震灾最严重的地方,
听,总理不断重复的话语:有一线希望花百倍力量!
伟大的武警战士和解放军从死神手中救出成千上万个鲜活的生命;
英勇的交通运输先行官在飞沙走石中抢通路堵、架设便桥、送来救灾物资、帐篷和干粮。
千万声温馨话语慰藉了痛苦的心灵,
千万双铮铮铁臂撑起了我的太阳,
千万顶蓝色帐篷营造了新家的温暖,
千万个白衣战士带来了生存的希望。

……

有水喝了,有饭吃了,有路走了!
卫星电话通了,妻子见到了丈夫,母亲找到了儿郎!
空军官兵绝不言弃,顶着恶劣天气,冒死从四千米高空跳伞,开创了航空史上的先河;
武警官兵绝不言弃,坚守150多个小时从废墟中救出生还者,创造了生命存活的奇迹。
难愈苦,志弥坚,
抗震把2008年铸成坚不可摧的铁壁铜墙!

(三)

救灾!救灾!
一场举国上下、情深意笃的救灾!
救出了废墟中受困的幸存者,
救治了灾民的伤痛和心灵的迷惘,
救醒了十三亿人的赤诚良知,
救好了五十六个民族的心心相印。
这是炎黄子孙绚烂之极归于平淡的写真,
这是民族大家庭特立独行义无反顾的写实。
看,总书记在震中什邡,书写炽热情怀、博大爱心的中国人,
听,总书记铿锵的誓言,昭示坚如磐石、坚韧不拔的中国魂。
生命的卫士白衣天使,为灾民疗伤治痛日以继夜、夜以继日,坚守在伤病员的身旁;
可敬可爱的记者深入震中,向四面八方、天南地北传递爱的力量。
千万句叮嘱把生的希望留给莘莘学子,
千万条信息把“中国加油”的豪情壮志传遍四方,
千万个母亲把伟大的母爱奉献给儿郎,

千万滴眼泪把大爱无疆洒向人间和天堂。

……

伤员送走了，灾民安置了，游客回家了！
广播听到了，电视看见了，救援队伍进村了！
爱的奉献赈灾善举，超过一百亿的捐赠，让受灾群众挺起压弯的脊梁；
抗震救灾国家行为，超过一百亿的财政拨款，为灾区重建家园，普照起明天会更好的阳光。
难愈苦，志弥坚，
救灾把2008年写成同一个世界，同一个梦想。

（四）

感恩！感恩！
一场不朽的爱、举国同殇的感恩。
感激老百姓拥戴的“焦裕禄”和“孔繁森”，
感谢不愧为人民子弟兵的武警战士和解放军，
感动血脉相连的五十六个民族兄弟姐妹，
感悟公民的责任和恻隐之心。
这是苍生泣血、草木含泪的人性回归，
这是死者长已矣、生者犹可追的手足之情。
看，骨肉相连指向天堂的点点烛光，
听，“四川挺住！中国加油！”的声声呐喊。
善良的感恩给中华儿女带来鞭策和激励，
慈悲的感恩给数以万计的生者带来告慰和希望。
千万次舍生忘死报效祖国，
千万回解囊相助拯救难民，
千万条黄绿丝带奉献爱心，
千万个素昧平生志愿善举。

……

国殇了，旗降了，鸣笛了！
泪水流尽了，烛光燃起了，人心凝聚了！
海内存知己，捐出数不胜数的钱，奉出数不胜数的物，献出浓于水的血；
天涯若比邻，同根相生，血浓于水，祈祷祝福，一往无前。
难愈苦，志弥坚，
感恩把2008年融成中华一家人，华夏一颗心！

2008年5月19日

苦难压不垮我们

——纪念5.12汶川大地震

(一)

地震,地震
山崩地裂,江河淤塞
震毁了汶川
震损了四川
震惊了中国
震醒了世界
这是板块的错移,自然的咆哮
这是人类的浩劫,人间的悲剧
看,山在翻滚河在跳
听,云在呜咽风在吼
地震无情,夺走了数以万计的生命
地震残忍,毁坏了数以万顷的家园
千万幢楼房化为废墟
千万处村镇满目疮痍
千万户家人流离失所
千万个学生无家可归
……
电断了,水脏了,路封了
通讯不行了,亲人失散了,什么都没了
每分每秒都在冥冥之中煎熬
一草一木都在震毁之中寒栗
难愈苦,志弥坚
地震把祖国送往血雨腥风

(二)

抗震,抗震
万众一心,众志成城
抗却了心灵深处的胆怯

抗激了神灵动容的士气
抗奋了自强不息的人心
抗强了不屈不挠的斗志
这是党的情结，源于人民的血脉
这是政府的职责，来自执政为的理念
看，总书记的身影屹立在废墟
听，总理的叮咛抚慰润甜心灵
党有深情，复活了成千上万的生命
政府为民，带来了不惜一切的救援
千万声温馨话语浸润了哭泣的心灵
千万双铮铮铁臂撑起了灾民的太阳
千万顶蓝色帐篷营造了新家的温暖
千万个白衣战士带来了生存的希望
……
有水喝了，有饭吃了，有路走了
卫星电话通了，妻子见到了丈夫，母亲找到了儿郎
每时每刻都在与时间赛跑
村村镇镇续写生命的奇迹
难愈苦，志弥坚
抗震把中国铸成铁壁铜墙

（三）

救灾，救灾
举国同心，内外协力
救出了废墟中受困的幸存者
救治了灾民的伤痛和心灵的迷惘
救醒了所有中国人的善心和信心
救齐了炎黄子孙的赤诚良知
这是中国人民的情结，战无不胜的顽强
这是华夏儿女的命脉，守望相助的力量
看，大大小小的捐款箱映红了神州
听，祈祷和祝福响彻云霄
众手相援，暖暖热血流入受伤的灾民
亿心相向，汇聚成了磅礴的力量
千万条“中国加油”传遍四方
千万双眼睛筑起关爱的长堤
千万个母爱奉献给儿郎

千万只双手托起明天

……

伤员送走了，灾民安置了，游客回家了
广播听到了，电视看见了，救援队伍进村了
男男女女都在奉献着友爱
老老少少都在倾注着力量
难愈苦，志弥坚
救灾把中国凝成休戚相关的一家人

（四）

国祭！国祭
草木同悲，山河共泣
感激老百姓拥戴的党和政府
感谢人民子弟兵
感动同根共生血脉相连
感悟公民的责任和世界的良知
这是不朽的人性光复
这是心心相映的手足之情
看，点点烛光照亮天堂之路
听，声声祝福波涛汹涌
千言万语寄托不了无限的哀思
坚强再坚强是最好的告慰和感恩
千万次舍生忘死报效祖国
千万回解囊相助拯救难民
千万条黄绿丝带奉献爱心
千万个素昧平生志愿善举

……

国殇了，旗降了，鸣笛了
泪水流尽了，烛光燃起了，人心凝聚了
同根相生，血浓于水
天涯比邻，相助相生
难愈苦，志弥坚
国祭把中国和世界融成一颗心

2008 年 5 月 19 日

老师，永远的老师

老师，这个再平凡不过的岗位，
是无数有志青年的追求和梦想，
在“老师”这面不朽的旗帜下，
老师成为教书育人的社会栋梁。

老师，这个再普通不过的称呼，
平时不是人们经常议论的焦点，
只有在开学升学时才成为家长关注的人物，
只有在学有成就时才成为学生崇拜的偶像。

突如其来的汶川特大地震，
无数位老师用鲜血和生命，
诠释了生命的意义和价值，
书写了大爱无疆的光辉篇章。

解读世界观的政治老师谭千秋，
常年站在汉旺镇东汽中学的讲台上，
地震时刚带领高三学生冲出课堂，
又冲进高二教室用双臂护佑了四名学生的心脏。

二十九岁多才多艺最爱唱歌的老师张米亚，
辛勤耕耘在映秀镇小学的启蒙课上，
地震时他用生命挡住了砸向孩子的断墙，
摘下青春鲜活的“翅膀”，送学生去飞翔。

年仅三十五岁的语文老师何智霞，
未能幸免灾难跑出三楼的课堂，
临死怀里还紧紧环抱着七个学生，
不愧为聚源中学教师的脊梁。

龙居小学女教师向倩，
被埋在整幢教学楼坍塌的废墟下，
舍生取义身体被砸成三段，

胸前还搂着三个稚嫩的儿郎。

扑在地上挡住水泥板的二十一岁遵道镇欢欢幼儿园老师瞿万容，
返身上楼抱着两名学生往下冲的永安坝村小学老师苟晓超，
双手紧紧拉着胸前紧紧护着五个孩子的南坝小学代课老师杜正香，
发现少两个学生返身跑回教室的怀远镇中学英语老师吴忠红，
还有那一个个富有青春活力的年轻老师，
唐春梅、郑发富、方明飞、梁爱迪、张兰、联芳、
李佳萍、聂晓燕、刘晓琼、刘宁、张辉兵、王邹明、
钱富波、郭小琴、董显荣、李萱、唐基磊、何代英、
袁文婷……

他(她)们留下嗷嗷待哺的孩子和白发苍苍的双亲，
他(她)们没有和心爱的人道别，
他(她)们选择了雄鹰展翅般的姿势，
把深爱的学生像雏鸟一样紧紧地抱在胸膛。

他(她)们用永恒的精神和有限的生命，
奏响了闪耀人性光芒的交响乐，
他(她)们用爱的翅膀和不死的灵魂，
托起了比天高比海深的生命希望。

老师，永远的老师，我们的榜样，
他(她)们崇尚老师的普通和清贫，
他(她)们热爱老师的执着和奉献，
他(她)们忠于老师的天职和理想。

2008年5月28日

点滴自清

文坛巨星朱自清,一生不仅注重大节,也十分注意小节,可谓点滴自清。

朱自清一生清贫,但其清正、清廉、清白的做人原则贯穿生命始终!

家境衰败、经济困难,乃至被生活重担压到不能喘气的时候,也决不与社会上各种腐败现象同流合污!始终坚守正直、廉洁、公私分明,直到山穷水尽的地步,带着一身重病,宁可拼命多写文章,挣点稿费养家糊口,也拒绝为美国资助稿酬丰厚的刊物写稿拒签美国救济粮,与世长辞时,其弟朱物华痛悼之语令人深思:“人不在,月色满荷塘,写下名著人共读。书留人去向何方,空有泪成行。”

读书与养体

经常读书可使大脑充满活力,起到气沉丹田,呼吸绵绵作用。南宋诗人陆游古稀战乱之时不忘读书,“读书有味忘身老,病需书卷作良医。”头脑越活动身体越健康!

读书与养趣

寒可无衣,饥可无食,读书不可一日失。书如迎春风,如饮醇酒,诗人白居易读书赋诗,笑声朗朗,怡然康乐。欧阳修称读书“至哉天下乐,终日在书案!”读后思接千载,悄焉动容,心旷神怡!

绚烂之极归于平淡

绚烂之极归于平淡,执着之后归于从容。淡泊而明志,宁静而致远。平淡是素净质朴,宁静深沉。是邃的执着,内心的祥和,不惑的淡定。平淡表现为宽容,谨慎,清淡,简约,从容,恬淡,自如。是一种至美的境界,是一种坚守,是一种醒悟和超脱,是一种大智慧,如清心芙蓉般的物我齐一!

国庆有感

古稀之年庆国庆，群众路线记在心；
夕阳虽好近黄昏，继续革命有长进；
学习到老做好人，改造到老不松劲；
知识不问老和小，勤奋好学当前行！

锲而不舍

不积跬步，无以至千里，
不积小流，无以成江海。
骐骥一跃，不能十步，
驽马十驾，功在不舍。
锲而舍之，朽木不折，
锲而不舍，金石可镂。

西江月·何处望神州

刘备东吴招亲，龙埂涧下遛马，英雄巧劈试剑石？　孙权校场练兵，诸葛锦囊妙计，小妹传香梳妆，蜀吴联姻祭江亭，北固满眼风光！

八月十五的念想

八月十五桂花黄，中秋佳节风送爽，
思念亲友和故乡，遥祝快乐和健康，
金色秋天菊花香，人来人往有梦想，
虚怀若谷苦作舟，业精于勤成内行。
科技创新内涵多，全靠勤奋和智商，
寒窗苦中乐悠悠，诲人不倦成栋梁，
今晚圆月照千里，茭白荷藕月饼香，
彩云追月月如盘，嫦娥飞天送念想。

水调歌头·重阳感怀

九九重阳节,秋风催人醉。不论年岁大小,古稀在眼前!我欲登高望远,北固楼旁龙埂,龙凤难呈祥。临甘露流芳,遛马试剑石!

重阳旗,重阳糕,人健在,一切都好。晚情在年年登高!

坚守淡泊善良,践行乐观宽容,难于登高山。但愿多吉祥,健康加平安!

金钱和朋友

在这个世界上,金钱能给人一时的快乐和满足,权力能给人一时的高贵和荣耀,但无法让人一辈子都拥有。而且朋友能给人永远的支持和鼓励,亲人能给人一生的温馨和幸福,好朋友是人生最大的财富,比金钱都珍贵,比财务更恒久!

镇江三山颂

塔影湖畔金山寺,甘露流芳北固湾,海不扬波华严阁,寿比南山读书台。

中秋佳节广寒宫,嫦娥奔月天露蓝;吴刚捧出桂花酒,香气飘逸盈人间。

天上人间不寻常,神仙约会做文章,群众路线再教育,大江南北秋风爽。

满目青山画卷美,和平和谐立意高,一年一度秋风劲,健康快乐善待老。

西江月·闰重阳述怀

闰重阳再登高,气喘吁吁年老,昔日凛凛何处找? 三十而立坎坷,四十不惑苦斗,五十天命感恩,六十岁退而不休,七十从头再来!